基于水环境容量总量控制的流域水生态补偿标准研究

付意成 徐贵 臧文斌 李敏 张剑 著

中国水利水电出版社
www.waterpub.com.cn
·北京·

内 容 提 要

　　本书针对流域水环境容量总量控制方案关键技术问题，紧扣流域水生态补偿过程中的难点问题，研究了基于水功能分区-入河排污口（支流口）-控制单元（或行政区）的水环境容量总量分配技术方法，提出了以水功能区水质达标为导向的控制单元污染物排放总量分配方案，形成了浑河流域"分区、分级、分类、分期"的容量总量控制技术体系，建立了污染物控制模型和补偿标准测算方法，构建了基于水环境容量总量控制的浑河流域水生态补偿标准计算方法体系，研究成果具有重要的理论和实用价值。

　　本书所构建的基于水环境容量总量控制的流域水生态补偿标准体系具有较强的实用性和可拓展性，可供水资源管理、规划、经济、水环境、水生态等领域的工作人员以及从事流域水生态保护与修复及补偿研究的专业人员进行阅读。

图书在版编目（C I P）数据

　　基于水环境容量总量控制的流域水生态补偿标准研究/
付意成等著. -- 北京 ： 中国水利水电出版社，2019.12
　　ISBN 978-7-5170-8372-6

　　Ⅰ. ①基… Ⅱ. ①付… Ⅲ. ①流域－水资源管理－生态环境－补偿机制－研究－中国 Ⅳ. ①X321.2

　　中国版本图书馆CIP数据核字(2020)第024443号

书　　名	**基于水环境容量总量控制的流域水生态补偿标准研究** JIYU SHUI HUANJING RONGLIANG ZONGLIANG KONGZHI DE LIUYU SHUI SHENGTAI BUCHANG BIAOZHUN YANJIU	
作　　者	付意成　徐贵　臧文斌　李敏　张剑　著	
出版发行	中国水利水电出版社 （北京市海淀区玉渊潭南路 1 号 D 座　　100038） 网址：www. waterpub. com. cn E - mail：sales@ waterpub. com. cn 电话：(010) 68367658（营销中心）	
经　　售	北京科水图书销售中心（零售） 电话：(010) 88383994、63202643、68545874 全国各地新华书店和相关出版物销售网点	
排　　版	中国水利水电出版社微机排版中心	
印　　刷	清淞永业（天津）印刷有限公司	
规　　格	184mm×260mm　16 开本　17 印张　414 千字	
版　　次	2019 年 12 月第 1 版　2019 年 12 月第 1 次印刷	
定　　价	**88.00** 元	

前　言

　　近几十年来，伴随我国社会经济的快速发展，以及工业化、城镇化、农业现代化进程的加快，导致生产、生活用水量不断攀升，污水排放量增大，流域天然水体接纳污染物的负荷超过水体水环境容量，水环境破坏问题凸显。流域上游地区民众在经济利益的驱使下，过度开发利用流域水资源、超标排放污染物已在一定程度上造成了流域局部生态环境的破坏。从流域上下游协调发展的角度考虑，流域生态补偿对于弥补上游生态保护成本的投入，消除由上游贫困造成的流域整体发展不均衡性现象具有一定的促进作用。生态补偿标准计算方法的选取对于反映区域生态环境的保护和受损程度至关重要。本书依托国家自然科学基金项目"基于水环境容量总量控制的流域水生态补偿标准研究"，结合流域水环境容量总量控制策略，探讨基于污染物治理的流域水生态补偿标准测算方法及实施框架，构建流域水量分配和水质达标控制机制，为流域可持续发展战略的实施提供技术参考。

　　水环境容量总量控制以环境质量目标为基本依据，是一种对区域内各污染源排放总量实施控制的有效管理策略。针对不容乐观的水环境问题，我国开展了水环境容量总量控制工作。本书构建了以流域污染负荷和水质响应为核心的水环境系统模型，提出了基于水功能分区-入河排污口（或支流口）-控制单元（或行政区）的容量总量分配技术方法；基于帕累托最优思想、区域公平和协调发展理念，制定了以水功能区水质达标为导向的控制单元污染物排放总量分配方案，形成了流域"分区、分级、分类、分期"的容量总量控制体系。以此为基础，本书综合运用数学模型和数字分析技术，建立了污染物控制模型和补偿标准测算方法，合理确定了污染物的产生量、流域水生态保护成本，构建了基于水环境容量总量控制的流域水生态补偿标准计算方法体系。

　　本书的主要创新点为：①根据河流、水库等不同类型水体特点及控制性水工程调控情景，遵循流域水量和水质连续过程的原理，提出满足不同水质达标管理要求的水环境容量总量设计流量计算方法；②针对流域控制单元污染负荷时空变化特征与河段水质响应关系，提出了污染物容量总量分配机制及流域-控制单元容量总量分配技术；③在保证流域经济社会可持续发展的前提下，充分挖掘区域减排潜力，提出了农业价值转换、区域内部贸易交换等层面的污染物调控策略；④结合污染物治理成本和流域水环境保护目标，分析流域上下游的成本与效益转移规律，给出了耦合二元水循环规律与区域发展承载负荷特征的水量水质补偿标准计算方法。

本书第1章由付意成、徐贵、王琦撰写；第2章由付意成、臧文斌、张剑、刘巧梅撰写；第3章由付意成、李敏、张剑、刘巧梅撰写；第4章由臧文斌、李敏、张剑、刘巧梅撰写；第5章由付意成、徐贵、臧文斌、李敏、张剑、刘巧梅撰写；第6章由付意成、徐贵、张剑、刘巧梅、王琦撰写；第7章由付意成、徐贵、臧文斌、张剑、王琦撰写；第8章由付意成、徐贵、李敏、张剑撰写。全书由付意成统稿。本书在编写过程中，得到了中国水利水电科学研究院彭文启所长、赵进勇教授级高级工程师的大力支持，在此一并表示感谢。本书的出版得到国家自然科学基金"基于水环境容量总量控制的流域水生态补偿标准研究"（编号：51409269）、"太行山东部石质山区生态建设对暴雨洪水过程的影响机理"（编号：51809281）的资助。

本书的研究内容较多，由于受编者研究水平和研究时间的限制，书中难免存在疏漏。热忱欢迎读者批评指正。

作者

2019 年 8 月

目　　录

第 1 章 绪 论

1.1 研究背景

近几十年来，伴随我国社会经济的快速发展，以及工业化、城镇化、农业现代化进程的不断加快，导致生产、生活的用水量不断攀升，污水排放量增大，流域天然水体接纳污染物负荷超过水体水环境容量，水环境破坏问题凸显。"十一五"及"十二五"期间，我国流域水污染控制取得阶段性进展，但由于流域人口密度高、经济活动总量大、水环境污染历史欠账多，环境破坏的下行趋势依然存在。根据环境保护部发布的 2012 年《中国环境状况公报》，2012 年，全国地表水总体为轻度污染；长江、黄河、珠江、松花江、淮河、海河、辽河、浙闽片河流、西北诸河和西南诸河等十大流域的国控断面中，Ⅳ～Ⅴ类和劣 Ⅴ 类水质断面比例分别为 20.9％和 10.2％。主要污染指标为 COD、BOD_5 和高锰酸盐指数。我国流域的水环境污染问题仍未得到有效根治。

当前我国大多数流域的生态环境状况不容乐观。流域的上游通常为生态环境相对脆弱、经济发展水平相对落后的地区，难以独自承担流域生态建设和环境保护的成本投入。流域上游地区民众在经济利益的驱使下，过度开发利用流域水资源、超标排放污染物已在一定程度上造成了流域局部生态环境的破坏。从流域上下游协调发展的层面考虑，流域生态补偿对于弥补上游生态保护成本的投入、消除由上游贫困造成的流域整体发展不均衡等现象具有一定的促进作用。生态补偿标准计算方法的选取对于反映区域生态环境的保护和受损程度至关重要。本书结合流域水环境容量总量控制策略，探讨基于污染物治理的流域水生态补偿标准测算方法及实施框架，构建流域水量分配和水质达标控制机制，为流域可持续发展战略的实施提供技术参考。

针对不容乐观的水环境问题，我国开展了污染物总量控制工作，包括目标总量控制和容量总量控制两种主要类型，其中：目标总量控制通常依据管理目标规定的污染负荷削减率进行削减，但缺少污染物排放量和水体水质变化的响应关系，导致污染物排放量的削减与水环境质量改善和水生态功能保护要求脱节；容量总量控制基于水体功能，能够将污染物排放量控制与水环境保护有效结合，可为污染防治提供科学、合理的阶段性控制目标。因此，我国实施基于水质保护目标的水环境容量总量控制是进行水环境污染物排放总量控制的必然趋势和有效手段。

水环境容量总量控制以环境质量目标为基本依据，是一种对区域内各污染源排放总量实施控制的有效管理策略。水环境容量总量控制依据分配对象的差异，主要包括宏观层面（流域）和微观层面（污染源）总量分配两种策略。污染源总量分配通常作为流域总量控制的后续步骤。在实施总量控制时，污染物的排放总量应不大于容许排放总量。当前对容量总量的控制，主要从受纳水域容许纳污量出发，制订功能分区—入河排污口（支流口）—控制单元（或行政区）的容量总量控制负荷指标。主要步骤为：受纳水域容许纳污量计算→控制区域容许排污量核查→总量控制方法技术、经济可行性评价→排放口总量控制负荷指标确定。容量总量控制能够表征污染源与保护目标间的输入—响应关系，具有目标总量控制和行业总量控制的双重特性。同时，容量总量控制方案不仅应依据容量资源的自然属性和功能保护要求，而且要使分配与削减方案具有经济与技术可行性。

我国对水质的达标控制以对排污口的浓度控制为基础。随着排入水体污染物浓度的攀升，仅对污染源实行排放浓度控制，难以达到水功能区水质规划目标，必须同时对污染物排放总量进行控制，才能有效地控制和消除污染。因此，从单一排放口污染物浓度控制逐步过渡到污染物总量控制是解决我国水污染问题的新方法。采用水环境容量总量控制，可有效地克服多年来我国一直实行的水污染物浓度控制的弊端，从宏观上把握水污染变化情势，确保水污染治理得到逐步改善，实现水质达标。

对流域水环境保护与经济社会优化发展而言，实施流域水环境容量总量控制制度，是对我国环境保护总体方针的具体响应。流域水环境容量总量控制是被多国实践经验证明行之有效的流域水污染控制管理技术体系。我国现阶段实行的水环境容量总量控制是目标总量控制，是容量总量控制制度建立和推行条件尚不成熟的一种过渡。目前，全国水污染防治进入新的攻坚阶段，目标总量控制已经难以适应新形式的要求，因此，亟需开展流域水环境容量总量研究，实现流域污染物管理从目标总量向容量总量转变。

我国对流域生态补偿研究始于 20 世纪 90 年代，主要集中在补偿主客体甄别、实施措施保障等方面，而对基于污染物治理成本的生态补偿标准系统研究还处于探索阶段。生态服务享用者对服务提供者的补偿标准，与其获得的生态服务类型及满足程度相关。为此，流域管理部门依据补偿标准，从流域生态功能的整体性出发，依据水环境容量总量控制的计算结果，合理分配补偿资金给生态服务的提供者（污染治理的成本投入者），实现外部性的生态保护投入的私人成本与社会成本等同。

1.2 研究现状

1.2.1 理论研究

补偿标准是影响补偿机制实施可行性的关键因素。流域生态补偿标准的实质是确定补多少，这既能反映出流域的生态服务价值及上游的保护成本投入，又需要被下游所接受，形成流域上下游协调合作的激励机制，以此促进流域生态功能的恢复或改善。国内外已对流域生态补偿标准进行过相关研究，但基于污染物治理成本的流域水生态补偿标准核算方法及实施体系的系统性和通用性较差。

1. 流域水生态补偿

对流域生态补偿"上限"（生态价值）的研究，一般根据生态服务的类型和属性，采用相应的经济核算方法实现其内在价值的外部性显现。国际上通常采用市场价值法、影子工程法（替代费用法）、旅行费用法进行相关计算。当前对补偿"下限"（生态资源供给者的收益损失）的确定，难以准确量化，一般借助支付意愿的相关调查，依据补偿前后流域生态保护者失去的发展机会成本进行确定。也有学者针对补偿标准经济核算方法的局限性，结合水量水质的不可分割性，提出补偿标准测算的新思路。

流域生态补偿机制的实施以正向激励上游的保护行为、鼓励下游地区依据潜在支付能力进行实时补偿为前提。排污权招标或排污权交易这种基于市场机制的管理工具的应用，可以提供给生态保护者更多的激励，鼓励其对流域生态环境进行治理改善。印尼、纽约的实施案例为水质招标在生态补偿方面的应用提供了经验参考。B. Kelsey Jack 选择肯尼亚的 Nyanza 省为试验模型，在上游土地使用投资和下游支付赔偿对应的情况下，进行个人对环境服务的干涉程度研究。Falk 等利用不同的试验设计思路，证实流域上游对下游支付标准的不认同，可能导致上游保护行为的低效收益率。

协调机制是解决补偿标准实施过程矛盾冲突的有效手段。哥斯达黎加的"水资源环境调节费"、伊朗南部协商和非协商机制的水资源配置、Niksokhan 等基于相关者利益冲突的污染物排放控制方法，从不同层面体现了协商机制在保障生态补偿机制运行中的重要性。R. Muradian 等指出生态补偿机制的良性运作需要各方的共同合作，并阐述了进行广泛体制评估的重要性。

2. 水环境容量总量控制

国际上主要对水环境容量及相关控制过程进行研究与探讨，鲜少涉及水体纳污能力的相关细节。因此，国外结合不同水域的水环境容量研究成果，采用具有针对性的水质模型对污染物排放量进行控制，制定相应的法规政策以保障基于水环境容量的水体污染物总量分配工作的顺利开展，已有的分配方法具有实施过程计划性强、阶段控制目标明确、前瞻性好、利于水质保护及水污染治理工作开展等特点。

1972 年，美国环保局（EPA）提出 TMDL（Total Maximum Daily Loads，最大日负荷总量）的概念，包括污染点源负荷（WLA）和非点源负荷（LA）[含背景负荷（BL）及支流负荷]，同时考虑不确定性因素的安全余量（MOS）以及季节性变化影响。美国水环境容量的研究及实施以 TMDL 为核心展开。TMDL 制订包括污染负荷、安全余量、排放分配等 3 个要素。美国 TMDL 计划的实施过程见图 1-1。

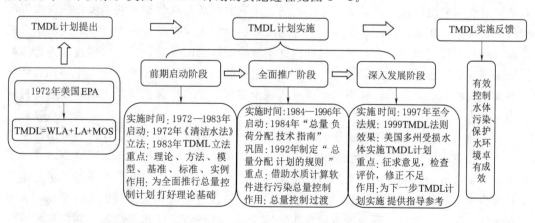

图 1-1 美国 TMDL 计划实施过程

日本变动水环境容量的制定是对污染物排放总量进行控制的反映，其实现过程也就是水环境容量的实施过程。日本的污染物总量控制过程以 COD 削减政策为主，并充分考虑人口规模、区域经济发展水平、自然条件状况对制定污染物控制规划的影响。为保证总量控制策略的综合性及平衡性，日本对当地污水处理水平、污废水管网建设情况、生活源排放预测、污废水管理建设都进行了一定的分析。欧洲较早地进行了污染总量控制研究，如英国的泰晤士河、德国的内卡河及莱茵河，均采用各类治理措施削减污染物入河总量，使河流水质状况恢复到较高水平。联邦德国和欧盟采用水污染物总量控制管理办法后，使排入莱茵河 60％以上的工业废水和生活污水得到治理，莱茵河水质明显好转。其他国家如瑞典、俄罗斯、罗马尼亚、波兰等也都相继实行以污染物排放总量为核心的水环境管理办法，取得了较好效果。欧盟国家在水质本底值较好的情况下，为缓解、逐步消除人类活动对水体质量的影响，保障民众环境健康和环境友好，于 20 世纪 70 年代相继出台了一系列的水政策用于配合以水环境容量为基础的污染物总量控制工作的开展。

我国的水环境污染总量控制研究始于 20 世纪 80 年代末，以制定第一松花江 BOD 总量控制标准为先导。在此期间，学者进行了以水环境容量为基础的流域污染物总量控制研究。1988 年 3 月，国家环保局关于以总量控制为核心的《水污染排放许可证管理暂行办法》和开展排放许可证试点工作通知的下达，标志着我国进入总量控制、强化水环境管理的新阶段。

污染物总量控制具有总量、地域范围和时间跨度三方面的特性，是环境管理思想和手段的有机结合。水环境容量的确定主要与设计水文条件相关。鉴于 TMDL 方案在执行过程中提出的设计水文条件使用导则，我国在 20 世纪 80 年代将设计水文条件作为水环境容量计算风险的控制因素之一。但设计水文条件在使用过程中存在一定的盲目性，导致计算结果受人为因素影响较大。

1.2.2　实际应用

1. 流域水生态补偿

我国生态状况的多样性以及研究区经济社会状况的特殊性，使得生态补偿标准的计算方法针对性和实用性较强。区域相关部门结合水资源管理的现状和实践经验，依据水资源价值的转移性，从水资源的水量水质属性出发，在合理界定自然、人为因素对流域水资源开发利用影响程度的基础上，借助流域内部实施生态补偿的成功经验，探索性地进行流域污染治理成本生态补偿试点研究。为避免流域上下游之间在环境保护治理水平与社会经济发展水平层面形成剪刀差，从不同角度对流域上游居民为水质保护而损失的利益进行补偿尤为重要。

我国的流域生态补偿研究由于起步较晚，且由于流域管理部门的多样性、社会体制的复杂性等原因，导致当前的补偿机制不完善、融资渠道单一、实施范围过于狭窄，并缺乏必要的政策法规扶持。我国已有的流域生态补偿实践主要以省内（际）上下游地区之间经济补偿为主。例如，"西部江河源生态建设工程"，浙江省东阳和义乌间的水权交易，福建省在晋江、闽江、九龙江开展的流域生态补偿实践，江西省、广东省境针对东江流域开展的生态补偿，这些实践案例为完善我国流域水生态补偿实施中的经济策略提供依据。但当前实施的流域生态补偿，通常以政府为主导，采取"一刀切"的补偿模式，容易造成"吃不饱"与"吃得撑"现象，挫伤生态保护者的积极性。为反映区域经济社会发展水平对生态补偿可执行力的影响，王女杰针对山东省 17 个地市的经济发展水平和生态建设支付能力，提出利用区域生态服务的非市场服务价值与 GDP 的比值确定生态补偿优先序，进而确定补偿方和受偿方间的成本投入置换量，为进行跨区域流域生态恢复补偿标准的制定提供依据。为确保生态补偿标准的公平实施，满足区域生态服务价值的需求，学者从生态补偿系数（区域地区生产总值与区域生态服务价值的比值）、生态补偿效率（单位面积补偿标准与单位面积生态服务价值的比值）层面出发，结合流域生态服务价值、生态修复成本、发展机会成本的计算结果进行不同行为主体间生态补偿标准的确定。

市场化的生态补偿模式是解决生态补偿资金有效运作的最佳方案。当前的流域生态补偿实践，主要针对完善水资源有偿使用制度，建立国家初始水权分配和排污权分配制度展开。例如，江苏省针对太湖流域区内交界断面和入湖断面的水质控制目标，依据现状排污量的多少，设立超标排污补偿标准；辽宁省以有林地面积和森林蓄积量为控制因子，并在综合考虑水质污染和水土流失程度指标的基础上，给出生态补偿实施标准；浙江省颁布《浙江省生态环保财力转移支付试行办法》，对建立一级支流源头的生态补偿机制进行了探索。为实现流域上下游之间的发展目标，流域生态补偿在消除上游的贫困，促进流域整体协调发展方面起到了积极作用，如在我国的广东省、北京市等地区实施的生态补偿有效地促进了区域的协调发展。

国际上的流域生态补偿实践，主要通过行政立法、政府横向转移支付、设立生态补偿专项资金、私人购买生态服务等方式实施。在此过程中，基于污染治理成本投入的水生态补偿实施案例有：1990 年，德国和捷克针对水质日益恶化的易北河流域进行联合整治，恢复流域两岸的生物多样性和河流水体的生态服务功能，治理费用主要来源于易北河下游的德国对上游捷克的经济补偿；哥伦比亚通过征收流域生态服务税，用于补偿私有土地所有者保护流域生态环境的成本付出；厄瓜多尔借助水资源保护基金对流域生态环境进行保护，补偿流域内上中游区域的保护行为。在已有的流域生态补偿实施案例中，半市场、全市场理论被普遍应用于生态补偿标准的计算中，该方法能够兼顾补偿方和受偿方的利益，易于进行损失成本的确定。

2. 水环境容量总量控制

1972 年，美国修订的《联邦水污染控制法》首次提出非点源污染控制的措施，如污染物排放许可证制度、季节总量控制、变量总量控制。为进一步巩固以水环境容量为基础的 TMDL 计划实施成果，美国在推广 TMDL 计划的过程中也同时对污染物排放进行总量控制。美国 TMDL 计划执行过程中就包含对污染物总量控制因素。2003 年 EPA 评价美国境内水域中 40% 的水体不符合水质标准，但从单纯采取基于技术的排放总量控制角度考虑，TMDL 计划的实施在控制水环境污染方面显示出卓越功效。

1958 年，日本实施《工业污水限制法》《水质保护法》法案，标志着日本环境的治理进入到以浓度控制为核心的单一治理阶段。1978 年 6 月，日本修改部分水污染防治法，以 COD 为对象实施流域总量控制计划，开始了总量控制工作。1984 年，日本将总量控制法正式推广到东京湾和伊势湾水域。

欧盟对水污染物的总量控制以 2000 年颁布的《水框架指令》为实施框架。《水框架指令》从流域尺度给出实施污染物综合管理的措施，实现保护水生态和动植物健康发展的目标。欧盟各国以及联邦德国对水体实施水污染物排放总量控制管理方法后，排入莱茵河 60％以上的工业废水和生活污水得到治理，水质明显好转。

我国实行污染物总量控制的方法和形式依据各地经济社会基础和水环境问题的不同有所差异。各地根据本地区的地理特点、规划布局、经济发展、环境状况，分别采取相应的控制方式，如区域总量控制（沈阳市西部污水系统的总量控制）、水系总量控制（松花江水系污染物总量控制）、行业总量控制（沈阳市化工行业污染物流失总量控制）、特定污染物总量控制（天津市重金属排放总量控制）等。

上海市于 1985 年开始试行污染物排放总量控制制度，在黄浦江上游水资源保护地区实行以总量控制为目的的排污许可证制度。2001—2003 年，辽河、海河、淮河、滇池、太湖、巢湖等重点流域相继制订了水污染防治"十五"计划，对重点河流水污染防治工作明确了将 COD 和 NH_3-N 作为污染物总量排放控制因子。"十一五"期间，国家设立"水专项"，投入超过 300 亿元开展水体污染整治，研究水体"控源减排"关键技术（主要包括水环境容量核定方法、总量控制目标制订方法、污染负荷分配模式）。

1.2.3　方法探讨

1. 流域水生态补偿

当前对流域生态补偿的概念虽未达成一致的见解，但对其实质的理解却是相通的：利用经济和政策干预措施激励正向的生态保护行为，遏制生态破坏行为，实现流域生态环境与区域经济社会的协调可持续发展。流域生态补偿标准作为表征生态补偿策略可适性的关键，已成为生态补偿领域的研究重点。流域水生态补偿标准的界限，可以采用等量变差和补偿变差进行描述：补偿变差指消费者为了获得对公共物品的享用而必须支付的最大数额；等量变差指为了维持消费者的效用而需支付的最小补偿数额。流域生态系统具有要素的多样性及各要素间相互联系的复杂性特征，加之当前研究理论和方法滞后，缺少统一的计算指标和估算体系，导致计算的生态系统服务补偿额度与区域的经济支付能力之间存在较大差距。

水资源价值的准确核算是确定流域水生态补偿标准的前提。许丽丽、韩艳莉等人以及彭晓春等人从不同角度、不同层面运用一定的经济核算方法确定水资源相关价值，间接推算生态补偿标准的上下限。白景锋的跨流域调水水源地生态补偿测算模型、庞爱萍等的基于水环境容量的流域生态补偿标准确定方法、卢艳等的基于水质和污染物总量的流域生态补偿测算模型，均从一定程度上揭示了水质好坏与生态补偿标准核算之间的潜在关系。

基于不同流域水生态功效的生态补偿标准的计算方法不同。国际上主要针对流域/区域的生态服务价值从补偿资金的筹集和配置效率方面着手进行补偿标准的确定。Plantinga 等在对农民的退耕支付意愿进行调查的基础上，借助数学模型预测了退耕意愿下的补偿标准。为实现补偿资金的合理配置，Johst K. 等运用生态经济模型，进行生态补偿资金的时空配置研究。经济补偿计量方法过多地依赖经济学理论，忽略对生态系统本身规律的分析，难以形成较为全面的评价方法。为此，Winkler 针对当前评价方法多偏爱经济学理论的弊端，给出了一种同时考虑社会、生态、经济系统的动态评价方法。金艳则结合人口数据、GDP 数据，构建了区域生态补偿估算模型，模拟和分析了我国的生态补偿分布格局。

学者结合经济价值核算、生态服务价值界定上的新方法，对已有的生态补偿标准计算方法进行修正或改进。阮利民利用实物期权法研究了流域生态补偿的额度、分担率等关键因素，为实施流域水生态补偿提供了理论基础。戚瑞以水足迹理论为依据，在判定流域生态补偿的主要动因和影响因素的基础上，建立基于水足迹的流域生态补偿标准测算模型，针对研究区的不同情景设置进行测算。

2. 水环境容量总量控制

实行污染物容量总量控制，其核心是在不同功能区、排污口、污染源间科学、合理地分配区域容许的污染物排放量。学者一般采用随机理论和系统优化相结合的方法，借助概率约束和数理统计模型，对区域不同口径的污染物容量总量进行分配。Fujiwara 等利用概率约束模型、Li 等运用线性规划方法、Joshi 等采用直接推断法，对容许排放的污染物总量在各个排污口间的分配问题进行研究。Catherine L. K. ling 等基于污染物的区域特性，对污染物不同分配方式的实施效率进行研究。针对不确定性水质条件，Cardwell 等通过对多点源污染负荷分配进行研究，提出了随机动态规划费用最小模型，为计算排污口在给定水质保护目标下的容许排放量提供依据。

国外学者对污染物容量总量分配的控制，主要基于效益原则确定排污者的权利和义务。为实现允许排污企业间合理的污染物削减份额，研究者对继承和拍卖两种主要分配的优缺点进行分析，并对不同分配方式下的排污权交易特点进行了研究。但基于经济最优化原则的污染物总量分配模型，缺少对初始分配过程中公平问题的考虑。为此，Lee 等采用多目标决策法，构建了包括经济和环境双重目标的数学规划模型，对流域可持续发展过程中的污水治理费用进行计算。

当前在进行污染物容量总量分配研究时，主要基于经济优化原则，采取线性、非线性规划方法，或基于公平性原则采用等比例分配、按贡献率分配的方法进行。胡康萍等针对确定性条件下污染物允许排放量优化分配问题，构建分配模型进行总量控制探讨。为促进水环境管理和污染物总量控制工作的顺利开展，基于数学模拟和数理统计的模型计算方法被大量地应用到区域/流域层面的污染物容量总量分配技术中。用 A 值法计算控制总量、用 P 值法将污染物控制总量分配到各个排污口的 $A-P$ 值法，应用较为广泛。为实现水污染物总量分配过程中的社会、经济、环境整体效益最优，利用层次分析法构造水污染物排放总量分配的层次结构模型，进行分区间的排污总量分配。李如忠等运用排污总量分配层次结构模型合理分配合肥市区域水污染物排放总量，并构建了具有层次结构的污染负荷分配评价指标体系。孙秀喜等利用分配模型结合矩阵，对研究区的排污总量进行了实际分摊。

公平和效率是确保合理分配区域/流域污染物总量的关键。从效率原则出发，污染物总量分配模型多从经济最优化层面考虑，利用经济利润最大化或成本最小化等经济学方法解决环境保护过程中遇到的问题。相关的研究以现状排放量和单位产值作为聚类分析依据，将目标单位划分为"重点或关注削减单位"进行污染物容量总量分配。为解决污染物容量总量分配过程中的不公平问题，研究通常借助公平分配模型、平权函数及平权排污量的概念加以解决。相关的研究采用合作博弈的方法，以感潮河网排污区域为研究对象，构建了在给定污染物总削减比例条件下的污染物削减模型，并利用 Shapley 值进行合作收益的公平分配。研究过程中通过构建水污染负荷公平分配评价指标体系，利用贡献系数判断污染物排放的不公平因子，借助基尼系数最小化模型制订基于公平性的水污染物总量分配方案。基于公平和效率的污染物总量分配模式，利于实现区域污染治理费用最低，但却忽略了社会、资源、技术、管理等因素对实施方案有效性的影响。王丽琼从基尼系数的经济学内涵出发，结合 2006 年全国各地区的水污染物总量分配实施情况，应用基尼系数法对人口、GDP、水资源量指标对水污染物总量分配的影响进行分析。在综合考虑现状污染物排放量、行政区的 GDP、流域面积、河流长度等因素的基础上，学者依据行政区的流域面积和 GDP 两个重要因素（各占 50％）进行行政区 COD、$NH_3 - N$ 指标的分配。水环境容量的科学分配和计算是确保河流水污染物容量总量控制方案合理实施的关键。学者通过将 GIS 技术与流域水文、水资源、水环境特征进行结合，借助水功能区—入河排污口—点源排放口间的对应关系，提出了将水域环境容量转换为陆域点源最大允许排污量的估算方法。为实现水环境容量总量控制和水环境质量的改善，可借助污染源—水环境质量的输入响应关系，通过模型计算，合理确定区域水质目标对应下的水环境容量。研究者依据河流的形态特征和接纳污染物的能力，针对河流掺混段、过渡段、完全混合段的污染规律，提出了排污口允许排放总量的计算方法。

1.2.4 研究拓展

1. 流域水生态补偿

生态服务价值的静态计算是当前确定流域水生态服务功能价值量的主要依据。学者针对流域涉及尺度的不同，从不同层面对当前研究方法的可行性进行探讨。在 Costanza、Pimentel、Boumans 等对全球多元化生态服务价值进行全方位研究的同时，Loomis 等则从区域层面采用条件价值法对受损的普拉特河流域的废水稀释、水体自净、土壤侵蚀控制、野生动植物栖息地、休闲娱乐的生态服务价值进行评估。我国基于生态服务价值的区域补偿标准的测算主要集中在西部地区，并且在沿海地区的浙江和广东也进行了积极的探索。但当前国内的研究方法比较单一，并且多数直接套用国外的研究方法或参数取值，导致不同人员给出的计算结果差异较大。随着生态服务价值评估方法的完善和参数获取技术的提高，构建体现生态服务类型、质量状况差异的生态资产测量模型，已成为进行生态服务价值准确核算的前提。金艳在考虑到研究单元提供的消费水平和生态服务量存在差异的基础上，从时空层面分析入手，构建了利用计算单元人口、面积不均匀系数进行修正的生态补偿量分配模型。卢慧等借助生态系统服务价值基准单价，在对生物量等因子进行校正的基础上，计算了青海湖流域的生态服务价值。

水资源作为形成多元化流域生态服务价值的基础，在其生态服务价值核算方面具有特殊性，由此造成区域水生态补偿标准存在差异性。由于水资源价值在界定范畴上的模糊性和计算方法上的不确定性，通常将水价作为水资源价值的表征量。水源地生态保护对维护水资源的质量具有重要意义。生态补偿标准的确定是决定水源地能否维持良好生态现状的关键，已有的研究主要采用机会成本法、支付意愿法、水量水质费用分摊法。由于生态系统的复杂性、计算方法的应用局限性，当前基于水资源生态服务功能计算的流域生态补偿标准在一定程度上可为遭受破坏或受保护流域实行生态补偿提供数据参考。

2. 水环境容量总量控制

随着生态文明新理念的日益普及，实施流域污染物容量总量控制是优化流域经济增长基本模式的主线，为流域可持续发展提供了新思路。实施污染物容量总量控制为基础的流域环境管理策略，其本质就是对控制单元内污染物排放量进行规划的过程。通过实施污染物容量总量控制制度，达到区域产业升级、结构调整、布局优化的目的，发挥总量规划对经济发展模式优化的促进作用。在资料稀缺流域，污染负荷计算分析对流域水环境的管理至关重要。在污染总量控制与分配方面，污染负荷历时曲线对资料要求较低，简单易行，但应用范围主要集中在大尺度的流域整体层面。为实现宏观研究尺度与微观研究模型的有机结合，学者利用 SWAT 模型的模拟获得计算单元流量，并借助 LDC 方法进行资料缺乏流域的污染总量控制与分配方案研究。

为实现污染物总量分配中的公平性问题，研究者打破学科间的界限，综合运用相关知识从经济社会、技术合作层面对污染物总量控制分配方法进行研究。在对当前常用的经济核算方法优缺点进行分析的基础上，提出兼顾公平和效益的污染物总量分配新思路：融合初始排污权分配的经济效益与协商仲裁机制，探索以经济总量为基础的环境容量分配模式；借助区域水污染物总量行业优化分配模型，寻求对排污总量进行达标分配的方法。研究者参考 TMDLs 分配方式，在考虑安全余量的基础上，运用层次分析法确定污染物总量分配比例，利用基尼系数法判别分配的公平性，提出了基于人口和经济社会协调发展的流域容量总量分配方案。随着信息化技术的普及和交叉学科理论的出现，学者将总量分配研究与地理信息系统（GIS）相结合，给出了综合考虑区域自然条件、经济社会发展状况和水环境容量等因素的容量分配方法：首先，以海域的水质目标为约束条件，将空间优化决策用于线性规划的模型中；利用 GIS 的可视化特点对水质进行模拟与预测；随后，将水环境容量系统与 GIS 结合，给出水环境容量计算及总量分配系统。

1.2.5 态势预测

通过对国内外在补偿标准理论体系方面的研究成果进行分析后发现，当前的研究针对性强，通用性较差，尤其是对基于污染物综合治理补偿标准的理论研究较少，且缺少具体的操控细则；当前对生态补偿标准的管理体制及实现机制研究，方法灵活，并取得了一定的阶段性成果，但通常以社会管理经验为主，且多针对小区域的水量补偿，忽视天然因素对水循环及其相关要素的影响，实施过程中一般将水质作为约束条件进行补偿总量的协调。此外，国内外针对基于水环境容量总量控制的水生态补偿研究甚少，补偿标准缺失，严重制约了区域间的协调可持续发展。

国外的水环境容量总量分配技术主要是面向流域综合性管理的排污口污染物总量分配过程研究，与 TMDL 及其相关细节联系紧密。管理模式有效地兼顾到了总量控制过程中的问题诊断、指标确定、措施制订、实施和评估等技术环节，有力地推进了流域污染总量控制管理策略的落实。国内大多数流域的纳污量已远远超过水环境容量。因此，当前的流域水环境容量总量分配，多以水环境容量计算为基础的区域污染物削减控制措施为主。同时，许多研究仅以流域水体性状和污染物排放量变化规律为基础，忽略经济社会和水环境现状因素对污染物削减能力的影响，导致总量分配方案缺乏科学合理的控制目标。亟需构建新的水环境管理技术方法。

已有的污染物容量总量分配研究多针对点源污染物展开，缺少对非点源污染、安全余量（MOS）因素的考虑。同时，当前的污染物总量分配研究，尚未兼顾性考虑效率和公平因素。对流域尺度的污染物分配，应充分考虑区域污染物减排和经济发展双赢，结合 TMDL 控制措施及多种污染物总量分配方法的优点，融入先进科技手段，进行控制方案的优化选择。由于视角的不同，研究者对公平性概念的理解主观性强，影响了概念界定的有效实施。流域水生态补偿正是寻求实现生态价值多元化的一种综合手段，是协调当前社会发展进程中经济发展同生态资源开发利用间矛盾的一种有效策略。正如"十二五"规划纲要中指出的"加快建立生态补偿机制，加强重点生态功能区的保护和管理，增强涵养水源、保持水土、防风固沙能力，保护生物多样性"，充分体现出生态补偿机制的实施在促进生态治理恢复方面的重要性。十八大报告提出："建立反映市场供求和资源稀缺程度、体现生态价值和代际补偿的资源有偿使用制度和生态补偿制度。积极开展节能、碳排放权、排污权、水权交易试点。"说明生态补偿已经成为解决国民经济和社会发展中出现的环境问题的重要手段。本书欲从生态补偿标准测算的影响因素出发，分别构建水量、水质控制模块，借助水功能区水体纳污能力对污染物入河总量的限制性和流域水质控制目标对水体污染物浓度达标与否的检验性，在政府监督和上下游协商机制的调控下，给出针对水环境容量总量分配系统的流域水生态补偿标准测算方法。

1.3　研究内容及关键技术

1.3.1　研究目标

针对流域水环境容量总量控制方案关键技术问题，研发以流域污染负荷估算和水质响应为核心的流域水环境系统模型；研究基于水功能分区—入河排污口（支流口）—控制单元（或行政区）的水环境容量总量分配技术方法；借助帕累托最优思想，从区域公平和协调发展角度出发，提出以水功能区水质达标为导向的控制单元污染物排放总量分配方案，形成流域"分区、分级、分类、分期"的容量总量控制技术体系。通过实地调研、文献归纳和理论分析，综合运用数学模型和数字分析技术，建立污染物控制模型和补偿标准测算方法，合理确定污染物的产生量、流域水生态保护成本，构建基于水环境容量总量控制的流域水生态补偿标准计算方法体系，提出切实可行的水生态补偿标准实施要点及流域水生态恢复策略。本书是促进区域协调发展、构建系统的流域水生态补偿标准，实现生态治理工作从重点治理向预防保护、综合治理、生态修复相结合转变，确保区域和流域经济、社会、生态环境的全面协调、可持续发展。

1.3.2 研究内容

在对国内外水环境容量总量控制方案及流域生态补偿研究成果进行梳理的基础上，结合当前流域水生态补偿研究中缺少针对水生态恢复过程的定量测算标准及可行性实施方案等问题，选择浑河流域为典型区，对基于水环境容量总量控制的流域水生态补偿标准测算方法和实施机制进行实例研究。

1. 典型流域水环境问题诊断

结合浑河流域水环境调查与试验成果、流域水功能区控制单元经济社会及污染源特征调查分析，系统诊断浑河流域水环境问题，分析评估流域水功能区达标重点问题与成因。

2. 典型流域水环境系统模型研发

研发浑河流域分布式非点源模型与水质响应模型，建立流域负荷估算与水质响应模型系统，分析流域污染物迁移转化特征。

（1）结合流域的下垫面、水文气象、污染源的物理特征，基于试验监测数据，校准验证模型，建立降雨径流、土地利用方式对应下的非点源污染负荷输出模型，对流域非点源污染物的迁移—转化过程进行模拟计算，系统解析流域非点源污染物排放数量、分布、构成特征，识别关键源区污染物排放规律。

（2）概化流域非点源污染物的入河方式，结合流域点源污染物的入河特征，识别污染物的入河、削减过程。在综合考虑流域水体本底污染物浓度影响下，构建多因子综合评价方法，确定水质所属的级别及不同污染因子间质量的优劣。

3. 典型流域容量总量控制方案

（1）容量总量计算设计水文条件。本书系统总结国外 TMDL 技术方法中有关不利水文条件设计方法，针对动态容量计算以及综合考虑点源及非点源负荷控制的需求，在国内容量总量计算相关技术标准或现有技术方法等的水文条件设计原则基础上，按照流域综合统筹的原则，针对多类型水文条件及控制性水工程调控情景，按照水体类型特点（河流、水库、河口等），遵循流域水量过程和化学过程连续的基本要求，并提出满足不同水质达标管理要求的容量总量计算水文条件设计原则与方法。

（2）容量总量流域—控制单元分配方法。从安全裕量（MOS）的产生机理和最不利条件出发，利用联合法给出流域基于污染物总量控制的 MOS 计算量。结合流域的水质规划目标和区域纳污红线考核指标，采用"均衡削减—区别对待—协商博弈"的相关方法优化分配流域容量总量到计算单元及水功能区。依据流域经济有限支撑能力与水环境最大程度改善间的对应关系，结合帕累托最优理论，量化流域超标排污行业（面源）的总排放量。

（3）典型流域容量总量控制方案。

1）方案的制订。在考虑 MOS 的前提下，依据浑河流域水环境质量保护目标，遵循"流域/流域—子流域（支流）—排污口（直排口）"的分配思路，借助经济技术可行性分析，利用污染负荷的优化分配手段，制订总量控制方案。

2）方案的可行性。根据多目标决策的基本原理，利用欧几里得范数作为距离测度，计算水环境容量总量控制方案相对于理想方案的距离，并将每个可行方案的贴近度大小进行排序，确定方案的满意解，判定分配方案的可行性。

4. 流域水生态恢复补偿标准测算

(1) 水污染治理补偿标准。针对水生态破坏流域的特点，依据水生态恢复过程的水量、水质考核标准，在构建污染物处理成本控制模型的基础上，通过对基于均衡理念的流域污染物排放许可交易进行研究，结合容量总量控制方案合理地分配各排污口的污染物排放总量，给出流域超标污染物总治理成本—模糊风险—安全系数、污染物治理成本—水质达标程度（超标风险）—区域污染物处理能力均衡曲线，实现区域治污成本投入水平与流域水环境容量分配合理性的有效耦合。

(2) 水量水质补偿标准。针对流域层面业已开展的水生态补偿标准以水量为主、难以体现上游污染治理成本投入转移的弊端，在对区域间利益协调方法进行研究的基础上，结合污染物治理成本和流域水环境保护目标，分析流域上下游的成本与效益转移规律，给出耦合二元水循环规律与区域发展承载负荷特征的水量水质补偿标准计算方法。

1.3.3　研究方法

本书通过实地调研、文献归纳和理论分析，综合运用数学模型和数字分析技术，结合流域污染物输出模型和水环境容量计算方法，形成流域分区、分级、分类、分期的容量总量控制方案。依据最优管理模式，结合流域污染物控制模型和污染治理补偿标准测算方法，给出基于水环境容量总量控制的流域水生态补偿标准测算体系，从可持续发展的角度出发给出流域污染物优化排放格局。研究结合流域水环境容量总量分配、生态补偿实施过程中涉及的关键技术，从微观层面阐述拟采用的研究方法。

1. 模型模拟输出法

结合流域的下垫面、水文气象、污染源的物理特征，基于试验监测数据，校准验证模型，建立降雨径流、土地利用方式对应下的非点源污染负荷输出模型，对流域非点源污染物的迁移—转化过程进行模拟计算，系统解析流域非点源污染物排放数量、分布、构成特征，识别关键源区污染物排放规律。

2. 流域污染物—水质动态响应关系法

概化流域污染物的入河方式，结合流域点源污染物的入河特征，识别污染物的入河、削减过程。在综合考虑流域水体本底污染物浓度影响下，构建多因子综合评价方法，确定水质所属的级别及不同污染因子间质量的优劣。

3. 安全余量数值优化计算法

从安全余量（MOS）的产生机理和最不利条件出发，利用联合法给出流域基于污染物总量控制的 MOS 计算方法。

4. 水环境容量总量流域—控制单元优化分配法

结合流域的水质规划目标和区域纳污红线考核指标，采用"均衡削减—区别对待—协商博弈"的相关方法优化分配流域容量总量到计算单元及水功能区。依据流域经济有限支撑能力与水环境最大程度改善间的对应关系，结合帕累托最优思想，量化流域超标排污行业（面源）的总排放量。

5. 流域生态保护成本优化测算法

结合水生态破坏流域的特点，依据河流跨界断面的水量、水质考核标准，在构建污染物处理成本控制模型的基础上，通过对基于均衡理念的流域污染物排放许可交易进行研究，合理分配各排污口的污染物排放总量，给出流域超标污染物总治理成本—模糊风险—安全系数、污染物治理成本—水质达标程度（超标风险）—污染物治理水平均衡曲线，依据水质类别判定污染治理的成本投入情况。

1.3.4　研究框架

研究依据"立足宏观，着眼微观"的原则，依托浑河流域水环境系统模型进行适合多类污染源、多类不利水文条件和不同水质目标达标控制要求等情景下的水环境容量计算技术方法；提出浑河流域基于功能分区—入河排污口（支流口）—控制单元（或行政区）的容量总量分配技术方法；在合理设计 MOS 的基础上，制订浑河流域分区、分级、分类、分期的容量总量控制方案。在对国内外流域生态补偿标准研究状况进行系统分析和分类总结的基础上，结合水环境容量总量控制与污染物合理排放间的关系，从污染物治理成本投入、水量水质达标控制、农业面源污染治理层面合理确定流域水生态补偿标准，给出体现流域水量公平分配、水质控制目标及实施过程的流域水生态恢复补偿标准测算体系。研究技术路线见图 1-2。

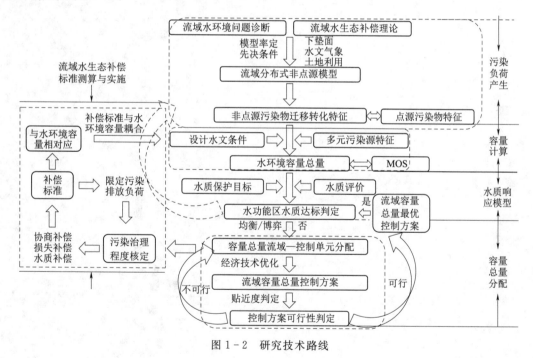

图 1-2　研究技术路线

1.3.5　关键技术

1. 以水功能区达标目标为导向的流域容量总量计算设计水文条件确定方法

结合水功能区达标现实水文条件与不利水文条件下的容量总量计算设计水文条件分析

技术。按照流域综合统筹的原则，针对多类型水文条件及控制性水工程调控情景，按照水体类型特点（河流、水库、河口等），遵循流域水量过程和化学过程连续的基本要求，提出满足不同水质达标管理要求的容量总量计算水文条件设计原则与方法。

2. 流域—控制单元容量总量分配机制与技术

借助帕累托最优思想，从区域公平和协调发展角度出发，根据多目标决策满意度判定与可持续发展策略构建理论，针对流域控制单元污染负荷时空变化特征与河段水质响应规律提出不同控制口径的污染物容量总量分配机制，并探索提出基于多类数学方法的流域—控制单元容量总量分配技术方法。

3. 流域生态保护成本估算技术

针对水生态破坏流域的特点，依据水生态恢复流域的水量、水质考核标准，在构建污染物处理成本控制模型的基础上，通过对基于均衡理念的流域污染物排放许可交易进行研究，依据水环境容量总量分配方案合理确定各排污口的污染物排放总量，给出流域超标污染物总治理成本—模糊风险—安全系数、污染物治理成本—水质达标程度（超标风险）—区域污染物处理能力均衡曲线，实现区域治污成本投入水平与流域水环境容量分配合理性的有效耦合。

第 2 章　水环境容量基础理论研究

水环境容量计算及分配的影响因素主要包括水域特征、水功能区水质保护目标、污染物种类特性及排放方式和规律。对于在水功能区水质目标确定条件下的特定河流，水文特征、自净能力和排污口位置成为影响水功能区水环境容量的主要因素。水环境容量取决于水体水量的多少及状态，水体水量的多少将直接影响水体污染物的降解能力及时空分布和运移规律。因此，水环境容量的计算与总量分配，需要在确定排污口位置、排污规律、最优排污量的基础上进行。界定设计水文条件，利用该水文条件提供的边界、初始条件及环境目标的约束，通过系统模型计算水环境容量；然后按一定的分配原则将水环境容量进行再分配。因此，界定设计水文条件是计算并合理分配水环境容量总量的基础工作。

2.1　设计水文条件

河流的设计水文条件主要包括水位、流速和流量，湖库的设计水文条件主要指水位、库容和湖水流入流出量。一般条件下，水文条件的年际、月际变化较大。本书按照流域综合统筹的原则，针对多类型水文条件及控制性水工程调控情景，按照水体类型特点（河流、湖库、河口等），遵循流域水量过程和化学过程连续的基本要求，提出满足不同水质达标管理要求的容量总量计算水文条件设计原则与方法。断面流速可以采用实际测量数据，但需要转化为设计条件下的流速。因此，合理确定断面的设计流量成为进行水环境容量计算的关键。

动态设计水文条件为连续的数值系列（如 10 年实测日流量过程），且不明确表达为允许平均期、允许重现期数的情况下使用。在确定的环境风险条件下，动态设计水文条件可用于动态水质模型，进行环境容量计算及污染物总量分配，一般需要根据允许平均期、允许重现期要求，采用规划方法确定可加载的污染负荷。

2.1.1　设计原则

水体水文过程在地理、气象自然因子的影响下显现出动态变化特征，因此，水体水环境容量并非常数恒定不变。对基于过于保守或过于宽限的水文条件确定的水环境容量均具有局限性，难以反映水体水质随时间和空间变化表现出的多变特性。确定设计水文条件原则是保证后续动态水环境容量计算的前提，也是避免当前计算的水环境容量与水文情势无关、仅靠人为设定数值的有效举措。

（1）设计流量的确定是进行动态水环境容量计算的基础。结合研究区水文数据的监测频次和系列长度，为突出区域水情特点，采用分期（枯水期、平水期、丰水期）代表流量进行设计，同时针对存在冰封期的河流在分期设计流量基础上加以区分冰期和非冰期流量，根据流量外包线或内包线的意义综合确定设计流量。在此过程中一般以月为时间单位进行计算，然后在水分期特点的基础上确定年度水环境容量。在时间允许的条件下，可将计算尺度细化到日。

（2）水文条件确定过程中应注重对极端事件或不利条件的考虑。结合区域极端水事件的发生概率，在确定典型年、典型时段的基础上分析特枯（极端干旱）、特丰（极端洪涝）、特寒等极端事件对应下的水文现象发生条件。

（3）构建二元模式影响下的设计水文条件，对于受人类活动扰动较小的河流上游或人迹罕至流域，应按照多年水文情势变化规律进行不同水文节律条件的设计；对于受人类活动影响较大的城市河流或被人工化的流域，设计水文条件除应按照水文自然节律方法进行常规项确定外，还应将人类健康、面源负荷估算等相关因素考虑在内，根据污染物特性的差异，结合水文学和生物学方法确定病毒、细菌等相关指标对应的允许平均期和重现期，综合给出面向多种需求的多元化水文特征值。

（4）在条件允许的情况下，结合实测水文系列的参数分析，模拟随机水文过程，动态设计水文条件。

2.1.2 分期设计流量的确定

由于水文条件、水体化学物质的季节性变化，水环境容量具有随时间动态变化特性，因此，在单一设计水文条件下单纯计算静态水环境容量稍显欠缺。为避免全年采用单一水环境容量限制污染排放量造成的"丰欠枯超"现象，并为满足北方河流的水环境管理需求，采用分期设计流量实现北方河流水环境容量季节多变这一目标。

1. 典型年设计流量

典型年法主要适用于流量年内时段变化较大、影响因素众多且相互关系复杂、流量推算难度较大的流域。浑河流域河流具有受人为影响大、流量还原失真性大的特点。本书在站点径流数据有限的情况下，选取90%保证率对应的枯水年流量为设计值，在尽量符合流域水文发展态势的前提下确定典型年（同条件下优先选择近期水文年为典型年），以此进行水文站点流量年内分配计算。

2. 分期设计流量

当前对水环境容量的计算基本是以一定保证率下的枯水期流量为基础。对于径流量季节变化大、C_v值悬殊，枯水期流量低或断流的河流，如果仅以最不利条件下的环境容量为基础制订污染物总量控制方案，势必会造成"丰水容量浪费、枯水容量不足"的现象，给区域水污染治理投入带来很大压力，无法促进社会、经济、水环境闭合系统的可持续发展。

单一设计水文条件通常以90%保证率月平均流量或近10年最枯月平均流量作为设计流量。如果以单一设计流量条件下的水环境容量制约丰水期污染物排放量，造成水环境容量浪费，同时加大污水处理成本。流域水环境容量具有动态变化特征。因此，借鉴动态水环境容量计算相关规定，对于年内水文情势变化较大流域宜采用枯水期、平水期、丰水期进行分期流量设计。

针对浑河流域流量、水质参数受水期、温度变化影响较大的现象，本书分丰（6—9

月)、平(3—5 月、10 月)、枯(11 月至翌年 2 月)水期进行设计流量确定。研究中依据丰、平、枯 3 个水期内河流污染负荷的来源、降水强度及水质水量相关关系的差异,在划分水期的基础上,针对不同水期月份的径流特点选择典型流量作为分阶段水环境容量的计算依据。

3. 冰期、非冰期设计流量

针对北方干旱区河流具有年内分配不均、年际变化大、冰凌期水量明显减少的特点,为最大程度利用水体自净能力对流域污染物的减控功效,考虑到不同时段水化学作用、物理削减程度强弱等的差异,按照冰期和非冰期两个时段确定河流的设计流量。冬季冰封下水流流量减少,速度变缓,污染物稀释扩散活动减弱降低;同时河面被冰层覆盖,水体复氧能力降低;加之低温条件下微生物的降解活性也降低,因此,水体自净能力减弱,冰期水环境容量小于非冰期。以浑河沈阳段 2005 年的监测数据为依据,冰冻期与非冰期 COD 水环境容量的比值为 38∶62,因此在确保安全余量留足的情况下,应充分利用非冰期水体的自净作用,以求实现环境正效益和经济正增长的双赢。前人研究表明,非冰期与冰期 COD、NH_3-N 的降解系数比值约为 7∶3。因此,温度变化对水环境容量计算值影响较大。研究中选用长系列实测月平均流量作为设计流量的计算系列。采用水文频率法对控制站点多年月平均流量以及冰期(11 月至翌年 3 月)、非冰期(4—10 月)和各月平均流量进行分析。对于径流资料系列缺少的控制断面设计流量采用水文比拟法确定流量。

以全年 90%保证率月平均流量计算值作为设计流量全年控制线;以非冰期和冰期 90%保证率月均流量作为设计流量分期控制线;以全年 90%保证率月平均流量作为设计流量分月控制线。以各月 3 条控制线中最大值和最小值作为设计流量上、下控制线。设计流量控制外包线的时间动态特性体现出水环境容量具有动态变化性(非冰期值远高于冰期水环境容量)。

4. 设计方案确定

设计流量的确定对流速计算、水环境容量确定的影响较大。在设计方案确定中应充分利用水环境容量,合理进行污染物治理成本投入,在考虑天然、人为因素对水体改善、功能维持的影响下,给出设计流量确定方案,见表 2-1。

表 2-1　　　　　　　　　　　　设 计 流 量 确 定 方 案

方案	确定原则	方案设计说明
1	高流量(外包线)	充分利用水环境容量,减少治污外界成本投入
2	冰期+枯水期低流量,非冰期+平水期+丰水期高流量	减轻水量不足情况下河道水环境容量,充分利用不同水量情况下容量的动态变化
3	各月设计流量和年均流量构成的外包线	反映自然条件下年内流量变化趋势
4	低流量(内包线)	最严格水环境管理并最大限度减少污染物排放力度

对于高流量的中的极高值和低流量中的极低值,可作为特殊水文情势下(如洪水过程或者极枯水文条件)的设计流量,以体现极端不利水文条件对河流水环境容量的影响。对于流域内陆的极端洪涝也可采用洪峰流量作为标准,将洪峰流量排频,使用百分位值进行判定;对于入海口的极端洪涝采用排频水位的百分位值标示极端水位阈值。在资料充足的

情况下，可将长系列日流量资料中高于 90％频率的流量作为特枯流量，取各月特枯流量值的中值为典型特枯流量值；同时将流量值低于 25％日流量频率流量过程定义为高流量过程。

2.1.3　设计流量

1. 美国 TMDL

美国环保局（EPA）颁布的各类 TMDL 指南给出了制订 TMDL 方案时使用设计水文条件的技术导则。研究者从水环境污染风险最小化的层面考虑，曾将最小生态流量作为设计水文条件。

EPA 推荐采用水文学方法（xQy）和生物学方法（xBy）两种设计流量计算方法。从污染物削减和水质安全层面而言，对传统污染物和毒性污染物存在的流域，xBy 在设计流量确定方面相对于 xQy 更具合理性。两种方法均涉及允许平均期和重现期的概念。允许平均期根据水质指标的毒性特征确定，指必须能适当地限制超标幅度和时间，并且能提供浓度低于水质标准的恢复期，一般以天为时间尺度。如慢性毒理指标采用 4 天，急性毒理指标为 1h。对于毒性较低的 BOD_5、COD 和氨氮这类传统污染物，允许平均期一般采用 30 天。重现期指在一定量级范围内，水文要素平均出现一次的间隔年数，常以多少年一遇表达，即为该水文要素在这一量级出现频率的倒数。根据污染物的风险特征或污染物受体、生物或人类的耐受性，重现期一般以年计。根据 EPA 的研究，水生生物安全一般取 3 年，人类健康安全根据污染物类型确定。

（1）在表达式 xQy 中，x 为允许平均期（天），y 为重现期（年），通常采用 7Q10（90％保证率下最枯连续 7 天的平均流量）、30Q10、1Q10 进行设计流量的确定。水文学方法确定的设计流量是通过每年内一个极端水文条件进行跨年度的频率分析，按一定风险率来确定设计流量，作为毒性污染物负荷控制及总量分配的依据。研究中通常采用算术平均值、调和平均和几何平均值进行设计流量的确定，分别为：

$$Q_d = \begin{cases} \dfrac{1}{n}\sum_{i=1}^{n} Q_i & (2-1a) \\[2ex] \dfrac{1}{\dfrac{1}{n}\sum_{i=1}^{n}\dfrac{1}{Q_i}} & (2-1b) \\[2ex] \exp\left(\dfrac{1}{n}\sum_{i=1}^{n}\ln Q_i\right) & (2-1c) \end{cases}$$

在各种方法中，算术平均法应用较为普遍；调和平均方法通常在河流径流远大于污水量的情况下，计算稳态允许纳污量的问题时使用；允许平均期的日平均浓度可按准动态方法进行多日平均，当达标浓度要求为时间的算术平均时，设计流量采用调和平均法计算；在一些细菌指标如大肠菌群的水质达标浓度和长期平均用于生态流量设计过程中时采用几何平均法进行确定。

（2）在表达式 xBy 中，x 为允许平均期（天），y 为重现期（年）。

1）按水生生物安全要求重金属的允许平均期为 4 天、重现期为 3 年或 6 年，通常采

用 $4B3$（重现期 3 年、允许平均期 4 天的河流稳态设计流量）或 $4B6$ 的形式。

2）短期毒性污染物允许平均期 30 天，重现期为 3 年，通常采用 $30B3$ 的形式。

3）对于致癌物质，通常取 70 年作为允许平均期。

对于生态状况良好河段，通常采用 $P=50\%$ 频率下的河道径流量的 60% 确定设计流量；对于生态状况一般河段，通常采用 $P=50\%$ 频率下河道径流量的 30%～60% 确定设计流量；为满足生物最小生态需水量要求，一般采用 $P=90\%$ 频率下最枯连续 7 天的平均水量作为河流最小流量设计值。

研究中对于生物大量存在的河段，一般采用几何平均法进行设计流量的确定。

2. 其他国家

其他国家在设计水文条件时，基本上停留在传统水文学的范畴内考虑枯水流量，并未满足生物安全的流量需求。例如，日本采用 10 年一遇作为枯水设计流量；北欧国家采用 $Q95$（95%保证率日流量）作为设计流量限制排污；南非的一些国家应用 $Q75$（75%保证率日流量）进行枯水流量分析；法国依据《乡村法》相关规定，采用不低于多年平均流量的 10% 作为设计流量，对水量较丰的河流，政府应进行重新确定，但最低流量的下限不应低于多年均值的 5%。

3. 国内规定

依据《制定地方水污染物排放标准的技术原则与方法》（GB 3839—1983）的规定：一般河流的设计流量采用近 10 年最枯月平均流量或 90%保证率最枯月平均流量；对集中生活饮用水源区，采用 95%保证率最枯月平均流量；湖泊水库采用 90%保证率最低月平均水位或近 10 年最低月平均水位相应的蓄水量；有水利工程控制的河流采用最小泄流量（坝下保证流量）。在实际应用中，南方河流通常采用 90%保证率下最枯 n 天流量的平均值作为设计保证率流量，北方则采用 75%保证率下的最枯月平均流量作为设计流量。

依据《全国水环境容量核定技术指南》，流域一般采用 $30Q10$（近 10 年最枯月平均流量）作为设计流量条件，湖库采用 $30V10$（近 10 年最枯月平均库容）作为设计库容条件。

依据《水域纳污能力计算规程》（GB/T 25173—2010）相关规定：在计算河流水域纳污能力时，采用 90%保证率最枯月平均流量或近 10 年最枯月平均流量作为设计流量；季节性河流、冰冻河流，宜选取不为零的最小月平均流量作为样本，采用 90%保证率最枯月平均流量或近 10 年最枯月平均流量作为设计流量；流向不定的水网地区和潮汐河段，采用 90%保证率流速为零时的低水位相应水量作为设计水量；有水利工程控制的河段，采用最小下泄流量或河道内生态基流作为设计流量；以岸边划分水功能区的河段，采用岸边水域的设计流量进行计算。

综上所述，我国在水环境评价及保护规划方面采用的设计水文条件基本沿用水文学方法，常用方法主要有 3 种：①近 10 年最枯月平均流量［《制定地方水污染物排放标准的技术原则与方法》（GB 3839—1983）］；②90%保证率最枯月平均流量［《制定地方水污染物排放标准的技术原则与方法》（GB 3839—1983）］；③借用美国环保局的 $7Q10$ 及 $30Q10$ 方法。在对长期和短期数据系列的处理方面，从水文学的观点看，方法②更合理，方法①在过丰或过枯的短期时段上进行频率分析时，存在数据缺乏代表性问题。从人类活动干扰的角度来看，方法①更具合理性，在流域耗水量增加造成河流径流量下降的情况下，因近远期水文数据缺乏一致性，因此，采用近期资料更趋于合理。方法②和 30Q10 法在概念的计算过程中具有相通性，所以方法②、方法③在概念上的差别不大，但方法③用年内最枯 30 天流量更合理些。

4. 小结

在对国内外设计流量适用范围、计算方法可行性进行概述的基础上，结合生物生存状况及水体对污染的削减能力，进行河流设计流量计算指标选取与特征阐述，见表 2-2。经验表明，水文学方法计算的大多数河流流量值大于允许出现的最低值，而生物学方法直接采用规定的破坏频率计算设计流量，结果更接近毒理控制的要求。因水文学方法易于计算和理解，因此，美国 EPA 在慢性毒理控制浓度标准中使用 1Q5 和 1Q10 作为设计流量，在急性毒理控制浓度标准中使用 7Q5 和 7Q10 作为设计流量。虽然在 EPA 的技术导则中称暂时使用以上流量，但自 1986 年以来一直未作更改。

表 2-2　　　　　　　　河流设计流量计算方法及适用性分析

表征形式	x/d	y/a	适　用　范　围
调和平均流量 xQy	30	3	传统污染物（BOD_5、COD、NH_3）
	4	6	水生生物慢性毒性控制（重金属、有机毒物）
	4	6	水生生物急性毒性控制（重金属、有机毒物）
算术平均流量 xQy	30	10	传统污染物（BOD_5、COD、NH_3）
	1	10	水生生物急性毒性控制（重金属、有机毒物）
	7	10	水生生物慢性毒性控制（重金属、有机毒物）
	30	4	非致癌物质，细菌类
	30	5	饮水安全保证
多年日流量调和平均	长期		致癌物质
多年日流量算术平均	长期		面源污染，细菌类
多年日流量几何平均	长期		适宜生态流量评估
最小生态流量 Tennant 法	30		水资源分配应满足 30B3，大于该值作为设计流量

设计流量计算方法的选择与参数的取值主要与流域物种的生境多样性、生存状况有关。在研究区长系列水文资料缺少的情况下，通常选取最小生态流量 Tennant 法进行流量的确定。国内在分析设计水文条件时主要存在允许平均期选取混乱的问题，即在水质模拟、评价、保护规划等相关研究中，确定设计流量时基本没有考虑污染物的毒理性质、水体功能的特征，即便针对同一污染物，考虑到不同的区域经济社会发展目标和生态保护诉求，所选取的允许平均期也不尽相同。

2.1.4　资料不足站点设计流量

本书结合流域的来水实际及资料获取的难易程度，在综合均衡各方面需水特征的基础上进行资料缺乏流域的流量设计。

在站点径流资料不足的情况下，采用水文比拟法、流域面积比例法进行推算。借助上、下游水文站或邻近流域水文站的基本信息计算枯季径流产流系数，同位移植到流域下垫面条件相似地区使用，将计算区集水面积与借用的枯季径流产流系数相乘，依此求得资料不足地区设计流量。

此外，还可利用参数回归法进行资料缺少断面的流量设计。通常借助资料丰富流域的模型参数和物理属性间的定量关系，建立回归方程，然后利用资料缺失流域的属性数据推求模型参数，根据零星监测的流量与集水面积，采用拟合函数建立设计流量与集水面积的函数关系式。

研究中以河流源头、水库出口、河流省界断面作为起始断面，入海口、入湖口、入河口等水汇或河流的出省界断面作为终止断面。计算中根据实际需要，也可以水功能区上下界，国控、省控、市控断面为计算断面。当断面比较密集或稀少时，也可根据需要进行适当的删减和添加。

1. 面积内插计算设计流量

$$Q_i = \frac{Q_d - Q_u}{A_d - A_u}(A_i - A_u) + Q_u \qquad (2-2)$$

式中：Q_i 为 i 断面的设计流量，m^3/s；Q_u、Q_d 为上、下游水文站的设计流量，m^3/s；A_i 为 i 断面的控制流域面积，km^2；A_u、A_d 为上、下游水文站控制流域的面积，km^2。

2. 河流长度内插计算设计流量

$$Q_i = \frac{Q_d - Q_u}{\Delta L}\Delta L_i + Q_u \qquad (2-3)$$

式中：ΔL 为上、下游水文站的距离，m；ΔL_i 为 i 断面与上断面间距，m。

上述两种常用方法对具有水量（质）监测站点的断面、河段顺直的河流，计算精度较高。但现实中多为不规则的河段，并且河流的深度变化不一，仅用两断面间的平均流量表示整个河段的流量，精度不高。

2.2 水环境容量计算

本书基于水环境容量的时间动态特性，提出按不同时段（日/月）采用不同设计水文条件，选择合适的水质模型，设计相应的参数取值，按照水功能区的水质目标控制要求，分别计算各时段的水环境容量，以反映水环境容量在时段内的动态变化特征，为水环境容量分配和污染物入河总量控制提供方案实施依据。

2.2.1 研究方法

水环境容量指在满足水环境目标时，水体所能容纳的最大污染物。水环境容量作为一个理论值，在现实条件下难以达到。目前，水环境容量的计算方法主要包括确定性和非确定性方法两类，确定性方法以机理性水质模拟模型和物理验证为主要手段，研究方法主要包括模型试错法、数值解析法、模拟优化法。非确定性方法主要通过引入限制性条件因素，定量计算安全系数及控制风险等指标，结果可靠性高。

确定性方法通常以概念性水质模型为基础，借助模型试错法、解析公式法、模拟优化法等优化方法进行数据处理和验证，将不确定性因素作为约束条件进行限制，计算结果以定值形式给出。模型试错法借助动态水质模型试算，计算精度虽高，但计算过程耗时冗长，计算效率不高。解析公式法以稳态水质模型为基础，应用广泛，但不足以计算动态水环境容量。模拟优化方法较灵活，在提高效率和精度方面优势明显。不确定性方法着眼从不确定性层面分析和计算置信区间内（可信水平）的水环境容量，通常采用随机微分方程模型法、水质随机过程法、灰色理论将不确定过程显式化。随着盲数理论和三角模糊技术的引入，水环境容量计算的思路和方法有所拓展，但由于大量实测数据获取与变量参数求解过程复杂，难以大规模应用。

2.2.2　影响因素

1. 排污口

点源污染物的排污口位置、排污方式、排放规律对水环境容量计算结果影响较大。排污口位置相对固定，但由于功能区长度较长，横穿几个经济社会影响带或人口聚集区，因此，多个排污口在一个水功能区的不同位置同时存在。通常将水功能区内多个排污口的位置概化为排污影响带的重心或河流中点。排污口污染物排放浓度和水量随时间不断变化，比如某些北方河道的排污口或支流在冬季被冰封，造成河流的水环境容量随时间动态变化。概化排污口的入河污染源包括生活及工业点源、农业面源，其中工业点源可按 90% 的排污系数进行排污量确定。

由于污染物一般沿河岸多处排放，每一河段内可能存在多个入河排污口，而概化条件下各排污口的位置具有不确定性。针对污染物排放口在河道两岸排列方式、河段对污染物承受能力的不同，将污染物入河位置概化为河段顶端、中间、均匀排放等 3 种情况进行河流水环境容量计算。

（1）对于宽深比不大的河流，污染物在较短的时间内，基本上能在断面内均匀混合，污染物浓度在断面上横向变化不大，可用一维水质模型模拟污染物沿河流纵向的迁移过程。通常情况下，污染物排放口不规则地分布于河流的不同断面，河段过水断面的浓度由各排污口产生的浓度叠加而得。各排污口在河段内的浓度加以概化，即认为同一河段内所有污染物排放口集中于河段上界，如图 2-1 所示。此概化对某一河段存在一定偏差，但比较简单、适用。

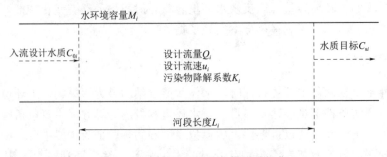

水环境容量 M_i

入流设计水质 C_{0i}　　设计流量 Q_i　　水质目标 C_{si}
设计流速 u_i
污染物降解系数 K_i

河段长度 L_i

图 2-1　集中于上界的各排污口概化

（2）特殊情况下，存在排污口位于河段中间的情况，此时的污染物削减情况与顶点排放时相同，只是污染物削减长度为河段长度的一半。

（3）将排污口在河段内的分布加以概化，即认为河段内所有污染物排放口沿河均匀分布，如图 2-2 所示。此概化实际上体现了污染物分布的一种平均状况，在对某一河段也许存在一定偏差，但却综合反映了河段内污染物排放的一种平均状态。

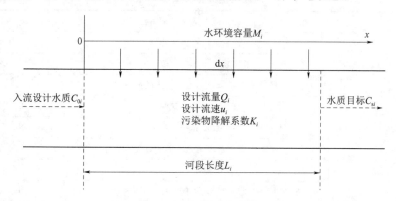

图 2-2 沿河均匀分布的各排污口概化

入河排放的污染源主要包括工业及生活点源、农业面源。通常情况下，为提高污水的收集率并减少水质类别判定误差，企业密集区及城镇人口密集区所在的河流、大型污水处理厂排放口均需概化为排污口。若排污口相距较近，可将多个排污口概化为集中排污口；对于间距较远且排污量较小的分散排污口，可考虑将其概化为面源污染入河（排污口均匀分布的情形）。对于集中概化后的排污口，水功能区内的污染物由该点集中排放，概化点与控制点间的距离计算公式为

$$L = \frac{\sum_{i=1}^{n} Q_i \cdot C_i \cdot L_i}{\sum_{i=1}^{n} Q_i \cdot C_i} \tag{2-4}$$

式中：L 为概化点距控制断面的距离，km；Q_i 为第 i 个排污口的流量，m^3/s；C_i 为第 i 个排污口的污染物浓度，mg/L；L_i 为第 i 个排污口到控制断面的距离，km。

2. 糙率

河段由于形态、下垫面条件的不同，河道水体流速、污染物浓度降解速度差异较大，其中，糙率是影响水体动态特征的重要指标。浑河流域河道断面形态变化大，流域上、中、下游下垫面条件差异明显，河道特征具有鲜明的分段性。对于复式断面的河道糙率一般采用分段设置，因此，研究中对于河道糙率依据相关研究取值，在河道/渠道性质分类的基础上结合率定试验数据，检验分段取值的合理性。

在不受潮汐影响的天然河道，河道流速与糙率间关系为

$$\begin{cases} v = C\sqrt{R \cdot J} \\ C = \frac{1}{n} \cdot R^6 \end{cases} \Rightarrow n = \frac{1}{v} \cdot R^{\frac{2}{3}} \cdot J^{\frac{1}{2}}$$

$$\Rightarrow \qquad v = \frac{1}{n} \cdot R^{\frac{2}{3}} \cdot J^{\frac{1}{2}} \tag{2-5}$$

式中：n 为河道糙率；C 为谢才系数；v 为河道流速，m/s；R 为河道水力半径，m；J

为水位坡降，无量纲。

研究过程中，参照水力学中对于不同渠道的相关细则对 n 进行确定，见表 2-3。

表 2-3 河段渠道 n 的设计参考值

性 质	渠 道 情 况	n 取值
土质、流量大于 25m³/s	平整顺直，养护良好	0.020
	平整顺直，养护一般	0.0225
	渠床多石，杂草丛生，养护较差	0.025
土质、流量为 1~25m³/s	平整顺直，养护良好	0.0225
	平整顺直，养护一般	0.025
	渠床多石，杂草丛生，养护较差	0.0275
土质、流量小于 1m³/s	毛渠	0.025
	支渠以下的固定渠道，渠床弯曲，养护一般	0.030
	岩石，经过良好修整	0.025
	经过中等修整无凸出部分	0.030
	经过中等修整有凸出部分	0.033
	未经修整有凸出部分	0.035~0.045
铺设护面材料	抹光的水泥抹面	0.012
	不抹光的水泥抹面	0.014
	光滑的混凝土护面	0.015
	料石砌护	0.015
	砌砖护面	0.015
	粗糙的混凝土护面	0.017
	浆砌块石护面	0.025
	干砌块石护面	0.0275~0.030
	卵石铺砌	0.0225

河道地形复杂，加之流动水体并非呈现稳定均匀流状态，因此，采用经验公式得出的糙率变化范围大，某些断面甚至出现异常奇异值。为避免取值的不合理性，通常联合运用经验值与数学模型模拟值对理论值和实测值进行综合验证，以便准确率定河道糙率。

3. 降解系数

污染物降解系数是反映河流水质污染变化情况、建立水质模型、计算水环境容量的重要参数之一，其准确性直接影响到水环境容量和污染物总量分配研究结果的可靠性。结合资料的可获取性和地区经验系数的丰富性，当前主要采用实测法、分析借用、经验公式法、类比法进行研究。

（1）两点法计算。假定污染物集中以排污口形式自初始断面入河，河段顺直、水流稳定、中间无支流及其他排污口存在，河段足够长，流速相同（一般取河流断面平均流速），上下游测点的污染物浓度存在差异。按照《水域纳污能力计算规程》（SL 348—2006）中提供的公式进行降解系数的计算，即

$$K = \frac{86400u}{x} \ln \frac{C_0}{C} \quad (2-6)$$

式中：K 为河段污染物降解系数，$1/\mathrm{d}$；u 为断面平均流速，$\mathrm{m/s}$；x 为两监测点间的距离，m；C_0、C 分别为河段上、下游两测点的污染物浓度，$\mathrm{mg/L}$。

该方法主要适用于河岸平直且排放点较为固定的点源，尤其适用于有固定水质监测点的河段。

（2）多点法计算。假定污染物集中以排污口的形式自初始计算断面入河，河段顺直、水流稳定、中间无支流及其他排污口存在，自上而下不同测点的污染物浓度递减，河流上下断面间各测点的流速相同，各个排污口沿河岸呈线性排列，且各个排污口的间距相同。河流断面的降解系数计算公式为

$$K = \frac{86400\overline{u}}{(n-1)\Delta l} \left(\ln \frac{C_1}{C_2} + \ln \frac{C_2}{C_3} + \cdots + \ln \frac{C_{n-1}}{C_n} \right) \quad (2-7)$$

式中：K 为河段污染物降解系数，$1/\mathrm{d}$；$\overline{u}$ 为河段的平均流速，$\mathrm{m/s}$；Δl 为两相邻监测点间的距离，m；n 为河段中监测点的个数；C_1，C_2，$\cdots$，C_n 为河段中 1，2，$\cdots$，n 个监测点的污染物浓度，$\mathrm{mg/L}$。

此方法主要适用于点源排放中多点沿河排放的情形，在某些情况下也可用于沿支流入河或降雨径流入河的面源污染情形。

（3）分析借用。本书中，因源头水保护区、保留区等对水质级别要求较高，不需要进行纳污能力核算，以现状水质类别为控制目标。结合研究区源头水污染物含量实际调查数据，以 Ⅱ 类水作为河流污染物 K 界定的起始点。

针对河流类型、流动状态、地貌类型、水质类别，对河流污染物 K 的界定依照研究区水质控制因子，分 COD、NH_3-N、总磷、总氮进行考虑。实际操作中，一般可将各种设计条件下的污染物降解系数取为同一个值。河流污染物 K 设计参考值见表 2-4。

表 2-4　　　　　　　　　　　河流污染物 K 设计参考值　　　　　　　　　单位：d^{-1}

河流分类	流动状态	地貌类型	COD			NH_3-N		
			Ⅱ～Ⅲ类	Ⅳ类	Ⅴ～劣Ⅴ类	Ⅱ～Ⅲ类	Ⅳ类	Ⅴ～劣Ⅴ类
一般河流	静止	全部	0.12	0.10	0.08	0.10	0.08	0.06
	几乎静止	全部	0.15	0.12	0.10	0.12	0.10	0.08
	流动	中山、低山	0.30	0.25	0.20	0.25	0.20	0.18
		丘陵	0.30	0.25	0.20	0.25	0.20	0.18
		山间平原	0.25	0.20	0.18	0.20	0.18	0.15
		山前倾斜平原	0.25	0.20	0.18	0.20	0.18	0.15
		微倾斜低平原	0.20	0.18	0.15	0.18	0.15	0.12
		黄河三角洲平原	0.20	0.18	0.15	0.18	0.15	0.12
感潮河段	流动	山间平原	0.10	0.08	0.06	0.10	0.08	0.06
		山前倾斜平原	0.10	0.08	0.06	0.10	0.08	0.06
		微倾斜低平原	0.08	0.06	0.05	0.08	0.06	0.05
		黄河三角洲平原	0.08	0.06	0.05	0.08	0.06	0.05

浑河及其周边河流在地形地貌上多属于山间丘陵平原地带，因此，研究中对河流降解系数的界定值可参考流动河流中的山间平原一项，结合研究区的实际资料在现场测定的基础上进行修正。大辽河河段较短，且易受潮汐影响，因此，对于大辽河的河流降解系数采用潮汐河段流动状态的参考值进行确定。

（4）经验公式法。对于研究条件难以满足降解系数 K 的确定要求时，也可利用经验公式对污染物的 K 值进行确定，如《水域纳污能力计算规程》（SL 348—2006）中给定的怀特经验公式为

$$\begin{cases} K = 10.3Q^{-0.49} \\ K = 39.6P^{-0.34} \end{cases} \tag{2-8}$$

式中：P 为河床湿周，m；Q 为设计流量，m^3/s。

考虑到流域试验测定条件与实际水环境（非冰期和冰期温度相差很大）的差异，根据浑河流域的实际情况对冰期的降解系数进行修正，以反映冰期水环境的脆弱性。修正公式为

$$K = \exp[\ln\theta \cdot (T-20)] \cdot K_s \tag{2-9}$$

式中：K 为河流的实际降解系数，1/d；T 为河流实际温度，℃；θ 为温度修正系数，即1.07；K_s 为在 20℃室内模拟试验所测降解系数，1/d。

此外，流域其他各地还可根据本地实际情况采用其他方法拟定降解系数 K。

（5）类比法。国内外有关文献中部分河流的 K 值，BOD_5 的下限或变化范围不大于0.35/d 的河流占 70.8%。COD_{Cr} 降解系数比 BOD_5 要小，约为 BOD_5 降解系数的 60%～70%。由此推断，大约有 70%以上河流的 COD_{Cr} 降解系数为 0.20～0.25/d。

4. 河流流速

（1）相关曲线法。当研究区具有满足精度要求的长系列水文资料时，利用各功能区集水面积与流量相关关系推求设计流速为

$$v = \frac{Q}{A} \tag{2-10}$$

式中：v 为设计流速，m/s；Q 为设计流量，m^3/s；A 为过水断面面积，m^2。

当水文测站水文系列资料比较稀缺时，可根据资料系列一致性、代表性较好的邻近测站水文资料进行查补延长，建立流量—流速经验公式，即

$$v = a \cdot Q^b \tag{2-11}$$

式中：v 为断面平均流速，m/s；Q 为断面流量，m^3/s；a、b 为系数。

采用此法进行计算时，假定研究河段顺直，$Q—v$ 关系稳定。根据选定流量站实测的中、低水位流量资料，逐站分析系数 a、b，并分水系综合后作为各功能区由流量推算流速的依据。

（2）水力学公式计算法。浑河流域大多河流为坡降小于 10°、流量稳定均匀变化，且坡降基本一致的顺直长河段。采用曼宁公式进行计算，即

$$v = \frac{1}{n} \cdot R^{\frac{2}{3}} \cdot J^{\frac{1}{2}} \tag{2-12}$$

式中：v 为流速，m/s；n 为糙率；R 为水力半径，m；J 为水力坡度（比降）。

2.2.3 控制单元

控制单元指确保控制断面水质达标而划定的污染物控制区域。控制单元划分应以流域水文情势及污染物分布特征为基础，同时兼顾行政单元经济发展规划、污染物治理基础和区域水环境保护目标。控制单元内污染物来源比例和断面水质分析是确定控制单元划分合理性的关键。

控制单元的确定主要依据研究区域内污染物排放特征及初始边界的水质状况，并结合面源模型确定影响控制断面水质的主要污染源所在区域。控制单元的划分主要基于流域水体水文情况及区域污染物排放规律：①水文情况，浑河流域处于辽河流域东部山丘地区，河流支流众多，受地势影响，河流多为自东向西、自周边向中心辐射状流向。由于受潮汐影响，大辽河河流为双向流，造成三岔河口以下污染源对断面水质的影响较为复杂，因此，进行控制单元划分时应以流域完整性为基础；②区域内污染源分布情况，鉴于控制断面水质主要取决于控制单元内污染负荷的分布情况，因此，划分控制单元时应充分考虑区域内部污染源排放规律和废水入河降解特征。

流域控制单元与水功能区、子流域及行政区在空间划分上存在交叉和重叠，在功能上形成交互和补充。随着面源污染加剧，水功能区作为我国水环境管理的基础单元，亟需实现陆域与水体的协同管理，因此，传统概念上的水功能区需向控制单元转变，从流域层面出发进行水环境管理。数字化技术的应用使得子流域划分与水环境模拟过程中可量化为更小尺度的地理信息，在尽可能保证地理空间经济社会特性用水差异的情况下，充分考虑流域水环境行政区管理的实际需求，借助控制单元水环境容量总量控制措施，使"水中"和"岸上"利益相关者的投入和收益达到平衡。

控制单元划分过程中，充分利用行政区长系列的社会经济、废水排放与治理、产业结构调整等统计资料，将控制单元与县域行政区边界紧密结合，便于对排污超标地区和行业进行行政管理。流域作为完整的汇水单元，是实现区域内水文调控、水质模拟、面源测算及水环境容量定量模拟计算的基础，为控制单元水环境容量计算和分配提供数据支持，因此，确保流域边界的完整性是进行控制单元划分的关键。污染物排放规律及其空间分布特征、水环境容量总量的计算和分配等水环境管理策略的实施，均以大量数据为支撑。因此，在计算单元内充分利用控制点的水文和水质长系列资料，本着区域经济可行的原则，减少监测站点数据收集过程中的费用支出。

2.2.4 约束条件

水环境容量计算大多依据不同公式进行。但针对各个水功能区特殊的水质条件和排污限定要求，计算过程中还遵循以下约束条件。

（1）排污河道的处理。对于没有径流量（设计流量为零）的水功能区或河流，可暂不进行本水域水环境容量计算，但应将该排污河道作为下游功能区划水域的支流进行处理，在满足下游水功能区划要求时，将本水功能区的水质要求作为节点条件加以处理。

（2）对饮用水水源一级保护区等不容许排污的高功能水域、水环境容量无法利用水域，可以不进行水环境容量的计算。

（3）当一条河流的中间水域没有进行功能区划时，可以直接按照上下断面的水质要求确定本水域的水质边界条件。对于没有进行功能区划但最终汇入一定功能区划水域的河流，可以将该河流作为下游功能区划水域的支流进行分析计算。

2.3　水质模拟

水质模拟计算涉及水环境科学的许多基本理论，属多学科交叉领域。水质模拟模型的核心是针对不同水体（河流、湖库）的水质要素（COD、$NH_3 - N$、TP、TN），在各种因素（水力、水文、物理、化学、生物、生态、气候）作用下随时空变化特征（输移、混合、分解、稀释和降解）的数学表达，是定量描述污染物入河、运移及相互转化关系的模块组合。随着计算机技术的发展及应用范围的不断扩大，以及数学模型与计算机程序设计的结合，水质模型依据模拟方程特征、时间变化、空间维数、物质转移特性、反应动力学性质的差异呈现出多样化的发展方向。当前，对水质模拟技术的研究主要针对水体污染物含量及种类，构建实用性强的水质模型，从水质达标角度实现水环境改善、污染物限排的目标，调控水质良好的可用水量。

2.3.1　国际层面

20 世纪 80 年代，国际上开展了集成水质模拟、水量配置模型的规划管理研究。随着计算机技术的发展，特别是面向对象的、视窗界面的、灵活易用的水质模拟软件的出现和发展，使得大范围的时空尺度，多水源水质的高维、多变量的战略性水环境保护规划成为可能。

20 世纪 90 年代，鉴于水质在水资源配置中的作用日益凸显，在水量调控研究过程中通常将水质作为水资源主价值属性进行基于水质变化的水资源优化配置模型的开发应用。

（1）在供水方面，Mehrez 等发展了一种考虑水量和水质的非线性规划模型，研究多水质、多水源的区域水资源供给系统，包括水库、地下井、输水管网和闸门调度规则。1992 年，Afzal 与 JaVaid 等针对巴基斯坦某个地区灌溉系统建立线性规划模型，对不同水质的水量使用问题进行优化。

（2）在优化调度方面，Hayes 等为满足水库下游水质目标，集成水量水质和发电效能的优化调度模型，探讨坎伯兰郡流域中水库日调度规则；Loftis 等使用水资源模拟模型和优化模型研究在综合考虑水量水质目标下的湖泊水资源调度方法；Pingry 等针对河流主干，探讨在水量配置和污染物处理水平固定的情况下，如何通过建立水量平衡模型和水盐模型的决策支持系统用以实现水资源供给费用和水污染处理费用之间的权益均衡问题。

在流域水资源规划方面，联合国及其所属组织在全球范围内对水质问题进行广泛的理论探讨和深入研究，确定水资源水质保护在可持续发展战略中的地位。Avogadro 等建立了考虑水质约束的水资源规划决策程序过程，第一阶段先不考虑水质因素，建立水量多目标规划模型来分配水量，第二阶段将水量结果输入水质模拟模型中考察分配结果是否满足流域时空水质目标，从提高污染物去除水平到增加约束条件的方法来重新求解水量模型。

在模拟模型研究中，Campbel 等利用水量模型 MODSIM 和水质模型 HEC - 5Q，设定各种情景方案，将 MODSIM 水量优化结果代入水质模型，研究满足鱼类生长繁殖的水量水质需求，并用模拟模型和线性优化模型研究三角洲地区地表水和地下水的分配规律。Azevedo 等利用水量模型 MODSIM 与水质模型 QUAL2E，针对模型参数时空变量的不确定性和资料的获取难易程度，建立水量水质集成评价指标，并将其应用于巴西毕拉西卡巴河流域的水环境保护管理中。

为促进水质模拟在广义水量配置领域的应用，1995 年，Fleming 和 Adams 建立地下水水量水质管理模型，促进了水量水质联调与管理层面的结合；Watkins 和 David 将污水处理费用纳入地表、地下水源联合调度模型，探求如何实现水资源综合管理效益最优化。1997 年，Wong 在多水源联合调度模型中考虑了地下水恶化的防治措施，在保护水质的基础上，为实现基于水质达标的水资源综合管理提供借鉴意义。Mattikall 等利用输出系数模型对英国某河流在 1931—1989 年近 60 年的总氮、总磷负荷进行了估算，并对化肥施用量和土地利用单个因子变化时的面源污染负荷进行情景分析，探求外界环境变化与水体污染的真正原因。

2.3.2　国内层面

在模型的构建过程中，学者根据各自的研究区域及侧重点，从不同的角度考虑，建立多元化的水量水质联调的水资源优化配置模型。李考真等以徒骇河聊城段为例，建立水量平衡方程和混合单元水质模型，给出引黄河水的水质水量联合调度的最佳方式。徐贵泉等根据河网地区水量水质变化的相互关系和水体处于好氧、缺氧、厌氧状态的复杂条件，研制出适应性较强的河网水量水质统一模型，促进了河网水量水质模拟计算的发展，带动了水环境改善试验和水环境容量调配模型的发展。王好芳等根据水资源配置的目标建立了水量、水质、经济、生态环境分析子模型，并在此基础上，根据大系统理论和多目标决策理论建立了基于量质的面向经济发展和生态环境保护的多目标协调配置模型。

借助水功能区对水质类别的限定约束作用，有关学者尝试性地将水质模拟模型引入水功能区中，进行水资源优化配置方法的创新改进，有力地推进了水量水质双总量控制的研究进程。夏星辉等在对黄河流域进行水资源数量与质量联合评价的基础上，提出了水资源功能容量与水资源功能亏缺的概念。刘克岩等以流域为单元，对不同水功能区在确定水资源潜在利用量的基础上，采用水量水质结合的评价方法确定满足水体功能的可利用量，计算各区纳污能力、削减量，并提出水环境的保护措施。王渺林等在介绍满足流域水功能区水质目标的可用水资源量联合评价方法的基础上，基于水量平衡和污染物质的质量平衡原理，建立单元系统的水量水质模型，并利用该模型推求广东鉴江流域可用水资源量。付意成等以水功能区目标水质为调控中心，利用 GAMS 软件对松花江流域进行水量水质联合调控的长系列耦合求解，在合理确定节点、分区纳污能力、核算时段入河污染物控制量和削减量的基础上，实现规划水平年水质达标控制。

为充分体现水资源优化配置中的量质一体化，学者在实践探索的基础上，借助水质模型测算结果的准确性、合理性，提出一系列水量水质联调的控制方法。夏军等针对地表来水用水状况，以摸清水资源数量与质量"家底"为主要目标，从单元（集总）系统和复合（分布）系统的水量水质过程对应关系以及空间分布对应关系入手，评价水资源总量中不同类别水体质量的分布情况。李大勇等利用感潮河网水量和水质数学模型，对调水方案实施后主要监测断面的水质进行预测，分析了各个监测断面调水后的水质变化趋势，提出综合整治张家港地区水环境的最佳方案。牛存稳等在分布式水文模型（WEP-L）的基础上，建立了流域水量水质综合模拟模型，提出了基于综合模拟的水量水质综合评价方法，并首次从"断面水"和"片水"两方面综合评价流域水资源的数量和质量。

　　当前，学者结合开发的水质模拟模型，进行与水环境的改善和模拟相关要素研究，有力地推动了水质模拟的数字化进程。张艳军等给出以 DEM 为计算网格，使用有限体积法离散方程、SIMPLEC 法求解运动方程的水质模型算法，并成功地应用于三峡水库突发性水污染事件应急响应系统的水量水质模型模块中。苏琼等基于系统动力学模型（SD）和水质模型（WQ）建立了描述深圳河流域社会、经济、水资源和水环境系统的耦合模型（SD-WQM），定量分析了三产比例调整、工业结构内部调整及产业技术提升对流域供需水平衡和水质改善的影响。

2.4　污染物产生量模拟

2.4.1　模拟模型选取

　　受全球环境变化和经济快速发展的影响，我国水短缺、水污染、水生态、水灾害、水管理五方面问题复杂交叉，直接涉及国家多方面的安全，是一个复杂的水系统问题。在深入研究以流域水循环为纽带的水系统各部分联系与反馈机制的基础上，构建以多要素、多过程、多尺度流域水循环综合模拟为核心技术支撑，探讨良性水循环维持的途径。因此，在当前全过程、多要素的现代水资源综合管理中，流域水循环模型是一个关键的核心支撑技术。流域水循环模型很多，其中 SWAT（the Soil and Water Assessment Tool）是一类比较典型的分布式模型，在水资源、水利工程和相关学科的研究、规划和生产过程中，具有广阔的开发利用和应用前景。

　　SWAT 模型是由美国农业部的农业研究中心研发，开发的初衷为预测在大流域复杂多变的土壤类型、土地利用方式和管理措施条件下，土地管理对水分、泥沙和化学物质的长期影响。SWAT 模型以日为时间尺度，是一种基于 GIS 数据的分布式流域水文模型，用于模拟多种不同的水文物理、化学过程，如水量、水质以及杀虫剂的输移与转化过程。SWAT 模型包含降水、径流、土壤水、地下水、蒸散发以及河道汇流等参数，在径流模拟、面源污染计算、农业管理措施制订方面具有广泛应用。当前，SWAT 模型在我国湿润半湿润、干旱半干旱以及高寒区都得到了广泛的应用，涉及水质、泥沙、营养物和径流等方面的模拟和预测。

　　SWAT 模型集成了 RS、GIS 和 DEM 技术，能有效模拟和预测长期连续时间段内流域的径流、泥沙和污染物迁移过程。SWAT 模型集水量和水质、径流模拟的流域水文和面源污染模拟模型于一体，能预测不同土壤类型、土地利用/覆被变化等条件下土地管理措施对大尺度复杂流域径流、泥沙、水质和农业的影响。模型主要由水文径流模拟和流域水质模拟两部分构成，水文径流模拟为污染物的产生、入河、运移过程提供了水动力和物质载体，是进行面源污染控制的基础。

2.4.2　水文径流模拟

1. 模块构成

SWAT 模型水文模拟由子流域水文循环系统、河道演算系统、水库模拟系统三部分构成。

（1）子流域水文循环系统。子流域水文循环系统控制进入每个子水系主河道的水量、泥沙量、营养物和杀虫剂量等。子流域水文循环系统包括 8 个模块，即水文过程、气候、产沙、土壤温度、作物生长、营养物质、杀虫剂和农业管理，其中前 4 个模块与水文模拟相关。SWAT 水文循环结构框图见图 2-3。

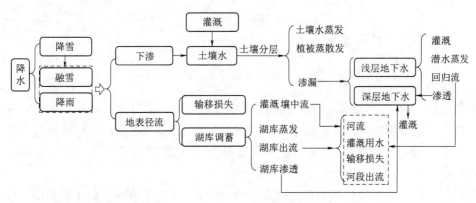

图 2-3　SWAT 水文循环结构框图

（2）河道演算系统。河道演算系统决定水、泥沙、营养物质等从河网向流域出口的输移运动方式。河道径流演算部分包括洪水径流演算、泥沙径流、营养物质和杀虫剂运移过程。

（3）水库模拟系统。水库模拟系统包括水库入流、出流、蒸发、渗漏、表面降雨、引水和回流。SWAT 模型提供 3 种水库出流量的计算方法供用户选用。

SWAT 模型中整个水分循环系统遵循水量平衡规律，具体计算公式为

$$\mathrm{SW}_t = \mathrm{SW}_0 + \sum_{i=1}^{t} (R_{\mathrm{day}} - Q_{\mathrm{surf}} - E_{\mathrm{a}} - W_{\mathrm{seep}} - Q_{\mathrm{gw}}) \tag{2-13}$$

式中：SW_t 为最终土壤含水量，mm；SW_0 为初始土壤含水量，mm；t 为时间，d；R_{day} 为第 i 天的降雨量，mm；Q_{surf} 为第 i 天的地表径流量，mm；E_{a} 为第 i 天的蒸发量，mm；W_{seep} 为从土壤表面入渗到非饱和带的水量，mm；Q_{gw} 为第 i 天的地下水回归流量，mm。

SWAT 模型提供了 SCS 与 Green - Ampt 两种模拟地表径流模型，提供了 Penman - Monteith、Priestley - Taylor 和 Hargreaves 这 3 种计算潜在蒸发能力的方法。

2. 模型构建

流域 SWAT 模型构建主要包括基础数据库构建和模型模拟方法设置两部分。具体过程见图 2-4。

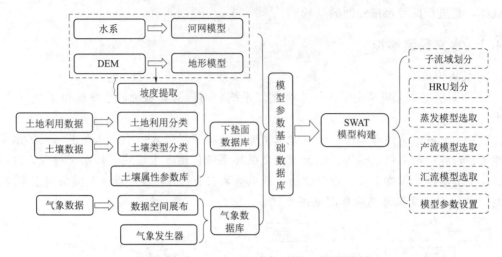

图 2-4　流域径流模拟 SWAT 模型构建过程

3. 水文循环模拟

研究借助 SWAT 模型集成的数字地形分析软件包，获得河流的坡度、坡长、流域面积等参数值。模型模拟时，首先根据 DEM 把流域划分为若干子流域，然后依据土地利用类型、土壤类型、坡度类型等数据进一步划分为水文响应单元（Hydrologic Response Unit，HRU）。

HRU 是 SWAT 模型模拟的最小研究单元，每类 HRU 具有独立的土地利用类型、土壤类型和坡度数据。ArcSWAT 模型软件提供 3 种 HRU 划分方式：唯一土地利用类型/土壤类型/坡度（Dominant Land Use、Soils、Slope）、唯一 HRU（Dominant HRU）、多种 HRU（Multiple HRUs）。为尽可能接近实际水文过程，研究模拟采用 Multiple HRUs 划分方式。设置模拟的土地利用类型、土壤类型、坡度类型面积最小阈值比均定为 10%，即如果子流域中某种土地利用类型、土壤类型和坡度类型的面积比小于该阈值，则在模拟中不予考虑，剩下的土地利用类型、土壤类型和坡度类型的面积重新按比例计算，以确保整个子流域的面积都能参与水文模拟。

模型模拟时蒸发模型选用 Penman/Monteith，产流模型选用 Daily Rain/CN/Daily Route 方法，汇流模型选用马斯京根法，降水数据空间插值展布采用 Skewed Normal 方法。

2.4.3　污染负荷模拟

污染负荷子模型主要用来模拟营养物质的负荷强度。SWAT 模型利用自身的水文过程的子模型、土壤侵蚀子模型和污染负荷子模型模拟面源污染物的产生负荷。水文循环过程中的侵蚀和营养物质产生量测算模块涉及一定的氮磷污染物的输入量，该过程为估算模拟地表径流中的磷损失量提供依据。

SWAT 模型主要模拟氮磷循环的过程，其循环过程伴随水文循环和土壤侵蚀过程而发生，且与二元水循环过程密切相关。对于子流域的营养物，SWAT 模型采用自备的

EPIC 模型进行模拟计算，对其中 N、P 两种营养元素进行独立模拟。氮被分为矿物氮和有机氮两大类，包含在硝酸盐中，通过水量和平均聚集度来计算。

氮循环模拟：氮循环过程分为有机氮、作物氮以及硝酸盐氮 3 种化学状态的循环，SWAT 模型模拟径流、侧流和入渗条件下各种形态氮的迁移转化过程，主要包括氮的生物固定作用、有机氮向无机氮的转化、溶解性氮随壤中流的迁移以及氨态氮挥发等过程。

磷循环模拟：磷循环过程分为溶解态磷和吸附态磷，对磷素的流失计算考虑了表层土壤聚集、径流量和状态划分因子等因素，同时考虑作物的生长吸收。SWAT 模型模拟磷在肥料、土壤与植物中迁移转化的过程，主要包括：地表淋溶、径流冲蚀以及无机吸收等的物理过程，有机磷矿化、磷酸盐的固定等的化学过程，以及农作物的吸收与收割等生物过程。

除对污染物产生量进行模拟外，SWAT 模型还可对多年生植物的轮作进行模拟，且不受年数限制，年内最多可以模拟三季轮作，可以输入灌溉、施肥、农药和杀虫剂的使用情况（日期、用量）来预测 BMPs 管理措施的影响。

2.5 水环境容量总量分配

水环境容量总量分配与污染物排放总量控制密切相关。污染物总量控制主要适用于确定总量控制的最终目标，也可作为总量控制阶段性目标可达性分析的依据。污染物总量控制的主要程序包括：①执行国家水行政主管部门制定的流域行业污染物排放总量控制标准；②由区域水环境管理机构在确定流域/区域水功能区划的基础上，核定控制单元污染物超标排放量，并科学分配给各控制单元；③控制单元所在区域地方政府/管理部门根据流域机构分配的总量指标，进行指标的二次分解，分解到更小的区域单元。在容量总量分配过程中应以公平、效率原则为主，同时兼顾清洁生产、先易后难、不重复削减、重点控制、集中控制的原则。

基于区域/流域水环境质量改善目标的总量控制计算程序包括：①根据区域水环境质量/水污染状况、区域发展规划、经济社会和自然条件、污染源分布及排放、扩散规律，确定总量控制区范围，明确水功能区的水污染控制因子和环境保护目标；②建立区域污染物扩散、运移、削减模型，科学分析总量控制区的自然条件和污染物扩散规律，计算水功能区水环境承载临界负荷，结合经济社会发展规划和污染物排放预测，确定污染物总量控制目标；③对控制单元污染源治污能力的经济、技术可行性进行分析，结合排污控制优化方案，将区域总量目标科学分解到各排污口；④各排污口依据分解的目标，科学确定各超标污染物的允许排放量和削减量，具体落实分配到各个污染企业、污染源；⑤实行污染物容量总量监管，促进总量控制政策的有效实施。

为从源头上有效改善水环境，研究中对污染物进行负荷总量控制（与美国的 TMDL 控制理念相同），有效地避免排放总量的控制弊端。参考 TMDL 计划，污染物总量控制过程为：水质目标（标准）→水环境容量→限制排污总量/允许排放量（可分配容量，即环境容量扣除背景源和安全余量后的余额）→分配限制排污总量。由于流域水质目标管理是"国家—流域—区域—控制单元—污染源"的多层次体系，因此，研究需从不同层次探讨流域的水污染总量控制技术。

依据流域水环境目标的主要构成因素分析，流域水环境容量分配的约束条件包括：①地理约束，主要借助水功能区划形成空间约束；②功能约束，主要依托水功能区水质目标，形成控制级别约束；③排污口约束，借助允许混合区限制，形成对排放量、排放浓度和排放位置的限制。各类约束形成一个多元约束关系网，其中各方面最严格约束形成的组合对流域/区域的水环境容量形成限制。依据各个制约因素，污染物总量控制方法主要基于区域、水功能区、排污单位、排污口 4 个层面。因此，水功能区污染物总量分配不仅要有总体要求，还需因地制宜，统筹兼顾流域、地区的经济社会可持续发展需求和水功能区水环境现状及保护需求。

2.5.1　污染物总量控制方法

1. 水功能区总量指标分配

在对研究区进行现状水质评价的基础上，找出超标控制因子，同时结合污染源评价，选取主要污染源作为总量控制对象。研究中，依据流域水体污染现状，可选取 COD、氨氮、总磷、总氮为总量控制因子，以水功能区设计水文条件下超标因子的水环境容量为控制依据，结合计算单元经济社会现状及规划水平年流域的水质保护目标提出流域污染负荷削减方案。

借助水质模拟模型，制订科学合理的污染物削减方案是实施流域污染物总量控制的关键，也是水环境容量总量分配工作的难点。在对研究区进行水质和污染物排放现状评价的基础上，找出超标控制因子，同时结合污染源排放发展预测及水环境容量计算结果，针对水体水质规划目标，提出总量控制实施方案，实现基于污染物入河控制量的排放总量控制。

研究中对以水系总量控制为基础计算出的污染物排放总量一般采用等比例分配法、定额达标法、绩效分配法、层次分析法、投标博弈法、单目标优化和多目标优化分配法将其分配到控制单元中，实现水功能区水质达标。

在污染物总量控制过程中：①针对不同污染状况和降解能力的污染物采取不同的分配方法；②总量控制目标应按分区、分级、分类、分期有序推进，对于目前污染较为严重的污染物，其削减幅度应实施时段梯级递增；③污染物减排指标应考虑地区污染物排放强度，不宜每年进行等额削减。

（1）等比例法。以污染源排污现状数据为基础，按照等比例原则削减污染物，以确定各污染源的容许排放量。计算公式为

$$\begin{cases} a_i = q_i(1-r) \\ r = 1 - \dfrac{W_{\text{aim}}}{W} \end{cases} \tag{2-14}$$

式中：q_i 为第 i 区域的污染物初始分配量，t；r 为污染物削减比例，%；W_{aim} 为上一级区域/流域的污染物目标控制总量，t；W 为基准年（一般为分配前一年）上一级区域排放总量，t。

在已知水功能区总量目标的前提下，依各分配对象在排污总量中所占的比例为权重，

将削减量分配到各控制单元。此法简便易行，还可在一定程度上反映污染现状，促使污染物排放大户采取措施削减排放量。

等比例法未考虑各污染源对于污染贡献的不同，也未考虑各污染源治理成本的不同。因此，该法对某些污染源排放量相差不大，且排污口分布均匀的流域进行污染物削减量初次分配时，效果明显；但在体现所有排污企业对减排功效层面难以体现公平。

（2）绩效分配法。绩效分配法指利用流域/区域平均排放绩效与排放源基准年内产值的乘积，确定排放源污染物总量的初始分配量。平均排放绩效一般指未来一段时间内区域/流域的污染物控制总量与产值/GDP 的比值。具体计算公式为

$$\begin{cases} \eta = \dfrac{W_t}{B} \\ a_i = \eta b_i \end{cases} \tag{2-15}$$

式中：η 为流域/区域平均排放绩效，t/万元；W_t 为流域/区域污染物排放目标控制总量；B 为流域/区域基准年产值总和；b_i 为第 i 个排放源基准年产值/GDP；a_i 为第 i 个排放源污染物初始分配量。

绩效分配法体现了效率优先原则，有利于促进产业转型和升级，科学性强。由于行业间特定差异的存在，导致采用不同评价指标得出的分配结果差异较大。

（3）层次分析法。20 世纪 70 年代初美国运筹学家 Saaty 教授提出层次分析法（AHP）的概念，用于解决分析决策过程中的定性和定量问题。AHP 作为综合评价法的一种，能够对被评价对象进行客观、公正、合理的全面评价，其评价方法日趋复杂化、数学化、多学科化，已成为一种综合性的科学技术。AHP 将计算过程中涉及的各种因素，借助划分的有序连续层次综合计算各评价指标权重，以便实施污染物排放总量分配。

1）层次结构搭建。研究中将流域/区域污染物排放总量分配体系分为 3 个层次，即目标层、准则层和指标层。其中，目标层指允许排放的污染物总量；准则层由影响污染物总量分配的经济、社会、环境（自然条件）、技术水平评价指标构成；指标层由分区对应的准则层的细化评价体系构成。在对影响因素权重进行模糊综合评判的基础上，给出分区的污染物分配权重，形成分区决策层，建立层次系统结构。污染物总量分配的层次结构如图 2-5 所示。

2）构造判断矩阵。依据层次结构模型确定的上、下层元素间的隶属关系，将有联系的元素进行两两比较后，构造出比较判断矩阵。在咨询有关专家意见的基础上，通过引入合适的标度，利用评分法判断单一指标在指标层中的相对重要程度。

研究中假定作为准则层的元素 B_k，对指标层元素 C_1，C_2，…，C_n 具有支配关系（在准则 B_k 下寻求 C_1，C_2，…，C_n 相应的重要程度权重）。结合专家打分法，任意两个元素 C_i、C_j 的重要程度由相应的专家独立打分给出。专家通过两两比较后，给出在每一层次上的元素重要程度比较判断矩阵 $\boldsymbol{C} = (C_{ij})_{n \times n}$，即

$$\boldsymbol{C} = \begin{bmatrix} C_{11} & C_{12} & \cdots & C_{1n} \\ C_{21} & C_{22} & \cdots & C_{2n} \\ \vdots & \vdots & \ddots & \vdots \\ C_{n1} & C_{n2} & \cdots & C_{nn} \end{bmatrix} \tag{2-16}$$

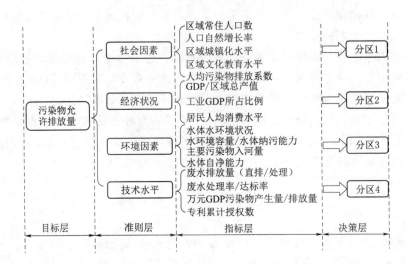

图 2-5　污染物总量分配的层次结构图

判断矩阵 C 的特性为：①$C_{ij} > 0$；②$C_{ij} = 1/C_{ji}(i \neq j)$；③$C_{ii} = 1(i、j = 1, 2, \cdots, n)$。

判断矩阵给出后，通常根据一定的比率标度将判定结果定量化。一般采用 $1 \sim 9$ 及其倒数的标度法进行计算。

3）判断矩阵一致性检验。检验判断矩阵一致性的目的在于避免专家在判断指标重要性时出现相互矛盾的结果。研究中利用方根法计算各判断矩阵最大特征值 $\lambda_{\max}$ 及其对应的特征向量。若 n 阶判断矩阵 C 的最大特征值 $\lambda_{\max}$ 比 n 大得多，C 的不一致程度较严重；相反，$\lambda_{\max}$ 越接近 n，C 的一致性程度越好。在评价过程中，为避免各种扰动因素对判断矩阵不一致性造成的影响，引入一致性指标 CI 作为量度判断矩阵偏离一致性的指标。计算公式为

$$CI = \frac{\lambda_{\max} - n}{n - 1} \qquad (2-17)$$

为构建衡量一致性指标 CI 的标准，研究中利用平均随机一致性指标 RI 修正 CI 的计算结果。当 $n \leqslant 2$ 时，1、2 阶判断矩阵具有完全一致性，RI 并无实际意义；当 $n > 2$ 时，用 CR 表示判断矩阵的一致性 CI 与同阶平均随机一致性指标 RI 的比值。当 CR=CI/RI<0.10 时，判断矩阵的一致性满足要求，判断结果可靠；当 CR=CI/RI$\geqslant$0.10 时，需对判断矩阵重新赋值，仔细修正，直至通过一致性检验。

4）层次排序。计算出某层次因素相对于上一层次中某一因素的相对重要性排序称为层次单排序。层次单排序计算问题可归结为计算判断矩阵的最大特征根及特征向量的问题。计算过程中通常对计算结果进行归一化处理。

计算同一层次所有因素对于最高层相对重要性的排序权值，称为层次总排序。假定 $W = (w_1, w_2, \cdots, w_i)$ 表示准则层上第 i 个元素相对于目标层的排序权重向量，$C_j = (C_{1j}, C_{2j}, \cdots, C_{nj})$ 表示指标层上 n 个元素对准则层第 j 个元素的排序权重向量（无支配元素的权重取为 0）。指标层上的元素对目标层的组合权重向量为

$$WC = [C_1, C_2, \cdots, C_i] \cdot W \qquad (2-18)$$

一致性检验采用单因素一致性检验的方法和步骤从高到低逐层进行。

5）总量分配权重确定。将区域指标层基础数据进行归一化处理后，计算决策层相对于目标层的组合权重。权重值的计算过程考虑了各区域的经济、社会、环境和技术等因素的影响，可将污染物总量分配区域的组合权重作为各个区域的分配权重。

在综合考虑经济、社会、环境和技术条件的基础上，单元总量分配综合权重即各单元应削减的水污染物量所占的比例。以此为基础，计算单元污染物的削减量计算公式为

$$W_e = \frac{W_0}{\sum WC_i} \cdot WC_i \qquad (2-19)$$

式中：W_e 为计算单元污染物的削减量；W_0 为区域水污染物总削减量；WC_i 为计算单元总量分配综合权重。

6）总量分配调整。

a. 如果控制单元污染物削减量大于污染物现状排放量，需对影响程度值或指标权重进行调整。

b. 如果计算控制污染物削减量不大于污染物现状排放量，各区的削减任务即为所包含的各控制单元的削减量之和。

利用层次分析法进行污染物容量总量的分配，因考虑到区域间在经济社会、资源环境和技术管理等方面存在的差异性以及排污总量控制过程中具有的不确定性因素，计算结果与等比例削减方法的相比，更能体现出区域单元之间的差异性。但指标选取的合理性会对总量的分配结果造成影响。

（4）多目标优化分配。针对当前污染物实施总量控制，既要考虑到功能区目标水质约束，又要考虑在目前污染物治理技术水平下，核定需要投资的资金数额。污染物排放削减量的多目标分配指在流域污染物排放总量控制目标下，通过对经济（总产出、产业结构）、水环境（控制因子排放量、行业总量分配量、水生态健康指标）、水资源（区域供水总量、部门用水结构、中水回用量）等多目标的耦合求解，寻求基于污染物排放量最少、各指标均衡发展的整体最优。

1）目标函数。

a. 累计 GDP 最大为

$$\text{GDP}_{\max} = \sum_i \sum_j (\boldsymbol{I} - \boldsymbol{A}) X_{ji} \qquad (2-20)$$

式中：$\boldsymbol{I}$ 为单位对角阵；$\boldsymbol{A}$ 为直接消耗系数阵；X_{ji} 为第 j 部门第 i 年的总产出。

b. 部门水污染物排放量最小为

$$\text{WP}_{\min} = \sum_i \sum_j X_{ji} \cdot \text{GFW}_{ji} - \sum_i \sum_j D_{ji} C_{ji} \qquad (2-21)$$

式中：GFW_{ji} 为第 j 部门第 i 年的单位产出对应的污染物（COD、$NH_3 - N$、总磷、总氮 4 种控制因子）产生系数；C_{ji} 为第 j 部门第 i 年水污染物的治理费用；D_{ji} 为第 j 部门第 i 年单位费用对应的水污染物削减量。

c. 水资源需求量最小为

$$\text{WD}_{\min} = \sum_i \sum_j X_{ji} \cdot \text{GFR}_{ji} \qquad (2-22)$$

式中：GFR_{ji} 为第 j 部门第 i 年的单位产出需水量。

　　d. 经济综合平衡发展，即

$$\delta_{\min} = \sum_i \sum_j \eta_{-ji} + \eta_{ji} \qquad (2-23)$$

式中：η_{-ji}、η_{ji} 分别为第 j 部门第 i 年的动态投入产出方程的正负偏差变量。

　　2）约束条件。

　　a. 动态投入产出约束为

$$X(t) = AX(t) + B[X(t+1) - X(t)] + \hat{y}(t) \qquad (2-24)$$

　　b. 积累消费约束为

$$Y_{ji} = C_{hji} + C_{sji} + F_{fji} + F_{sji} + E_{ji} - M_{ji} \qquad (2-25)$$

式中：Y_{ji} 为第 j 部门第 i 年提供的最终产出；C_{hji} 为第 j 部门第 i 年用于家庭消费的产出部分；C_{sji} 为第 j 部门第 i 年用于社会集团消费的产出部分；F_{fji} 为第 j 部门第 i 年用于固定资产积累的产出部分；F_{sji} 为第 j 部门第 i 年用于流动资产积累的产出部分；E_{ji} 为第 j 部门第 i 年用于出口的产出部分；M_{ji} 为第 j 部门第 i 年用于进口的产出部分。

　　c. 治污费用约束为

$$C_{ji} < \theta_i \cdot F_{fji} \qquad (2-26)$$

式中：θ_i 为水污染治理费用占总产出的比例，根据前人所做的工作，研究中可取 3%。

　　多目标优化分配法考虑因素较多，并且能够将经济社会发展、污染物排放规律联系起来，具有一定的合理性。但该计算方法的动态性强，与我国现有的环境管理体系缺少有效衔接。

　　（5）基尼系数法。基尼系数由意大利经济学家基尼于 1922 年提出，是经济领域内用于评价收入公平性的指标。基尼系数作为一个比例数值，用于衡量环境资源利用是否合理，在 0~1 之间取值（低于 0.2，合理；0.2~0.3，比较合理；0.3~0.4，相对合理；0.4~0.5，利用不合理；0.6~1.0，利用极不合理）。基尼系数借助洛伦兹曲线表达收入分配的不公平程度。学者依据基尼系数的原理，对其加以修正，实现对水污染物排放总量分配方案的公平性评估与优化。流域水环境污染物总量分配的步骤如下。

　　1）划分流域的污染控制区，借助相关模型（如 SWAT 或环境流体动力学模型）进行子流域污染负荷及水环境容量计算。

　　2）确定子流域初始总量分配方案。根据子流域水污染现状、未来发展格局以及水生态/环境功能定位，确定污染物总量初始分配值。

　　3）确定基本参数（计算单元人口数、GDP、水环境容量/水体纳污能力、水资源量等），计算公平指数 G_i（计算单元 i 参数的平均水平与子流域 i 参数平均水平的比值）。

　　4）将 G_i 按由大到小的顺序排列，对各子流域进行重新编号。

　　5）依据指标重排序结果，计算各子流域指标的累计百分比和污染负荷分配的累计百分比。

　　6）绘制洛伦兹曲线和绝对公平曲线，并计算基尼系数 G_{ni}。研究中选取的基尼系数指标应能反映典型流域的自然、经济和社会发展概况，并且可以量化取值。依据《重点流域水污染防治"十一五"规划编制技术细则》，通常选取土地利用面积、人口数量、GDP

和水环境容量作为环境基尼系数的判定指标。

2. 区域总量指标分配

区域污染物总量指标在水质控制目标容量测算和出境断面污染物总量削减的基础上进行分配。

（1）以基准年区域污染物排放统计数据为基准，核算跨界断面污染物出境量，计算公式为

$$W_c = \sum W_{si} \cdot \theta_i \qquad (2-27)$$

式中：W_c 为省（市、县）控制断面污染物出境量；W_{si} 为区域内第 i 个控制区域的实际排放量；θ_i 为区域内第 i 个控制区域的污染物综合传递系数。

污染物综合传递系数 θ_i 可按式（2-28）进行计算，即

$$\theta_i = \theta_{1i} \cdot \theta_{2i} \cdot \theta_{3i} \cdot \theta_{4i} \qquad (2-28)$$

式中：θ_{1i} 为入河系数，依据企业排放口和城市污水处理设施排放口到入河排污口的距离 L 的远近来确定；θ_{2i} 为渠道修正系数；θ_{3i} 为温度修正系数；θ_{4i} 为河道内对控制断面影响系数，一般取 $0.2 \sim 0.6$ 进行计算。

研究中依据流域污染物排放量与入河量间的关系，以国家环保总局《全国水环境容量核定技术指南》为依据，通过对入河距离、渠道形式、气温等主要因素进行修正的基础上，获得不同点源污染物的入河系数。其入河系数及修正值见表 2-5。

表 2-5　　　　　　　　　　　　　点源污染物入河系数及修正值

污水排放口到入河排污口距离 L/km	入河系数	入河系数修正条件	修正值
$L \leqslant 1$	1.0	通过未衬砌明渠入河	$0.6 \sim 0.9$
$1 < L \leqslant 10$	0.9	通过衬砌暗管入河	$0.9 \sim 1.0$
$10 < L \leqslant 20$	0.8	气温在 10℃ 以下	$0.95 \sim 1.0$
$20 < L \leqslant 40$	0.7	气温在 $10 \sim 30$℃	$0.8 \sim 0.95$
$L > 40$	0.6	气温在 30℃ 以上	$0.7 \sim 0.8$

（2）根据出境断面浓度控制目标确定区域出境污染物削减水平，计算公式为

$$\eta = \left(1 - \frac{C_m}{C_s}\right) \times 100\% \qquad (2-29)$$

式中：η 为省（市、县）控制断面出境污染物削减水平；C_m 为出境断面基准年污染物目标浓度；C_s 为出境断面基准年污染物实测平均浓度。

（3）确定区域污染物初始分配总量，计算公式为

$$W_i = W_c \cdot (1 - \eta) \cdot \left(\frac{W_{di}}{\sum_{i=1}^{n} W_{di} \cdot \theta_i}\right) \qquad (2-30)$$

式中：W_i 为区域污染物初始分配总量；W_{di} 为流域内第 i 个控制区域排污单位排放定额总量。

（4）调整区域污染物初始分配总量。若 $W_i > W_{si}$，则 P_i 调整为 W_{si}，以控制区域的实际排放量作为区域（流域）污染物总量指标。

对于所排废水无法进入确定的水功能区或河网水系过于复杂的区域，环境监控或污染物排放控制部门可结合当地经济发展情况、区域排污现状、环境质量要求和污染总体削减水平等，采用等比例削减等方法分配区域污染物容量总量指标。

3. 排污单位污染物总量指标分配

排污单位污染物总量指标采用定额达标法予以分配，即按照现有的国家行业污染物排放标准中规定的排污定额为依据确定总量指标。城市污水处理设施或其他工业污水集中处理设施的污染物容量总量指标，按设计处理能力和出水水质标准进行计算。

（1）工业企业有行业排水定额时，以企业的产品数量、排水定额、废水排放浓度计算排放限值，即

$$\mu_i = P_i H_i C_i \tag{2-31}$$

式中：μ_i 为第 i 个工业污染源在定额排放情况下的排放限值；P_i 为第 i 个工业污染源基准年的产品数量（或近 3 年平均产品数量）；H_i 为第 i 个工业污染源所属行业单位产品最高排水定额；C_i 为第 i 个工业污染源废水允许排放浓度。

（2）工业企业有行业污染物排放定额时，以企业的产品数量和污染物排放定额计算排放限值，即

$$\mu_i = P_i D_i \tag{2-32}$$

式中：D_i 为第 i 个工业污染源单位产品排放污染物的限值；其余符号意义同前。

（3）工业企业既无排水定额也无污染物排放定额时，以企业的产品数量、用水定额、排水系数和废水允许排放浓度计算排放限值，即

$$\mu_i = P_i E_i q C_i \tag{2-33}$$

式中：E_i 为第 i 个工业污染源单位产品用水定额；q 为排水系数，一般按 $0.6 \sim 0.8$ 计算。

（4）如果企业所属行业无排水定额、用水定额、排污定额等相关数值，则采用基准年排水量和废水允许排放浓度计算排放限值，即

$$\mu_i = Q_i C_i \tag{2-34}$$

式中：Q_i 为第 i 个工业污染源基准年排水量。

按定额达标法分配的各排污单位总量指标之和超过总量控制指标时，各级环境保护部门应根据区域总体削减水平，以区域内排放水污染的重点排污单位排放定额为基础，按等比例分配方法重新分配其总量指标；其他工业企业则按定额达标排放量进行分配。等比例分配方法计算式为

$$W_i = W \left(\frac{\mu_i}{\sum\limits_{i=1}^{n} \mu_i} \right) \tag{2-35}$$

式中：W_i 为第 i 个排污单位污染物容量总量指标；W 为已确定的总量控制指标。

为加大高排污企业的污染物削减力度，可借助平方比例分配的思想进行污染物总量的分配计算，即

$$W_i = W \left(\frac{\mu_i^2}{\sum\limits_{i=1}^{n} \mu_i^2} \right) \tag{2-36}$$

废水排入城市污水处理设施或其他工业污水集中处理设施的排污单位，对其分配的污染物排放量不计入区域总量控制指标中。

4. 排污口污染物最优排放

污染物排放许可交易是一种实现流域污染物治理与水质改善均衡发展的有效经济手段。在综合国内外流域污染物排放交易研究特点的基础上，提出以治污成本最小化、低水位水质风险最小化为目标函数的污染物排放交易研究框架。在 NSGA-Ⅱ、YBT、IDPA 模型求解适用范围的基础上，构建涵盖流域治污层面相关要素的污染物排放许可交易框架。利用非零和博弈模型，以前述理论框架为基础，构建以流域均衡发展、治污成本最小化为目的的污染物排放交易模型，以此实现排污口污染物的最优排放。

（1）概述。作为一种新的解决公共物品分配问题的制度手段，许可证交易已经在世界各地以不同的形式被广泛应用。排污权交易制度是一种经济手段，能够有效地降低环境负荷，达到保全环境的目的。随着水资源紧缺局面的加剧，污染物排放权交易已成为解决流域生态环境问题的有效途径。水污染排污权交易不仅是企业解决排污指标短缺的手段，也是进行区域污染物总量控制，解决污染防治投入不足的重要手段。

污染物排放许可交易制度首先由 Crocker 和 Dales 提出。我国学者多从交易产生的理论背景、经济学原理层面阐述，借鉴相关实例进行交易模型的框架论述。当前，对污染物排放许可交易一般采用确定性模型进行研究，易忽略环境的随机性，如 O'Neil 和 Eheart 等指出变化的环境特性影响到排污许可交易制度（TDP）实施的有效性。最近，Hung 等在考虑跨界断面最小水流基础上，提出基于交易率方法（TRS）的河流污染物排放交易制度。TRS 能够满足预先设置的水质标准，利用最少的交易次数减少成本。Ganji 等运用对称的纳什理论构建离散的随机动态博弈模型，模拟用水户间的竞争。Kerachian 等提出两种随机模型用于水库和河流水库体系的水质管理。Shirangi 等给出一种简易的冲突改进解决方法，在考虑水质的基础上用于水库操控。

在污染物排放交易许可中，排放权被看作具有可转让产权性质的有形资产。因此，具有污染物排放余量的排放者将其多余排放容量借助市场交易，转让给相对低效的污染物排放者。许多学者已开展过污染物排放许可交易模型的研究，如 Montgomery 和 Eheart 等利用确定性模型进行河流污染物排放许可交易，但不能就超过河流水质标准造成的风险给出定量分析。当前，Niksokhan 等给出一种在考虑利益相关者利益冲突的河流污染物排放许可交易方法。随后，Niksokhan 等提出一种考虑不同利益相关者和决策者利益冲突、发展河流污染物排放许可交易的有效方法。

为有效解决流域水体污染物排放过程中的风险性与治污成本变动性造成的总量分配不确定性问题，本书借鉴多目标优化求解理论，从基于治污层面的流域均衡发展、博弈层面的污染物排放交易角度出发，提出流域污染物排放和治理相关的最优均衡决策。研究成果利于流域污染物排放的总量控制和浓度排放的限定控制，可为进行流域的水质达标控制及治污标准的核算提供依据。

（2）研究方法。本书采用遗传算法改进序列（NSGA-Ⅱ）、Young 交易理论（YBT）以及污染物初始排放许可分配（IDPA）模型进行相关分析。在多目标优化模型中，NSGA-Ⅱ用于提供总处理费用和违背浓度及总量排放标准造成的模糊风险间的均衡曲线。在冲突解决模型中，YBT 用以解决决策者和利益相关者间的利益冲突，给出总处理费用的最佳值以及超过标准的风险。IDPA 模型用于实现最大污染物排放许可情况下的水质标准。排放许可交易模型（DPT），用于最小化治污成本，并提供用于上下游污染物排放交易的均衡政策。研究的思路框架见图 2-6。

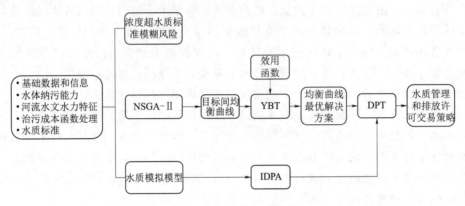

图 2-6　研究的思路框架

河流体系中的水质管理通过利用河流水体的自净能力，降低污染物排放对环境的污染，实现水体水质稳定。从均衡发展角度考虑，流域上下游水质协调的目标在于：确信污染物在可接受的界限范围内，达到水质和污染物排放标准；同时充分利用水体自净稀释能力，减少污染物治理费用。为此，研究以治理成本最小化、低水位水质超标风险最小化两个目标进行最优化模型的构建。

1）治理成本最小化。河流沿岸通常分布一系列的排污口，排放不同治理水平下的污染物。检测站点的指标污染物浓度的现场测定结果，用于表明水质状况的可接受程度。在水质管理模型中，水质指标污染物浓度超标，在排放过程中应当被控制。总治理费用 c 的表达式为

$$c = \sum_{i=1}^{n} f_i(x_i) \tag{2-37}$$

式中：$f_i(x_i)$ 为排污口 i 的治理费用函数；x_i 为部分清除水平；n 为排污口的个数。

2）低水位水质风险最小化。低水位水质风险最小化可以用模糊事件的概率表示，通常被认为是低水位水质事件的发生概率。计算表达式为

$$r_{wl} = \int_0^\infty \mu_{wl}(c_{wl}) f(c_{wl}) \mathrm{d}c_{wl} \tag{2-38}$$

式中：$\mu_{wl}(c_{wl})$ 为低水位水质模糊事件的从属函数；$f(c_{wl})$ 为水质指标 w 在检测点 l 处浓度水平的概率密度函数（PDF）。

研究中对于在检测点处的水质变量浓度 PDFs，在输入河道上游流量的基础上，利用 Monte Carlo 模拟法获得。

（3）模块构成。

1）NSGA-Ⅱ。由于多目标改进算法（MOEAs）能处理复杂问题，适合于多目标最优化问题求解，如非连续、多峰值、空间离散化、噪声评估问题。遗传算法能够处理解决

方案的整体性问题，因此从整体的角度利于帕累托最优的实现。NSGA-Ⅱ算法作为一套成熟的理论已被广泛应用到科研、生产领域。项目借助 NSGA-Ⅱ算法，给出决策制定者针对冲突目标构建帕累托最优的实施基础。

2）YBT 模型。YBT 模型提供了一种调查双方价格满足程度的方法。模型假定存在两种有限性，即可能的交易数目 l_1 和代理商数量 l_2。在每个周期中，两个随机给定代理商的 $j \in l_1$，$k \in l_2$，开始有两个参与者 1 和 2 独自进行博弈。博弈过程中，周期数并非一定相同。每个参与者具有冯·诺依曼效用函数 π_i。假定每个群体的分布均匀，每个治污者的效用函数为凸函数，改进的博弈模型收敛于独特的分界值 $(x, 1-x)$。在 x 最大化时，严格的准凹函数为

$$R(x) = \min \left\{ \min_{j \in l_1} \frac{\dfrac{\partial \pi_j(x)}{\partial x}}{\pi_j(x)}, \min_{k \in l_2} \frac{\dfrac{\partial \pi_k(1-x)}{\partial x}}{\pi_k(1-x)} \right\} \tag{2-39}$$

Young 理论属于零和博弈，因此 x_1 和 x_2 具有相同的单位，且 $x_1 + x_2 = 1$。但在水质管理中，参与者的效用函数通常具有不同单位的价值。比如，对上游环境保护机构而言，水质非常重要，并且环境保护者致力于减少污染的治理投入。为此，书中定义两个新变量 y_1 和 y_2，用于解决零和博弈问题。借此，x_1 和 x_2 表示为

$$\begin{cases} x_1 = \dfrac{y_2}{y_1 + y_2} \\[3mm] x_2 = \dfrac{y_1}{y_1 + y_2} \end{cases} \tag{2-40}$$

参与者在考虑到双方目标的前提下，可给出自己的效用函数。如前所述，在用 NSGA-Ⅱ方法获得均衡曲线的基础上，YBT 模型用于选择无偏差的最优解决方案，包括上下游可接受的总治理成本以及超标水质造成的风险，也包括污染物排放者 i 的污染物处理水平 (x') 和排放负荷 (p_i)。

3）IDPA 模型。为实现在总污染物负荷最大的前提下水体水质达标，构建 IDPA 模型用于检测污染物的排放负荷。控制条件表示为

$$\begin{cases} \max Z_1 = \displaystyle\sum_{i=1}^{n} \overline{p}_i \\[2mm] \text{s. t.} \quad c_{al} \geqslant c_a \quad \forall a, l \end{cases} \tag{2-41}$$

式中：$\overline{p}_i$ 为污染者 i 的平均排放负荷，kg；n 为总排污者的个数；c_{al} 为水质指标污染物 a（如 COD）在检测站点 l 处的浓度，mg/L；c_a 为水质指标污染物 a 的最小允许检测浓度，mg/L。

4）DPT 模型。NSGA-Ⅱ、YBT 对排污者 i 提供了污染物的最优处理水平以及污染物的最优排放负荷 p_{io}，IDPA 提供了最大污染物排放负荷 $\overline{p}_{io}$。研究表明，当 $\overline{p}_{io} < p_{io}$ 时，排污者 i 向河中排放超过河流最大允许承受极限的污染物，且排污权在同流域的排污者之间可自由交易；当 $\overline{p}_j > p_j$ 时，排污者 j 允许出售排污权。

在确定排污权的出售者和购买者的基础上，借助优化模型，可计算出售排污权的价值，便于区域内部水生态补偿标准的确立。为实现排污者公平排放污染物，以单一排污者

排污变化对整体排污成本影响程度最小为目标，构建优化模型为

$$\min Z_2 = \mathrm{var}\left(\frac{c_i'}{e_i}, \forall i\right) = \frac{1}{n-1}\left[\sum_{i=1}^{n}\left(\frac{c_i'}{e_i}\right)^2 - \frac{1}{n}\sum_{i=1}^{n}\left(\frac{c_i'}{e_i}\right)^2\right] \qquad (2-42)$$

$$\text{s. t.} \quad c_i' = c_i + \sum_{j=1}^{n}\alpha_{ij}c_{ij}''$$

$$\alpha_{ij} = \begin{cases} -1 & \text{当 } \overline{p_i} > p_i, \overline{p_j} < p_j \text{ 时} \\ 1 & \text{当 } \overline{p_i} < p_i, \overline{p_j} > p_j \text{ 时} \\ 0 & \text{其他} \end{cases} \qquad c_{ij}'' = \begin{cases} f_i(x_i') - f_i\left(x_i' - \dfrac{T_{ij}}{e_i}\right) & \text{当 } \alpha_{ij} = -1 \text{ 时} \\ f_j(x_j') - f_j\left(x_j' - \dfrac{T_{ij}}{e_j}\right) & \text{当 } \alpha_{ij} = 1 \text{ 时} \\ 0 & \text{当 } \alpha_{ij} = 0 \text{ 时} \end{cases}$$

$$T_{ij} \geqslant 0 \quad \sum_{j=1}^{n}T_{ij} \leqslant e_i \quad i = 1, 2, \cdots, n \text{ 且 } i \neq j$$

式中：n 为总排污者个数；c' 为污染物排放交易后的排污者总成本，元；e_i 为排污者 i 的污染物清除量，kg；T_{ij} 为由排污者 i 变为排污者 j 后的污染物允许排放量，kg；c_{ij}'' 为排污者 i 清除 T_{ij} 的成本（卖方），元；α_{ij} 为排污者 i 和 j 买卖双方间的交易系数；$f_i(x)$ 为排污者 i 在清除水平 x 下的治理成本函数；x_i' 为排污者 i 的污染物最优清除水平。

（4）交易模型。研究中运用非零和博弈模型，从环境保护机构与污染物排放者目标冲突的均衡中选择最优的非偏向解决方案，实现污染物的最优排放交易。具体操作流程见图 2-7。参与者 Ⅰ 和 Ⅱ 具有混合的策略向量 x 和 y。假定 x 的维度从 1 到 n，y 的维度从 1 到 m。n 维矩阵 A 和 m 维矩阵 B 分别对应参与者 Ⅰ 和 Ⅱ 的决策变量。参与者 Ⅰ 在 A 的行向量、参与者 Ⅱ 在 B 的列向量上取最大值。e、l 分别是 n 维、m 维的矢量。

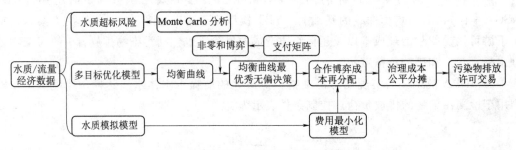

图 2-7 污染物排放许可交易流程框图

参与者 Ⅰ、Ⅱ 的目标函数为

$$\begin{cases} \max\limits_{x} x'Ay & \text{s. t.} \quad e'x - 1 = 0 \quad x \geqslant 0 \\ \max\limits_{y} x'By & \text{s. t.} \quad l'y - 1 = 0 \quad y \geqslant 0 \end{cases} \qquad (2-43)$$

对于上述目标函数的最初表现形式，在引入纳什均衡系数均衡点 (x^0, y^0) 的基础上，参与者 Ⅰ、Ⅱ 的目标函数能够同时成立，即

$$\begin{cases} x^{0'}Ay^0 = \max\limits_{x}\{x'Ay^0 \mid e'x - 1 = 0, x \geqslant 0\} \\ x^{0'}By^0 = \max\limits_{y}\{x^{0'}By \mid l'y - 1 = 0, y \geqslant 0\} \end{cases} \qquad (2-44)$$

对上述联立均衡方程组，直接运用 Kuhn-Tucker 的必要条件，求出均衡点：如果

$(\boldsymbol{x}^0,\boldsymbol{y}^0)$ 是联立方程组的均衡点，则应该存在标量 α^0、β^0，使得下面的函数关系成立，即

$$\begin{cases} x^{0\prime}\boldsymbol{A}\boldsymbol{y}^0-\alpha^0=0 \\ x^{0\prime}\boldsymbol{B}\boldsymbol{y}^0-\beta^0=0 \\ \boldsymbol{A}\boldsymbol{y}^0-\alpha^0\boldsymbol{e}\leqslant0 \\ \boldsymbol{B}'\boldsymbol{x}^0-\beta^0\boldsymbol{l}\leqslant0 \end{cases} \text{s. t.} \begin{cases} e'\boldsymbol{x}^0-1=0 \\ l'\boldsymbol{y}^0-1=0 \\ \boldsymbol{x}\geqslant0 \\ \boldsymbol{y}\geqslant0 \end{cases} \tag{2-45}$$

上述函数关系式变形可得

$$\begin{cases} \boldsymbol{x}^0(\boldsymbol{A}\boldsymbol{y}^0-\alpha^0\boldsymbol{e})=0 \\ \boldsymbol{y}^0(\boldsymbol{B}'\boldsymbol{x}^0-\beta^0\boldsymbol{l})=0 \end{cases} \tag{2-46}$$

环境保护机构与污染物排放者间的非零和博弈模型可表示为

$$f=\max_{x,y,\alpha,\beta}x'(\boldsymbol{A}+\boldsymbol{B})\boldsymbol{y}-\alpha-\beta=0$$

$$\text{s. t.} \begin{cases} \boldsymbol{A}\boldsymbol{y}-\alpha\boldsymbol{e}\leqslant0 \\ \boldsymbol{B}'\boldsymbol{x}-\beta\boldsymbol{l}\leqslant0 \\ e'\boldsymbol{x}-1=0 \\ l'\boldsymbol{y}-1=0 \\ \boldsymbol{x}\geqslant0,\boldsymbol{y}\geqslant0 \end{cases} \tag{2-47}$$

式中：α、β 为标量，α、β 在取最大值的情况下，即为 α^0、β^0，分别为参与者 Ⅰ、Ⅱ 获得的期望价值。

2.5.2 水环境容量总量分配

1. 线性规划水环境容量总量分配

借助污染普查与年鉴统计数据，依托分布式面源模型、统计分析方法、输出系数模型，核定功能分区点源与面源污染负荷。依据流域水功能区水质目标，采用一维稳态水质模型（湖库为均匀混合模型）与线性规划理论，按照最不利设计水文条件及控制性水工程调控情景，综合考虑经济社会影响因素，模拟计算流域水体水环境容量。依据功能分区污染负荷贡献率，结合区域计算单元污水处理能力与污染物削减调控技术，实现功能分区TMDL污染负荷总量分配，形成水环境容量总量控制方案。研究结合丰、平、枯三期河流水量水质同步监测数据，在综合考虑流域自然、社会经济、历史资料系列、污染物排放现场数据的基础上，水环境容量总量分配过程见图 2-8。

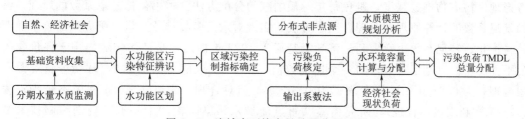

图 2-8　流域水环境容量总量分配过程

（1）分配过程。为最大限度地利用河流水体的水环境容量，研究基于水质断面的控制目标，给出基于污染物最大排放限度的目标函数及约束条件为

$$z = \max \sum_{j=1}^{n} x_j$$

$$\text{s. t.} \begin{cases} x_j \geqslant 0 & j = 1,2,\cdots,n \\ \sum_{j=1}^{n} a_{ij} x_j \leqslant C_i & i = 1,2,\cdots,N \end{cases} \tag{2-48}$$

式中：x_j 为第 j 个污染源的排放量；a_{ij} 为第 j 个污染源对第 i 个控制点的响应系数；C_i 为控制断面（点）i 的水质控制浓度。

结合线性规划水环境容量模型、河流一维稳态水质模型计算结果，以水功能区水质目标作为污染物浓度约束条件，考虑区域经济社会条件和不利设计水文条件，对不同河段水环境容量进行二次分配。

以污染源排放量比例的形式表达排污口污染物排放总量目标函数，即

$$\sum_{j=1}^{n} \frac{x_j}{M} = \sum_{j=1}^{n} \beta_j = 1 \Rightarrow \frac{x_j}{M} = \beta_j \tag{2-49}$$

约束条件变为

$$\sum_{j=1}^{n} \left(\frac{a_{ij}}{C_i} \beta_j \right) = \sum_{j=1}^{n} (a_{ij}' \cdot \beta_j) \leqslant \frac{1}{M} \quad i = 1,2,\cdots,N \tag{2-50}$$

在对流域水功能区水质达标影响因素进行综合考虑的基础上，结合污染物排放限定条件，给出排污口污染物合理排放量计算过程如下。

1) 由计算单元污染物排放分配原则确定目标函数及污染源分配比例。

2) 由约束方程确定，即 $\sum_{j=1}^{n} (a_{ij}' \cdot \beta_j)$ 最大的断面为控制断面，计算水环境容量为

$$M = \frac{1}{\max \sum_{j=1}^{n} (a_{ij}' \cdot \beta_j)} \tag{2-51}$$

3) 依据分配比例计算污染源的允许排放量，确定分配方案为

$$x_j = \beta_j M \tag{2-52}$$

4) 分配结果不满意调整分配比例，重复进行，直到方案满意为止。

（2）合理性评估。水功能区合理的水环境容量分配方案对应控制单元最佳允许排放量方案。在污染物总量控制过程中，应按照分区、分级、分类、分期的原则有序推进，对于目前污染较为严重的污染物，其削减幅度应实施时段梯级递减。同时，污染物减排指标应考虑地区污染物排放强度，避免每年等额削减的分配方法。本书依据基尼系数的原理，借助基尼系数的计算原理和合理性判定方法，实现对水污染物排放总量分配方案的公平性评估与优化。基尼系数由意大利经济学家基尼于 1922 年提出，是经济领域内用于评价收入公平性的指标。基尼系数作为一个比例数值，在 0～1 取值（低于 0.2，环境容量资源利用合理；为 0.2～0.3 比较合理；为 0.3～0.4 相对合理；为 0.4～0.5 利用不合理；为 0.6～1.0 利用极不合理）。研究借鉴《重点流域水污染防治"十一五"规划编制技术细则》，选取土地利用面积、人口数量、GDP 和水环境容量/水体纳污能力作为环境基尼系数的判定指标。

1) 初始基尼系数。研究中采用梯形面积法计算污染物控制指标的初始基尼系数。公

式表达形式为

$$
\begin{cases}
G_{0(j)} = 1 - \sum_{i=1}^{n} (X_{j(i)} - X_{j(i-1)})(Y_{j(i)} + Y_{j(i-1)}) \\
X_{j(i)} = X_{j(i-1)} + \left(\dfrac{M_{j(i)}}{\sum_{i=1}^{m} M_{j(i)}} \right) \\
Y_{j(i)} = Y_{j(i-1)} + \left(\dfrac{W_{j(i)}}{\sum_{i=1}^{m} W_{j(i)}} \right)
\end{cases}
\tag{2-53}
$$

式中：$G_{0(j)}$ 为基于某一指标 j 对应污染物（如 COD、氨氮）的初始环境基尼系数；$X_{j(i)}$ 为第 i 区域内的 j 指标累计百分比，%；$Y_{j(i)}$ 为第 i 区域内基于指标 j 的 COD、氨氮排放量累计百分比，%；$M_{j(i)}$ 为第 i 个区域内 j 指标值；$W_{j(i)}$ 为第 i 区域内 j 指标对应的污染物排放量；j 为基尼系数指标标号，如土地利用面积、人口数量、GDP 和水环境容量等；i 为分配对象数量；n 为分配区域的个数。当 i 为 1 时，(X_{i-1}, Y_{i-1}) 的取值为 $(0, 0)$。

2）环境基尼系数优化。为使研究区环境基尼系数之和最小，在假定洛伦兹曲线图内各区域排序不变的情况下，系数的优化过程为

$$
z = \min \sum_{j=1}^{m} G_j \quad \text{s. t.}
\begin{cases}
\sum_{i=1}^{m} W_i = (1-q) \cdot \sum_{i=1}^{m} W_{0(i)} \\
G_j = G_{0(j)} \\
W_i = (1-p_i)W_{0(i)} \quad p_{i0} \leqslant p_i \leqslant p_{i1} \\
K_{j(i)} = \dfrac{W_i}{M_{j(i)}} \quad K_{j(i-1)} \leqslant K_{j(i)} \leqslant K_{j(i+1)}
\end{cases}
\tag{2-54}
$$

式中：G_j 为削减目标实现后 j 指标对应基尼系数优化值；W_i 为污染物总量削减目标实现后第 i 区域内的污染物年排放量，t；$K_{j(i)}$ 为 i 计算单元内 j 指标对应的单位排污量；q 为污染物总量的预定削减比例，%；p_i 为第 i 计算单元污染物削减比例，%；p_{i0}、p_{i1} 分别为污染物削减比例的可行上、下限。

3）二次分配。为进一步削减排污大户的污染物排放量，借助单位产值的排污系数，确定行业的初始分配方案。计算依据为

$$
\max M = \sum_{i=1}^{n} \frac{Z_i}{C_i} \quad \text{s. t.} \quad \sum_{i=1}^{n} Z_i \leqslant \sum_{i=1}^{n} (Z_{0i} \cdot q)
\tag{2-55}
$$

式中：M 为所有参与优化计算的排污行业的总产值，万元；C_i 为第 i 种污染源对应的万元产值排污系数，kg/万元；Z_i 为第 i 种污染源对应的污染物分配量，t；Z_{0i} 为第 i 种污染源对应的现状年排放量，t；q 为某地区目标削减比例，%。

对于某些行业，由于难以获取指标数据，研究中可利用等比例削减法进行区域计算单元污染物的削减计算。

依据基尼系数的计算值，判断分配的公平性。如果分配不公平，则返回步骤 2）重新进行计算。

基尼系数计算过程中涉及因素众多，并且各影响因子间关系复杂，相互联系。在以后

47

的研究中，应针对典型污染的产生机理和运移变化特征，进行行业污染物产生和排放机理的研究，制定更为科学和全面的指标体系评价标准，解决总量分配过程中的环境公平性问题。

2. 排污权交易

排污权交易的实质是排污总量控制指标的交易，从一定程度上讲，没有总量控制，就没有排污权交易。因此，总量控制是排污权交易的基础。排污权交易思想的精华在于通过容许排污许可证交易，赋予权利所有者完整的经济权利，借助交换实现排污权资源的有效率配置，从而达到环境保护目标。总量控制实现了容量资源使用权在不同主体间的界定。污染物排放总量的确定，相当于限制了可供使用的容量资源的总量，使得总量指标的分配具有经济资源分配的含义。排污权交易通常依靠市场手段使排污单位主动实现"总量控制"目标，达到环境资源商品化的目标。同时，排污权交易作为排污许可制度的市场化形式，是环境总量控制的一种有效措施。本书在领会排污权交易实质的基础上，借鉴国内外成熟经验，利用现有条件，积极搭建理论研究与实践之间的桥梁，探索实用性强、可操作的水环境容量总量控制方法和实践。本书借助排污权交易市场，将治理污染的行为主动发生在边际治理成本最低的污染源上，并将具体的污染治理决策借助企业的污染治理行为体现出来。

排污权交易作为一种效率型经济法律制度，有助于实施总量控制，实现环境保护目标。在理论层面，排污交易系统具有成本效率性和公平性特征。在排污权初级市场上，排污权作为一种环境容量资源，其价值评估是排污权交易制度成功实施的关键。

3. 水功能区总量分配

在进行现状水质评价的基础上，找出超标控制因子，同时结合污染源评价，找出主要污染源作为总量控制对象。本书依据流域水体污染现状，选取 COD、$NH_3 - N$、TP、TN 为控制因子，以水功能区设计水文条件下超标因子的水体纳污能力为控制依据，结合计算单元经济社会现状及规划水平年流域的水质保护目标提出流域污染物削减负荷分配方案。

第3章 浑河流域水资源与水环境概况

3.1 流域概况

浑河流域位于辽宁省东部地区，流域面积 2.74 万 km²（流域内山地、丘陵、平原分别占 69.0%、6.1%、24.9%），由浑河、太子河、大辽河水系构成。浑河流域行政区包括抚顺市、沈阳市、本溪市、辽阳市、鞍山市、营口市、盘锦市大部分、铁岭市一部分以及丹东市的小部分，行政区面积占全省面积的 18.7%，是辽宁省乃至东北地区重要的经济中心。浑河全长 415km，太子河长 413km，两者均发源于长白山脉，在三岔河附近汇合后称大辽河，大辽河全长 96km，在辽宁省营口市入渤海。流域处于暖温带湿润—半湿润季风气候，地形以丘陵为主，植被类型多为落叶阔叶林。流域多年平均最大径流量为 76.32 亿 m³，主要集中在汛期的 6—9 月。浑河、太子河流经我国东北老工业基地（抚顺、沈阳、辽阳、鞍山、本溪等），遭受工业点源污染较为严重。

浑河流域地处辽河中下游平原，地势低平，河道坡降变化小，水流缓慢，河网密集（沿途分布有浑河、太子河、汤河、细河等），污染水体的降解能力较差，地表水体污染严重。同时，浑河、太子河流经辽宁省工业发达的中部城市群以及种植业兴盛的辽东平原，沿途接纳的大量点源污染物（工业及城市生活污染源）、面源污染物（农村面源污染、城市径流、乡村径流）的注入，河水中污染物（COD、NH_3-N）浓度含量较高。河道中除部分污染物浓度得到削减外，大部分借助水流的携带运移作用，进入湖库，改变了湖库中 COD、NH_3-N、TP、TN 等污染物的含量结构，降低了可用水量的水质标准，加剧了水环境恶化情势。

3.1.1 自然地理

1. 地形地貌

浑河流域位于辽河流域的东南侧，地貌以平原、丘陵为主。流域东为长白山，海拔在 400.00~500.00m，西为辽河中下游平原，海拔在 300.00m 左右。地势自北向南，由东向中、西部倾斜，山地和丘陵大致分列于东西两侧，中部为东北向西南缓倾的长方形平原：铁岭、沈阳一带，地面高程为 40.00~60.00m，辽阳、鞍山一带地面高程仅4~7m。

2. 气候特征

浑河流域处于中纬度南部，位于欧亚大陆东岸，属温带半湿润和半干旱的季风气候区。流域大陆性气候明显，四季分明、雨热同期、日照丰富、干燥多风。冬季以西北季风为主，严寒漫长；夏季盛行东南季风，温热多雨。气温由西北部向东南、由平原向山区递减，年平均气温在 5~9℃。清原、新宾以东为流域最冷地区，年均温在 5℃以下。年内气温高低悬殊，年最高温出现在 7 月，一般在 21～28℃。流域极端气温变差在 ±40℃ 左右，高于或低于同纬度其他地区的气温变化。

浑河流域位于我国东部太阳总辐射量最大的地区，大部分地区超出 130kcal/cm² 。全年日照总时数为 2400～2600h，年日照率为 51%～67%，活动积温达 2700～3700℃。流域无霜期较长，在 140～160 天。

浑河流域地处辽宁省东南部，由于受地理位置及地形因素影响，降水量较为丰富。流域降水量自西北向东南递增，降水主要集中在 6—9 月，约占全年降水量的 80%，年际变化大，年内分配差异明显。流域多年平均蒸发量在辽河流域中相对较低，在 800～1000mm；多年平均降水深 748.42mm，径流深 226.11mm。

3. 土壤类型

浑河流域主要土壤类型为草甸土、棕壤、淹育水稻土、水稻土、暗棕壤，土质肥沃，是辽宁省的主要产粮基地。棕壤广泛分布在低山丘陵和山前缓坡高地上，土地利用类型多为林地、园地和耕地；暗棕壤主要分布在海拔 600.00～800.00m 以上的石质山地上部，多为针阔混交林分布区；草甸土主要分布在沿河两岸和山间沟谷平地上，大部分开垦为耕地；水稻土主要分布在沿河阶地和山间谷地缓坡平地上。

依据全国第二次土地调查数据，浑河流域分布区域最广的土壤类型为棕壤和草甸土，两者分别占流域总面积的 48%、29%，分布面积较广的土壤类型为暗棕壤、潮棕壤、城区（建筑用地）、褐土、棕壤性土、水稻土、淹育水稻土、盐渍水稻土，上述土壤类型分布面积约占流域总面积的 21%。浑河流域土壤类型及分布情况见表 3-1。

表 3-1　　　　　　　　　　浑河流域土壤类型及分布情况

土壤类型	面积/km²	土壤类型	面积/km²	土壤类型	面积/km²
暗棕壤	534.54	草甸沼泽土	49.59	潜育水稻土	40.90
滨海盐土	28.33	草原风沙土	14.16	石灰性草甸土	68.15
滨海沼泽盐土	0.67	潮土	5.46	水稻土	943.15
草甸暗棕壤	3.98	潮棕壤	482.84	淹育水稻土	814.25
草甸风沙土	19.78	城区	527.01	盐化草甸土	37.24
草甸碱土	2.73	冲积土	0.66	盐化沼泽土	37.64
草甸土	7974.33	腐泥沼泽土	54.21	盐渍水稻土	1203.04
钙质粗骨土	136.91	褐土	582.91	沼泽土	27.81
棕壤	13180.79	棕壤性土	601.19	面积合计	27372.27

4. 水文地质

浑河流域地处辽河下游平原，地势低平，河道弯曲，地表水与地下水交换活跃，矿产资源丰富，工农业发达，人口稠密，水资源相对不足，是我国北方缺水较严重的经济区域、粮食生产基地。

流域地质构造多样，东部太古界分布广泛，属于辽宁省最古老的基底变质岩系，山地多为侵蚀山地丘陵；西部地质构造较齐全，太古界、元古界、中生界均有分布，是全省岩浆活动最剧烈地带，这一地区由于植被破坏严重，造成水土流失，加之气候干旱，缺水程度较大；中部平原为冲积平原和剥蚀低丘沙地，地面组成物质为冲积、洪积、海积相连，流域内矿藏资源丰富，土壤多种多样，是辽宁省的商品粮基地。

3.1.2 河流水系

浑河流域由浑河、太子河、大辽河3个主要水系构成。流域总控制面积约为2.74万 km²，干流总长度达828.3km。浑河和太子河在三岔河附近汇合之后成为大辽河，大辽河流经平原地区，最终在营口附近注入渤海。

1. 浑河水系

浑河发源于抚顺市清原县湾甸子镇长白山支脉的滚马岭西侧，自东向西流经抚顺、沈阳等大城市，流域内工农业发达。浑河全长415.4km，年径流量为24.04亿 m³，流域控制面积11481km²，其中，山丘区占总流域面积的69.7%，平原占30.3%。浑河在流经途中接纳多条支流汇入，右岸主要有英额河、章党河、万泉河、细河和蒲河等，左岸有苏子河、萨尔浒河、社河、东洲河、古城子河、拉古河、白塔堡河等，以东洲河、古城子河、章党河和蒲河等支流较大。浑河支流多集中在沈阳以上的中上游河段，其中流域面积大于100km²的支流有31条。浑河在流经清原、新宾、抚顺、沈阳、辽中、辽阳、海城、台安等县市后，在三岔河与太子河汇合称大辽河。

浑河水系地势东南高，西北低，河道曲折，呈不规则河型，水系发育，水量丰富。大伙房水库以上河段，流经中低山丘陵，植被覆盖率达79.2%；中、下游流经辽河下游平原，河网交错，渠道纵横，工农业发达，灌溉方便。浑河水源主要来自上游山地降雨补给，河源以下自然落差588m。下游河口段地势低洼，水面宽阔，非结冰期可通航。

2. 太子河水系

太子河是辽河下游左侧一大支流，横贯辽宁省中部地区，流域呈东西向，东侧为鸭绿江支流浑江、南临大洋河、西北接浑河。太子河流经本溪、鞍山和辽阳等大城市，流域内工农业发达。太子河上游分南北两支，以北支为长，发源于新宾县平顶山乡红石粒子，向西流经平顶山、苇子峪、二道河子等村；南支发源于本溪县东营坊乡羊湖沟草帽顶子山麓，向西北流经碱厂、南甸子和北甸子等村镇，南北两支在本溪县下崴子汇合后始称太子河干流。汇流后的太子河流经本溪县、本溪市区、灯塔县、辽阳市、鞍山市和海城县，在三岔河附近与浑河汇合。太子河全长412.9km，年径流量33.30亿 m³，流域面积13883km²，其中山丘区占77.6%，平原区占22.4%。

3. 大辽河水系

浑河和太子河在三岔河口汇合之后以下部分称为大辽河。大辽河河长94km，年径流量1.60亿 m³，流域面积0.20万 km²，平原区占94.9%。大辽河流经海城、盘山、大石桥、大洼等市县，主要一级支流左岸有劳动河，右岸有南河排水总干、新开河、外辽河等3条。

浑河流域水系众多，地表水资源总量为58.94亿 m³，单位面积产水模数为22万 t/km²。浑河、太子河、大辽河水系基本概况见表3-2。

表 3-2　　　　　　　　浑河、太子河、大辽河流域水系基本概况

水系	河长/km	流域面积/万 km²		多年平均地表水资源量/亿 m³	主要支流水系
		总面积	平原区		
浑河	415.4	1.15	0.35	24.04	黑牛河、英额河、苏子河、社河、章党河、东洲河、大柳河、蒲河等
太子河	412.9	1.39	0.31	33.30	细河、兰河、汤河、北沙河、柳壕河、南沙河、运粮河、杨柳河、五道河、海城河等
大辽河	94.0	0.20	0.19	1.60	劳动河、新开河、外辽河等
合计		2.74	0.85	58.94	

3.1.3　水利工程

浑河流域有 4 座大型水库,其中浑河水系 1 座,为大伙房水库;太子河水系 3 座,为观音阁水库、葠窝水库、汤河水库。

大伙房水库位于浑河干流上,坝址坐落在抚顺市,距抚顺 18km,沈阳 60km,水库坝址以上控制流域面积 5437km²,总库容为 21.87 亿 m³。大伙房水库枢纽工程包括大坝、二号坝、三号坝、主溢洪道、第一非常溢洪道、第二非常溢洪道、输水道。在输水道后接有泄洪支洞和水电站。水库以防洪、供水、发电为主,兼顾养殖、旅游,多年平均径流量为 15.7 亿 m³,调节性能为多年调节。

观音阁水库位于太子河上游干流上,坝址距本溪市 40km,控制流域面积 2795km²,总库容 21.68 亿 m³。水库以城市、工业供水和防洪为主,兼有灌溉、发电、养鱼等综合效益,多年调节水量为 9.47 亿 m³,多年平均径流量为 11.1 亿 m³,调节性能为多年调节。

葠窝水库位于太子河干流上,坝址距辽阳市 40km,控制流域面积 3379km²,总库容 7.91 亿 m³。水库以防洪为主,兼有灌溉、工业供水、发电等综合效益,水库多年调节水量为 9.47 亿 m³,多年平均径流量为 12.8 亿 m³,调节性能为不完全年调节。

汤河水库位于太子河支流上,坝址距辽阳市 39km,控制流域面积 1228km²,总库容 7.23 亿 m³。水库以防洪、灌溉为主,兼有发电、工业供水、养鱼等综合效益,水库多年调节水量为 9.47 亿 m³,多年平均径流量为 2.93 亿 m³,调节性能为多年调节。

浑河流域共有设计库容为 1000 万～1 亿 m³ 的中型水库 11 座,其中浑河流域 6 座,设计总库容 18726 万 m³,太子河流域 3 座,设计总库容 6020 万 m³,大辽河流域 2 座,设计总库容 4035 万 m³。浑河受上游大伙房水库、太子河受上游观音阁水库的调节,流域小型水库较少。浑河流域大中型水库的具体信息见表 3-3。

表 3-3　　　　　　　　浑河流域大中型水库基本信息

级别	序号	库名	所在地	所在河流	总库容/亿 m³
大型	1	大伙房	抚顺市	浑河	21.87
	2	观音阁	本溪县	太子河	21.68
	3	葠窝	辽阳市弓长岭区	太子河	7.91
	4	汤河	辽阳市弓长岭区	汤河	7.23
			库容小计		58.69

续表

级别	序号	库名	所在地	所在河流	总库容/亿 m³
中型	1	棋盘山	沈阳市东岭区	蒲河	0.8016
	2	英守	抚顺县抚南乡	古城河	0.1238
	3	腰堡	抚顺县五龙乡	社河	0.1944
	4	红升	新宾县红升乡	苏子河	0.3893
	5	后楼	清原县湾甸子乡	红河	0.1494
	6	小孤家	清原县湾甸子乡	红碰河	0.2141
	7	三道河	本溪县高官乡	小夹河	0.2956
	8	王家坎	海城市八里乡	八里河	0.193
	9	山嘴	海城市接文乡	海城河支流	0.1134
	10	疙瘩楼	大洼县唐家农场	南河沿渠系	0.243
	11	荣兴	大洼县荣兴农场	荣兴渠系	0.1605
库容小计					2.8781

3.1.4 社会经济

浑河流域主要包括抚顺市、沈阳市、本溪市、辽阳市、鞍山市大部分、铁岭市一部分以及丹东市的小部分，行政区总面积 2.74 万 km²，占全省面积的 18.7%，是辽宁省乃至东北地区重要的经济中心。

2012 年，浑河流域总人口为 1233.4 万人，占行政区总人口的 48.6%。其中城镇 873.2 万人，占流域总人口的 70.8%。流域人口密度为 451 人/km²（辽宁省人口密度 286 人/km²），其中城镇人口密度为 1127 人/km²，城镇化率 70%，高于全国城镇化率 17.4 个百分点（全国城镇化率为 52.6%），反映出流域经济高速发展带来的区位优势。耕地总面积 107.6 万 hm²，其中水田 40.9 万 hm²，旱田 66.8 万 hm²。工农业生产总值 3979.1 亿元，其中工业生产总值 3764.1 亿元，占 94.6%；农业 215.1 亿元，占 5.4%。

3.2 分区划定

3.2.1 水资源分区

在水资源分区上，浑河流域共分一个二级区，两个三级区，分区总面积 27327km²，见表 3-4。

表 3-4　　　　　　　　　　浑河流域水资源分区

所在河流	行政分区	水资源分区	面积/km²
浑河	抚顺市	大伙房水库以上	5437
	沈阳市	大伙房水库以下	3590
	鞍山市	大伙房水库以下	299

所在河流	行政分区	水资源分区	面积/km²
浑河	抚顺市	大伙房水库以下	1808
	辽阳市	大伙房水库以下	225
	铁岭市	大伙房水库以下	122
太子河	沈阳市	太子河	732
	鞍山市	太子河	2853
	抚顺市	太子河	1396
	本溪市	太子河	4327
	丹东市	太子河	57
	辽阳市	太子河	4518
大辽河	营口市	大辽河	1963
合计			27327

3.2.2　水功能分区

研究依据辽宁省水资源开发利用现状及长远发展规划，结合流域周边的沈阳、鞍山、抚顺等 9 市区的经济社会发展对水量水质的不同层次的需求，依据可持续发展、统筹兼顾并突出重点、前瞻性、便于管理及实用可行、水质水量并重、不低于现状水质标准原则，划定各水域的主导功能及功能顺序，确定功能区的水质控制标准。区划采用二级区划制，即在界定保护区、保留区、缓冲区和开发利用区（流域因开发利用程度较高，未划定保留区）4 个一级区基础上，将一级区中的开发利用区再划分为饮用水源区、工业用水区、农业用水区、渔业用水区、景观娱乐用水区、过渡区、排污控制区 7 个二级区。

为防治水污染，保护浑河、太子河、大辽河的地表水水质，维护流域良好的水环境，对流域内干流和一、二、三级支流水系的水功能区进行划定。浑河流域纳入《辽宁省水功能区划》的主要河流有 5 条，分别为蒲河、苏子河、英额河、浑河、红河，共划定一级水功能区 28 个，其中，保护区 6 个，开发利用区 22 个，暂且没有划定保留区与缓冲区。一级水功能区区划河长 1398km，其中保护区 98km，开发利用区 1300km。浑河 22 个开发利用区共划定 63 个二级水功能区，区划河长 1300km，其中，农业用水区 39 个，饮用水源区 14 个，工业用水区 9 个，渔业用水区 15 个，景观娱乐用水区 3 个，过渡区 12 个，排污控制区 5 个。太子河共划定一级水功能区 36 个，其中，保护区 12 个，开发利用区 24 个，没有保留区和缓冲区。开发利用区共划定 92 个二级水功能区，其中，饮用水源区 22 个，工业用水区 9 个，农业用水区 38 个，渔业用水区 8 个，排污控制区 7 个，过渡区 8 个。大辽河划定一级水功能区 6 个，二级水功能区 7 个。

结合浑河水系水资源网络节点图及区划精度要求，在认真分析流域内河流、湖库水量水质现状及对社会经济、生态发展的辐射力度的基础上，考虑到资料获取的难易程度并确保水质控制目标的实现，研究依据《全国水功能区划技术大纲》及《辽宁省水功能区划》，对浑河流域英额河、浑河、苏子河、社河、章党河、东洲河、蒲河、太子河、细河、兰河、汤河、海城河、北沙河、大辽河14条重点河流的水功能区进行划定，见表3-5。

表 3-5　　　　　　　　浑河流域水功能区划

水系	水功能区	级别	河流	起始断面	控制断面	终止断面	河段	长度/km	水质目标
浑河	章党河抚顺开发利用区	一	章党河	源头		入浑河河口	抚顺	36	
浑河	章党河抚顺农业用水区、过渡区	二	章党河	源头	哈达	入浑河河口	抚顺	36	Ⅲ
浑河	东洲河抚顺开发利用区	一	东洲河	源头		入浑河河口		59	
浑河	东洲河关门山水库农业用水区、渔业用水区	二	东洲河	源头	关门山水库	关门山水库出口	抚顺	11	Ⅱ
浑河	东洲河"关山Ⅱ水库"农业用水区、渔业用水区	二	东洲河	关门山水库出口	关山Ⅱ水库	关山Ⅱ水库出口	抚顺	12	Ⅲ
浑河	东洲河抚顺工业用水区、农业用水区	二	东洲河	关山Ⅱ水库出口	东洲	入浑河河口	抚顺	36	Ⅳ
浑河	红河清原源头水保护区	一	红河	源头	湾甸子	湾甸子镇	抚顺	20	Ⅱ
浑河	红河湾甸子镇景观娱乐用水区	二	红河	湾甸子镇	英额河入河口	英额河入河口	抚顺	56	Ⅱ
浑河	浑河抚顺、沈阳、辽阳、鞍山开发利用区	一	浑河	湾甸子镇		三岔河口		395	
浑河	浑河北口前饮用水水源区、农业用水区	二	浑河	英额河入河口	北杂木	大伙房水库入口	抚顺	55	Ⅱ
浑河	浑河大伙房水库饮用水源区、农业用水区	二	浑河	大伙房水库入口	大伙房水库	大伙房水库出口	抚顺	37	Ⅱ
浑河	浑河大伙房水库出口工业用水区	二	浑河	大伙房水库出口	橡胶坝1	橡胶坝1	抚顺	11	Ⅲ
浑河	浑河橡胶坝1景观娱乐用水区、工业用水区	二	浑河	橡胶坝1	橡胶坝（末）	橡胶坝（末）	抚顺	11	Ⅲ
浑河	浑河橡胶坝（末）工业用水区	二	浑河	橡胶坝（末）	污水处理厂	三宝屯污水处理厂入河口	抚顺	12	Ⅳ
浑河	浑河高坎村过渡区	二	浑河	三宝屯污水处理厂入河口	高坎	高坎村	抚顺	6	Ⅲ
浑河	浑河高坎村饮用水水源区、农业用水区	二	浑河	高坎村	七间房	干河子拦河坝	沈阳	6	Ⅲ

续表

水系	水功能区	级别	河流	起始断面	控制断面	终止断面	河段	长度/km	水质目标
浑河	浑河干河子拦河坝饮用水水源区、农业用水区	二	浑河	干河子拦河坝	浑河桥	浑河桥	沈阳	19	Ⅲ
浑河	浑河浑河桥景观娱乐用水区	二	浑河	浑河桥	浑南渠首	五里台	沈阳	1	Ⅲ
浑河	浑河五里台饮用水源区、农业用水区	二	浑河	五里台	龙王庙上	龙王庙排污口	沈阳	7	Ⅲ
浑河	浑河龙王庙排污口排污控制区	二	浑河	龙王庙排污口	上沙坨子	上沙	沈阳	7	*
浑河	浑河上沙过渡区	二	浑河	上沙	谟家闸上	金沙	沈阳	4	Ⅴ
浑河	浑河金沙农业用水区	二	浑河	金沙	土东	细河河口	沈阳	53	Ⅴ
浑河	浑河细河河口排污控制区	二	浑河	细河河口	黄腊坨桥	黄南	沈阳	4	*
浑河	浑河黄南过渡区	二	浑河	黄南	七台子	七台子	沈阳	8	Ⅴ
浑河	浑河七台子农业用水区	二	浑河	七台子	于家房	上顶子	沈阳	48	Ⅴ
浑河	浑河上顶子农业用水区	二	浑河	上顶子	对坨子	三岔河口	鞍山	50	Ⅴ
浑河	蒲河沈阳源头水保护区	一	蒲河	源头	棋盘山水库入口	棋盘山水库入口	沈阳	24	Ⅱ
浑河	蒲河沈阳开发利用区	一	蒲河	棋盘山水库入口		入浑河河口		181	
浑河	蒲河棋盘山水库农业用水区、渔业用水区	二	蒲河	棋盘山水库入口	棋盘山水库	棋盘山水库出口	沈阳	4	Ⅲ
浑河	蒲河法哈牛农业用水区	二	蒲河	棋盘山水库出口	大河泡	法哈牛	沈阳	94	Ⅴ
浑河	蒲河法哈牛过渡区	二	蒲河	法哈牛	南山里	团结水库入口	沈阳	19	Ⅲ
浑河	蒲河团结水库农业用水区、渔业用水区	二	蒲河	团结水库入口	团结水库	团结水库出口	沈阳	13	Ⅲ
浑河	蒲河辽中农业用水区	二	蒲河	团结水库出口	蒲河桥	辽中上排污口	沈阳	30	Ⅴ
浑河	蒲河辽中排污控制区	二	蒲河	辽中上排污口	老窝棚	老窝棚	沈阳	3	*
浑河	蒲河老窝棚过渡区	二	蒲河	老窝棚	刘家岗	老窝棚下 1km	沈阳	1	Ⅴ
浑河	蒲河老窝棚农业用水区	二	蒲河	老窝棚下 1km	前高家	入浑河河口	沈阳	17	Ⅳ

水系	水功能区	级别	河流	起始断面	控制断面	终止断面	河段	长度/km	水质目标
浑河	社河抚顺源头水保护区	一	社河	源头	腰堡水库入口	腰堡水库入口	抚顺	16	Ⅱ
浑河	社河抚顺开发利用区	一	社河	腰堡水库入口		大伙房水库入口		37	
浑河	社河腰堡水库农业用水、渔业用水区	二	社河	腰堡水库入口	腰堡水库	腰堡水库出口	抚顺	1	Ⅱ
浑河	社河温道林场饮用水水源区、农业用水区	二	社河	腰堡水库出口	南章党	大伙房水库入口	抚顺	36	Ⅱ
浑河	苏子河新宾源头水保护区	一	苏子河	源头	红升水库入口	红升水库入口	抚顺	11	Ⅱ
浑河	苏子河新宾开发利用区	一	苏子河	红升水库入口		大伙房水库入口		137	
浑河	苏子河红升水库饮用水水源区、农业用水区	二	苏子河	红升水库入口	红升水库	红升水库出口	抚顺	3	Ⅱ
浑河	苏子河双庙子饮用水水源区、农业用水区	二	苏子河	红升水库出口	双庙子	双庙子	抚顺	6	Ⅱ
浑河	苏子河双庙子过渡区	二	苏子河	双庙子	北茶棚	北茶棚	抚顺	7	Ⅲ
浑河	苏子河北茶棚饮用水水源区、农业用水区	二	苏子河	北茶棚	永陵	永陵镇桥	抚顺	19	Ⅱ
浑河	苏子河永陵镇过渡区	二	苏子河	永陵镇桥	下元	下元	抚顺	5	Ⅱ
浑河	苏子河下元饮用水水源区、农业用水区	二	苏子河	下元	木奇	木奇	抚顺	29	Ⅱ
浑河	苏子河木奇饮用水水源区、农业用水区	二	苏子河	木奇	古楼	大伙房水库入口	抚顺	68	Ⅱ
浑河	英额河清原源头水保护区	一	英额河	源头	英额门上	英额门镇	抚顺	18	Ⅱ
浑河	英额河清原开发利用区	一	英额河	英额门镇		入浑河河口		26	
浑河	英额河英额门镇工业用水区、农业用水区	二	英额河	英额门镇	英额门下	小山城	抚顺	16	Ⅱ
浑河	英额河小山城排污控制区	二	英额河	小山城	马前寨	马前寨	抚顺	6	*
浑河	英额河马前寨过渡区	二	英额河	马前寨	入浑河河口	入浑河河口	抚顺	4	Ⅱ

水系	水功能区	级别	河流	起始断面	控制断面	终止断面	河段	长度/km	水质目标
太子河	北沙河本溪、沈阳、辽阳开发利用区	一	北沙河	源头		入太子河河口		117	
太子河	北沙河本溪农业用水区	二	北沙河	源头	大堡	大堡	本溪	26	Ⅲ
太子河	北沙河大堡农业用水区、过渡区	二	北沙河	大堡	红菱桥	浪子	沈阳	57	Ⅲ
太子河	北沙河浪子饮用水水源区、农业用水区	二	北沙河	浪子	入太子河河口	入太子河河口	辽阳	34	Ⅲ
太子河	海城河海城源头水保护区	一	海城河	源头	红土岭	红土岭水库入口	鞍山	32	Ⅱ
太子河	海城河海城开发利用区	一	海城河	红土岭水库入口		入太子河河口		64	
太子河	海城河"红土岭水库"饮用水水源区	二	海城河	红土岭水库入口	红土岭水库	红土岭水库出口	鞍山	2	Ⅱ
太子河	海城河"红土岭水库"出口饮用水水源区、农业用水区	二	海城河	红土岭水库出口	海城	东三台	鞍山	35	Ⅲ
太子河	海域河东三台农业用水区	二	海城河	东三台	牛庄镇	入太子河河口	鞍山	27	Ⅳ
太子河	兰河辽阳源头水保护区	一	兰河	源头	高家堡子	水泉	辽阳	18	Ⅱ
太子河	兰河辽阳开发利用区	一	兰河	水泉		葠窝水库入口		49	
太子河	兰河水泉饮用水水源区	二	兰河	水泉	水泉	古家子	辽阳	16	Ⅱ
太子河	兰河古家子农业用水区	二	兰河	古家子	梨庇峪	葠窝水库入口	辽阳	33	Ⅱ
太子河	太子河新宾源头水保护区	一	太子河	源头	源头	观音阁水库入口	抚顺	62	Ⅱ
太子河	太子河本溪、辽阳、鞍山开发利用区	一	太子河	观音阁水库入口		三岔河口		351	
太子河	太子河观音阁水库饮用水水源区、工业用水区	二	太子河	观音阁水库入口	观音阁水库	观音阁水库出口	本溪	36	Ⅱ
太子河	太子河老官砭子饮用水水源区、农业用水区	二	太子河	观音阁水库出口	老官砭子	老官砭子	本溪	51	Ⅱ
太子河	太子河老官砭子工业用水区、饮用水水源区	二	太子河	老官砭子	合金沟	合金沟	本溪	12	Ⅱ

水系	水功能区	级别	河流	起始断面	控制断面	终止断面	河段	长度/km	水质目标
太子河	太子河合金沟工业用水区、排污控制区	二	太子河	合金沟	白石碰子	葠窝水库入口	本溪	16	Ⅳ
太子河	太子河葠窝水库工业用水区、农业用水区	二	太子河	葠窝水库入口	葠窝水库	葠窝水库出口	辽阳	23	Ⅲ
太子河	太子河葠窝水库出口工业用水区、农业用水区	二	太子河	葠窝水库出口	南沙坨子	南排入河口	辽阳	45	Ⅲ
太子河	太子河南排入河口排污控制区	二	太子河	南排入河口	管桥	管桥	辽阳	2	*
太子河	太子河管桥过渡区	二	太子河	管桥	辽阳	迎水寺	辽阳	5	Ⅲ
太子河	太子河迎水寺饮用水源区、工业用水区	二	太子河	迎水寺	乌达哈堡	北沙河河口	辽阳	17	Ⅱ
太子河	太子河北沙河河口农业用水区	二	太子河	北沙河河口	小林子、转轴子	柳壕河口	辽阳	72	Ⅴ
太子河	太子河柳壕河口农业用水区	二	太子河	柳壕河口	唐马寨	二台子	辽阳	15	Ⅴ
太子河	太子河二台子农业用水区	二	太子河	二台子	小姐庙	三岔河口	鞍山	57	Ⅴ
太子河	汤河辽阳源头水保护区	一	汤河	源头	二道河水文站	二道河水文站	辽阳	53	Ⅱ
太子河	汤河辽阳开发利用区	一	汤河	二道河水文站		入太子河河口		38	
太子河	汤河二道河水文站饮用水源区	二	汤河	二道河水文站	东支入库口	汤河水库入口	辽阳	8	Ⅱ
太子河	汤河汤河水库饮用水源区、农业用水区	二	汤河	汤河水库入口	汤河水库	汤河水库出口	辽阳	7	Ⅱ
太子河	汤河汤河水库出口农业用水区、过渡区	二	汤河	汤河水库出口	入太子河河口	入太子河河口	辽阳	23	Ⅱ
太子河	细河本溪源头水保护区	一	细河	源头	连山关水库入口	连山关水库入口	本溪	42	Ⅱ
太子河	细河本溪开发利用区	一	细河	连山关水库入口		葠窝水库入口		78	
太子河	细河连山关水库饮用水源区	二	细河	连山关水库入口	连山关水库	连山关水库出口	本溪	5	Ⅱ
太子河	细河下马塘饮用水源区	二	细河	连山关水库出口	下马塘	下马塘	本溪	10	Ⅱ
太子河	细河下马塘工业用水区、渔业用水区	二	细河	下马塘	高家堡子	葠窝水库入口	本溪	63	Ⅲ

续表

水系	水功能区	级别	河流	起始断面	控制断面	终止断面	河段	长度/km	水质目标
浑太河	大辽河营口开发利用区	一	大辽河	三岔河口		西部污水处理厂入河口		90	Ⅳ
浑太河	大辽河三岔河口农业用水区	二	大辽河	三岔河口	上口子	上口子	鞍山	30	Ⅳ
浑太河	大辽河上口子工业用水区、农业用水区	二	大辽河	上口子	董家	虎庄河入河口	营口	50	Ⅳ
浑太河	大辽河虎庄河入口排污控制区	二	大辽河	虎庄河入河口	营口水位站	西部污水处理厂入河口	营口	10	*
浑太河	大辽河营口缓冲区	一	大辽河	西部污水处理厂入河口	永远角	入海口	营口	6	Ⅳ

* 表示排污控制区。

由于同一河段具有不同的功能，为避免不同水功能区在河段重复导致难以标示的现象，研究中对划定的水功能名称和水质目标进行概化，概化原则如下。

1. 规划目标水质为先导进行水质标准确定

当某一河段水功能区功能较多时，按水资源自然属性、开发利用现状及经济社会需求，考虑各不同用水过程对水量水质要求，经功能重要性排序后，执行功能区最高标准（目标水质），以确保全部指标均能达到水质标准。

2. 增设必要的控制节点

在高功能水域、重要水域以及距离较长的河段，当相邻水功能区水质标准差别较大时，根据需要，可在网络节点图上附加节点构建缓冲区控制水质达标，以保证本区及下游河段取用水的水质达标。在实际操作中，附加的监测断面应考虑敏感点（饮用水源、渔业用水）水质，避开混合区及过渡区。

3. 水功能区长度的界定以水质达标为控制基准

在每个概化水功能区水质达标后，按照河流水体的流动性，自河源起一直到网络节点图的控制断面处采用段首控制法进行水质浓度计算：河流水质仍符合规定的水质标准则概化的水功能区较理想；否则根据实际，需要重新确定水功能区段长度，直到整体河流水质达标。

4. 概化的水功能区"就近一致"命名

为便于概化后水功能区参数率定，概化将邻近间杂水功能区依据主导功能、区域经济社会生态发展相一致的"就近一致"原则进行合并，合并后的新水功能区按照水质标准较高且河流所占区间较长的水功能区重新命名。

3.2.3　计算单元

计算单元是水环境容量总量控制的基础，它隐含了均匀性假定。一个或多个计算单元能够组成完整的行政区和水资源分区，便于分类统计，同时要与水功能区划相协调，尽量满足排污减控与水质模拟分析计算要求。对于计算单元的划分以辽河流域水资源综合规划、水资源分区、水功能区划的基本要求为依据，在考虑行政区降水特性及流域/区域排水综合管理要求基础上，针对河流污染物整体削减的系统性，采用四级水资源分区套地市的方法将浑河流域划为 29 个计算单元（将水资源四级分区与对应的每个县进行组合），保证计算单元边界与水资源分区边界一致性，同时确保计算单元内污染物产生及入河过程与用水、降水过程的匹配性。计算单元具有点线面特征，将排污口—水功能区—区域产业结构布局紧密结合在一起，能够为水环境容量总量分配方法的合理性及可行性提供检验平台。浑河流域计算单元划分情况见表 3－6。计算单元控制节点的确定以流域水功能区控制断面或排水关键控制断面为主。

表 3－6　　　　　　　　　　浑河流域计算单元划分情况　　　　　　　　单位：km²

编号	序号	计 算 单 元	面积	备注
1	Ⅰ-1	大伙房水库以上清原县	2322.82	
2	Ⅰ-2	大伙房水库以上新宾满族自治县	2278.30	
3	Ⅰ-3	大伙房水库以上抚顺县	867.06	
4	Ⅱ-1	大伙房水库以下铁岭县	126.75	
5	Ⅱ-2	大伙房水库以下抚顺县	98.35	
6	Ⅱ-3	大伙房水库以下抚顺市辖区	1567.77	
7	Ⅱ-4	大伙房水库以下沈阳市辖区	252.48	
8	Ⅱ-5	大伙房水库以下新民市	2140.66	
9	Ⅱ-6	大伙房水库以下辽中县	516.83	
10	Ⅱ-7	大伙房水库以下灯塔市	974.80	
11	Ⅱ-8	大伙房水库以下台安县	74.85	
12	Ⅱ-9	大伙房水库以下辽阳县	197.71	
13	Ⅱ-10	大伙房水库以下海城市	146.93	
14	Ⅲ-1	太子河新宾满族自治县	1176.27	
15	Ⅲ-2	太子河本溪市辖区	2231.79	
16	Ⅲ-3	太子河本溪县	1276.61	
17	Ⅲ-4	太子河辽阳市辖区	1307.61	
18	Ⅲ-5	太子河辽阳县	3023.25	
19	Ⅲ-6	太子河凤城市	265.17	
20	Ⅲ-7	太子河沈阳市辖区	2983.64	
21	Ⅲ-8	太子河抚顺县	57.96	
22	Ⅲ-9	太子河鞍山市辖区	736.30	
23	Ⅲ-10	太子河海城市	225.05	
24	Ⅲ-11	太子河灯塔市	618.99	
25	Ⅳ-1	大辽河海城市	281.91	
26	Ⅳ-2	大辽河盘山县	102.34	
27	Ⅳ-3	大辽河大洼县	712.68	
28	Ⅳ-4	大辽河营口市辖区	108.54	
29	Ⅳ-5	大辽河大石桥市	707.57	
合　　计			27380.99	

考虑到行政管理和水系控制断面划定的可行性，在总量控制和环境容量分配过程中，县级行政区边界通常作为控制单元划分的首要因素。在考虑污染物累积效应和区域排污避免重复计算的基础上，流域县级计算单元的空间大小能够较为准确地反映污染排放与水质目标间的作用机理，也便于在流域总量控制的基础上进行水环境容量分配和污染负荷削减计算。

3.3　水资源及开发利用现状

3.3.1　降水

浑河流域降水量自西北向东南递增，多年平均降水量在 350～1200mm。太子河上游因距离黄海较近，降水量较大，多年平均降水量在 900mm 左右。流域往西因受长白山西南延续部分阻隔，年降水量逐渐减少，本溪、抚顺一带年均降水量在 800mm 左右，沈阳、铁岭一带约为 700mm。

受季风气候影响，浑河流域各地降水季节变化较大，年内分布不均，丰水期、平水期、枯水期降水量差异明显。流域全年降水主要集中在 6—9 月，冬季寒冷水少，每年 11 月至翌年 3 月，5 个月的降水量仅占全年降水量的 4%～10%。春季 4—5 月降水很少，一般为 50～120mm，正常年份 6—9 月 4 个月降水量占全年的 70%～82%，7 月、8 月两个月占全年降水量的 50%。

3.3.2　水资源数量

浑河流域 1956—2000 年多年平均地表水资源量为 58.9 亿 m^3，折合径流深为 215.7mm，其中 20%、50%、75%、95% 频率下的年地表水资源量分别为 79.7 亿 m^3、54.8 亿 m^3、39.1 亿 m^3、22.5 亿 m^3。流域地表水资源量年际变化很大，最大年与最小年地表水资源量比值在 10 倍左右，且年内分配极不均衡，汛期 6—9 月地表水资源量占全年的 60%～80%，其中 7 月、8 月占全年的 50%～60%。

通过对浑河流域 1980—2000 年近期下垫面条件下的多年平均地下水资源量进行评价，矿化度 $M \leqslant 2g/L$ 的 2.62 万 km^2 评价范围内的地下水资源量为 34.77 亿 m^3，其中山丘区地下水资源量为 13.75 亿 m^3，平原区地下水资源量为 24.43 亿 m^3，山丘区与平区之间的重复计算量为 3.41 亿 m^3。

根据 1956—2000 年资料系列计算，浑河流域降水量为 202.7mm，水资源总量为 69.0 亿 m^3，其中地表水资源量 58.9 亿 m^3，不重复 10.1 亿 m^3。浑河流域受全球气候变化和大规模人类经济社会活动影响，水资源情势发生了显著变化，地表水资源数量减少显著，供需矛盾突出。

3.3.3　水资源可利用量

浑河流域地表水资源可利用量约为 28.32 亿 m^3，地表水资源可利用率为 48.0%。其中，河道内生态环境用水 11.5 亿 m^3，难以被利用的洪水 20.8 亿 m^3，从水资源开发利用量上分析，仍需加大对雨洪资源的利用程度。在扣除地表水资源可利用量与地下水资源可开采量重复部分后，浑河流域水资源可利用总量为 38.37 亿 m^3，水资源可利用率为 55.6%。

3.4 水环境问题

项目研究过程中以水环境质量改善为核心，突出重点区域和重点领域的水环境问题，确保到"十二五"末，浑河流域干流全面消除劣Ⅴ类水质，支流河水质明显改善，主要污染物排放量大幅下降，重点城市水污染治理水平显著提高。按照流域自然汇水特征与行政管理实际需求，在与流域内地市水功能区划充分衔接的基础上，着重对浑河、太子河、大辽河水系重要控制区段的水环境问题及演变趋势进行分析。

3.4.1 典型区段水环境问题及演变趋势分析

项目结合辽河流域综合规划，为确保污染物总量控制目标的有效实施，根据水环境问题重要性、水环境风险强弱等因素，在浑河流域筛选出大伙房水库敏感水域、7 个典型区段（浑河抚顺段、浑河沈阳段、太子河本溪段、太子河辽阳段、太子河鞍山段、大辽河营口段、大辽河盘锦段）进行水环境问题分析，便于实现水环境综合改善与水质状况全面提升的管理目标。

1. 大伙房水库及其上游水源保护区

抚顺大伙房水库地理坐标为 124°22′8″E、41°53′25″N，距抚顺市 20km。依据大伙房水库 2004—2012 年水质自动监测数据进行分析，水库水质为Ⅱ类，水环境状况较好，水体中污染物浓度较为稳定，满足饮用水水质标准。在汇入大伙房水库的 3 条支流中，浑河（清原段）、社河水质主要污染物按年均值衡量，符合地表水Ⅱ类水质标准；苏子河符合地表水Ⅲ类水质标准。依据 2006—2010 年大伙房水库取水口水质监测结果显示，取水口水质基本以Ⅲ类水为主，仅有总氮、总磷两项污染因子超标，其中监测期内总氮超标率为 100%；总磷在 2007 年、2010 年超标，超标率在 17%、33% 左右。大伙房水库典型污染物浓度变化趋势见表 3 - 7。

表 3 - 7　　　　　　　　　大伙房水库典型污染物浓度变化趋势

监测年份	DO/(mg/L)	高锰酸盐指数/(mg/L)	$NH_3 - N$/(mg/L)	水质类型
2004	10.43	2.24	0.06	Ⅱ
2005	10.91	2.59	0.08	Ⅱ
2006	8.96	2.07	0.02	Ⅱ
2007	8.43	1.98	0.04	Ⅱ
2008	8.00	2.66	0.04	Ⅱ
2009	7.90	2.28	0.05	Ⅱ
2010	7.92	2.32	0.07	Ⅱ
2011	9.27	2.07	0.06	Ⅱ
2012	8.64	2.37	0.07	Ⅱ

大伙房水库及上游水源地保护区面临面源污染、累积性风险和事故风险的多重威胁，具体如下：

（1）畜禽污染严重。上游区域有养殖专业户（村）55 个，其产值已占到农业总产值的 50% 左右。粪尿年产生量为 163 万 t，污染物 COD 年排放量为 0.8 万 t，占地区排污总量的一半。禽畜养殖业已成为水库水质有机污染的主要来源。

（2）生活污水直排现象严重。水库上游流域 12 万人口每天排放约 1 万 t 生活污水进入浑河和苏子河，其中 COD 年排放量 4134t，生活污水对大伙房水库水环境改善影响较大。因此，为保证大伙房水库入库断面水质全面达标，应提高规模化畜禽养殖场粪便综合利用率以及小城镇污水处理率，实现人畜禽粪尿达标排放。

此外，大伙房水库上游周边存在大量矿山，事故风险尾矿库以及铜矿等企业对流域水环境污染造成一定影响。大伙房水库上游矿产资源丰富，尤其是浑河汇水区内的清源县、新宾县铜矿资源开采严重，重金属 Cu 对浑河及大伙房水库水质造成潜在威胁。为此，对于大伙房水库水源地保护区各尾矿库，应禁止尾矿浆的随意排放，同时应在尾矿泵站和尾矿输送管 V 形管段最低点的附近建设事故池。

2. 浑河

浑河主要流经抚顺、沈阳两市，抚顺段长约 211km，沈阳段长约 204km。

（1）抚顺段。浑河抚顺段存在的主要环境问题为：①支流污染严重；②沈抚灌渠污染物转移输入量大；③石化行业集中，污染物排放种类复杂，有毒有害污染物排放潜在风险高；④海新河、将军河长年未进行清淤，由于生活污水和工业废水直排，致使大量污泥沉积渠底，内源污染严重；⑤海新河、古城河沿河有多家洗煤企业，悬浮物、挥发酚和色度严重超标；⑥将军河、古城河城市公共设施不够完善，污水直排严重，且沿岸居民生活垃圾无组织排放至河床内，致使河流严重淤塞，造成水体污染；⑦演武垃圾处理厂的垃圾渗透液和上游规模化畜禽养殖废水降低了古城河水质达标率；⑧欧家河流域有污水排放企业约 140 家，垃圾渗滤液、畜牧养殖、居民生活和农田径流污染源严重影响了区段河流水环境。因此，浑河抚顺段应完善排水收集系统，提高污水收集处理率，并逐步恢复支流河道正常功能。

此外，浑河抚顺区段内产业结构以石油化工、燃料、动力、原材料工业为主。抚顺段的水量和污染主要来自支流，各支流接纳了大部分的工业废水和生活污水。居民生活污水是浑河污染物超标的主要原因。大型石化企业集中，排污负荷高。因此，区段的污染类型以工业点源和城镇生活污染为主。

浑河抚顺段 1991—1995 年 COD 浓度范围为 21～37mg/L，基本低于 V 类水质标准要求，除 1991 年水质为 V 类外，其余年份均为 IV 类。氨氮质量浓度为 0.55～3.34mg/L，1991 年、1992 年为劣 V 类水质标准。

1996—2004 年，水体中 COD 浓度较稳定，均低于 V 类水质标准；仅 1997 年和 2001 年两年氨氮超过 V 类标准，其余年份均在 V 类限值以内，水质受城区生活污水影响较大。

2005—2012 年，水体中 COD、氨氮浓度均有所降低，其中 COD 浓度除 2005 年在 30mg/L 以上外，其余年份均低于 30mg/L；氨氮浓度在 2005 年为劣 V 类标准，其余年份均维持在Ⅳ类水质水平。2005年水体中污染物浓度超标主要与汛期暴雨将大量面源污染物冲刷入河，造成水体污染物浓度短时间内超标严重，如抚顺的北口前断面在2005年8月14日的洪水监测中，流量高达500m³/s，悬浮物浓度为3558.5mg/L，氨氮、COD物质浓度劣Ⅴ类标准，分别超标1.26mg/L、2.1mg/L。因此，流域上游的面源污染也是造成汛期水环境质量下降的一个重要原因。浑河抚顺段1991—2012年COD、氨氮年际浓度变化见图3-1。

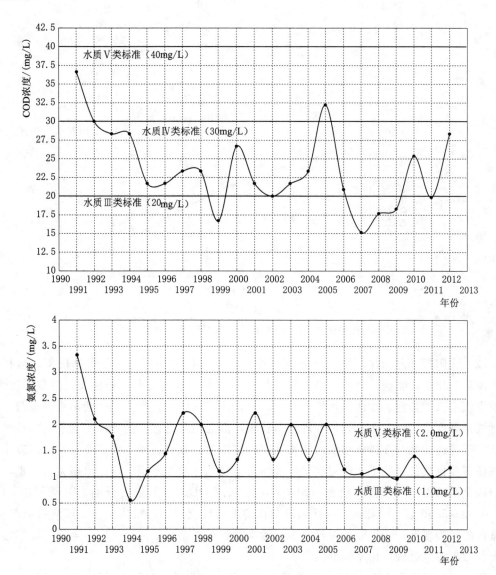

图3-1　浑河抚顺段1991—2012年COD、氨氮年际浓度变化情况

为从不同水期上反映浑河抚顺段水环境变化状况，研究中对2005—2012年丰（6—9月）、平（3—5月、10月）、枯（11月至翌年2月）水期河段水体中的COD、氨氮浓度进行分析，两种污染物浓度均为枯水期最高；氨氮在平水期和丰水期浓度相当，反映出氨

氮难以降解，浓度不会因水量的增加而表现出较大波动；COD 浓度在枯水期、平水期、丰水期表现出递减趋势，表明有机污染物 COD 降解过程受水量影响较大，随水期和季节呈现明显的波动。具体情况见图 3-2。

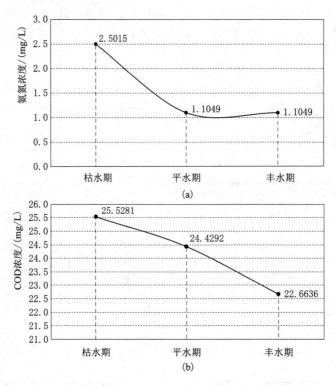

图 3-2　抚顺断面 2005—2012 年各水期 COD、氨氮浓度均值

（2）沈阳段。浑河沈阳段一级支流河均存在不同程度的污染企业直排现象，包括印染、酿造、化工、制药、制革、制糖等多种行业，由于排放废水成分复杂、治理难度大，造成支流河（如蒲河、细河）污染严重。同时，沈阳市区人口密集，生活污水排放时间段与排放量高度集中，污水处理厂处理压力较大，加之污水处理厂的处理工艺和达标排放率偏低，不可避免地存在排放水质污染物浓度偏高现象。在日益增加的工业和生活污废水未处理便直接排放的影响下，浑河沈阳段水体污染物超标现象严重，且枯水期尤为严重，如沈阳段典型断面——于家房断面，2010 年枯水期 COD、氨氮浓度分别劣Ⅴ类标准 0.28 倍、0.33～5.60 倍。因此，浑河沈阳段存在的主要环境问题归结为：①支流河污染严重，直排现象较为普遍；②工业点源行业多，污染物种类复杂；③人口集中，生活污染排污负荷大，城市污水处理厂出水标准低。

浑河沈阳段水质 1991—1995 年持续为劣Ⅴ类。水体中 COD 浓度仅 1995 年符合Ⅴ类标准，其余年份超标 0.1～0.7 倍；氨氮污染严重，各年均劣Ⅴ类水质标准，最大值为 1994 年的 11.67mg/L，劣Ⅴ类水质标准 4.8 倍。

1996—1998 年沈阳段水环境状况具有好转倾向，但 1999 年和 2000 年水质由好变差，尤其是 2000 年 COD、氨氮分别劣Ⅴ类标准 0.47 倍和 6.1 倍。

2001—2004 年沈阳段仍为劣 V 类水质，四年间水体中氨氮浓度持续减少，分别劣 V 类标准 8.8 倍、6.9 倍、5.2 倍、4.6 倍。COD 超标情势有所下降，但均为 V 类水质。因此，氨氮成为最主要污染物。

2005—2012 年水体中 COD、氨氮浓度均呈下降趋势，COD 在 2009 年由劣 V 类水质变成 V 类水质标准，氨氮浓度一直维持在劣 V 类水质标准。因此，氨氮治理仍为实现流域水环境改善的重要任务。浑河沈阳段 COD、氨氮浓度年际变化情况见图 3-3。

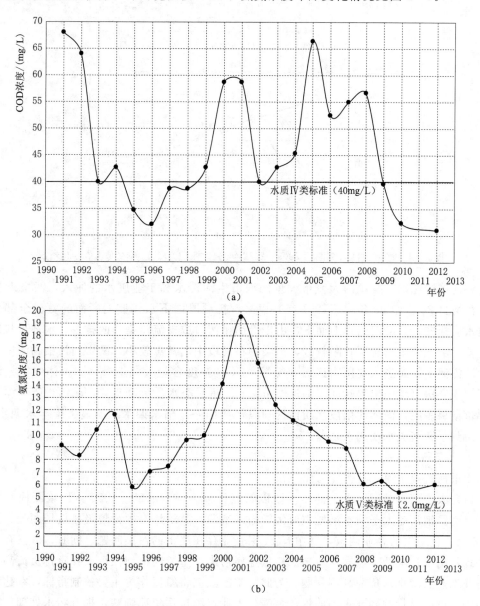

图 3-3 浑河沈阳段 COD、氨氮浓度年际变化情况

从不同水期河道中污染物的浓度上分析，浑河大闸断面枯水期水质明显劣于丰水期、平水期水质。浑河大闸监测断面 2005—2012 年各水期 COD、氨氮浓度均值变化情况见图 3-4。

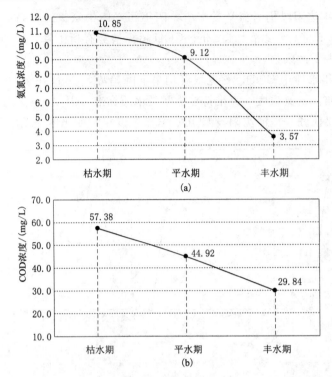

图 3-4　浑河大闸监测断面 2005—2012 年各水期 COD、氨氮浓度均值变化情况

浑河接纳沈阳、抚顺两大城市大量的城市生活污水和工业废水的注入，污染态势严峻。浑河自 20 世纪 90 年代（1991 年）以来，抚顺段以下水体监测断面的氨氮全部为超 V 类水质标准，且沿河道自上而下，由于沿途排污口或支流污染物的排入，水环境状况明显变差。由于沈阳与抚顺相距较近，污染物在河段中削减量较小，两市间污染物浓度变化不大。浑河出抚顺进入沈阳市区后，氨氮、COD 浓度含量大幅上升，如水体中氨氮浓度在浑河于家房（沈阳出界断面）高达 20mg/L，超 V 类水质标准近 10 倍。2012 年浑河水质评价结果表明，浑河沈阳段水质比抚顺段水质偏差，枯水期水质明显劣于丰水期水质，自上游到下游河流水质越来越差。

3. 太子河

太子河流经本溪、辽阳、鞍山三市。

（1）太子河本溪段。太子河本溪段以氨氮污染为主，2005—2009 年出境断面水质均劣于 V 类。细河是太子河本溪段主要污染输入来源，其沿岸有生活垃圾排放场两处、铁选厂 48 家、化工医药企业两家，其中有 14 家企业存在严重的污染问题。同时，区段存在污水处理厂出水标准低、废弃铁矿尾矿粉重金属污染严重、支流河段污染物直排负荷高、冶金行业工业点源排污负荷高等问题。为此，本溪段应将氨氮作为主要控制指标，在达到区域污染物排放总量控制要求的前提下，强化工业点源排污负荷削减，提升污水处理厂出水标准，严控支流河段超标污水入河量。

挥发酚、氨氮类污染物是太子河本溪段主要污染物。

1991—1995 年，挥发酚浓度从 1994 年开始下降，1995 年达到 0.1047mg/L，比 1993

年下降65％。五年间石油类劣Ⅴ类水质标准范围0.3～4.6倍，氨氮超标范围为0.4～2.2倍，污染比较严重。在此期间，水质综合评价为劣Ⅴ类标准。

1996—2000年，河段水体中挥发酚浓度符合Ⅴ类标准；氨氮浓度有所下降，但也为Ⅴ类或劣Ⅴ类水质；COD浓度符合Ⅳ类水质对应标准；石油类污染物浓度较高，为劣Ⅴ类水质标准。

2001—2004年，水环境质量状况有所改善，水体中COD、氨氮浓度对应的水质标准为Ⅳ～Ⅴ类，挥发酚浓度符合Ⅴ类标准。

2005—2012年，河段水环境总体状况变化不大，但2005年挥发酚超标严重，劣Ⅴ类水质标准6.8倍，与本钢废水超标排放相关。太子河本溪段挥发酚、COD、氨氮年际浓度变化情况见图3-5。

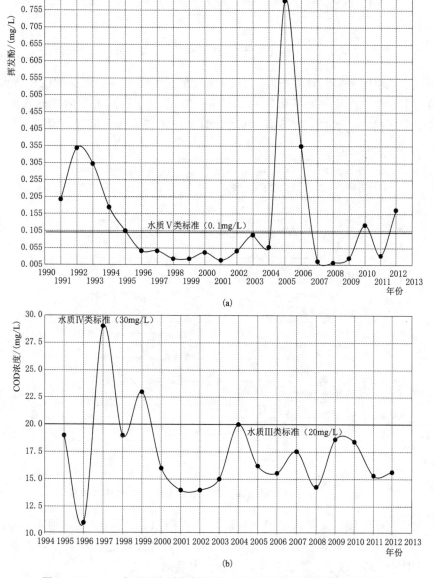

图3-5（一） 太子河本溪段挥发酚、COD、氨氮年际浓度变化情况

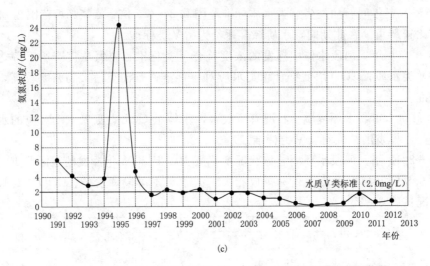

(c)

图 3-5（二）　太子河本溪段挥发酚、COD、氨氮年际浓度变化情况

太子河本溪断面分水期氨氮浓度、COD 浓度情况见图 3-6。氨氮浓度在枯水期最高，其浓度值是丰水期浓度值（最低值）的 2.3 倍；COD 由于不同水期内监测数据的缺失以及估测等因素影响，丰水期浓度最高，而枯水期浓度值仅为丰水期最高值的 94%。

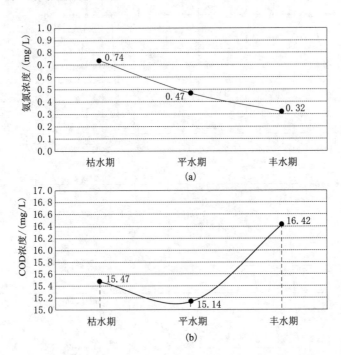

图 3-6　太子河本溪断面分水期氨氮浓度、COD 浓度情况

（2）太子河辽阳段。太子河辽阳段包括太子河干流以及汤河、北沙河和柳壕河 3 条一级支流。2009 年，该区段水体以氨氮污染为主，氨氮排放以生活源为主，占总入河量的 75.6%；水体中 COD 以农业面源为主，占总入河量的 57.3%。

此外，区段内主要工业污染来源于辽阳石化和庆阳化工，以及 4 个直排太子河的工业排污口（辽化明沟排、辽化长排、庆阳南排、庆阳北排），主要污染物为硝基化合物、石油烃等。北沙河是太子河另一个主要的污染输入来源。北沙河流程长、跨境城市多，沿途接纳来自水洗厂、煤矿、养殖场、皮毛厂等众多污染企业排放的污水。汤河作为太子河的重要支流，水环境状况较好，水污染主要来自于汤河水库下游弓长岭区生产生活污水、鞍钢弓矿公司及部分选矿企业所排放的污水。汤河水库作为敏感区域，当前汤河水质达标，但是选矿废水（重金属含量较高）的存在使得水库存在一定污染风险。

辽阳段水环境总体状况较好，水质较为稳定，水体中挥发酚、COD、氨氮浓度变幅较小。

1991—2004 年，化学需氧量浓度多为Ⅲ类水质对应标准，在 1995—1997 年期间为Ⅱ类水质；挥发酚水质浓度均维持在Ⅴ类水质标准内；水体中石油类和氨氮对应的浓度基本保持在Ⅱ～Ⅴ类。太子河辽阳段挥发酚、COD 浓度逐步下降，但氨氮质量浓度除在 1997 年、2001—2004 年对应的水质状况略好外，其余年份均为劣Ⅴ类水质标准。

2005—2012 年，水体中挥发酚的质量浓度明显下降，2012 年下降至 0.0013mg/L，为Ⅰ类水对应的质量浓度，挥发酚已不是影响区段水环境的主要污染物指标；水体中 COD 质量浓度经历先上升后下降的过程，但水质类别均在Ⅱ～Ⅴ类；氨氮质量浓度除 2012 年为Ⅴ类水质外，其余年份均为劣Ⅴ类水质标准，氨氮成为严重影响区段水环境质量改善的重要因素，倒逼辽阳转型工业产业结构，加大污水处理厂建设规模并提升处理标准，从控源层面严控氨氮污染物入河量。太子河辽阳段挥发酚、COD、氨氮浓度年际变化情况见图 3-7。

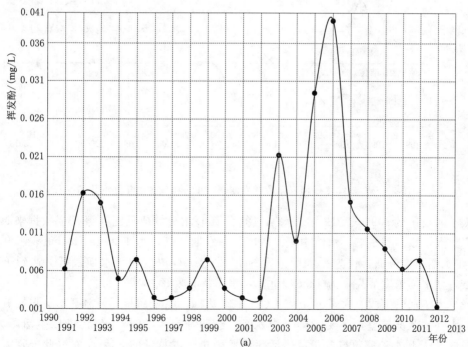

图 3-7（一）　太子河辽阳段挥发酚、COD、氨氮浓度年际变化情况

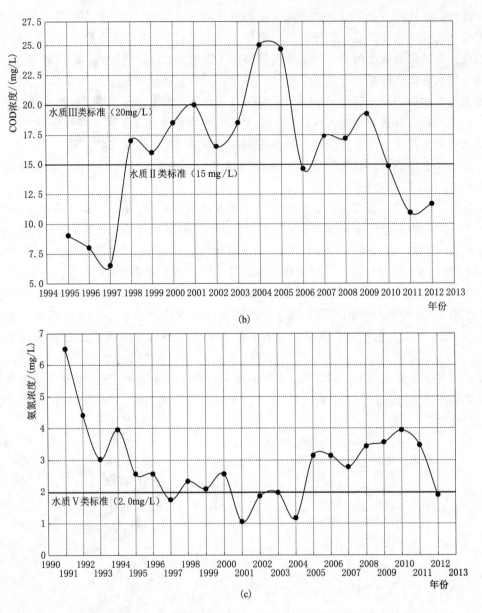

（c）

图 3-7（二）　太子河辽阳段挥发酚、COD、氨氮浓度年际变化情况

太子河辽阳段 2006—2012 年分水期氨氮、COD 浓度均值见图 3-8。受数据来源及监测时间、点位限制和影响，水体中氨氮浓度在平水期最高，为 1.39mg/L（地表水 V 类标准），丰水期浓度最低，仅为平水期浓度的 51%；COD 浓度在平水期最低，达到 I 类水质标准，枯水期浓度最高，为 12.84mg/L，水质状况较好。

（3）太子河鞍山段。太子河干流 COD 基本达标，氨氮超标；支流 COD 和氨氮污染严重，水环境状况较差，主要污染物为氨氮。经调查，区段内 COD 污染以生活源为主，占总量的 50% 以上；氨氮排放量以生活污染源为主，占总量的 85% 左右。此外，太子河鞍山段污水处理厂排放标准低，处理排放污水的二次污染现象严重；排入 5 条主要支流

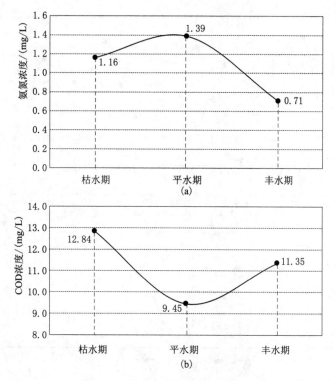

图 3-8 太子河辽阳段 2006—2012 年分水期氨氮、COD 浓度均值

（支流南沙河、运粮河、杨柳河、五道河和海城河）的污染源中 30 多家企业排放不达标；支流天然径流来水量小，生活污水污染负荷高。该区段的污染物以氨氮和 COD 为主。

太子河鞍山段污染重于上游辽阳段。

太子河鞍山段 1993 年以前水体中石油类污染物浓度全部为劣 V 类标准。1991—2003 年氨氮全部劣于国家 V 类标准，最大值超标 2.2 倍。

石油类污染物在 1999 年超标，其余年份均在 V 类水质标准限值以内。2005—2012 年 COD 浓度值为 15.1～72.3mg/L，在国家 V 类标准限值上下波动，水质趋好情势明显；氨氮浓度全部在 2mg/L 以上，劣 V 类水质标准 0.5～2.1 倍。氨氮、挥发酚和 COD 浓度年际变化见图 3-9。

太子河鞍山段小姐庙断面 2006—2012 年各水期 COD、氨氮平均浓度见图 3-10。小姐庙断面 COD、氨氮两种污染物浓度均为枯水期＞平水期＞丰水期。在平水期、枯水期水体中两种污染物浓度较高，均为劣 V 类水质标准。因此，COD 和氨氮仍是太子河鞍山段影响水环境质量提高的重要污染物，是制约区域水质达标的重要因子。

20 世纪 80—90 年代，太子河主要水质问题突出表现在本溪段挥发酚、鞍山段氨氮（石油类）严重污染，劣 V 类水质标准数倍。20 世纪 90 年代末以来，本溪段挥发酚和鞍山段石油污染程度有所降低，太子河水质状况有所改善。进入 21 世纪以来，太子河鞍山段氨氮水质浓度均超过 V 类水质标准。太子河上游本溪市入河污染物经葠窝水库自净削减后，造成水库下游辽阳段的水质状况优于本溪市。

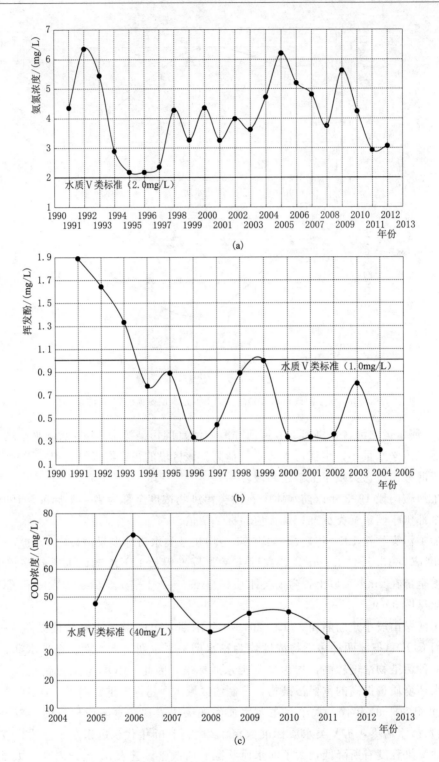

图 3-9　太子河鞍山段氨氮、挥发酚、COD 浓度变化情况

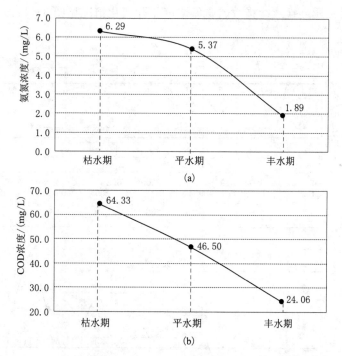

图 3-10 小姐庙断面 2006—2012 年各水期 COD、氨氮平均浓度

4. 大辽河

（1）营口段。大辽河营口段感潮区干流长度为 95km，主要污染因子为氨氮。污染物主要来自上游太子河和浑河、区域造纸企业排污、营口市内污水直排：①上游受太子河、浑河影响污染严重，下游受半日潮影响，海水时有倒灌，地表水质较差；②大辽河营口段工业 COD 和氨氮排污负荷大，通过潮沟排污入河量大：COD 年入河量为 77883t，氨氮年入河量为 3678t（2009 年）。为此，区域应采取联合措施，严控潮沟入河排污量，达到氮源总量控制要求；减轻海水入侵影响，满足水功能区水质要求。大辽河营口缓冲区的水质目标为Ⅳ类。采用单因子指标对大辽河营口段水质进行评价，长期为劣Ⅴ类。近年来，随着沿岸城市污水处理厂的投入运行及大辽河水环境的综合整治，水质已明显得到改善。

1991—1995 年高锰酸盐指数为 7.0～20.6mg/L，氨氮仅 1992 年、1993 年为 1.85mg/L、2.0mg/L，符合Ⅴ类标准（≤2.0mg/L），其余 3 年均劣Ⅴ类标准，超标倍数为 0.1～0.5 倍。

1996—2000 年高锰酸盐指数为 10.0～20.0mg/L，1998—2000 年 3 年均值连续劣Ⅴ类标准，最大超标 0.33 倍，出现在 1998 年。

2001—2004 年高锰酸盐指数为 10.7～14.3mg/L，符合Ⅴ类（≤15mg/L）水质标准。氨氮为 2.1～4.4mg/L，劣Ⅴ类标准 0.05～1.2 倍。

2005—2008 年高锰酸盐指数为 14.0～17.1mg/L，水质具有变好趋势，仅 2007 年劣Ⅴ类（≤15mg/L）水质标准 0.14 倍。氨氮为 3.8～6.3mg/L，劣Ⅴ类标准 0.9～2.1 倍，超标情况较为严重。

大辽河营口段水质在Ⅴ～劣Ⅴ类之间波动，主要污染指标有氨氮、高锰酸盐指数、

COD 等。营口段水质高锰酸盐指数、氨氮浓度年际变化情况见图 3-11。

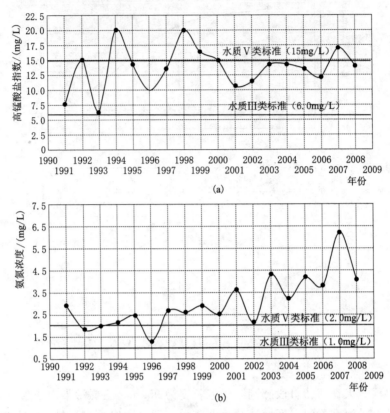

(a)

(b)

图 3-11 大辽河营口段高锰酸盐指数、氨氮浓度年际变化情况

（2）盘锦段。大辽河盘锦段 1994—2000 年 COD 质量浓度在 35～89mg/L 之间，除 1999 年外均劣Ⅴ类水质标准（40mg/L），但 1999 年石油类劣Ⅴ类水质标准。

盘锦段氨氮在 1994—2004 年期间全劣Ⅴ类水质标准，2003 年超标 4.6 倍，污染较为严重。大辽河盘锦段 COD、氨氮浓度变化情况见图 3-12。

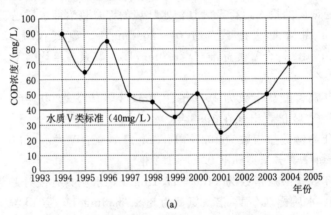

(a)

图 3-12（一） 大辽河盘锦段 COD、氨氮浓度变化情况

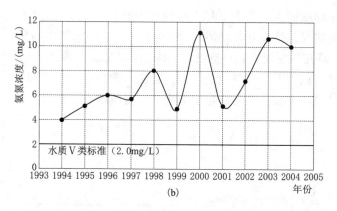

图 3-12(二)　大辽河盘锦段 COD、氨氮浓度变化情况

　　(3)辽河公园。辽宁营口辽河公园水质自动监测站始建于 2001 年 4 月,位于营口市辽河公园内,地理坐标为 122°13′54.35″E、40°40′42.8″N,属国控断面,为大辽河入海口。该站点控制区域为感潮河段,受海水顶托作用明显,是研究大辽河与近海域水质和流域环境变化的重要窗口。通过对 2004—2012 年水质变化数据进行分析,影响大辽河营口段水质的主要原因是溶解氧含量过低。依据国家环境保护部数据中心水质自动监测站周报数据,取每年第 22 周(河水流量接近年均流量)的排放观测值作为年度数据。辽河公园 2004—2012 年主要污染物浓度变化情况见表 3-8。

表 3-8　　　　　　　　　辽河公园 2004—2012 年主要污染物浓度变化情况　　　　　　单位:mg/L

监测年份	pH 值	溶解氧	高锰酸盐指数	氨氮	水质类别	主要超标污染指标
2004	7.38	0.86	13.5	0.07	劣 V	溶解氧
2005	7.5	0.6	11.2	0.5	劣 V	溶解氧
2006	7.15	1.87	6	0.05	劣 V	溶解氧
2007	7.18	2.82	7.2	0.04	V	溶解氧
2008	7.14	2.78	14	0.04	V	高锰酸盐指数、溶解氧
2009	6.98	3.03	10.1	0.76	V	高锰酸盐指数
2010	7.09	4.49	9.5	1.82	V	高锰酸盐指数
2011	7.52	8.08	9.7	1.59	V	氨氮、高锰酸盐指数
2012	6.52	5.67	6.6	0.34	IV	高锰酸盐指数

　　水体中溶解氧含量的高低与水体自净能力强弱紧密相关。正常的天然水体中溶解氧(DO)含量一般为 5～10mg/L,在溶解氧含量低于 3mg/L 时大多水生生物无法存活。大辽河流域农业生产较为发达,化肥和农药的使用量较大,导致大量污染物在雨水淋滤作用下进入水体,使水体 DO 含量下降。同时,大辽河流域沿途由于农村生活污水、畜禽粪便、工业废水和城镇生活污水的排入,致使水体中有机物含量过高,耗氧有机物在分解过程中大量消耗水体的溶解氧。随着浑河、太子河水环境的改善,汇入大辽河的河水中所携带的物质日益减少,因此,辽河公园溶解氧的含量自 2010 年以来逐渐呈上升趋势。辽河公园 2004—2012 年 DO 含量变化见图 3-13(a)。高锰酸盐指数作为表征水体有机污染的

重要指标，其在水体中的含量基本上呈下降趋势。2012 年辽河公园水质类型达到 Ⅳ 类水标准，流域水环境状况总体良好。辽河公园 2004—2012 年水体中高锰酸盐指数变化情况见图 3-13（b）。研究中发现，营口造纸厂 COD 入河量占点源总入河量的 87％ 左右，大辽河的重度污染很大程度上由营口造纸厂排污造成。营口造纸厂停产后，河道水体的污染负荷减小，排污口的环境容量相对充足，水质状况有所改善。

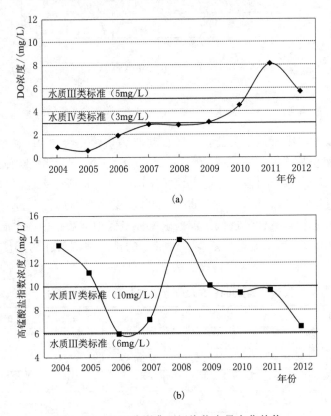

图 3-13 辽河公园典型污染物含量变化趋势

根据大辽河水位站、永远角、黑英台、辽河公园断面水质监测结果，4 个断面汛期和非汛期均为劣 Ⅴ 类水质，主要超标污染物为 DO、高锰酸盐指数、COD、BOD$_5$、氨氮、总氮等。大辽河水质污染严重，一方面来源于上游浑河和太子河水流携带的污染物；另一方面营口、盘锦等重工业基地的工业污染也较为严重。

3.4.2 流域水环境现状分析

由于点源污染不断增加而废污水达标和处理程度低，面源污染日渐严重而缺乏有效防控措施，进入水体的污染物不断增加。加之浑河流域的许多河流（段）污染物入河量远超过河段的水环境容量，水环境污染问题较为严重。为此，辽宁省对浑河水系的 18 个干流断面，24 条支流断面水质进行了监测，每月监测一次，其中辽河公园为水质自动监测站，实行 24 小时在线监测。所有指标的监测均依据国家颁布的环境监测标准方法，质控样品符合国家标准，保证了监测结果的准确性和可比性。

1. 河流

(1) 河段评价。2012 年，浑河流域参评的主要河流有浑河、太子河、大辽河等。全年评价河长 837.5km，Ⅰ～Ⅲ类水河长 281.0km，占评价河长的 33.6%；Ⅳ～Ⅴ类水河长 245.0km，占 29.3%；劣Ⅴ类水河长 311.5km，占 37.1%。浑河北口前段、北杂木段水质为Ⅱ类，抚顺为Ⅲ类，东陵大桥和浑河大闸段为Ⅳ类，黄腊坨桥段和邢家窝棚段水质为劣Ⅴ类。太子河老关砬子段水质为Ⅰ类，辽阳段为Ⅳ类，本溪段、小林子段以及沿程的唐马寨段、小河口段和小姐庙段水质为劣Ⅴ类。大辽河的营口段水质为Ⅳ类，三岔河段为劣Ⅴ类。

各支流中，劣Ⅴ类水主要位于东洲河的东州段和李石河的李石段。依据《辽宁省环境质量公报 2012 年》，浑河支流断面 COD 和氨氮浓度均值总体呈下降趋势，氨氮浓度下降尤为明显。浑河水系监测 15 条支流（大伙房水库上游 3 条，抚顺段 7 条，沈阳段 5 条）：水库上游各支流水质相对较好，为Ⅱ～Ⅲ类水质；抚顺市区段支流均为Ⅴ～劣Ⅴ类水质；沈阳段支流除满堂河外，其余 4 条均为劣Ⅴ类水质，主要污染指标为 COD、BOD_5、氨氮等。COD 和氨氮污染突出，年均值分别劣Ⅴ类标准 7 倍、21 倍；东洲河 5 项指标超标，挥发酚污染突出，年均值高达 2.5mg/L，劣Ⅴ类标准 24 倍。太子河水系监测 9 条支流，除汤河水环境状况稍好（平均为Ⅳ类水质）外，其余支流均为劣Ⅴ类水质。

(2) 站点评价。依据辽河流域国家环境监测网发布的 2012 年辽河流域水质月报（1—12 月）数据，具体如下。

1) 1—6 月浑河流域的水质监测断面共 12 个（1—3 月砂山、黑英台、辽河公园断面以及 1 月、3 月的于家房断面由于冰封未采样监测），7—12 月流域水质监测断面共 16 个（相对于 1—6 月监测断面新增曹仲屯、于台、蒲河沿、蔔窝坝下、下口子、三岔河断面，取消了下王家、黑英台断面）。

2) 水质评价项目包含 pH、溶解氧、高锰酸盐指数、COD、生化需氧量、氨氮、总磷、铜、锌、氟化物、硒、砷、汞、镉、铬、铅、氰化物、挥发酚、石油类、阴离子表面活性剂、硫化物共 21 项。

3) 1—6 月监测的 12 个断面总体为中度污染，其中Ⅰ～Ⅲ类水质断面占 32.8%，Ⅳ类占 34.4%，Ⅴ类、劣Ⅴ类水质断面分别占 8.2%、24.8%，劣Ⅴ类水质断面比例有所上升，主要超标污染物指标为氨氮（1—4 月）以及 COD、生化需氧量、总磷（5—6 月）。

4) 7—12 月监测的 16 个断面总体轻度污染，其中Ⅰ～Ⅲ类水质断面占 26.3%，Ⅳ类占 64.2%，Ⅴ类、劣Ⅴ类水质断面分别占 7.4%、2.1%，主要污染物指标为生化需氧量、COD、石油类、高锰酸盐指数、氨氮。

5) 7—12 月流域水质总体状况优于 1—6 月，即便Ⅰ～Ⅲ类水质断面所占比例有所下降，但Ⅳ类水所占比例却上升 30 个百分点，水体污染程度有所改观。

6) 流域水系的源头断面水质较好，基本上为Ⅰ～Ⅱ类，在河流流经城市后，水质类别基本上以Ⅳ类水为主，太子河、大辽河水系表现得尤为明显。

7) 大辽河水系由于处于浑河水系的末端，承接大量的工业、生活排水的注入，水质较差，基本上为Ⅳ类、劣Ⅴ类水体。浑河流域全年水质状况见表 3-9、图 3-14。

表 3－9　　　　　　　　　　　　　　浑河流域全年水质状况表

水系	站点名称	水质类型											
		1月	2月	3月	4月	5月	6月	7月	8月	9月	10月	11月	12月
浑河	阿及堡	III	III	I～II	I～II	III	III	I～II	I～II	I～II	I～II	I～II	III
	大伙房水库	I～II	I～II	I～II	I～II	I～II	I～II	I～II	I～II	I～II	I～II	I～II	I～II
	戈布桥	IV	V	劣V	劣V	III	III	IV	III	III	IV	IV	IV
	东陵大桥	IV	劣V	劣V	IV	IV	IV	III	IV	IV	IV	IV	IV
	砂山	—	—	—	IV	IV	IV	IV	IV	IV	IV	IV	III
	曹仲屯							IV	IV	IV	IV	IV	IV
	于台							劣V	劣V	V	V	V	V
	蒲河沿							IV	IV	IV	IV	IV	IV
	于家房	—	劣V	—	IV	IV	IV	IV	IV	IV	IV	IV	IV
太子河	老关硷子	I～II	I～II	I～II	I～II	I～II	I～II	I～II	I～II	I～II	I～II	I～II	I～II
	兴安	V	劣V	劣V	劣V					I～II		III	III
	葳窝坝下							IV	IV	IV	IV	IV	IV
	下口子							IV	IV	IV	IV	IV	IV
	下王家	IV	IV	IV	IV	IV	IV						
	小姐庙	劣V	劣V	劣V	V	V	V	V	—	IV	IV	IV	IV
大辽河	三岔河							IV	IV	IV	IV	IV	IV
	黑英台	—	—	—	劣V	劣V	IV						
	辽河公园	—	—	—	劣V	劣V		IV	IV	IV	IV	IV	IV

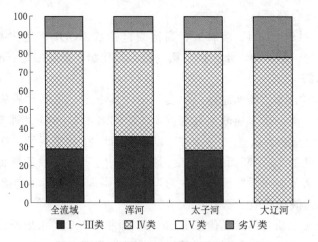

图 3-14　浑河流域不同水质状况分析

2. 水库

水库水质的准确监测是实现污染物浓度末端控制、对污染物进行总量削减的依据。辽宁省从 20 世纪 80 年代开始，对大伙房、葳窝、汤河等大型水库进行水质监测，20 世纪

90 年代后开始对柴河、观音阁、闹得海等 13 座大中型水库水质进行连续多年的监测。大伙房、观音阁、汤河水库作为饮用水水源地，水质多年来保持良好，高锰酸盐、石油类、总磷、总氮等主要污染物指标基本稳定，除总磷、总氮外，水质指标基本保持Ⅱ～Ⅲ标准，但葠窝水库总磷、总氮超过国家标准限制，对水质的综合达标具有一定的影响。

2012 年在辽宁省监测的大、中型水库中，大伙房、观音阁、汤河 3 座水库为Ⅱ类水质；葠窝水库为Ⅳ类水质。各水库的营养状态指数为 33.5～46.3，均属中营养化。

第 4 章 浑河流域水环境容量计算

4.1 设计流量确定

受河道径流特性、社会经济水平、污染程度差异的影响，水环境容量测算时选取的设计流量条件应有所不同。通常情况下，90％保证率最枯月径流量对应的单一水环境容量有限，为此，应综合考虑径流调节工程、调度运行方式对水环境容量计算过程的影响。河流径流的丰枯变化决定了水环境容量随时间具有动态变化特征。利用经验适线法进行理论频率曲线（皮尔逊Ⅲ型曲线）配线，确定不同频率对应的设计流量。采用不同方法确定设计流量时，控制点（两功能区或干流与支流交汇断面）的流量作为上一功能区设计流量，下一控制点流量作为下一功能区设计流量，以此类推。各功能区所在河道的径流量上下一致，忽略支流对干流流量的影响。在污染物质浓度不超过一定限制的情况下，流域水环境容量和设计流量成正比，因此，设计流量的确定是进行河段水环境容量计算和分配的关键。

浑河流域水资源贫乏，降水年内分配变化较大，7—9月降水量占全年降雨量的70％以上，加之沿河水库等大、中、小型蓄水工程的控制，导致河流流量较小，甚至出现断流。水环境容量的开发利用与污染物排放总量的控制，需要在确定风险率的基础上进行，因此，在计算河流水环境容量、开展总量分配时选择适宜的枯水设计流量，对枯水期、平水期水安全起到重要作用。

4.1.1 最小生态流量

为消除浑河流域下游水库回水对河道径流造成的影响，研究中选取流域代表性 15 个水文站 1988—2008 年的资料，采用水文学方法 $30Q10$、$7Q10$ 以及生物学方法 $30B3$、$4B3$ 进行设计流量的计算，并将计算结果与最小生态流量（多年平均流量的 10％）的结果进行比较。计算结果见表 4-1。浑河流域 15 个水文站流量信息基本上能够反映河流径流的多年变化状况，并且能够满足河流生态用水需求。

采用生物学方法计算的设计流量低于水文学方法的计算值，且该计算结果更能表征污染物降解过程需求，对污染物排放限定要求更为严格。从不同方法计算结果的横向比较而言，$30Q10$ 的结果大于 $7Q10$，$30B3$ 的计算结果大于 $4B3$，反映出长系列数据的稳定性较好。为保证功能区的水质安全目标：当 $30B3$ 的设计流量大于最小生态流量时，将 $30B3$ 的流量作为设计流量；当最小生态流量大于 $30B3$ 设计流量时，将最小生态流量作为设计流量。从设计流量的保证率层面考虑，研究中给出结果对应的保证率均高于98％，安全程度高于传统水文条件对应的保证率。

表 4-1 浑河流域最小生态流量计算结果

序号	站点名称	流域面积 /km²	30B3 /(m³/s)	4B3 /(m³/s)	7Q10 /(m³/s)	30Q10 /(m³/s)	10%Qy /(m³/s)	日流量保证率/%			
								30B3	4B3	7Q10	30Q10
1	立山	330	1.0	0.8	0.8	1.0	0.3	97.50	99.77	98.47	99.63
2	梨庇峪	417	0.1	0.1	0.1	0.1	0.2	98.30	99.64	99.14	99.34
3	郝家店	431	0.1	0.0	0.1	0.1	0.2	98.45	99.70	98.93	99.66
4	二道子河	523	0.0	0.0	0.2	0.2	0.3	99.36	99.36	98.77	99.03
5	东洲二站	524	0.3	0.2	0.2	0.2	0.5	98.91	99.75	99.07	99.69
6	南甸峪	765	0.3	0.2	0.2	0.2	0.9	97.88	99.64	99.22	99.41
7	海城	1001	0.1	0.1	0.1	0.1	0.4	97.89	99.64	99.19	99.56
8	桥头二站	1023	0.8	0.5	0.6	0.8	0.9	98.58	99.70	99.58	99.33
9	北口前二站	1832	0.5	0.4	0.4	0.4	1.4	98.00	99.71	99.22	99.69
10	本溪五站	4324	2.5	1.0	1.2	1.7	3.7	98.28	99.77	99.30	99.56
11	沈阳三站	7919	2.9	1.5	3.0	3.0	4.2	97.80	99.59	97.43	99.51
12	黄腊坨	8602	0.9	0.3	0.3	0.7	5.1	98.24	99.78	98.69	99.80
13	小林子	10254	2.0	1.3	1.3	2.2	5.5	98.00	99.74	97.77	99.75
14	邢家窝棚	11090	1.1	0.3	0.6	1.3	5.4	98.74	99.85	98.26	99.36
15	唐马寨三站	11203	7.8	4.3	4.1	7.9	6.5	97.89	99.69	97.82	99.77

注 1. 黄腊坨站水文资料系列年为 14 年。

2. 10%Qy 为最小生态流量。

研究中以最小生态流量作为水环境容量计算的设计条件过于严格，采用最小生态流量作为河道下泄流量则造成原有下游河道环境容量受损。通过将 30B3 的计算结果与最小生态流量的结果进行比较，通常取两者中较大值作为设计流量。为满足河流枯水设计流量指标的要求，研究中取水文站多年平均流量的 10%作为最小生态流量。浑河流域满足生态需求下的流量设计值见表 4-2。

表 4-2 浑河流域生态设计流量

序号	站点名称	设计流量/(m³/s)	序号	站点名称	设计流量/(m³/s)
1	立山	1.0	9	北口前二站	1.4
2	梨庇峪	0.2	10	本溪五站	3.7
3	郝家店	0.2	11	沈阳三站	4.2
4	二道子河	0.3	12	黄腊坨	5.1
5	东洲二站	0.5	13	小林子	5.5
6	南甸峪	0.9	14	邢家窝棚	5.4
7	海城	0.4	15	唐马寨三站	7.8
8	桥头二站	0.9			

因此，通过数值的比较分析，在某些情况下最小生态流量作为河道设计水文条件的参考值，可以当作设计流量进行水环境容量计算，但对不同的河段，还要通过与水文学或生物学方法确定的设计流量进行对比分析，在考虑流域生态和环境保护目标的前提下进行综合确定。

4.1.2 典型年设计流量

研究中选择浑河水系 8 个水文测站、太子河水系 13 个水文测站依据 90％多年平均流量确定设计年流量和典型年，在选取典型年的基础上进行年流量月分配。浑河流域断面典型年设计流量见表 4 - 3。以沈阳站为例，典型年设计流量情况见图 4 - 1。

表 4 - 3　　　　　　　　　　浑河流域断面典型年设计流量　　　　　　　　单位：m³/s

水系名称	站点名称	年均流量	资料系列/a	典型年	年 内 分 配 结 果											
					1月	2月	3月	4月	5月	6月	7月	8月	9月	10月	11月	12月
浑河	北口前	6.45	41	1989年	1.38	0.96	3.72	3.43	2.84	2.82	37.30	10.30	5.92	4.63	2.87	1.13
	抚顺	21.29	48	2008年	5.28	5.20	6.95	7.74	111.00	43.30	19.10	20.50	9.40	8.87	7.90	6.54
	沈阳	20.45	55	1979年	4.28	4.10	5.22	6.45	38.10	18.00	70.60	38.60	18.30	14.20	8.31	10.10
	黄腊坨	19.33	19	2001年	18.10	18.90	23.80	8.63	0.95	4.32	6.66	73.10	20.30	35.20	28.40	20.80
	邢家窝棚	24.03	57	1979年	9.03	8.74	7.38	4.95	3.76	4.05	95.40	68.60	34.30	28.50	18.30	17.80
	占贝	7.59	33	1982年	0.59	0.35	2.08	1.89	4.09	21.50	6.01	31.90	9.87	4.63	4.34	1.49
	南章党	0.93	30	1982年	0.15	0.09	0.08	0.02	0.75	2.35	1.30	2.59	1.67	0.52	0.35	0.36
	东洲	1.44	36	2000年	0.86	0.83	2.26	2.25	1.71	1.16	2.21	1.75	1.41	1.68	1.14	0.91
太子河	本溪	23.94	57	1958年	6.26	4.95	30.60	28.50	21.50	17.10	12.90	92.70	28.90	22.80	12.90	8.26
	辽阳	22.57	56	1978年	3.11	3.04	20.20	35.30	29.20	13.80	21.30	64.80	29.90	14.00	10.80	4.95
	小林子	29.34	57	2009年	6.06	6.19	12.10	17.10	69.70	62.80	120.00	36.20	13.20	9.19	8.43	11.70
	唐马寨	35.58	52	1992年	16.50	16.50	13.60	17.00	140.00	55.20	42.70	35.70	28.10	16.80	14.90	19.20
	南甸	4.93	55	1997年	0.30	0.33	0.91	1.10	0.95	14.80	0.90	35.10	2.67	0.45	0.43	0.45
	二道河子	1.43	43	2009年	0.52	0.46	0.90	3.63	3.36	1.15	2.81	1.30	0.82	0.91	0.76	0.52
	郝家店	0.76	43	1999年	0.42	0.46	0.58	0.72	0.41	0.06	0.62	3.76	0.86	0.80	0.59	0.54
	立山	1.25	56	1972年	0.40	0.40	1.94	1.41	0.85	0.31	0.07	1.49	0.98	4.05	2.03	1.02
	海城	0.99	57	1998年	0.26	0.17	0.23	0.23	0.23	0.20	0.19	5.65	2.53	0.82	0.40	0.26
	小市	16.68	48	2004年	16.95	15.80	16.19	17.85	18.22	38.12	20.39	2.70	8.80	12.41	14.40	16.36
	葠窝水库	33.44	50	2004年	2.75	1.33	14.77	31.18	146.17	50.81	52.52	35.76	14.17	2.71	1.37	47.19
	梨庇峪	0.83	40	2003年	0.20	0.30	0.38	0.51	0.44	1.67	0.75	1.35	0.63	1.87	1.49	0.55
	大东山堡	1.6	29	1980年	1.13	1.02	1.45	1.36	1.02	1.39	1.77	2.13	1.63	1.71	2.17	1.18

注　1. 在代表年选取过程中，对于平均流量相同的年份一般选取 2000 年以后的年份进行月流量分配。

　　2. 黄腊坨资料系列少于 20 年，设计流量数据仅供参考。

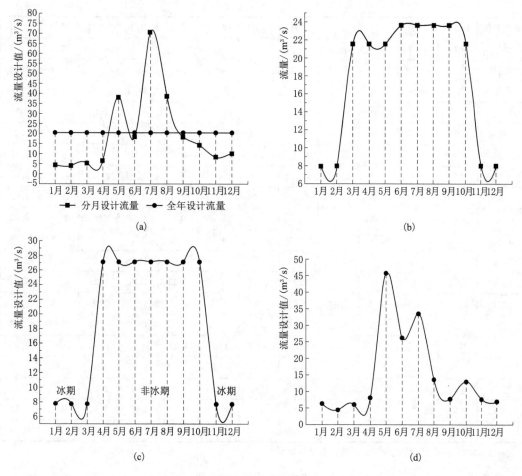

图 4-1 沈阳站不同情形流量设计值

（a）沈阳站典型年设计流量情况；（b）沈阳站分期设计流量情况；

（c）沈阳站汛期非汛期设计流量情况；（d）沈阳站分月设计流量情况

4.1.3 分期设计流量

研究对流域年内分丰（6—9月）、平（3—5月、10月）、枯（11月至翌年2月）水期进行设计流量计算。研究中针对浑河水系 8 个水文测站、太子河水系 13 个水文测站依据 90％保证率最枯月平均流量确定站点分期设计流量。研究中给出 12 个月 90％保证率流量（表 4-4），以确保分期设计流量数据的准确性。浑河流域分期设计流量计算结果见表 4-5。以沈阳站为例，分期设计流量情况见图 4-1。

表 4-4   浑河流域分月设计流量   单位：m^3/s

站点名称	1月	2月	3月	4月	5月	6月	7月	8月	9月	10月	11月	12月
北口前	0.33	0.34	2.17	5.33	4.94	3.18	6.51	2.91	5.16	3.39	3.01	1.15
抚顺	4.22	3.36	5.35	7.73	18.8	29.91	34.17	12.2	8.33	8.15	6.53	5.79

续表

站点名称	1月	2月	3月	4月	5月	6月	7月	8月	9月	10月	11月	12月
沈阳	6.41	4.37	6.13	8.19	45.88	26.4	33.57	13.64	7.95	12.97	7.83	7
黄腊坨	17.09	19.83	22.21	10.1	3.4	4.32	6.66	19.3	18.3	20	15.8	19.1
邢家窝棚	12.38	8.01	12.68	13.53	4.76	8.33	29.4	20.17	23.8	28.56	22.43	16.39
占贝	0.44	0.31	1.58	3.93	5	2.84	3.77	11.67	6.04	2.85	2.28	1.13
南章党	0.12	0.08	0.02	0.06	0.81	0.41	0.38	0.23	0.34	0.43	0.2	0.22
东洲	0.72	0.33	0.66	0.94	0.71	0.71	3.62	0.78	1.59	1.25	0.95	0.52
本溪	3.22	2.67	4.85	13.99	18.73	12.47	20.17	24.21	10.36	10.33	7.07	4.62
辽阳	2.69	2.91	1.24	13.65	7.95	6.36	12.31	12.13	3.22	1.54	0.69	1.03
小林子	4.45	5.31	4.62	14.97	14.3	14.38	25.16	10.79	4.47	2.81	4.76	3.85
唐马寨	8.08	9.07	10.34	18.08	20.1	22.15	34.55	9.89	13.64	10.39	10.92	8.29
南甸	0.3	0.3	0.6	1.39	2.69	1.09	3.35	8.89	1.44	1.65	0.43	0.45
二道河子	0.52	0.47	0.64	1.08	0.74	0.47	0.52	1.33	1.21	1.23	0.99	0.64
郝家店	0.29	0.29	0.48	0.49	0.33	0.15	0.09	0.44	0.66	0.8	0.5	0.39
立山	0.34	0.41	0.91	0.82	0.42	0.3	0.61	1.1	1.18	1.03	0.72	0.58
海城	0.1	0.16	0.46	0.7	0.39	0.01	1.17	1.23	0.93	0.87	0.87	0.4
小市	1.63	1.04	2.25	9.47	12	8.83	4.52	7.17	4.77	8.6	5.08	3.66
葠窝水库	1.8	1.12	2.57	12.68	28.5	19.5	29.14	20.08	6.1	1.97	0.45	3.19
梨底峪	0.26	0.28	0.51	0.51	0.36	0.6	0.26	0.24	0.41	0.52	0.48	0.39
大东山堡	0.2	0.26	0.92	1.08	0.51	0.82	0.8	2.28	2.14	1.57	1.37	0.69

注　黄腊坨资料系列少于20年，设计流量数据仅供参考。

表 4－5　　　　　　　　　　浑河流域断面分期设计流量　　　　　　　　　单位：m³/s

水系名称	站点名称	枯水期		平水期			丰水期				平水期	枯水期	
		1月	2月	3月	4月	5月	6月	7月	8月	9月	10月	11月	12月
浑河	北口前	1.45	1.45	5.11	5.11	5.11	7.46	7.46	7.46	7.46	5.11	1.45	1.45
	抚顺	5.49	5.49	26.1	26.1	26.1	37.33	37.33	37.33	37.33	26.1	5.49	5.49
	沈阳	7.97	7.97	21.55	21.55	21.55	23.67	23.67	23.67	23.67	21.55	7.97	7.97
	黄腊坨	20.49	20.49	20.53	20.53	20.53	25.98	25.98	25.98	25.98	20.53	20.49	20.49
	邢家窝棚	14.75	14.75	16.8	16.8	16.8	27.92	27.92	27.92	27.92	16.8	14.75	14.75
	占贝	1.35	1.35	4.47	4.47	4.47	11.76	11.76	11.76	11.76	4.47	1.35	1.35
	南章党	0.21	0.21	0.48	0.48	0.48	0.95	0.95	0.95	0.95	0.48	0.21	0.21
	东洲	0.64	0.64	1.12	1.12	1.12	2	2	2	2	1.12	0.64	0.64
太子河	本溪	4.54	4.54	13.24	13.24	13.24	32.94	32.94	32.94	32.94	13.24	4.54	4.54
	辽阳	4.69	4.69	23.28	23.28	23.28	25.5	25.5	25.5	25.5	23.28	4.69	4.69
	小林子	7.33	7.33	28.55	28.55	28.55	32.55	32.55	32.55	32.55	28.55	7.33	7.33
	唐马寨	12.59	12.59	32.46	32.46	32.46	40.7	40.7	40.7	40.7	32.46	12.59	12.59

续表

水系名称	站点名称	枯水期		平水期			丰水期				平水期	枯水期	
		1月	2月	3月	4月	5月	6月	7月	8月	9月	10月	11月	12月
太子河	南甸	0.51	0.51	1.82	1.82	1.82	9.39	9.39	9.39	9.39	1.82	0.51	0.51
	二道河子	0.7	0.7	1.0	1.0	1.0	1.55	1.55	1.55	1.55	1	0.7	0.7
	郝家店	0.44	0.44	0.54	0.54	0.54	0.7	0.7	0.7	0.7	0.54	0.44	0.44
	立山	0.57	0.57	0.86	0.86	0.86	1.38	1.38	1.38	1.38	0.86	0.57	0.57
	海城	0.41	0.41	0.52	0.52	0.52	1.21	1.21	1.21	1.21	0.52	0.41	0.41
	小市	2.91	2.91	8.71	8.71	8.71	16.42	16.42	16.42	16.42	8.71	2.91	2.91
	葠窝水库	4.00	4.00	29.06	29.06	29.06	41.59	41.59	41.59	41.59	29.06	4	4
	梨庇峪	0.44	0.44	0.54	0.54	0.54	0.83	0.83	0.83	0.83	0.54	0.44	0.44
	大东山堡	0.84	0.84	1.28	1.28	1.28	2.17	2.17	2.17	2.17	1.28	0.84	0.84

注 黄腊坨资料系列少于20年，设计流量数据仅供参考。

4.1.4 冰期非冰期设计流量

研究中选择浑河水系8个水文测站、太子河水系13个水文测站按照冰封期（1—3月、11—12月）、非冰封期（4—10月）进行流量设计。研究中给出12个月90%保证率流量，以对冰期、非冰期流量设计值的合理性进行验证。浑河流域冰期、非冰期设计流量情况见表4-6。以沈阳站为例，分期设计流量情况见图4-1。

表4-6 浑河流域冰期、非冰期设计流量 单位：m^3/s

水系名称	站点名称	冰 期			非 冰 期							冰 期	
		1月	2月	3月	4月	5月	6月	7月	8月	9月	10月	11月	12月
浑河	北口前	1.93	1.93	1.93	7.8	7.8	7.8	7.8	7.8	7.8	7.8	1.93	1.93
	抚顺	5.72	5.72	5.72	49.24	49.24	49.24	49.24	49.24	49.24	49.24	5.72	5.72
	沈阳	7.74	7.74	7.74	27.17	27.17	27.17	27.17	27.17	27.17	27.17	7.74	7.74
	黄腊坨	20.11	20.11	20.11	21.31	21.31	21.31	21.31	21.31	21.31	21.31	20.11	20.11
	邢家窝棚	15.26	15.26	15.26	26.68	26.68	26.68	26.68	26.68	26.68	26.68	15.26	15.26
	占贝	1.77	1.77	1.77	10.91	10.91	10.91	10.91	10.91	10.91	10.91	1.77	1.77
	南章党	0.19	0.19	0.19	1.32	1.32	1.32	1.32	1.32	1.32	1.32	0.19	0.19
	东洲	0.69	0.69	0.69	1.76	1.76	1.76	1.76	1.76	1.76	1.76	0.69	0.69
太子河	本溪	5.32	5.32	5.32	31.45	31.45	31.45	31.45	31.45	31.45	31.45	5.32	5.32
	辽阳	4.59	4.59	4.59	31.15	31.15	31.15	31.15	31.15	31.15	31.15	4.59	4.59
	小林子	7.46	7.46	7.46	40.98	40.98	40.98	40.98	40.98	40.98	40.98	7.46	7.46
	唐马寨	13.37	13.37	13.37	48.72	48.72	48.72	48.72	48.72	48.72	48.72	13.37	13.37
	南甸	0.59	0.59	0.59	7.18	7.18	7.18	7.18	7.18	7.18	7.18	0.59	0.59
	二道河子	0.76	0.76	0.76	1.66	1.66	1.66	1.66	1.66	1.66	1.66	0.76	0.76
	郝家店	0.49	0.49	0.49	0.84	0.84	0.84	0.84	0.84	0.84	0.84	0.49	0.49

续表

水系名称	站点名称	冰　期			非　冰　期							冰期	
		1 月	2 月	3 月	4 月	5 月	6 月	7 月	8 月	9 月	10 月	11 月	12 月
太子河	立山	0.62	0.62	0.62	1.39	1.39	1.39	1.39	1.39	1.39	1.39	0.62	0.62
	海城	0.41	0.41	0.41	1.16	1.16	1.16	1.16	1.16	1.16	1.16	0.41	0.41
	小市	3.29	3.29	3.29	17.65	17.65	17.65	17.65	17.65	17.65	17.65	3.29	3.29
	葠窝水库	5.02	5.02	5.02	51.46	51.46	51.46	51.46	51.46	51.46	51.46	5.02	5.02
	梨庇峪	0.48	0.48	0.48	0.97	0.97	0.97	0.97	0.97	0.97	0.97	0.48	0.48
	大东山堡	1.05	1.05	1.05	1.42	1.42	1.42	1.42	1.42	1.42	1.42	1.05	1.05

注　黄腊坨资料系列少于 20 年，设计流量数据仅供参考。

4.1.5　资料不足情况下设计流量

大辽河水系由于缺少必要的水文监测站或设站时间较晚，流量监测系列不足，因此，对大辽河设计流量的确定应集成上述方法，采用流量合成法进行确定。流量合成法指采用已知两个（或更多）水文站的原始日/月流量系列，根据同时刻节点平衡原则加和后得到新的日/月流量系列，然后根据新的日/月流量系列生成设计保证率下的流量。常用于入湖（水库、河口）设计水量的分析。

大辽河由浑河和太子河干流在三岔河口交汇形成，海城河作为太子河的重要支流，其流量变化直接对大辽河流量变化产生影响。鉴于大辽河水系受人类活动干扰剧烈，同时营口入海口受潮汐日变化影响很大，因此，研究中采用日流量资料设计大辽河流量。首先对浑河干流上的邢家窝棚站的多年日流量系列采用面积等比例法放大到控制节点处，得到浑河多年平均日流量系列；对太子河干流上的唐马寨站日流量系列放大到和海城河汇合的节点处，得到太子河干流日流量系列，对海城站的日流量系列放大到与太子河汇合的节点处得到海城河日流量系列。然后对太子河控制节点处的两个日系列流量采用合成法合成太子河日流量系列，三岔河口控制节点处的日流量系列采用浑河、太子河的日流量系列合成。采用面积等比例放大法计算辽河公园处的日流量系列，从而计算出大辽河下游设计流量。大辽河站点设计流量见表 4-7。

表 4-7	大辽河站点合成法计算设计流量结果			单位：m^3/s

站点名称	集水面积/km^2	$30B3$	$4B3$	$30Q10$	$7Q10$
邢家窝棚	11090	1.1	0.3	1.3	0.6
浑河	11406	1.1	0.3	1.3	0.6
唐马寨（三）	11203	7.8	4.3	7.9	4.1
太子河干流	12573	15.6	8.6	15.8	8.2
海城站	1001	0.1	0.1	0.1	0.1
海城河	1310	0.3	0.3	0.3	0.3
太子河	13883	18.0	9.6	16.7	8.9

站点名称	集水面积/km²	30B3	4B3	30Q10	7Q10
三岔河口	25289	21.5	11.4	22.8	10.8
辽河公园	25403	21.6	11.5	22.9	10.8

注 资料系列采用 1988—2008 年数据资料。

计算结果表明，太子河干流和海城河设计流量之和小于合成后的太子河设计流量；浑河和太子河设计流量之和小于合成后三岔河口设计流量。设计流量 $30B3$、$4B3$、$30Q10$ 计算结果验证了设计流量合成法的预期结果，即

$$Q_3 \geqslant Q_1 + Q_2 \tag{4-1}$$

式中：Q_1、Q_2、Q_3 分别为流入、流出河段设计流量，m^3/s。

根据《流域水污染物总量控制技术与示范》中设计水文条件的选择原则，以 $30B3$ 对应的流量作为大辽河设计流量。

因此，如果汇流河道设计流量直接采用各支流设计流量加和，会导致汇流河道的水环境容量偏低这一现象，这也是导致流量资料缺乏流域水环境质量难以控制、容量利用不足的原因之一。

4.2 影响因子确定

4.2.1 降解系数 K

依据辽宁省水文局提供的资料，结合已有监测数据的排污口分布信息，在概化和合并的基础上，考虑到浑河流域主要城市排污情况，研究针对流域 83 个排污口进行研究。研究在综合考虑上述各方法的适用条件及其准确度的基础上，参考前人的研究成果，通过对现场试验的测定结果进行综合取舍，结合对不同水质监测点取样进行的合理性分析，率定浑河流域污染物降解系数 K 取值。

K 值是在现场取样的基础上，以模拟值与实际观测值差的平方和最小为目标函数，通过对一系列不同来源、不同取水时间的水样进行试验率定后得到。根据相关研究，COD 相对于氨氮在水体中更容易发生降解，因此，$K_{COD} > K_{NH_3-N}$，同时 K_{NH_3-N} 下限一般不应大于 0.15，结合现场试验的测定结果，研究将浑河及其支流的下限值取为 0.1，太子河及其支流取 0.15，说明太子河在当前接纳污染物量较大的情况下对实现功能区水质达标具有较大的潜力。借鉴《辽河流域水污染物总量控制管理技术研究》，大辽河流域 $K_{COD} \approx 2K_{NH_3-N}$，为此，本书在充分考虑上游源头不确定性污染物来源的基础上，可取 $K_{COD} = 2K_{NH_3-N}$。

考虑到浑河流域水功能区水质目标要求及流域自身的水环境容量、基础数据信息量获取的准确性及可靠性，研究中在保护水质不受破坏的前提下，结合当前对湖库的总磷、总氮降解能力的研究，充分考虑到水体的流动性对污染物的削减特性，在进行修正的基础上给出 $K_{总磷}$、$K_{总氮}$ 的取值：$K_{总氮}$ 的取值在考虑到水质达标对总氮控制要求的前提下，同时

鉴于总氮指标的复杂性及其难以综合监测性，研究中暂取 $K_{总氮}=1.5K_{NH_3-N}$，削减过程中会结合当地水环境容量变动性进行适当的调整；对于 $K_{总磷}$ 的取值，由于其难以降解及其来源的多元化与分布的不均衡化，现场采样试验结果的差异性较大，为保证水质的全面达标，研究将 $K_{总磷}$ 暂取为 0.03。

研究中对于污染物降解系数取值的合理性较为重要，取值既能体现不同性质的污染物降解程度的差异性，又能根据污染物水体中含量的差异性进行综合取舍，以体现水质达标控制目标实施的可行性。对于该参数的敏感程度分析，由于涉及非线性变化关系，并且影响因素众多，将在以后的研究中继续深化。浑河流域全年气温变化较大，而降解系数对温度的反应比较敏感。研究中对冰封期（1—3 月、11 月、12 月）以及非结冰期（4—10 月）的降解系数进行调整，得到对应温度下的降解系数。研究中对浑河流域降解系数取值情况见表 4-8。

表 4-8　　　　　　　　　　浑河流域降解系数取值情况

平均温度/℃		1月	2月	3月	4月	5月	6月	7月	8月	9月	10月	11月	12月	全年均值
浑河流域		−13	−10	−4	7	17	22	24	23	17	6	−3	−11	6.3
K_{COD} /d	浑河干流及支流	0.1	0.1	0.1	0.15	0.29	0.41	0.47	0.44	0.29	0.14	0.1	0.1	0.1
	太子河干流及支流	0.1	0.1	0.1	0.15	0.29	0.41	0.47	0.44	0.29	0.14	0.1	0.1	0.15
	大辽河干流及支流	0.05	0.05	0.05	0.06	0.11	0.16	0.18	0.17	0.11	0.05	0.05	0.05	0.05
K_{NH_3-N} /d	浑河干流及支流	0.05	0.05	0.05	0.05	0.07	0.10	0.12	0.11	0.07	0.05	0.05	0.05	0.05
	太子河干流及支流	0.05	0.05	0.05	0.05	0.07	0.10	0.12	0.11	0.07	0.05	0.05	0.05	0.025
	大辽河干流及支流	0.025	0.025	0.025	0.025	0.04	0.05	0.06	0.06	0.04	0.025	0.025	0.025	0.025

注　1. 浑河及其支流 K_{COD} 下限值取为 0.1，太子河及其支流 K_{COD} 取为 0.15，太子河及其支流 K_{COD} 取为 0.05。
　　2. 浑河及其支流 K_{NH_3-N} 下限值取为 0.05，太子河及其支流 K_{NH_3-N} 取为 0.05，太子河及其支流 K_{NH_3-N} 取为 0.025。

4.2.2　设计流速

通过将在不同糙率下的设计流量值与流域有限水文站点的实际流量值进行比较，率定糙率取值的合理性。利用相同下垫面条件下，同流域水文资料的可查补延展性，利用有限站点的糙率值推测整个流域的糙率值。浑河水系的糙率设计值见表 4-9。大辽河流域地势相对低平，水流速较小，并且可供验证的流量资料不足，因此，主要采用合成法进行流速的确定。

表 4-9　　　　　　　　　　浑河水系糙率设计值

河流水系	糙　率	河流水系	糙　率
浑河	0.035	浑河及太子河支流	0.040
太子河	0.035		

流域河段大多处于丘陵平原地带，河流垂直坡降变化较小，河道较宽。因此，为研究方便起见，将河道简化为矩形河流（断面宽深比≥20 时，简化为矩形河段进行面积计算的误差在 10% 以内）进行流速的确定。为减少资料稀缺带来的不确定性，计算过程中对

河流的宽深比均假定大于100，此时河流的水力半径可用平均水深代替，计算公式简化为

$$v = \frac{1}{n} \cdot h^{\frac{2}{3}} \cdot J^{\frac{1}{2}} \qquad (4-2)$$

同时将式（4-2）进行整理，得到河流深度的计算公式为

$$h = \left(\frac{Qn}{J^{\frac{1}{2}}B} \right)^{\frac{3}{2}} \qquad (4-3)$$

在 h 已知后，求解 v，即

$$v = \frac{Q}{B \cdot h} \qquad (4-4)$$

针对浑河流域概化的水功能区所处河段的地理位置，在对河段上下游高程进行粗略估算的基础上，以重要控制节点水功能区为单位给出河段的坡降与河宽，见表4-10。

表4-10　　　　　　　　浑河流域河道基本信息表

所在河流	上游节点	下游节点	长度/km	上游高程/m	下游高程/m	高程差/m	河段坡度/‰	河段宽度/m
浑河	浑河源头	大伙房水库出口	168	800	562	238	14	10
	大伙房水库出口	高坎村	40	562	505	57	14	100
	高坎村	龙王庙排污口	33	505	459	47	14	50
	龙王庙排污口	三岔河口	174	459	212	247	14	13
太子河	太子河源头	观音阁水库入口	62	800	717	83	13	10
	观音阁水库入口	老官砬子	87	717	602	116	13	50
	老官砬子	葠窝水库出口	51	602	534	68	13	50
	葠窝水库出口	迎水寺	52	534	464	69	13	75
	迎水寺	北沙河河口	17	464	442	23	13	75
	北沙河河口	三岔河口	144	442	250	192	13	25
细河	细河源头	下马塘	57	1100	620	480	84	13
	下马塘	葠窝水库入口	63	620	90	530	84	25
兰河	兰河源头	水泉	10	660	576	84	84	13
	兰河枢纽	葠窝水库入口	45	576	197	379	84	25
汤河	汤河源头	汤河水库出口	68	800	298	502	49	15
	汤河水库出口	太子河入口	23	298	200	98	49	25

在河段坡降、河宽确定的基础上，采用式（4-2）至式（4-4）以实际资料为基准进行修正，得到浑河流域河段的平均水深与流速，见表4-11。

表4-11　　　　　　　　浑河流速的确定

所在河流	上游节点	下游节点	平均水深/m	河段坡度/%	平均流速/(m/s)
浑河	浑河源头	大伙房水库出口	0.579	0.142	0.747
	大伙房水库出口	高坎村	0.145	0.142	0.297
	高坎村	龙王庙排污口	0.220	0.142	0.392

续表

所在河流	上游节点	下游节点	平均水深/m	河段坡度/%	平均流速/(m/s)
浑河	龙王庙排污口	三岔河口	0.506	0.142	0.683
太子河	太子河源头	观音阁水库入口	0.361	0.133	0.529
	观音阁水库入口	老官砬子	0.138	0.133	0.278
	老官砬子	葠窝水库出口	0.138	0.133	0.278
	葠窝水库出口	迎水寺	0.108	0.133	0.236
	迎水寺	北沙河河口	0.108	0.133	0.236
	北沙河河口	三岔河口	0.208	0.133	0.367
细河	细河源头	下马塘	0.137	0.842	0.611
	下马塘	葠窝水库入口	0.091	0.842	0.463
兰河	兰河源头	水泉	0.137	0.842	0.611
	水泉	葠窝水库入口	0.091	0.842	0.463
汤河	汤河源头	汤河水库出口	0.145	0.488	0.482
	汤河水库出口	太子河入口	0.107	0.488	0.393

研究在对河流设计流速进行计算的过程中，假定河流的平均水深与河段对应的水力半径相同，此条件在天然状况下是难以实现的，但当河流的设计流量与平均水深较小（河段的宽深比一般大于 100）时，用此条件进行计算得到的设计流量的计算误差仅为 1.33%，因此，对于浑河这种宽浅的丘陵—平原型河流，可以采用这种假定。

4.2.3　初始浓度

初始浓度（C_0）值一般采用河流中污染物含量的实际监测值。对于河段第一个功能区 C_0 值，有资料时采用该河段上游对照断面近年水质监测的最枯月平均值；无资料时可利用上游其他断面近几年水质监测最枯月平均值用一维模型的浓度公式推算至该断面，或采用两次补充水质现状调查的平均值代替。其他功能区的 C_0 值采用上一个功能区的控制断面目标值。

研究中对于源头水的本底浓度：COD 约为 5mg/L，氨氮约为 0.1mg/L。因此，对于源头水源保护区计算单元，其本底浓度采用源头水水质。但源头水保护区因为限定一切排污，因此，源头水保护区的水环境容量为 0。

非源头水本底浓度：根据水功能区划和污染控制原则，水环境容量计算单元非源头段时，C_0 一般采用上一个功能区的水质目标。上、下游之间或不同行政区间水资源开发利用程度不同的个别河流，某些计算单元的本底浓度在其功能区水质目标允许变化范围内，结合实际情况作适当调整。对于个别功能区参数、模型等选择合理，而出口水质仍不能达到功能区水质目标的，根据规划反映出的问题，对功能区划水质限定目标进行修改。

对于浑河流域河流 C_0 值的给定，参照辽宁省水利厅编写的《辽宁省水功能区划》一书中对水功能区水质现状和规划目标的界定（对于水功能中河流水质现状为劣 V 类水质时，则将其水质的初值按照水质规划目标水质类别界定，便于实现下游水功能区的水质达标），依据《地表水环境质量标准》（GB 3838—2002）中对河流污染物质量浓度的不同界定，结合概化的流域水功能区划图给定初始浓度，见表 4 - 12。

表 4 - 12　　　　　　　　浑河流域河流污染物 C_0 值界定　　　　　　　　单位：mg/L

河流名称	水质现状	COD	NH₃ - N	总磷	总氮
浑河	Ⅱ	15	0.5	0.1	0.5
太子河	Ⅱ	15	0.5	0.1	0.5
汤河	Ⅱ	15	0.5	0.1	0.5
细河	Ⅱ	15	0.5	0.1	0.5
兰河	Ⅲ	20	1.0	0.2	1.0

4.3　水环境容量计算

　　水环境容量作为水功能区水质目标管理的基本依据，是进行水资源保护规划、水污染物总量排放控制的基础。单一设计水文条件下的水环境容量难以反映由于季节变化引起的时间动态特性。利用合适尺度的水质模型，借助设计水文条件的动态特征进行水环境容量计算。动态水环境容量结合多种设计水文条件，设计相应水文参数，利用水质模拟模型和水功能区水质目标要求，分时段计算水环境容量，以反映水环境容量在不同水期的动态变化。同时，通过与单一条件（年均温度，90%流量保证率）下水环境容量计算结果进行对比，验证复合条件下水环境容量计算结果的可靠性和合理性。

　　浑河流域水系特征为树状结构，以小支流汇入大支流、大支流汇入干流、干流入海的形式形成水体连通方式，基本为单向流动；水环境污染方式为上游影响下游，支流影响干流，支流之间基本上不存在相互影响。依据水体连通类型的特点，浑河流域分区分级的优先级别为海洋—河口—湖库—河流干流—河流一级支流。研究中采用逆序的计算方法对流域水环境容量进行逐级计算。

4.3.1　控制因子

　　根据中国环境监测总站 1995—2004 年全国环境质量变化趋势分析报告，全国各流域以有机污染为主，COD、BOD、高锰酸盐指数、氨氮、总氮、总磷、石油类等指标是主要超标因子。在全国水资源综合规划中，河流污染物总量控制因子采用 COD 和氨氮，湖库主要是富营养化问题，增加了总磷和总氮两个控制因子。结合浑河流域的实际情况和研究目标，拟采用全国水资源综合规划选择的污染物总量控制因子。通过对流域水质现状与污染变化趋势进行分析可知，浑河流域水污染以有机污染为主，尤其是含氮有机物污染。部分河段由于工业未达标废水的排放，造成挥发酚、硝基化合物等特征污染物超标严重。

　　此外，学者对浑河流域水环境问题从不同层面进行了探索性研究，但对造成水环境破坏的污染物主要聚焦在 COD 和氨氮上。如毛光君借助分类综合污染评价法研究大辽河

1995—2008 年水质变化趋势，研究期内大辽河均为劣 V 类水质，且主要污染物为 COD 与氨氮，水体中的 COD 与氨氮主要来自于点源工业、面源农业。

　　COD 是反映水体有机污染程度的综合性指标，也是评价污染源有机污染物排放状况的综合性指标；氨氮是水体含氮有机物污染和水生态系统保护的主要表征指标，也是评价污染源含氮污染物排放状况的指标。研究从控制总磷、总氮的输入角度入手，借助相关研究将 COD、氨氮、总磷、总氮作为流域污染控制因子，判断基于水功能区水质控制目标的断面水质达标情况。同时，鉴于流域矿藏资源较多，金属物质入河量较大，造成水体中重金属含量超标，使水质受到一定程度的影响。因此，研究中在某些情况下根据流域污染特征，也可将重金属作为控制因子加以考虑。对 COD 和氨氮两项指标已有较为成熟的监测计量手段和在线监测方法。因此，选择 COD 和氨氮两项指标作为浑太水系的水污染控制因子。

4.3.2　控制目标

　　在以往水环境容量计算的相关研究中，多认为功能区出境达标即为功能区达标，其基本的控制要求为下断面控制，这种达标概念的建立可能会使功能区的功能设置被架空，即出现功能区仅下断面一点达标，达标距离降至零米的现象。对此，研究采用断首控制，在断面混合均匀的假设下，以排污断面达标作为水质约束，保证功能区的全程达标。功能区水质目标的定性描述以及大辽河流域干流功能区划分情况见表 4 - 13。

表 4 - 13　　　　　　　　　　　　水功能区水质目标界定

水功能分区—水质标准	保护目标
I 类　主要适用于源头水、国家自然保护区	原生态维护、生物安全（急性、慢性）、人类健康（致癌、不致癌、卫生）、景观优美
II 类　主要适用于集中式生活饮用水地表水源地一级保护区、珍稀水生生物栖息地、鱼类产卵场、仔稚幼鱼的索饵场等	生态安全（栖息地维护、生境维护）、生物安全（急性、慢性）、人类健康（致癌、不致癌、卫生）、景观优美
III 类　主要适于集中式生活饮用水地表水源地二级保护区、鱼虾类越冬场、洄游通道、水产养殖区等渔业水域及游泳区	生物安全（急性、慢性）、人类健康（致癌、不致癌、卫生）、生态安全（生境维护）、景观良好
IV 类　主要用于一般工业用水区及人体非直接接触的娱乐用水区	人类健康（卫生）、景观较好，生物安全（急性）
V 类　主要适用于农业用水区及一般景观要求水域	景观一般，生物安全（急性）

　　参考《辽河区水资源综合规划》，浑河流域现状年 COD、氨氮水环境容量总量为 16.25 万 t、0.74 万 t，2020 年 COD、氨氮水环境容量总量为 16.25 万 t、0.74 万 t。预计浑河流域 2020 年 COD、氨氮污染物入河控制量为 12.35 万 t、0.63 万 t。

4.3.3　计算方法

　　研究结合动态设计水文条件，在确定流域典型污染物分期、分区参数的基础上，借助解析公式法和优化模拟算法，考虑到浑河流域水文和水力学特征，对流域内陆和入海口分别采取不同的计算方法确定水环境容量。但对于计算结果在保证安全和可操控的前提下，引入安全系数限制性因素，定量计算动态、可实行的水环境容量。

1. 定点水环境容量计算

借助水量水质模型，模拟计算河道中污染物的时空分布及功能区控制断面污染物浓度，利用一维水环境容量模型进行分期设计水文条件下的水环境容量计算，有

$$M = 86.4\left(\frac{C_s}{\alpha} - C_c\right) \cdot Q \tag{4-5}$$

式中：M 为水功能区水环境容量，kg/d；α 为稀释流量比，$\alpha = Q/(Q+q)$；Q 为上游断面设计流量，m^3/s；q 为区间旁侧入流量，m^3/s；C_s 为功能区水质目标，mg/L；C_c 为模拟计算得到的功能区下游断面水质，mg/L。

2. 不定点水环境容量计算

针对浑河流域水污染严重、水质差的现状，为达到最严格水资源管理中的水功能区污染物入河量控制红线要求，考虑到流域发展实际及污水处理水平，将规划水平年的水环境容量在设计流量下定为同一值进行污染物排放总量控制。为确保水环境容量的准确性，以辽宁省水功能区划对河流水环境容量的总体控制要求为基准，按照污染物在河段顶端、中间、均匀排放 3 种情形给出纳污能力的稳态解析解。浑河流域水环境容量具体计算公式如下。

（1）顶端排放，有

$$W = \frac{31.536\left\{\left[C_s - C_0 \cdot \exp\left(-\frac{kl}{u}\right)\right] \cdot Q\right\}}{\exp\left(-\frac{kl}{u}\right)} \tag{4-6}$$

（2）中间排放，有

$$W = \frac{31.536\left\{\left[C_s - C_0 \cdot \exp\left(-\frac{kl}{u}\right)\right] \cdot Q\right\}}{\exp\left(-\frac{kl}{2u}\right)} \tag{4-7}$$

（3）均匀排放，有

$$W = \frac{31.536\left\{\left[C_s - C_0 \cdot \exp\left(-\frac{kl}{u}\right)\right] \cdot \frac{Qkl}{u}\right\}}{1 - \exp\left(-\frac{kl}{u}\right)} \tag{4-8}$$

式中：W 为河流的水环境容量，t/a；C_s、C_0 分别为目标断面、起始断面水质初始浓度，mg/L；Q 为断面设计流量，m^3/s；u 为断面设计流速，m/s；k 为降解系数，1/d；l 为水功能区长度，m。

3. 分期设计水环境容量

分期设计水环境容量在年度设计值的基础上，乘以每个水期的时间占全年时间的比例

得到在某个水期时间内的水环境容量，即

$$W_p = 31.536 \left[C_s \cdot Q \cdot \exp\left(K\, \frac{X}{86.4u}\right) - C_0 \cdot Q \cdot \exp\left(-K\, \frac{L-X}{86.4u}\right) \right] \cdot \frac{A}{12} \qquad (4-9)$$

式中：W_p 为在某个水期时间内的水环境容量，t；A 为某个水期所占月份数；C_s、C_0 分别为目标断面、起始断面水质浓度，mg/L；Q 为水功能区设计流量，m³/s；L 为水功能区长度，km；X 为概化点距控制断面的距离，km。

以分水期（封冰期、非封冰期、全年期）设计流量外包线为依据，为充分利用水体自净削减能力，以三者最大值作为设计流量控制线（上控制线）进行水环境容量计算；基于偏安全角度，采用三者最小值作为设计流量控制线（下控制线）确定水环境容量。

4. 湖库水环境容量计算

研究区中水库多为大型水库，或存水量不大的中、小型水库，在水力及外界环境的影响下（入库水量和出库水量相等），污染物在水体中得到均匀混合，水环境容量计算公式为

$$W = (C_s - C_0) \cdot V \qquad (4-10)$$

式中：W 为水体纳污能力，g；C_s 为水质目标浓度，mg/L；C_0 为水质初始浓度，mg/L；V 为水库设计库容，m³。

4.3.4　计算结果

1. 河段水环境容量

借助浑河流域水功能区划定结果，考虑到分区、分期设计水文条件的差异，在确定差异参数的基础上，分类给出流域水环境容量。计算中对于水功能区水质保护目标的取值采用《地表水环境质量标准》（GB 3838—2002）中水质类别的端点值，见表 4-14。对于排污控制区水质目标一般取上一水功能区的水质控制目标。计算中为最大限度地利用河道水体的水环境容量，采用断面末端控制。针对流域水体保护类别，给出水环境容量计算结果，见表 4-15 至表 4-18。研究中将湖库作为河流中的重要节点，依据河流水功能区的长度计算 COD、氨氮对应的水环境容量。

表 4-14　　　　　　　　　　　水 质 目 标 取 值 情 况　　　　　　　　　单位：mg/L

污染物种类	I 类	II 类	III 类	IV 类	V 类
COD	15	15	20	30	40
氨氮	0.15	0.5	1.0	1.5	2.0
总磷（以 P 计）	0.02 （湖库 0.01）	0.1 （湖库 0.025）	0.2 （湖库 0.05）	0.3 （湖库 0.1）	0.4 （湖库 0.2）
总氮（湖库，以 N 计）	0.2	0.5	1.0	1.5	2.0

表 4-15　　　　　　浑河流域水环境容量计算结果——对应最小生态流量　　　　单位：t

水系	水 功 能 区	河流	起始断面	终止断面	水质目标	COD	氨氮
浑河	章党河抚顺农业用水区	章党河	源头	入浑河河口	Ⅲ	14.78	5.47
浑河	东洲河关门山水库渔业用水区	东洲河	源头	关门山水库出口	Ⅱ	3.30	0.11
浑河	东洲河"关山Ⅱ水库"渔业用水区	东洲河	关门山水库出口	关山Ⅱ水库出口	Ⅲ	52.11	4.97
浑河	东洲河抚顺工业用水区	东洲河	关山Ⅱ水库出口	入浑河河口	Ⅳ	116.78	5.84
浑河	红河清原源头水保护区	红河	源头	湾甸子镇	Ⅱ	0	0
浑河	红河湾甸子镇景观娱乐用水区	红河	湾甸子镇	英额河入河口	Ⅱ	60.03	2.00
浑河	浑河北口前饮用水水源区	浑河	英额河入河口	大伙房水库入口	Ⅱ	58.91	1.96
浑河	浑河大伙房水库饮用水水源区	浑河	大伙房水库入口	大伙房水库出口	Ⅱ	13.96	0.47
浑河	浑河大伙房水库出口工业用水区	浑河	大伙房水库出口	橡胶坝1	Ⅲ	92.65	8.57
浑河	浑河橡胶坝1景观娱乐用水区	浑河	橡胶坝1	橡胶坝（末）	Ⅲ	116.02	5.80
浑河	浑河橡胶坝（末）工业用水区	浑河	橡胶坝（末）	三宝屯污水处理厂入河口	Ⅳ	1514.7	75.74
浑河	浑河高坎村过渡区	浑河	三宝屯污水处理厂入河口	高坎村	Ⅲ	62.67	3.13
浑河	浑河高坎村饮用水水源区	浑河	高坎村	干河子拦河坝	Ⅲ	47.35	2.37
浑河	浑河干河子拦河坝饮用水水源区	浑河	干河子拦河坝	浑河桥	Ⅲ	152.85	7.64
浑河	浑河浑河桥景观娱乐用水区	浑河	浑河桥	五里台	Ⅲ	7.83	0.39
浑河	浑河五里台饮用水水源区	浑河	五里台	龙王庙排污口	Ⅲ	55.32	2.77
浑河	浑河龙王庙排污口排污控制区	浑河	龙王庙排污口	上沙	Ⅲ	38.38	1.92
浑河	浑河上沙过渡区	浑河	上沙	金沙	Ⅴ	3260.4	163.02
浑河	浑河金沙农业用水区	浑河	金沙	细河河口	Ⅴ	604.54	30.23
浑河	浑河细河河口排污控制区	浑河	细河河口	黄南	Ⅴ	43.76	2.19
浑河	浑河黄南过渡区	浑河	黄南	七台子	Ⅴ	92.97	4.65
浑河	浑河七台子农业用水区	浑河	七台子	上顶子	Ⅴ	577.23	28.86
浑河	浑河上顶子农业用水区	浑河	上顶子	三岔河口	Ⅴ	602.32	30.12
浑河	蒲河沈阳源头水保护区	蒲河	源头	棋盘山水库入口	Ⅱ	0	0
浑河	蒲河棋盘山水库渔业用水区	蒲河	棋盘山水库入口	棋盘山水库出口	Ⅲ	48.89	4.81
浑河	蒲河法哈牛农业用水区	蒲河	棋盘山水库出口	法哈牛	Ⅴ	271.33	13.57
浑河	蒲河法哈牛过渡区	蒲河	法哈牛	团结水库入口	Ⅲ	7.66	0.38

续表

水系	水 功 能 区	河流	起始断面	终止断面	水质目标	COD	氨氮
浑河	蒲河团结水库渔业用水区	蒲河	团结水库入口	团结水库出口	III	5.21	0.26
浑河	蒲河辽中农业用水区	蒲河	团结水库出口	辽中上排污口	V	213.69	10.68
浑河	蒲河辽中排污控制区	蒲河	辽中上排污口	老窝棚	V	2.38	0.12
浑河	蒲河老窝棚过渡区	蒲河	老窝棚	老窝棚下 1km	V	0.79	0.04
浑河	蒲河老窝棚农业用水区	蒲河	老窝棚下 1km	入浑河河口	IV	10.26	0.51
浑河	社河抚顺源头水保护区	社河	源头	腰堡水库入口	II	0	0
浑河	社河腰堡水库渔业用水区	社河	腰堡水库入口	腰堡水库出口	II	0.20	0.01
浑河	社河温道林场饮用水水源区	社河	腰堡水库出口	大伙房水库入口	II	7.39	0.25
浑河	苏子河新宾源头水保护区	苏子河	源头	红升水库入口	II	0	0
浑河	苏子河红升水库饮用水水源区	苏子河	红升水库入口	红升水库出口	II	0.59	0.02
浑河	苏子河双庙子饮用水水源区	苏子河	红升水库出口	双庙子	II	1.19	0.04
浑河	苏子河双庙子过渡区	苏子河	双庙子	北茶棚	III	33.39	3.25
浑河	苏子河北茶棚饮用水水源区	苏子河	北茶棚	永陵镇桥	II	3.83	0.13
浑河	苏子河永陵镇过渡区	苏子河	永陵镇桥	下元	II	0.99	0.03
浑河	苏子河下元饮用水水源区	苏子河	下元	木奇	II	5.91	0.20
浑河	苏子河木奇饮用水水源区	苏子河	木奇	大伙房水库入口	II	14.44	0.48
浑河	英额河清原源头水保护区	英额河	源头	英额门镇	II	0	0
浑河	英额河英额门镇工业用水区	英额河	英额门镇	小山城	II	11.26	0.38
浑河	英额河小山城排污控制区	英额河	小山城	马前寨	II	4.18	0.14
浑河	英额河马前寨过渡区	英额河	马前寨	入浑河河口	II	2.78	0.09
太子河	北沙河本溪农业用水区	北沙河	源头	大堡	III	103.31	8.32
太子河	北沙河大堡农业用水区	北沙河	大堡	浪子	III	96.70	4.83
太子河	北沙河浪子饮用水水源区	北沙河	浪子	入太子河河口	III	53.87	2.69
太子河	海城河海城源头水保护区	海城河	源头	红土岭水库入口	II	0	0
太子河	海城河"红土岭水库"饮用水水源区	海城河	红土岭水库入口	红土岭水库出口	II	2.17	0.07
太子河	海城河"红土岭水库"出口饮用水水源区	海城河	红土岭水库出口	东三台	III	118.69	9.09
太子河	海域河东三台农业用水区	海城河	东三台	入太子河河口	IV	189.01	9.45
太子河	兰河辽阳源头水保护区	兰河	源头	水泉	II	0	0

水系	水 功 能 区	河流	起始断面	终止断面	水质目标	COD	氨氮
太子河	兰河水泉饮用水水源区	兰河	水泉	古家子	Ⅱ	8.77	0.29
太子河	兰河古家子农业用水区	兰河	古家子	葠窝水库入口	Ⅱ	18.69	0.62
太子河	太子河新宾源头水保护区	太子河	源头	观音阁水库入口	Ⅱ	0	0
太子河	太子河观音阁水库饮用水水源区	太子河	观音阁水库入口	观音阁水库出口	Ⅱ	107.33	3.58
太子河	太子河老官砬子饮用水水源区	太子河	观音阁水库出口	老官砬子	Ⅱ	656.44	21.88
太子河	太子河老官砬子工业用水区	太子河	老官砬子	合金沟	Ⅱ	136.20	4.54
太子河	太子河合金沟工业用水区	太子河	合金沟	葠窝水库入口	Ⅳ	2118.1	135.1
太子河	太子河葠窝水库工业用水区	太子河	葠窝水库入口	葠窝水库出口	Ⅲ	360.46	18.02
太子河	太子河葠窝水库出口工业用水区	太子河	葠窝水库出口	南排入河口	Ⅲ	915.76	45.79
太子河	太子河南排入河口排污控制区	太子河	南排入河口	管桥	Ⅲ	34.59	1.73
太子河	太子河管桥过渡区	太子河	管桥	迎水寺	Ⅲ	87.44	4.37
太子河	太子河迎水寺饮用水水源区	太子河	迎水寺	北沙河河口	Ⅱ	491.53	16.38
太子河	太子河北沙河河口农业用水区	太子河	北沙河河口	柳壕河口	Ⅴ	10142	568.6
太子河	太子河柳壕河口农业用水区	太子河	柳壕河口	二台子	Ⅴ	723.54	36.18
太子河	太子河二台子农业用水区	太子河	二台子	三岔河口	Ⅴ	3045.2	152.3
太子河	汤河辽阳源头水保护区	汤河	源头	二道河水文站	Ⅱ	0	0
太子河	汤河二道河水文站饮用水水源区	汤河	二道河水文站	汤河水库入口	Ⅱ	4.15	0.14
太子河	汤河汤河水库饮用水水源区	汤河	汤河水库入口	汤河水库出口	Ⅱ	3.62	0.12
太子河	汤河汤河水库出口农业用水区	汤河	汤河水库出口	入太子河河口	Ⅱ	15.18	0.51
太子河	细河本溪源头水保护区	细河	源头	连山关水库入口	Ⅱ	0	0
太子河	细河连山关水库饮用水水源区	细河	连山关水库入口	连山关水库出口	Ⅱ	1.35	0.05
太子河	细河下马塘饮用水水源区	细河	连山关水库出口	下马塘	Ⅱ	2.73	0.09
太子河	细河下马塘渔业用水区	细河	下马塘	葠窝水库入口	Ⅲ	65.07	4.83
大辽河	大辽河三岔河口农业用水区	大辽河	三岔河口	上口子	Ⅳ	0.44	181.4
大辽河	大辽河上口子工业用水区	大辽河	上口子	虎庄河入河口	Ⅳ	0.73	0.04
大辽河	大辽河虎庄河入河口排污控制区	大辽河	虎庄河入河口	西部污水处理厂入河口	Ⅳ	147.59	7.38
大辽河	大辽河营口缓冲区	大辽河	西部污水处理厂入河口	入海口	Ⅳ	88.31	4.42

浑河流域水环境容量计算结果——对应典型年设计流量

表 4-16　　　　　　　　　　　　　　　　　　　　　　　　　　　　　　　　　　　　单位：t

水系	水功能区	COD													氨氮													
		1月	2月	3月	4月	5月	6月	7月	8月	9月	10月	11月	12月	合计	1月	2月	3月	4月	5月	6月	7月	8月	9月	10月	11月	12月	合计
浑河	章党河抚顺农业用水区	2.59	1.55	1.38	0.34	12.93	40.53	22.42	44.67	28.80	8.97	6.04	6.21	176.42	0.23	0.14	0.12	0.03	1.14	6.21	1.98	3.93	2.54	0.79	0.53	0.55	18.18
浑河	苏洲河关门山水库渔业用水区	0.79	0.76	2.07	2.06	1.57	1.06	2.03	1.60	1.29	1.54	1.04	0.83	16.65	0.03	0.03	0.07	0.07	0.05	0.83	0.07	0.05	0.04	0.05	0.03	0.03	1.35
浑河	苏洲河"关山Ⅱ水库"渔业用水区	12.45	12.01	32.71	32.57	24.75	16.79	31.99	25.33	20.41	24.32	16.50	13.17	263.00	1.19	1.15	3.12	3.11	2.36	13.17	3.05	2.42	1.95	2.32	1.57	1.26	36.66
浑河	苏洲河抚顺工业用水区	27.90	26.92	73.31	72.99	55.47	37.63	71.69	56.77	45.74	54.50	36.98	29.52	589.40	1.39	1.35	3.67	3.65	2.77	29.52	3.58	2.84	2.29	2.72	1.85	1.48	57.11
浑河	红河清原源头水保护区	0	0	0	0	0	0	0	0	0	0	0	0	0	0	0	0	0	0	0	0	0	0	0	0	0	0
浑河	红河湾甸子镇景观娱乐用水区	4.93	3.43	13.29	12.26	10.15	10.08	133.3	36.80	21.15	16.54	10.25	4.04	276.20	0.16	0.11	0.44	0.41	0.34	4.04	4.44	1.23	0.71	0.55	0.34	0.13	12.91
浑河	浑河北口门前饮用水源区	3.37	3.37	13.04	12.03	9.96	9.89	130.8	36.12	20.76	16.24	10.06	3.96	269.58	0.16	0.11	0.43	0.40	0.33	3.96	4.36	1.20	0.69	0.54	0.34	0.13	12.67
浑河	浑河大伙房水库饮用水源区	2.00	1.93	8.65	7.98	6.61	6.56	44.42	47.68	21.86	20.63	18.37	15.21	201.91	0.41	0.40	0.54	0.60	8.61	15.21	1.48	1.59	0.73	0.69	0.61	0.51	31.37
浑河	浑河大伙房水库出口工业用水区	81.53	80.30	107.3	119.5	1714.1	668.6	294.9	316.5	145.1	137.0	122.0	101.0	3888.0	7.55	7.43	9.93	11.06	158.6	100.99	27.30	29.30	13.43	12.68	11.29	9.35	398.93
浑河	浑河橡胶坝1景观娱乐用水区	12.15	11.97	16.00	17.82	255.53	99.68	43.97	47.19	21.64	20.42	18.19	15.06	579.62	0.61	0.60	0.80	0.89	12.78	15.06	2.20	2.36	1.08	1.02	0.91	0.75	39.05
浑河	浑河橡胶坝（末）工业用水区	158.7	156.3	208.9	232.6	3336.0	1301	574.0	616.1	282.5	266.6	237.4	196.6	7567.1	7.93	7.81	10.4	11.63	166.8	196.56	28.70	30.81	14.13	13.33	11.87	9.83	509.84
浑河	浑河高牧村过渡区	6.57	6.47	8.64	9.62	138.02	53.84	23.75	25.49	11.69	11.03	9.82	8.13	313.07	0.33	0.32	0.43	0.48	6.90	8.13	1.19	1.27	0.58	0.55	0.49	0.41	21.09
浑河	浑河高牧农村饮用水源区	4.02	3.85	4.90	6.06	35.79	16.91	66.32	36.26	17.19	13.34	7.81	9.49	221.95	0.20	0.19	0.25	0.30	1.79	9.49	3.32	1.81	0.86	0.67	0.39	0.47	19.74
浑河	浑河干河子河坝饮用水源区	12.98	12.43	15.83	19.56	115.55	54.59	214.1	117.1	55.50	43.07	25.20	30.63	716.54	0.65	0.62	0.79	0.98	5.78	30.63	10.71	5.85	2.78	2.15	1.26	1.53	63.73

续表

水系	水功能区	COD													氨氮												
		1月	2月	3月	4月	5月	6月	7月	8月	9月	10月	11月	12月	合计	1月	2月	3月	4月	5月	6月	7月	8月	9月	10月	11月	12月	合计
浑河	浑河浑河桥景观娱乐用水区	0.67	0.64	0.81	1.00	5.92	2.80	10.97	6.00	2.84	2.21	1.29	1.57	36.72	0.03	0.03	0.04	0.05	0.30	1.57	0.55	0.30	0.14	0.11	0.06	0.08	3.27
浑河	浑河五里台饮用水源区	4.70	4.50	5.73	7.08	41.82	19.76	77.49	42.37	20.09	15.59	9.12	11.09	259.32	0.23	0.23	0.29	0.35	2.09	11.09	3.87	2.12	1.00	0.78	0.46	0.55	23.06
浑河	浑河龙王庙排污口排污控制区	11.35	11.85	14.93	5.41	0.60	2.71	4.18	45.85	12.73	22.08	17.81	13.05	162.54	0.57	0.59	0.75	0.27	0.03	13.05	0.21	2.29	0.64	1.10	0.89	0.65	21.04
浑河	浑河上沙过渡区	964.3	1007	1268	459.8	50.61	230.2	354.8	3894	1081	1875	1513	1108	13806	48.21	50.34	63.4	22.99	2.53	1108.1	17.74	194.7	54.07	93.76	75.65	55.41	1786.95
浑河	浑河金沙农业用水区	178.8	186.7	235.1	85.25	9.38	42.67	65.79	722.1	200.5	347.7	280.5	205.5	2560.0	8.94	9.33	11.8	4.26	0.47	205.5	3.29	36.10	10.03	17.39	14.03	10.27	331.33
浑河	浑河细河河口排污控制区	6.49	6.25	5.28	7.10	5.39	2.90	68.21	49.05	24.52	20.38	13.08	12.73	213.09	0.32	0.31	0.26	0.18	0.13	12.73	3.41	2.45	1.23	1.02	0.65	0.64	23.33
浑河	浑河黄南过渡区	13.03	12.54	10.59	7.10	5.39	5.81	136.9	98.43	49.21	40.89	26.26	25.54	431.67	0.65	0.63	0.53	0.36	0.27	25.54	6.84	4.92	2.46	2.04	1.31	1.28	46.83
浑河	浑河七台子农业用水区	80.88	77.85	65.74	44.09	33.49	36.08	849.8	611.1	305.5	253.9	163.0	158.6	2680.0	4.02	3.89	3.29	2.20	1.67	158.56	42.49	30.55	15.28	12.69	8.15	7.93	290.74
浑河	浑河上顶子农业用水区	84.40	81.24	68.60	46.01	34.95	37.64	886.7	637.6	318.8	264.9	170.1	165.5	2796.5	4.20	4.06	3.43	2.30	1.75	165.5	44.34	31.88	15.94	13.25	8.50	8.27	303.37
浑河	浑河沈阳源头水保护区	0	0	0	0	0	0	0	0	0	0	0	0	0	0	0	0	0	0	0	0	0	0	0	0	0	0
蒲河	蒲河棋盘山水库渔业用水区	2.04	1.22	1.09	0.27	10.19	31.92	17.66	35.17	22.68	7.06	4.75	4.89	138.93	0.20	0.12	0.11	0.03	1.00	4.89	1.74	3.46	2.23	0.69	0.47	0.48	15.42
蒲河	蒲河法哈牛农业用水区	11.31	6.78	6.03	1.51	56.53	177.1	97.98	195.2	125.9	39.19	26.38	27.13	771.04	0.57	0.34	0.30	0.08	2.83	27.13	4.90	9.76	6.29	1.96	1.32	1.36	56.83
蒲河	蒲河法哈牛过渡区	0.32	0.19	0.17	0.04	1.60	5.00	2.77	5.51	3.55	1.11	0.74	0.77	21.77	0.02	0.01	0.01	0.00	0.08	0.77	0.14	0.28	0.18	0.06	0.04	0.04	1.60
蒲河	蒲河团结水库渔业用水区	0.22	0.13	0.12	0.03	1.09	3.40	1.88	3.75	2.42	0.75	0.51	0.52	14.80	0.01	0.01	0.01	0.00	0.05	0.52	0.09	0.19	0.12	0.04	0.03	0.03	1.09
蒲河	蒲河辽中农业用水区	8.90	5.34	4.75	1.19	44.52	139.5	77.17	153.7	99.13	30.87	20.78	21.37	607.25	0.45	0.27	0.24	0.06	2.23	21.37	3.86	7.69	4.96	1.54	1.04	1.07	44.76

续表

水系	水功能区	COD 1月	2月	3月	4月	5月	6月	7月	8月	9月	10月	11月	12月	合计	氨氮 1月	2月	3月	4月	5月	6月	7月	8月	9月	10月	11月	12月	合计
浑河	浦河辽中排污控制区	0.10	0.06	0.05	0.01	0.50	1.55	0.86	1.71	1.10	0.34	0.23	0.24	6.76	0.00	0.00	0.00	0.00	0.02	0.24	0.04	0.09	0.06	0.02	0.01	0.01	0.50
浑河	浦河老窝棚过渡区	0.03	0.02	0.02	0.00	0.16	0.52	0.29	0.57	0.37	0.11	0.08	0.08	2.25	0.00	0.00	0.00	0.00	0.01	0.08	0.01	0.03	0.02	0.01	0.00	0.00	0.17
浑河	浦河老窝棚农业用水区	0.43	0.26	0.23	0.06	2.14	6.70	3.71	7.38	4.76	1.48	1.00	1.03	29.16	0.02	0.01	0.01	0.00	0.11	1.03	0.19	0.37	0.24	0.07	0.05	0.05	2.15
浑河	社河抚顺源头水保护区	0	0	0	0	0	0	0	0	0	0	0	0	0	0	0	0	0	0	0	0	0	0	0	0	0	0
浑河	社河腰堡水库渠	0.07	0.01	0.01	0.00	0.06	0.19	0.11	0.21	0.14	0.04	0.03	0.03	0.90	0.00	0.01	0.01	0.00	0.00	0.03	0.00	0.01	0.00	0.00	0.00	0.00	0.05
浑河	社河温道林场饮业用水源区	2.65	0.28	0.25	0.06	2.31	7.24	4.00	7.97	5.14	1.60	1.08	1.11	33.69	0.02	0.01	0.01	0.02	0.08	1.11	0.13	0.27	0.17	0.05	0.04	0.04	1.92
浑河	苏子河新宾源头水保护区	0.54	0.32	1.91	1.73	3.75	19.70	5.51	29.23	9.04	4.24	3.98	1.37	81.32	0.02	0.01	0.06	0.06	0.12	1.37	0.18	0.97	0.30	0.14	0.13	0.05	3.42
浑河	苏子河红升水库饮用水源区	0.15	0.09	0.52	0.47	1.01	5.33	1.49	7.91	2.45	1.15	1.08	0.37	21.99	0.00	0.00	0.02	0.02	0.03	0.37	0.05	0.26	0.08	0.04	0.04	0.01	0.92
浑河	苏子河双庙子饮用水源区	0.29	0.17	1.03	0.94	2.03	10.69	2.99	15.86	4.91	2.30	2.16	0.74	44.13	0.01	0.01	0.03	0.03	0.07	0.74	0.10	0.53	0.16	0.08	0.07	0.02	1.86
浑河	苏子河双庙子过渡区	8.21	4.87	28.94	26.30	56.91	299.2	83.62	443.9	137.3	64.42	60.39	20.73	1234.8	0.80	0.47	2.81	2.56	5.53	20.73	8.13	43.15	13.35	6.26	5.87	2.02	111.69
浑河	苏子河北杂棚饮用水源区	0.94	0.56	3.32	3.02	6.53	34.32	9.59	50.92	15.75	7.39	6.93	2.38	141.65	0.03	0.02	0.11	0.10	0.22	2.38	0.32	1.70	0.53	0.25	0.23	0.08	5.96
浑河	苏子河永陵镇过渡区	0.24	0.14	0.86	0.78	1.69	8.90	2.49	13.20	4.09	1.92	1.80	0.62	36.73	0.01	0.00	0.03	0.03	0.06	0.62	0.08	0.44	0.14	0.06	0.06	0.02	1.54
浑河	苏子河下元饮用水源区	1.45	0.86	5.12	4.65	10.07	52.94	14.80	78.54	24.30	11.40	10.69	3.67	218.49	0.05	0.03	0.17	0.16	0.34	3.67	0.49	2.62	0.81	0.38	0.36	0.12	9.19

水系	水功能区	COD													氨氮												
		1月	2月	3月	4月	5月	6月	7月	8月	9月	10月	11月	12月	合计	1月	2月	3月	4月	5月	6月	7月	8月	9月	10月	11月	12月	合计
浑河	苏子河木奇饮用水源区	3.55	2.11	12.52	11.37	24.61	129.4	36.17	191.9	59.39	27.86	26.12	8.97	533.99	0.12	0.07	0.42	0.38	0.82	8.97	1.21	6.40	1.98	0.93	0.87	0.30	22.45
浑河	英额河清原源头水保护区	0	0	0	0	0	0	0	0	0	0	0	0	0	0	0	0	0	0	0	0	0	0	0	0	0	0
浑河	英额河英额门镇工业用水区	1.85	1.29	4.98	4.60	3.81	3.78	49.98	13.80	7.93	6.20	3.85	1.51	103.58	0.06	0.04	0.17	0.15	0.13	1.51	1.67	0.46	0.26	0.21	0.13	0.05	4.84
浑河	英额河小山城排污控制区	0.69	0.48	1.85	1.71	1.41	1.40	18.55	5.12	2.94	2.30	1.43	0.56	38.44	0.02	0.02	0.06	0.06	0.05	0.56	0.62	0.17	0.10	0.08	0.05	0.02	1.80
浑河	英额河马前寨过渡区	0.46	0.32	1.23	1.13	0.94	0.93	12.34	3.41	1.96	1.53	0.95	0.37	25.57	0.02	0.01	0.04	0.04	0.03	0.37	0.41	0.11	0.07	0.05	0.03	0.01	1.20
太子河	北沙河本溪农业用水区	8.61	21.95	31.21	29.27	21.95	29.92	38.10	45.85	35.08	36.81	46.71	25.40	370.85	1.96	1.77	2.51	2.36	1.77	25.40	3.07	3.69	2.83	2.96	3.76	2.05	54.12
太子河	北沙河大堡农业用水区	8.06	20.55	29.21	27.40	20.55	28.00	35.66	42.91	32.84	34.45	43.71	23.77	347.10	1.14	1.03	1.46	1.37	1.03	23.77	1.78	2.15	1.64	1.72	2.19	1.19	40.46
太子河	北沙河浪子山子饮用水源区	4.49	11.45	16.27	15.26	11.45	15.60	19.86	23.91	18.29	19.19	24.35	13.24	193.37	0.63	0.57	0.81	0.76	0.57	13.24	0.99	1.20	0.91	0.96	1.22	0.66	22.54
太子河	海城河海城源头水保护区	0	0	0	0	0	0	0	0	0	0	0	0	0	0	0	0	0	0	0	0	0	0	0	0	0	0
太子河	海城河"红土岭"饮用水源区	0.12	0.08	0.10	0.10	0.10	0.09	0.09	2.55	1.14	0.37	0.18	0.12	5.04	0.00	0.00	0.00	0.00	0.00	0.12	0.00	0.09	0.04	0.01	0.01	0.00	0.28
太子河	海城河"红土岭"水库出口饮用水源区	6.43	4.20	5.69	5.69	5.69	4.95	4.70	139.7	62.56	20.28	9.89	6.43	276.20	0.49	0.32	0.44	0.44	0.44	6.43	0.36	10.70	4.79	1.55	0.76	0.49	27.20
太子河	海城河东三台农业用水区	10.24	6.69	9.06	9.06	9.06	7.88	7.48	222.5	99.63	32.29	15.75	10.24	439.85	0.51	0.33	0.45	0.45	0.45	10.24	0.37	11.12	4.98	1.61	0.79	0.51	31.84
太子河	兰河辽阳源头水保护区	0	0	0	0	0	0	0	0	0	0	0	0	0	0	0	0	0	0	0	0	0	0	0	0	0	0

续表

水系	水功能区	COD													氨氮												
		1月	2月	3月	4月	5月	6月	7月	8月	9月	10月	11月	12月	合计	1月	2月	3月	4月	5月	6月	7月	8月	9月	10月	11月	12月	合计
太子河	兰河水泵饮用水源区	1.27	1.12	2.19	8.85	8.19	2.80	6.85	3.17	2.00	2.22	1.85	1.27	41.78	0.04	0.04	0.07	0.29	0.27	1.27	0.23	0.11	0.07	0.07	0.06	0.04	2.57
太子河	兰河古家子农业用水区	2.70	2.39	4.67	18.85	17.45	5.97	14.59	6.75	4.26	4.73	3.95	2.70	89.00	0.09	0.08	0.16	0.63	0.58	2.70	0.49	0.23	0.14	0.16	0.13	0.09	5.47
太子河	太子河新黄源头水保护区	0	0	0	0	0	0	0	0	0	0	0	0	0	0	0	0	0	0	0	0	0	0	0	0	0	0
太子河	太子河观音阁水库饮用水源区	168.44	157.02	6.86	10.93	181.06	169.9	202.6	26.83	87.45	123.3	143.1	162.6	1440.2	5.61	5.23	5.36	9.44	6.04	162.58	6.75	0.89	2.92	4.11	4.77	5.42	219.13
太子河	太子河老官砬子饮用水源区	54.70	233.6	452.4	263.9	317.87	252.8	301.5	39.92	130.1	183.5	212.9	241.9	2685.1	8.35	7.79	7.98	14.05	8.98	241.88	10.05	1.33	4.34	6.12	7.10	8.06	326.01
太子河	太子河老官砬子工业用水区	8.44	4.08	93.87	87.43	65.95	52.46	161.1	284.4	88.65	69.94	39.57	25.34	981.22	0.64	0.51	3.13	3.17	2.20	25.34	1.32	9.48	2.96	2.33	1.32	0.84	53.23
太子河	太子河合金钩工业用水区	131.2	63.45	1459.8	1359.6	1025.6	815.75	2505.5	4422.2	1378.7	1087.7	615.39	394.04	15258.8	19.04	15.06	93.1	94.86	65.41	394.04	39.24	282.0	87.92	69.36	39.24	25.13	1224.42
太子河	太子河葠窝水库工业用水区	22.33	10.80	119.91	253.14	1186.69	412.50	426.39	290.32	115.04	22.00	11.12	383.11	3253.35	1.12	0.54	6.00	12.66	59.33	383.11	21.32	14.52	5.75	1.10	0.56	19.16	525.16
太子河	太子河葠窝水库农业用水区	64.14	62.70	416.63	728.07	602.26	284.63	439.32	737.56	616.69	288.75	222.75	102.09	4565.60	3.21	3.14	20.8	36.40	30.11	102.09	21.97	66.83	30.83	14.44	11.14	5.10	346.09
太子河	太子河出口工业用水区	2.42	2.37	15.74	27.50	22.75	10.75	16.59	50.48	23.29	10.91	8.41	3.86	195.07	0.12	0.12	0.79	1.37	1.14	3.86	0.83	2.52	1.16	0.55	0.42	0.19	13.07
太子河	太子河南排入河口排污控制区	6.12	5.99	39.78	69.51	57.50	27.18	41.95	127.61	58.88	27.57	21.27	9.75	493.10	0.31	0.30	1.99	3.48	2.88	9.75	2.10	6.38	2.94	1.38	1.06	0.49	33.04
太子河	太子河管桥过渡区	31.82	32.51	63.54	89.80	366.02	329.78	630.16	190.10	69.32	48.26	44.27	61.44	1957.02	1.06	1.08	2.12	2.99	12.20	61.44	21.01	6.34	2.31	1.61	1.48	2.05	115.68
太子河	太子河北沙河迎水寺饮用水区	1787.9	1787.9	1473.7	1842.1	15169.9	5981.3	3626.8	3868.3	3044.8	1820.4	1614.5	2080.5	45098.0	100.2	100.2	82.6	103.3	850.5	2080.5	259.4	216.9	170.7	102.1	90.52	116.64	4273.46
太子河	太子河柳缘河口农业用水区	127.55	127.55	105.13	131.41	1082.22	426.70	330.08	275.97	217.22	129.87	115.18	148.42	3217.29	6.38	6.38	5.26	6.57	54.11	148.42	16.50	13.80	10.86	6.49	5.76	7.42	287.95

续表

水系	水功能区	COD 1月	2月	3月	4月	5月	6月	7月	8月	9月	10月	11月	12月	合计	氨氮 1月	2月	3月	4月	5月	6月	7月	8月	9月	10月	11月	12月	合计
太子河	太子河二台子农业用水区	536.81	536.81	542.46	553.08	4554.77	1795.9	1389.2	1161.5	914.21	546.57	484.76	624.65	13540.7	26.84	26.84	22.1	27.65	227.7	624.65	69.46	58.07	45.71	27.33	24.24	31.23	1211.89
太子河	汤河辽阳源头水保护区	0	0	0	0	0	0	0	0	0	0	0	0	0	0	0	0	0	0	0	0	0	0	0	0	0	0
太子河	汤河二道河水文站牧用水源区	0.48	0.53	1.04	0.83	0.47	0.07	0.71	4.33	0.99	0.92	0.67	0.62	11.67	0.02	0.02	0.02	0.03	0.02	0.62	0.02	0.14	0.03	0.03	0.02	0.02	1.00
太子河	汤河汤河水库饮用水源区	0.42	0.46	0.91	0.72	0.41	0.06	0.62	3.78	0.87	0.81	0.58	0.54	10.20	0.01	0.02	0.02	0.02	0.01	0.54	0.02	0.13	0.03	0.03	0.02	0.02	0.87
太子河	汤河汤河水库出口农业用水区	1.77	1.94	3.79	3.04	1.73	0.25	2.61	15.85	3.63	3.37	2.45	2.28	42.71	0.06	0.06	0.08	0.10	0.06	2.28	0.09	0.53	0.12	0.11	0.08	0.08	3.65
太子河	细河本溪源水保护区	0	0	0	0	0	0	0	0	0	0	0	0	0	0	0	0	0	0	0	0	0	0	0	0	0	0
太子河	细河连山关水库饮用水源区	0.11	0.17	0.21	0.29	0.94	0.94	0.42	0.76	0.36	1.05	0.84	0.31	6.41	0.00	0.01	0.01	0.01	0.01	0.31	0.01	0.03	0.01	0.04	0.03	0.01	0.47
太子河	细河下马塘饮用水源区	0.23	0.34	0.43	0.58	1.90	1.90	0.85	1.53	0.72	2.12	1.69	0.62	12.92	0.01	0.01	0.01	0.02	0.02	0.62	0.03	0.05	0.02	0.07	0.06	0.02	0.95
太子河	细河下马塘渔业用水区	5.42	8.13	10.30	13.83	45.28	45.28	20.33	36.60	17.08	50.70	40.40	14.91	308.26	0.40	0.60	0.76	1.03	0.89	14.91	1.51	2.72	1.27	3.76	3.00	1.11	31.96
大辽河	大辽河三岔河口农业用水区	671.01	663.39	551.42	576.92	3778.47	1557.3	3629.7	2741.3	1640.1	1190.6	872.60	972.60	18845.3	33.55	33.17	27.6	28.85	188.9	972.48	181.5	137.1	82.00	59.53	43.63	48.62	1836.88
大辽河	大辽河上口工业用水区	0.14	0.13	0.11	0.12	0.76	0.31	0.73	0.55	0.33	0.24	0.18	0.20	3.81	0.01	0.01	0.01	0.01	0.04	0.20	0.04	0.03	0.02	0.01	0.01	0.01	0.37
大辽河	大辽河虎庄河入河口排污控制区	27.30	26.99	22.44	23.47	153.75	63.37	147.69	111.55	66.73	48.45	35.51	39.57	766.82	1.37	1.35	1.12	1.17	7.69	39.57	7.38	5.58	3.34	2.42	1.78	1.98	74.74
大辽河	大辽河营口缓冲区	16.34	16.15	13.43	14.05	92.00	37.92	88.38	66.75	39.93	28.99	21.25	23.68	458.85	0.82	0.81	0.67	0.70	4.60	23.68	4.42	3.34	2.00	1.45	1.06	1.18	44.72

表 4 - 17 　　　　　　浑河流域水环境容量计算结果——对应分期设计流量　　　　　单位：t

水系	水 功 能 区	COD				氨 氮			
		枯水期	丰水期	平水期	合计	枯水期	丰水期	平水期	合计
浑河	章党河抚顺农业用水区	14.49	65.53	33.11	113.13	1.28	5.77	2.92	9.97
浑河	东洲河关门山水库渔业用水区	2.35	7.33	4.11	13.78	0.08	0.24	0.14	0.46
浑河	东洲河"关山Ⅱ水库"渔业用水区	37.05	115.79	64.85	217.69	3.53	11.05	6.19	20.77
浑河	东洲河抚顺工业用水区	83.04	259.51	145.32	487.87	4.15	12.98	7.27	24.39
浑河	红河清原源头水保护区	0	0	0	0	0	0	0	0
浑河	红河湾甸子镇景观娱乐用水区	20.72	106.62	73.03	200.38	0.69	3.55	2.43	6.68
浑河	浑河北口前饮用水源区	20.34	104.64	71.67	196.65	0.68	3.49	2.39	6.55
浑河	浑河大伙房水库饮用水源区	51.08	347.30	242.82	641.21	1.70	11.58	8.09	21.37
浑河	浑河大伙房水库出口工业用水区	339.11	2305.81	1612.15	4257.07	31.38	213.39	149.20	393.98
浑河	浑河橡胶坝1景观娱乐用水区	50.55	343.75	240.34	634.64	2.53	17.19	12.02	31.73
浑河	浑河橡胶坝（末）工业用水区	660.00	4487.73	3137.68	8285.41	33.00	224.39	156.88	414.27
浑河	浑河高坎村过渡区	27.31	185.67	129.81	342.79	1.37	9.28	6.49	17.14
浑河	浑河高坎村饮用水源区	29.95	88.94	80.98	199.87	1.50	4.45	4.05	9.99
浑河	浑河干河子拦坝饮用水源区	96.69	287.15	261.43	645.26	4.83	14.36	13.07	32.26
浑河	浑河浑河桥景观娱乐用水区	4.95	14.71	13.40	33.07	0.25	0.74	0.67	1.65
浑河	浑河五里台饮用水源区	34.99	103.92	94.61	233.53	1.75	5.20	4.73	11.68
浑河	浑河龙王庙排污口排污控制区	51.40	65.18	51.50	168.09	2.57	3.26	2.58	8.40
浑河	浑河上沙过渡区	4366.42	5536.33	4374.94	14277.69	218.32	276.82	218.75	713.88
浑河	浑河金沙农业用水区	809.61	1026.54	811.19	2647.34	40.48	51.33	40.56	132.37
浑河	浑河细河河口排污控制区	42.18	79.85	48.05	170.08	2.11	3.99	2.40	8.50
浑河	浑河黄南过渡区	84.65	160.24	96.42	341.31	4.23	8.01	4.82	17.07
浑河	浑河七台子农业用水区	525.57	994.83	598.61	2119.01	26.28	49.74	29.93	105.95
浑河	浑河上顶子农业用水区	548.41	1038.07	624.62	2211.10	27.42	51.90	31.23	110.55
浑河	蒲河沈阳源头水保护区	0	0	0	0	0	0	0	0
浑河	蒲河棋盘山水库渔业用水区	11.41	51.61	26.08	89.09	1.12	5.08	2.57	8.76
浑河	蒲河法哈牛农业用水区	63.31	286.41	144.71	494.43	3.17	14.32	7.24	24.72
浑河	蒲河法哈牛过渡区	1.79	8.09	4.09	13.96	0.09	0.40	0.20	0.70
浑河	蒲河团结水库渔业用水区	1.22	5.50	2.78	9.49	0.06	0.27	0.14	0.47
浑河	蒲河辽中农业用水区	49.86	225.57	113.97	389.40	2.49	11.28	5.70	19.47
浑河	蒲河辽中排污控制区	0.56	2.51	1.27	4.34	0.03	0.13	0.06	0.22
浑河	蒲河老窝棚过渡区	0.18	0.84	0.42	1.44	0.01	0.04	0.02	0.07
浑河	蒲河老窝棚农业用水区	2.39	10.83	5.47	18.70	0.12	0.54	0.27	0.93
浑河	社河抚顺源头水保护区	0	0	0	0	0	0	0	0
浑河	社河腰堡水库渔业用水区	0.07	0.31	0.16	0.54	0.00	0.01	0.01	0.02

水系	水 功 能 区	COD				氨 氮			
		枯水期	丰水期	平水期	合计	枯水期	丰水期	平水期	合计
浑河	社河温道林场饮用水源区	2.59	11.70	5.91	20.20	0.09	0.39	0.20	0.67
浑河	苏子河新宾源头水保护区	0	0	0	0	0	0	0	0
浑河	苏子河红升水库饮用水源区	1.34	11.66	4.43	17.43	0.04	0.39	0.15	0.58
浑河	苏子河双庙子饮用水源区	2.69	23.39	8.89	34.97	0.09	0.78	0.30	1.17
浑河	苏子河双庙子过渡区	75.14	654.53	248.79	978.45	7.30	63.63	24.19	95.12
浑河	苏子河北茶棚饮用水源区	8.62	75.09	28.54	112.25	0.29	2.50	0.95	3.74
浑河	苏子河永陵镇过渡区	2.24	19.47	7.40	29.11	0.07	0.65	0.25	0.97
浑河	苏子河下元饮用水源区	13.30	115.82	44.02	173.14	0.44	3.86	1.47	5.77
浑河	苏子河木奇饮用水源区	32.49	283.06	107.59	423.15	1.08	9.44	3.59	14.11
浑河	英额河清原源头水保护区	0	0	0	0	0	0	0	0
浑河	英额河英额门镇工业用水区	7.77	39.98	27.39	75.14	0.26	1.33	0.91	2.50
浑河	英额河小山城排污控制区	2.88	14.84	10.16	27.89	0.10	0.49	0.34	0.93
浑河	英额河马前寨过渡区	1.92	9.87	6.76	18.55	0.06	0.33	0.23	0.62
太子河	北沙河本溪农业用水区	72.32	186.83	110.20	369.35	5.82	15.04	8.87	29.74
太子河	北沙河大堡农业用水区	67.69	174.86	103.14	345.69	3.38	8.74	5.16	17.28
太子河	北沙河浪子饮用水源区	37.71	97.42	57.46	192.59	1.89	4.87	2.87	9.63
太子河	海城河海城源头水保护区	0	0	0	0	0	0	0	0
太子河	海城河"红土岭水库"饮用水源区	0.74	2.18	0.94	3.86	0.02	0.07	0.03	0.13
太子河	海城河"红土岭水库"出口饮用水源区	40.55	119.68	51.43	211.67	3.11	9.16	3.94	16.21
太子河	海域河东三台农业用水区	64.58	190.59	81.91	337.07	3.23	9.53	4.10	16.85
太子河	兰河辽阳源头水保护区	0	0	0	0	0	0	0	0
太子河	兰河水泉饮用水源区	6.82	15.11	9.75	31.69	0.23	0.50	0.32	1.06
太子河	兰河古家子农业用水区	14.54	32.19	20.77	67.50	0.48	1.07	0.69	2.25
太子河	太子河新宾源头水保护区	0	0	0	0	0	0	0	0
太子河	太子河观音阁水库饮用水源区	115.67	652.71	346.23	1114.61	3.86	21.76	11.54	37.15
太子河	太子河老官砬子饮用水源区	172.09	971.06	515.10	1658.26	5.74	32.37	17.17	55.28
太子河	太子河老官砬子工业用水区	55.71	404.19	162.46	622.36	1.86	13.47	5.42	20.75
太子河	太子河合金沟工业用水区	866.32	6285.57	2526.44	9678.33	55.25	400.84	161.12	617.21
太子河	太子河葠窝水库工业用水区	129.90	1350.60	943.70	2424.20	6.49	67.53	47.19	121.21
太子河	太子河葠窝水库出口工业用水区	386.93	2103.77	1920.62	4411.32	19.35	105.19	96.03	220.57
太子河	太子河南排入河口排污控制区	14.61	79.46	72.54	166.62	0.73	3.97	3.63	8.33
太子河	太子河管桥过渡区	36.94	200.86	183.38	421.18	1.85	10.04	9.17	21.06
太子河	太子河迎水寺饮用水源区	153.97	683.72	599.70	1437.40	5.13	22.79	19.99	47.91

水系	水　功　能　区	COD				氨　氮			
		枯水期	丰水期	平水期	合计	枯水期	丰水期	平水期	合计
太子河	太子河北沙河河口农业用水区	5456.84	17640.46	14069.03	37166.33	305.93	988.98	788.76	2083.67
太子河	太子河柳壕河口农业用水区	389.29	1258.47	1003.68	2651.44	19.46	62.92	50.18	132.57
太子河	太子河二台子农业用水区	1638.42	5296.55	4224.22	11159.19	81.92	264.83	211.21	557.96
太子河	汤河辽阳源头水保护区	0	0	0	0	0	0	0	0
太子河	汤河二道河水文站饮用水源区	2.03	3.23	2.49	7.74	0.07	0.11	0.08	0.26
太子河	汤河汤河水库饮用水源区	1.77	2.82	2.17	6.76	0.06	0.09	0.07	0.23
太子河	汤河汤河水库出口农业用水区	7.42	11.80	9.11	28.33	0.25	0.39	0.30	0.94
太子河	细河本溪源头水保护区	0	0	0	0	0	0	0	0
太子河	细河连山关水库饮用水源区	0.99	1.87	1.22	4.08	0.03	0.06	0.04	0.14
太子河	细河下马塘饮用水源区	2.00	3.77	2.45	8.23	0.07	0.13	0.08	0.27
太子河	细河下马塘渔业用水区	47.72	90.01	58.56	196.29	3.54	6.68	4.35	14.57
大辽河	大辽河三岔河口农业用水区	2874.33	7214.21	5178.84	15267.38	143.72	360.71	258.94	763.37
大辽河	大辽河上口子工业用水区	0.58	1.46	1.05	3.09	0.03	0.07	0.05	0.15
大辽河	大辽河虎庄河入河口排污控制区	116.96	293.55	210.73	621.23	5.85	14.68	10.54	31.06
大辽河	大辽河营口缓冲区	69.99	175.65	126.10	371.74	3.50	8.78	6.30	18.59

注　枯水期指 1—2 月、11—12 月；平水期指 3—5 月、10 月；丰水期指 6—9 月。

表 4 - 18　　浑河流域水环境容量计算结果——对应冰期、非冰期设计流量　　　单位：t

水系	水　功　能　区	COD			氨　氮		
		非冰期	冰期	合计	非冰期	冰期	合计
浑河	章党河抚顺农业用水区	159.35	16.38	175.73	14.04	1.44	15.48
浑河	东洲河关门山水库渔业用水区	11.29	3.16	14.45	0.38	0.11	0.48
浑河	东洲河"关山Ⅱ水库"渔业用水区	178.32	49.94	228.26	17.01	4.76	21.77
浑河	东洲河抚顺工业用水区	399.64	111.91	511.55	19.98	5.60	25.58
浑河	红河清原源头水保护区	0	0	0	0	0	0
浑河	红河湾甸子镇景观娱乐用水区	195.09	34.48	229.57	6.50	1.15	7.65
浑河	浑河北口前饮用水源区	191.46	33.84	225.30	6.38	1.13	7.51
浑河	浑河大伙房水库饮用水源区	801.69	66.52	868.21	26.72	2.22	28.94
浑河	浑河大伙房水库出口工业用水区	5322.57	441.64	5764.22	492.58	40.87	533.46
浑河	浑河橡胶坝 1 景观娱乐用水区	793.48	65.84	859.32	39.67	3.29	42.97
浑河	浑河橡胶坝（末）工业用水区	10359.16	859.56	11218.72	517.96	42.98	560.94
浑河	浑河高坎村过渡区	428.59	35.56	464.15	21.43	1.78	23.21
浑河	浑河高坎村饮用水源区	178.67	36.36	215.02	8.93	1.82	10.75
浑河	浑河干河子拦河坝饮用水源区	576.81	117.37	694.18	28.84	5.87	34.71
浑河	浑河浑河桥景观娱乐用水区	29.56	6.01	35.57	1.48	0.30	1.78

水系	水 功 能 区	COD			氨 氮		
		非冰期	冰期	合计	非冰期	冰期	合计
浑河	浑河五里台饮用水源区	208.76	42.48	251.23	10.44	2.12	12.56
浑河	浑河龙王庙排污口排污控制区	93.56	63.06	156.62	4.68	3.15	7.83
浑河	浑河上沙过渡区	7947.03	5356.80	13303.82	397.35	267.84	665.19
浑河	浑河金沙农业用水区	1473.52	993.25	2466.77	73.68	49.66	123.34
浑河	浑河细河河口排污控制区	133.53	54.55	188.08	6.68	2.73	9.40
浑河	浑河黄南过渡区	267.96	109.47	377.44	13.40	5.47	18.87
浑河	浑河七台子农业用水区	1663.64	679.67	2343.31	83.18	33.98	117.17
浑河	浑河上顶农业用水区	1735.94	709.21	2445.14	86.80	35.46	122.26
浑河	蒲河沈阳源头水保护区	0	0	0	0	0	0
浑河	蒲河棋盘山水库渔业用水区	125.49	12.90	138.39	12.35	1.27	13.61
浑河	蒲河法哈牛农业用水区	696.42	71.60	768.02	34.82	3.58	38.40
浑河	蒲河法哈牛过渡区	19.67	2.02	21.69	0.98	0.10	1.08
浑河	蒲河团结水库渔业用水区	13.37	1.37	14.75	0.67	0.07	0.74
浑河	蒲河辽中农业用水区	548.48	56.39	604.87	27.42	2.82	30.24
浑河	蒲河辽中排污控制区	6.11	0.63	6.73	0.31	0.03	0.34
浑河	蒲河老窝棚过渡区	2.03	0.21	2.24	0.10	0.01	0.11
浑河	蒲河老窝棚农业用水区	26.34	2.71	29.05	1.32	0.14	1.45
浑河	社河抚顺源头水保护区	0	0	0	0	0	0
浑河	社河腰堡水库渔业用水区	0.76	0.08	0.84	0.03	0.00	0.03
浑河	社河温道林场饮用水源区	28.45	2.93	31.38	0.95	0.10	1.05
浑河	苏子河新宾源头水保护区	0	0	0	0	0	0
浑河	苏子河红升水库饮用水源区	18.93	2.19	21.12	0.63	0.07	0.70
浑河	苏子河双庙子饮用水源区	37.97	4.40	42.38	1.27	0.15	1.41
浑河	苏子河双庙子过渡区	1062.64	123.14	1185.78	103.31	11.97	115.28
浑河	苏子河北茶棚饮用水源区	121.90	14.13	136.03	4.06	0.47	4.53
浑河	苏子河永陵镇过渡区	31.61	3.66	35.28	1.05	0.12	1.18
浑河	苏子河下元饮用水源区	188.03	21.79	209.82	6.27	0.73	6.99
浑河	苏子河木奇饮用水源区	459.56	53.25	512.81	15.32	1.78	17.09
浑河	英额河清原源头水保护区	0	0	0	0	0	0
浑河	英额河英额门镇工业用水区	73.16	12.93	86.09	2.44	0.43	2.87
浑河	英额河小山城排污控制区	27.15	4.80	31.95	0.90	0.16	1.06
浑河	英额河马前寨过渡区	18.06	3.19	21.25	0.60	0.11	0.71
太子河	北沙河本溪农业用水区	213.95	113.00	326.95	17.23	9.10	26.33
太子河	北沙河大堡农业用水区	200.24	105.76	306.00	10.01	5.29	15.30

续表

水系	水 功 能 区	COD			氨　氮		
		非冰期	冰期	合计	非冰期	冰期	合计
太子河	北沙河浪子饮用水源区	111.56	58.92	170.48	5.58	2.95	8.52
太子河	海城河海城源头水保护区	0	0	0	0	0	0
太子河	海城河"红土岭水库"饮用水源区	3.66	0.93	4.59	0.12	0.03	0.15
太子河	海城河"红土岭水库"出口饮用水源区	200.79	50.69	251.48	15.37	3.88	19.26
太子河	海城河东三台农业用水区	319.75	80.72	400.47	15.99	4.04	20.02
太子河	兰河辽阳源头水保护区	0	0	0	0	0	0
太子河	兰河水泉饮用水源区	28.32	9.26	37.58	0.94	0.31	1.25
太子河	兰河古家子农业用水区	60.34	19.73	80.07	2.01	0.66	2.67
太子河	太子河新宾源头水保护区	0	0	0	0	0	0
太子河	太子河观音阁水库饮用水源区	1227.80	163.47	1391.28	40.93	5.45	46.38
太子河	太子河老官砬子饮用水源区	1826.66	243.21	2069.86	60.89	8.11	69.00
太子河	太子河老官砬子工业用水区	675.34	81.60	756.94	22.51	2.72	25.23
太子河	太子河合金沟工业用水区	10502.19	1268.95	11771.14	669.75	80.92	750.67
太子河	太子河葭窝水库工业用水区	2924.47	203.78	3128.24	146.22	10.19	156.41
太子河	太子河葭窝水库出口工业用水区	4497.33	473.35	4970.68	224.87	23.67	248.53
太子河	太子河南排入河口排污控制区	169.87	17.88	187.74	8.49	0.89	9.39
太子河	太子河管桥过渡区	429.40	45.19	474.59	21.47	2.26	23.73
太子河	太子河迎水寺饮用水源区	1506.40	195.88	1702.27	50.21	6.53	56.74
太子河	太子河北沙河河口农业用水区	36953.95	7243.64	44197.59	2071.76	406.10	2477.86
太子河	太子河柳壕河口农业用水区	2636.29	516.76	3153.05	131.81	25.84	157.65
太子河	太子河二台子农业用水区	11095.42	2174.90	13270.32	554.77	108.75	663.52
太子河	汤河辽阳源头水保护区	0	0	0	0	0	0
太子河	汤河二道河水文站饮用水源区	6.78	2.82	9.60	0.23	0.09	0.32
太子河	汤河汤河水库饮用水源区	5.92	2.47	8.38	0.20	0.08	0.28
太子河	汤河汤河水库出口农业用水区	24.79	10.33	35.12	0.83	0.34	1.17
太子河	细河本溪源头水保护区	0	0	0	0	0	0
太子河	细河连山关水库饮用水源区	3.83	1.35	5.18	0.13	0.05	0.17
太子河	细河下马塘饮用水源区	7.71	2.73	10.44	0.26	0.09	0.35
太子河	细河下马塘渔业用水区	184.09	65.07	249.16	13.67	4.83	18.50
大辽河	大辽河三岔河口农业用水区	13872.27	3762.44	17634.70	693.61	188.12	881.74
大辽河	大辽河上口子工业用水区	2.80	0.76	3.56	0.14	0.04	0.18
大辽河	大辽河虎庄河入河口排污控制区	564.47	153.09	717.56	28.22	7.65	35.88
大辽河	大辽河营口缓冲区	337.77	91.61	429.38	16.89	4.58	21.47

注　非冰期指 4—10 月；冰期指 1—3 月、11—12 月。

　　水环境容量受水文条件、温度、污染物特性的影响，不可能为一定制。研究在流域水文站点资料有限的情况下，分月计算最小生态流量、分期设计流量、冰期设计流量对应的水环境容量，借助水环境容量外包线确定不同情景下的动态水环境容量。浑河干流、太子河干流、大辽河干流、汤河水环境容量年内分配变化见图4-2（以COD为例）。

　　2. 计算单元水环境容量

　　结合计算单元的水功能区、河段信息及跨界水功能区水质目标考核方法，在对河道分期水环境容量计算结果进行分类的基础上，给出浑河流域计算单元包含的重要河流的水环境容量初次分配结果。计算结果为研究区主要河流减排措施制订、重点行业产业结构调整、区域间及行业内排污权交易量确定提供依据。针对计算单元所在河流信息及排污口分布状况，给出水环境容量计算结果，见表4-19至表4-22。

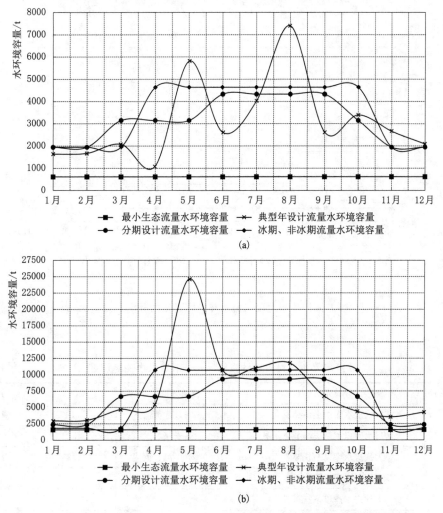

图4-2（一）　浑河流域主要河流水环境容量年内分配（以COD为例）

（a）浑河干流水环境容量年内分配；（b）太子河干流水环境容量年内分配

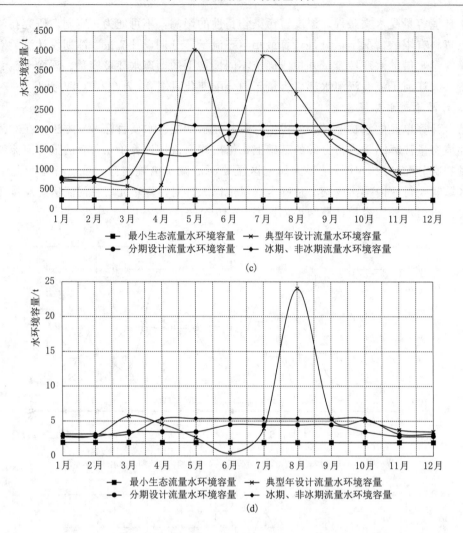

图 4-2（二）　浑河流域主要河流水环境容量年内分配（以 COD 为例）

（c）大辽河干流水环境容量年内分配；（d）汤河水环境容量年内分配

表 4-19　　　　　**计算单元水环境容量计算结果——对应最小生态流量**　　　单位：t

序号	计算单元名称	所在水系	COD	氨氮
Ⅰ-1	大伙房水库以上清原县	红河、浑河	122.43	4.08
Ⅰ-2	大伙房水库以上新宾满族自治县	苏子河	56.73	4.03
Ⅰ-3	大伙房水库以上抚顺县	社河、苏子河、浑河	36.28	1.22
Ⅱ-1	大伙房水库以下铁岭县	章党河、蒲河	4.93	1.82
Ⅱ-2	大伙房水库以下抚顺县	东洲河、浑河	178.74	14.46
Ⅱ-3	大伙房水库以下抚顺市辖区	浑河	1723.37	90.11
Ⅱ-4	大伙房水库以下沈阳市辖区	浑河	4202.07	212.47
Ⅱ-5	大伙房水库以下新民市	蒲河	52.88	2.64

序号	计算单元名称	所在水系	COD	氨氮
II-6	大伙房水库以下辽中县	蒲河、浑河	672.08	33.60
II-7	大伙房水库以下灯塔市	浑河	219.50	10.98
II-8	大伙房水库以下台安县	浑河	301.16	15.06
II-9	大伙房水库以下辽阳县	浑河	288.62	14.43
II-10	大伙房水库以下海城市	浑河	301.16	15.06
III-1	太子河新宾满族自治县	太子河	0	0
III-2	太子河本溪市辖区	太子河、细河	2371.03	148.63
III-3	太子河本溪县	细河	767.85	25.60
III-4	太子河辽阳市辖区	太子河	367.80	14.29
III-5	太子河辽阳县	太子河	11554.06	638.37
III-6	太子河凤城市	兰河	1013.41	55.99
III-7	太子河沈阳市辖区	北沙河	96.70	4.83
III-8	太子河抚顺县	北沙河	51.66	4.16
III-9	太子河鞍山市辖区	太子河	2813.94	155.47
III-10	太子河海城市	海城河、太子河	3355.07	170.91
III-11	太子河灯塔市	北沙河、太子河	937.75	42.79
IV-1	大辽河海城市	大辽河	0.22	90.70
IV-2	大辽河盘山县	大辽河	0.22	90.70
IV-3	大辽河大洼县	大辽河	74.16	3.71
IV-4	大辽河营口市辖区	大辽河	88.31	4.42
IV-5	大辽河大石桥市	大辽河	74.16	3.71
合计			31726.27	1874.23

表 4-20　浑河流域水环境容量计算结果——对应典型年设计流量　　　　单位：t

序号	COD												
	1月	2月	3月	4月	5月	6月	7月	8月	9月	10月	11月	12月	全年
I-1	10.46	8.05	31.13	28.72	23.78	23.61	312.27	86.22	49.55	38.75	24.03	9.45	646.02
I-2	14.48	8.59	51.09	46.42	100.45	528.13	147.62	783.49	242.38	113.72	106.62	36.61	2179.59
I-3	5.56	3.06	12.17	11.05	11.47	16.46	81.23	64.89	32.33	26.33	22.00	17.34	303.89
II-1	0.86	0.52	0.46	0.11	4.31	13.51	7.47	14.89	9.60	2.99	2.01	2.07	58.81
II-2	42.08	39.96	106.94	105.79	88.84	81.44	118.63	111.88	85.35	84.80	57.51	46.83	970.05
II-3	252.38	248.57	332.2	369.92	5305.63	2069.28	912.87	979.79	449.24	424.02	377.59	312.66	12034.15
II-4	1105.46	1146.96	1442.51	552.68	450.30	581.65	883.82	4725.96	1428.89	2195.89	1751.03	1312.21	17577.35
II-5	2.21	1.32	1.18	0.29	11.02	34.52	19.10	38.04	24.53	7.64	5.14	5.29	150.28
II-6	94.82	91.41	96.82	44.65	67.50	180.38	525.26	653.19	310.66	247.43	174.23	153.92	2640.24

序号	COD												
	1 月	2 月	3 月	4 月	5 月	6 月	7 月	8 月	9 月	10 月	11 月	12 月	全年
Ⅱ-7	54.46	56.07	66.71	26.63	5.38	15.02	119.00	254.27	86.99	117.56	89.80	70.51	962.40
Ⅱ-8	42.2	40.62	34.3	23.01	17.48	18.82	443.35	318.80	159.40	132.45	85.05	82.75	1398.23
Ⅱ-9	40.44	38.93	32.87	22.05	16.75	18.04	424.90	305.55	152.75	126.95	81.50	79.30	1340.03
Ⅱ-10	42.2	40.62	34.3	23.01	17.48	18.82	443.35	318.80	159.40	132.45	85.05	82.75	1398.23
Ⅲ-1	0	0	0	0	0	0	0	0	0	0	0	0	0
Ⅲ-2	149.37	86.64	1579.58	1475.5	1147.86	928.45	2705.98	4766.13	1501.97	1226.75	718.72	446.99	16733.92
Ⅲ-3	223.48	391.13	459.9	275.7	501.77	425.54	505.37	69.04	218.63	309.97	358.53	405.43	4144.49
Ⅲ-4	24.45	24.62	87.29	141.91	263.26	202.82	373.62	273.14	116.83	62.61	51.82	44.33	1666.70
Ⅲ-5	1965.33	1958.64	1859.7	2496.41	17174.85	6765.72	5415.12	4692.09	3639.64	2117.70	1856.12	2478.93	52420.22
Ⅲ-6	1013.41	55.99	1013.41	55.99	1013.41	55.99	1013.41	55.99	1013.41	55.99	1013.41	55.99	6416.40
Ⅲ-7	8.06	20.55	29.21	27.4	20.55	28.00	35.66	42.91	32.84	34.45	43.71	23.77	347.11
Ⅲ-8	4.31	10.98	15.61	14.64	10.98	14.96	19.05	22.93	17.54	18.41	23.36	12.70	185.45
Ⅲ-9	478.65	477.02	452.92	607.99	4182.86	1647.76	1318.83	1142.74	886.42	515.76	452.05	603.73	12766.73
Ⅲ-10	553.6	547.78	457.31	567.93	4569.62	1808.82	1401.47	1526.25	1077.54	599.51	510.58	641.44	14261.85
Ⅲ-11	63.64	64.46	316.31	550.77	1088.94	529.06	767.80	632.90	418.82	198.70	163.42	286.56	5081.36
Ⅳ-1	335.51	331.7	275.71	288.46	1889.24	778.65	1814.85	1370.65	820.05	595.30	436.30	486.24	9422.66
Ⅳ-2	335.51	331.7	275.71	288.46	1889.24	778.65	1814.85	1370.65	820.05	595.30	436.30	486.24	9422.66
Ⅳ-3	13.72	13.56	11.28	11.8	77.26	31.84	74.21	56.05	33.53	24.35	17.85	19.89	385.32
Ⅳ-4	16.34	16.15	13.43	14.05	92.00	37.92	88.38	66.75	39.93	28.99	21.25	23.68	458.87
Ⅳ-5	13.72	13.56	11.28	11.8	77.26	31.84	74.21	56.05	33.53	24.35	17.85	19.89	385.32
合计	6906.67	6069.13	9101.3	8083.1	40119.43	17665.69	21861.66	24800.02	13861.78	10059.08	8982.78	8247.49	175758.13

序号	氨　氮												
	1 月	2 月	3 月	4 月	5 月	6 月	7 月	8 月	9 月	10 月	11 月	12 月	全年
Ⅰ-1	0.38	0.26	1.03	0.96	0.80	9.45	10.41	2.87	1.66	1.30	0.81	0.31	30.24
Ⅰ-2	1.01	0.59	3.55	3.25	6.99	36.61	10.26	54.47	16.86	7.91	7.41	2.55	151.43
Ⅰ-3	0.47	0.44	0.66	0.70	8.77	17.34	2.70	2.17	1.07	0.88	0.74	0.58	36.51
Ⅱ-1	0.08	0.05	0.04	0.01	0.38	2.07	0.66	1.31	0.85	0.26	0.18	0.18	6.06
Ⅱ-2	2.73	2.59	6.87	6.78	5.89	46.83	7.95	7.88	5.93	5.57	3.77	3.11	105.91
Ⅱ-3	16.09	15.84	21.13	23.58	338.18	312.61	58.20	62.47	28.64	27.03	24.07	19.93	947.77
Ⅱ-4	55.37	57.39	72.21	27.65	23.01	1312.31	45.06	237.98	72.56	110.14	87.79	65.85	2167.30
Ⅱ-5	0.12	0.07	0.06	0.01	0.55	5.29	0.96	1.91	1.23	0.39	0.26	0.27	11.10
Ⅱ-6	4.73	4.57	4.86	2.23	3.37	153.90	26.26	32.67	15.55	12.37	8.71	7.69	276.89
Ⅱ-7	2.72	2.80	3.35	1.34	0.32	70.51	5.95	12.71	4.35	5.88	4.49	3.53	117.93
Ⅱ-8	2.10	2.03	1.72	1.15	0.88	82.75	22.17	15.94	7.97	6.63	4.25	4.14	151.71

续表

序号	氨 氮											
	1月	2月	3月	4月	5月	6月	7月	8月	9月	10月	11月	12月	全年
Ⅱ-9	2.01	1.95	1.65	1.10	0.84	79.28	21.25	15.28	7.64	6.35	4.08	3.97	145.36
Ⅱ-10	2.10	2.03	1.72	1.15	0.88	82.75	22.17	15.94	7.97	6.63	4.25	4.14	151.73
Ⅲ-1	0	0	0	0	0	0	0	0	0	0	0	0	0
Ⅲ-2	21.06	17.06	98.25	100.24	69.39	446.99	43.61	296.05	93.57	76.93	45.44	28.11	1336.70
Ⅲ-3	13.97	13.04	13.36	23.52	15.05	405.39	16.84	2.30	7.29	10.34	11.96	13.51	546.57
Ⅲ-4	0.96	0.96	3.84	6.35	10.12	44.33	13.44	12.07	5.26	2.74	2.22	1.71	103.98
Ⅲ-5	108.97	108.64	101.61	135.47	950.27	2478.93	298.40	272.52	200.24	116.76	102.44	136.44	5010.68
Ⅲ-6	1013.41	55.99	1013.41	55.99	1013.41	55.99	1013.41	55.99	1013.41	55.99	1013.41	55.99	6416.40
Ⅲ-7	1.14	1.03	1.46	1.37	1.03	23.77	1.78	2.15	1.64	1.72	2.19	1.19	40.47
Ⅲ-8	0.98	0.89	1.26	1.18	0.89	12.70	1.54	1.85	1.42	1.48	1.88	1.03	27.07
Ⅲ-9	26.54	26.46	24.75	32.99	231.43	603.73	72.67	66.37	48.77	28.44	24.95	33.23	1220.33
Ⅲ-10	27.84	27.49	22.99	28.54	228.59	641.44	70.19	79.98	55.52	30.50	25.80	32.23	1271.11
Ⅲ-11	3.33	2.95	15.27	26.79	51.39	286.56	33.14	45.05	20.36	9.54	7.81	13.82	515.98
Ⅳ-1	16.78	16.59	13.80	14.43	94.45	486.24	90.75	68.55	41.00	29.77	21.82	24.31	918.47
Ⅳ-2	16.78	16.59	13.80	14.43	94.45	486.24	90.75	68.55	41.00	29.77	21.82	24.31	918.47
Ⅳ-3	0.69	0.68	0.57	0.59	3.87	19.89	3.71	2.81	1.68	1.22	0.90	1.00	37.61
Ⅳ-4	0.82	0.81	0.67	0.70	4.60	23.68	4.42	3.34	2.00	1.45	1.06	1.18	44.73
Ⅳ-5	0.69	0.68	0.57	0.59	3.87	19.89	3.71	2.81	1.68	1.22	0.90	1.00	37.58
合计	1343.83	380.44	1444.41	513.06	3163.64	8247.46	1992.32	1443.96	1707.09	589.15	1435.37	485.26	22745.99

表 4-21　　　　浑河流域水环境容量计算结果——对应分期设计流量　　　　单位：t

序号	计算单元名称	COD				氨 氮			
		枯水期	丰水期	平水期	合计	枯水期	丰水期	平水期	合计
Ⅰ-1	大伙房水库以上清原县	48.55	249.79	171.09	469.43	1.62	8.32	5.70	15.64
Ⅰ-2	大伙房水库以上新宾满族自治	127.70	1112.26	422.76	1662.72	9.04	78.89	30.00	117.93
Ⅰ-3	大伙房水库以上抚顺县	58.83	385.47	266.81	711.11	1.96	12.85	8.90	23.71
Ⅱ-1	大伙房水库以下铁岭县	4.83	21.84	11.04	37.71	0.43	1.92	0.97	3.32
Ⅱ-2	大伙房水库以下抚顺县	129.75	418.99	232.24	780.98	8.53	27.88	15.41	51.82
Ⅱ-3	大伙房水库以下抚顺市辖区	1049.66	7137.29	4990.17	13177.12	66.91	454.97	318.10	839.98
Ⅱ-4	大伙房水库以下沈阳市辖区	5080.68	7085.46	5558.94	17725.08	254.59	356.79	279.22	890.60
Ⅱ-5	大伙房水库以下新民市	12.34	55.83	28.21	96.38	0.62	2.79	1.41	4.82
Ⅱ-6	大伙房水库以下辽中县	519.40	999.30	626.01	2144.71	25.97	49.96	31.30	107.23
Ⅱ-7	大伙房水库以下灯塔市	265.82	376.68	275.03	917.53	13.29	18.83	13.75	45.87
Ⅱ-8	大伙房水库以下台安县	274.21	519.04	312.31	1105.55	13.71	25.95	15.62	55.28

续表

序号	计算单元名称	COD				氨　氮			
		枯水期	丰水期	平水期	合计	枯水期	丰水期	平水期	合计
Ⅱ-9	大伙房水库以下辽阳县	262.79	497.42	299.31	1059.52	13.14	24.87	14.97	52.98
Ⅱ-10	大伙房水库以下海城市	274.21	519.04	312.31	1105.55	13.71	25.95	15.62	55.28
Ⅲ-1	太子河新宾满族自治县	0	0	0	0	0	0	0	0
Ⅲ-2	太子河本溪市辖区	1005.91	6873.19	2802.56	10681.66	63.56	428.51	175.33	667.40
Ⅲ-3	太子河本溪县	290.75	1629.41	865.00	2785.16	9.70	54.32	28.83	92.85
Ⅲ-4	太子河辽阳市辖区	128.54	622.18	555.77	1306.49	5.15	25.41	22.80	53.35
Ⅲ-5	太子河辽阳县	6137.13	20691.27	16549.16	43377.55	339.40	1140.42	912.01	2391.83
Ⅲ-6	太子河凤城市	1013.41	55.99	1013.41	2082.81	1013.4	55.99	1013.41	2082.81
Ⅲ-7	太子河沈阳市辖区	67.69	174.86	103.14	345.69	3.38	8.74	5.16	17.28
Ⅲ-8	太子河抚顺县	36.16	93.42	55.10	184.68	2.91	7.52	4.44	14.87
Ⅲ-9	太子河鞍山市辖区	1494.67	5039.17	4030.48	10564.42	82.66	277.74	222.12	582.52
Ⅲ-10	太子河海城市	1744.29	5609.00	4358.50	11711.79	88.28	283.59	219.28	591.15
Ⅲ-11	太子河灯塔市	373.11	2166.47	1789.47	4329.05	17.38	102.63	84.48	204.48
Ⅳ-1	大辽河海城市	1437.17	3607.11	2589.42	7633.69	71.86	180.36	129.47	381.69
Ⅳ-2	大辽河盘山县	1437.17	3607.11	2589.42	7633.69	71.86	180.36	129.47	381.69
Ⅳ-3	大辽河大洼县	58.77	147.51	105.89	312.17	2.94	7.38	5.30	15.62
Ⅳ-4	大辽河营口市辖区	69.99	175.65	126.10	371.74	3.50	8.78	6.30	18.58
Ⅳ-5	大辽河大石桥市	58.77	147.51	105.89	312.17	2.94	7.38	5.30	15.62
	合计	23462.25	70018.29	51145.54	144626.08	2202.4	3859.08	3714.62	9776.10

注　枯水期指 1—2 月、11—12 月；平水期指 3—5 月、10 月；丰水期指 6—9 月。

表 4-22　　浑河流域水环境容量计算结果——对应冰期、非冰期设计流量　　单位：t

序号	计算单元名称	COD			氨　氮		
		非冰期	冰期	合计	非冰期	冰期	合计
Ⅰ-1	大伙房水库以上清原县	457.06	80.78	537.84	15.23	2.70	17.93
Ⅰ-2	大伙房水库以上新宾满族自治县	1805.75	209.25	2015.00	128.08	14.85	142.93
Ⅰ-3	大伙房水库以上抚顺县	878.77	77.99	956.76	29.30	2.60	31.90
Ⅱ-1	大伙房水库以下铁岭县	53.12	5.46	58.58	4.68	0.48	5.16
Ⅱ-2	大伙房水库以下抚顺县	684.19	172.77	856.96	46.35	11.32	57.67
Ⅱ-3	大伙房水库以下抚顺市辖区	16475.21	1367.04	17842.25	1050.21	87.14	1137.35
Ⅱ-4	大伙房水库以下沈阳市辖区	10905.58	6226.83	17132.41	551.36	311.96	863.32
Ⅱ-5	大伙房水库以下新民市	135.74	13.95	149.69	6.78	0.70	7.48
Ⅱ-6	大伙房水库以下辽中县	1796.53	649.46	2445.99	89.83	32.48	122.31
Ⅱ-7	大伙房水库以下灯塔市	569.13	330.32	899.45	28.46	16.52	44.98
Ⅱ-8	大伙房水库以下台安县	867.97	354.61	1222.58	43.40	17.73	61.13

序号	计算单元名称	COD			氨　氮		
		非冰期	冰期	合计	非冰期	冰期	合计
Ⅱ－9	大伙房水库以下辽阳县	831.82	339.84	1171.66	41.59	16.99	58.58
Ⅱ－10	大伙房水库以下海城市	867.97	354.61	1222.58	43.40	17.73	61.13
Ⅲ－1	太子河新宾满族自治县	0	0	0	0	0	0
Ⅲ－2	太子河本溪市辖区	11468.60	1472.12	12940.72	714.55	93.02	807.57
Ⅲ－3	太子河本溪县	3066.00	410.76	3476.76	102.21	13.70	115.91
Ⅲ－4	太子河辽阳市辖区	1352.47	161.01	1513.48	55.07	6.42	61.49
Ⅲ－5	太子河辽阳县	43427.29	8143.58	51570.87	2393.33	450.35	2843.68
Ⅲ－6	太子河凤城市	1013.41	55.99	1069.40	1013.41	55.99	1069.40
Ⅲ－7	太子河沈阳市辖区	200.24	105.76	306.00	10.01	5.29	15.30
Ⅲ－8	太子河抚顺县	106.98	56.50	163.48	8.62	4.55	13.17
Ⅲ－9	太子河鞍山市辖区	10576.54	1983.33	12559.87	582.88	109.68	692.56
Ⅲ－10	太子河海城市	11619.62	2307.24	13926.86	586.25	116.70	702.95
Ⅲ－11	太子河灯塔市	4575.66	495.43	5071.09	216.23	23.15	239.38
Ⅳ－1	大辽河海城市	6936.14	1881.22	8817.36	346.81	94.06	440.87
Ⅳ－2	大辽河盘山县	6936.14	1881.22	8817.36	346.81	94.06	440.87
Ⅳ－3	大辽河大洼县	283.64	76.93	360.56	14.18	3.85	18.03
Ⅳ－4	大辽河营口市辖区	337.77	91.61	429.38	16.89	4.58	21.47
Ⅳ－5	大辽河大石桥市	283.64	76.93	360.56	14.18	3.85	18.03
	合计	138512.93	29382.51	167895.44	8500.06	1612.42	10112.48

由此可知，不同情境下浑河流域的水环境容量结果相差较大，最小生态流域情境下的水环境容量最小，全年 COD、氨氮容量为 31726.27t、1874.23t，分别约为分水期、分冰期情境下 COD、氨氮水环境容量的 20%、15%。为保证区域主要河流水质达标、严格控制污染物排放量，利用最小生态流量情境下的水环境容量作为限排控制底线，高线则根据实际情况另行确定。对于计算单元水环境容量计算结果反映了区域所在河流的承污染物，但并非为限定区域发展的唯一标准，区域内部存在排污权交易和基于经济发展的内部交换，因此，在某些情况下陆域水环境容量的再分配也是促进区域排污格局发生变化的主要因素。

4.4　存在问题

（1）水环境容量计算过程中没有充分考虑温度变化的影响。温度变化对水环境容量变化影响较大。容量计算过程中不同水文条件下的设计流量针对应着不同的温度，而温度变化在水文要素变化过程中没有被充分显现出来，由此给水环境容量计算带来一定误差。

（2）水环境容量计算过程中没有完全给出动态水环境容量的确定方法，对长系列年水质达标控制与设计条件下水环境容量的有效衔接问题研究不足，达标后的水体如何更有效地满足于动态的供水需求没有涉及。针对水环境容量计算中背景浓度、面源负荷分配、不确定性因素的确定方法以及非常规或复合污染物的水环境容量计算缺少深入研究，影响了水环境容量的计算精度。

（3）计算过程中虽对不同包线对应流量下的水环境容量进行了计算，并将外包线对应设计流量下的水环境容量视为在最不利条件下对应的允许排污限制量，但没有对极端条件下各种设计水文条件对应的水环境容量进行详细计算。因此，对突发事件发生情况下的预警机制和应对策略考虑不足。

第5章 浑河流域污染物模拟测算与调控

本章结合流域的下垫面、水文气象、污染源的物理特征，基于实际监测数据，校准验证模型，建立降雨径流、土地利用方式对应下的面源污染负荷输出模型，对流域面源污染物的迁移—转化过程进行模拟计算，系统解析流域面源污染物排放数量、分布、构成特征，识别关键源区污染物排放规律。

研究过程中首先收集浑河流域基本信息、面源污染物分布资料，以及降雨、水文、水质、水系图、DEM、土地利用、土壤类型等数据，并对收集的数据资料进行分析整理。根据流域测站及水系空间分布信息，构建浑河流域分布式面源水质模拟模型。其次，利用流域水文、水质实测数据先后对浑河流域水环境系统模型的水文拟合参数、水质模拟参数进行率定。率定结果到达预期目标后，选取其他时段实测资料对率定模型进行验证。基于检验的浑河水环境系统模型模拟各子流域不同的面源污染负荷（主要为 COD、氨氮，有条件的情况下计算总磷、总氮）及其时空分布特征，根据模型模拟结果对通过模型划分的子流域面源污染严重程度进行排序，确定面源污染关键区，探讨流域污染物减排措施。

5.1 基础数据处理

5.1.1 空间数据

1. DEM 数据

DEM 是对地形地貌的一种离散、直观的数字表达，是水文模型模拟的基础。DEM 数据在科学研究和工程应用中具有重要作用，世界上许多国家和地区都已通过各种方法与手段获取各自的 DEM 基础数据。研究中采用的 30m 空间分辨率 DEM 数据来源于 http：//www. gdem. aster. ersdac. or. jp。研究区地势东北高、西南低，海拔最高 1298.00m，最低高程为河流入海口高程。

2. 水系数据

浑河流域主要水系包括大辽河、浑河、太子河、汤河、苏子河等，大（1）型水库包括大伙房水库、观音阁水库、汤河水库、葛窝水库。

3. 土地利用数据

人类对土地的利用改造导致土地覆被变化，而土地覆被状况与近地表面的蒸散发、截留、填洼、下渗、产汇流等诸多水文过程密切相关。土地利用变化影响到流域水文过程的各方面。研究借助 Arc/Info 软件，在对 2000 年土地利用空间分布数据进行拼接合并的基础上，对流域边界进行切割，得到研究区土地利用类型图，并以"CODE"字段储存土地利用类型信息；建立 landuse 数据库查找表文件，在 SWAT 模型加载土地利用图后对其进行重分类的基础上，得到模型模拟需要的土地利用图。浑河流域土地利用类型与 SWAT 模型土地利用类型转换见表 5-1，土地利用情况见表 5-2。

表 5-1　　　　　　　　土地利用类型与 SWAT 模型土地利用类型转换

中国土地利用类型		SWAT 模型土地利用类型	
名称	代码	名称	代码
有林地	21	Forest - Mixed	FRST
灌木林地	22	Forest - Mixed	FRST
疏林地	23	Forest - Mixed	FRST
其他林地	24	Orchard	ORCD
高覆盖度草地	31	Summer Pasture	SPAS
中覆盖度草地	32	Range - Grasses	RNGE
低覆盖度草地	23	Winter Pasture	WPAS
河渠	41	Water	WATR
湖泊	42	Water	WATR
滩地	46	Wetlands - Mixed	WETL
城镇用地	51	Residential - Medium Density	URHD
农村居民用地	52	Residential - Med/Low Density	URML
沼泽地	64	Wetlands - Mixed	WETL
丘陵区水田	112	Rice	RICE
平原区水田	113	Rice	RICE
山区旱地	121	Peanut	PNUT
丘陵区旱地	122	Winter Wheat	WWHT
平原区旱地	123	Winter Wheat	WWHT
坡度大于 25°的旱地	124	Peanut	PNUT

表 5-2　　　　　　　　　　浑河流域土地利用情况

代码	名称	面积/km²	代码	名称	面积/km²
111	山区水田	38.62	42	湖泊	26.84
112	丘陵区水田	36.29	43	水库、坑塘	167.93
113	平原区水田	4011.29	45	海涂	0.53
121	山区旱地	1212.09	46	滩地	331.04
122	丘陵区旱地	572.7	51	城镇用地	648.10
123	平原区旱地	4892.35	52	农村居民用地	1251.64
21	有林地	11062.3	53	工交建设用地	230.38
22	灌木林地	861.45	61	沙地	4.76
23	疏林地	1334.29	63	盐碱地	0.09
24	其他林地	62.53	64	沼泽地	165.21
31	高覆盖度草地	6.23	65	裸土地	1.40
32	中覆盖度草地	244.75	66	裸岩石砾地	2.42
33	低覆盖度草地	0.17	合计		27384.63
41	河渠	219.23			

4. 土壤数据

研究中采用国家自然科学基金委员会"中国西部环境与生态科学数据中心"提供的1:100万土壤图数据。浑河流域各土壤类型所占流域面积比例统计见表5-3。

表5-3　　　　　　　　　浑河流域土壤类型所占流域面积比例统计表

土壤类型	所占比例/%	土壤类型	所占比例/%	土壤类型	所占比例/%
暗棕壤	1.953	草甸沼泽土	0.181	潜育水稻土	0.149
滨海盐土	0.103	草原风沙土	0.052	石灰性草甸土	0.249
滨海沼泽盐土	0.002	潮土	0.020	水稻土	3.446
草甸暗棕壤	0.015	潮棕壤	1.764	淹育水稻土	2.975
草甸风沙土	0.072	城区	1.925	盐化草甸土	0.136
草甸碱土	0.010	冲积土	0.002	盐化沼泽土	0.138
草甸土	29.123	腐泥沼泽土	0.198	盐渍水稻土	4.395
钙质粗骨土	0.500	褐土	2.130	沼泽土	0.112
棕壤	48.154	棕壤性土	2.196	面积合计	100.000

浑河流域生态环境和气候条件复杂，土壤类型众多，并随地貌及生物气候条件的垂直分布呈现出相应的垂直带状分布规律。由表5-3分析知，浑河流域主要为棕壤、草甸土、盐渍水稻土、水稻土、淹育水稻土5种土壤类型，约占整个浑河流域面积的88%。

SWAT模型中对氮磷污染物的输入包括有机氮、无机氮、有机磷、无机磷4种形式。现有土壤数据监测结果只有全氮（0.058～0.644g/kg）、全磷（0.042～0.255g/kg），依据经验，有机氮和无机氮含量分别占全氮的96%、4%，有机磷和无机磷含量占全磷含量的10%～18%和82%～90%。

浑河流域是辽宁省农牧业生产基地，近年来化肥、农药施用量不断增加，但有效利用率却仅为30%～40%。此外，流域浅层含水层的厚度大约为30m，易受土地开发利用的影响。浑河流域土地特性见表5-4。

表5-4　　　　　　　　　浑河流域土地特性

土地类型	土层厚度/cm	有机质/(g/kg)	容重/(g/cm³)	土壤颗粒组成/%			总氮/(g/kg)	总磷/(g/kg)
				黏粒（$d \leqslant 0.002$）	粉粒（$0.002 < d \leqslant 0.05$）	砂粒（$0.05 < d \leqslant 2$）		
耕地	0～5	24.58	1.42	21.05	57.35	21.6	0.96	0.47
	5～30	18.45	1.48	24.71	56.45	18.84	0.88	0.38
草地	0～5	27.6	1.18	15.97	59.45	24.58	1.25	0.58
	5～30	21.75	1.25	20.36	58.14	21.5	1.02	0.42

5.1.2 属性数据库

1. 土壤属性库

SWAT模型涉及的土壤数据主要包括两大类，即物理属性数据和化学属性数据。土壤物理属性决定土壤剖面中水和气的运动情况，并且对 HRU 中的水循环起着重要作用。物理属性数据主要包括土层厚度、粉砂、黏土、容积密度、有机碳、有效含水率、饱和水力传导率等。土壤的化学属性主要用来给模型赋初值。其中物理属性是必需的，化学属性是可选的。土壤输入文件 .sol 为土壤的各个层定义模型模拟过程所需要的物理属性，.chm 文件为土壤的各层定义所需要的化学属性。SWAT 模型土壤属性变量储存在 .sol 和 .chm 文件中，根据需要可定义 10 个层。

借助 SPAW 软件、MATLAB、VBA、MS Excel 等工具及数学方法，建立浑河流域土壤参数库。

2. 气象资料数据库

SWAT 模型集成了 WXGEN 天气生成器模块，其理论基础是数理统计原理和随机噪声矩阵。模块在 SWAT 模型中的主要作用是生成气候数据和填补缺失的数据。通过对日降水量、日最高和最低气温、日太阳辐射量、日露点温度和日平均风速等气象数据进行统计分析，计算得出多年月平均气候特征值，然后将计算出的年月平均气候特征导入 WXGEN 天气生成器，进行气候模拟。WXGEN 天气生成器建库原理详见 SOIL AND WATER ASSESSMENT TOOL：62-85。研究借助 SWAT 官方网站气象发生器参数计算辅助程序 pcpSTAT 计算 PCP_MM、PCPSTD、PCPSKW、PR_W1、PR_W2、PCPD 参数，借助辅助程序 dewpoint 计算 TMPMX、TMPMN、DEWPT、DEWPT、WNDAV 参数，利用 Excel 软件计算 TMPMX、TMPMN、WNDAV、TMPSTDMX、TMPSTDMN 参数。研究中共收集到 12 个气象站（清原、新民、鞍山、沈阳、本溪、章党、桓仁、营口、熊岳、岫岩、宽甸、丹东）1980—2012 年逐日降水、平均风速、平均气温数据，两个气象站（沈阳、凤城）1980—2012 年逐日气候数据（降水、最高气温、最低气温、平均风速、相对湿度及太阳辐射），17 个水文站点 1980—2012 年逐日径流数据。气象、气候站点数据来源于中国气象局，气象站具体信息见表 5-5。

表 5-5　　　　　　　　　　气象发生器参数构建数据来源

站点名称	纬度坐标	经度坐标	海拔/m	年数	数据来源
清原	42°06′	124°55′	2372.00	23	中国气象局
新民	41°59′	122°50′	307.00	23	中国气象局
鞍山	41°05′	123°00′	773.00	23	中国气象局
沈阳	41°44′	123°31′	490.00	23	中国气象局
本溪	41°19′	123°47′	1854.00	23	中国气象局
章党	41°55′	124°05′	1185.00	23	中国气象局
桓仁	41°17′	125°21′	2455.00	23	中国气象局
营口	40°39′	122°10′	38.00	23	中国气象局
熊岳	40°10′	122°09′	204.00	23	中国气象局
岫岩	40°17′	123°17′	798.00	23	中国气象局
宽甸	40°43′	124°47′	2601.00	23	中国气象局
丹东	40°03′	124°20′	138.00	23	中国气象局
凤城	40°28′	124°04′	726.00	23	中国气象局

在进行降雨资料缺失地区的雨量值计算时，采用距离该子流域质心最近的雨量站数据。利用子流域上生成虚拟站点来降低降雨空间分布的不均匀性，利于提高模型模拟精度。

3. 雨量站数据库

为了更好地描述研究区降雨的空间分布，提高模型的精度，研究共计选取 76 个雨量站作为模型输入。

5.1.3 污染源分析

浑河控制单元污染源包括点源与面源两部分。其中，点源包括城市生活源和工业源，面源包括农业、城市径流、农村生活污染源。对于工业源、农业源、城市生活源数据，可直接用普查数据计算研究区内相应污染物的排放量。对于城市径流、农村生活面源可依据土地利用类型，将研究区内的城镇、农村及农田区域分开，分别计算相应的污染物排放量。在对污染源进行分析时，对于有空间坐标的污染源（工业源和污水处理厂），应结合污染源普查结果和实地调研资料进行逐一核实；对于无空间坐标的污染源（生活源、养殖业、种植业），按照受纳水体面积比例和土地类型进行分析。

1. 点源污染源

结合 2007 年污染源普查数据与土地利用数据，研究对浑河控制单元内 83 个入河排污口的 COD 与氨氮的排放量进行估算。

点源污染主要包含生活和工业废水，由于缺少实测数据，需要借助流域内非农业人口数量、人均污水排放量、污水入河系数等参数估算流域内生活污水排放情况。城市生活污染源主要指城镇居民排出的生活污水对水体造成的污染。污水中主要含有悬浮态或溶解态的有机物质，还含有氮、磷、硫等无机盐类和各种微生物。随着流域人口的增长和城市化水平的提高，生活用水量猛增，生活污水产生量随之增加，成为点源污染物的主要来源。工业废水是造成水环境破坏最主要的污染源，量大、面广，污染物种类多，成分复杂。

流域内人均综合用水量取 100L/d，污废水排放系数取 0.7。通过对流域内非农业人口的统计，将估算出的生活污水污染物含量加入点源污染数据库中进行计算。

研究中依据工业用水量与排水量的对应关系，借助排水系数，得到工业废水排放量。在对直接排放与进入市政污水处理厂处理达标排放两种情形进行排水量计算基础上，结合入河系数，得到污水入河总量。

2. 面源污染源

研究针对水质模拟相关要素中的农村面源污染、乡村径流（包括农田退水）、城市径流、矿山径流等，在总结已有研究成果基础上，采用污染物负荷估算法，通过对流域现状年面源污染相关资料进行整理，核算污染物排放及入河情况，为实行污染物总量控制奠定基础。流域尺度上 SWAT 模型模拟的面源污染物主要包括有机氮、有机磷、硝态氮、溶解态磷和矿物磷。

（1）农村面源污染。农村生活污水及固体废弃物产生量（生活垃圾、作物秸秆）的估算采用人均综合排污系数法，依据现状年农村人口统计数和污染物排放系数进行核算；对于散养畜禽的污染物产生量按照一定的人均猪当量折算系数与污染物排放标准核算。借鉴前人对辽河流域农村生活源强系数研究成果，采用的农村污染物排放系数为：人 COD、氨氮产生量为 40g/d、4g/d；猪当量 COD、氨氮产生量为 50g/d、10g/d。对于缺少散养家畜统计资料时，按照人均 0.6 头猪当量的全国平均水平折算。

计算中借鉴基准年水资源需求数据、《辽宁省水资源公报》单位用水量数据，考虑到调查数据的偏差，采用修正的人均综合用水定额法进行用水量计算。现状年农村人均生活综合用水量 82L/（人·d），其中人均生活用水量 62L/（人·d），散养畜禽用水量为 15L/（猪当量·d）。排水系数在调查各地排污现状及河道中水体组成类别的基础上取 0.7。浑河流域农村生活污染物排放及入河计算过程如下。

1）农村生活污水排放量，即

$$P_R = S_R \eta_1 \tag{5-1}$$

式中：P_R 为农村生活污水排放量，万 t/时段；S_R 为农村生活供水量，万 t/时段；η_1 为农村生活污水排放率。

2）农村散养牲畜废水排放量，即

$$P = 10^{-3} N K \varepsilon \delta a \tag{5-2}$$

式中：P 为农村散养牲畜废水排放量，万 t；N 为农村人口数，万人；K 为猪当量折算系数，按照人均 0.6 头猪当量的全国平均水平折算；ε 为猪当量用水定额，一般取 15L/d；δ 为农村散养牲畜废水排放率，在对各地农村散养牲畜排水进行调查的基础上，建议取 0.7；a 为与时间相关的系数，若计算时段为旬，$a=10.1$，若计算时段为月，$a=30.3$，若计算时段为年，$a=365$。

3）农村面源污水入河量，即

$$I_R = P_R \theta \tag{5-3}$$

式中：I_R 为农村生活污水入河量，万 t/时段；θ 为农村生活污水入河系数。

4）农村面源污染某种污染物量，即

$$W_i = 10^{-2} P_R C_i \tag{5-4}$$

式中：W_i 为农村生活污水某种污染物量，t/时段；C_i 为农村生活污水某种污染物的浓度，mg/L，$i=1$、2、3、4 分别为 COD、氨氮、总磷、总氮对应的参数。

5）农村面源污水某种污染物入河量，即

$$I_i = W_i \theta_i \tag{5-5}$$

式中：I_i 为农村生活污水某种污染物入河量，t/时段；θ_i 为农村生活污水某种污染物入河系数，$i=1$、2、3、4 分别为 COD、氨氮、总磷、总氮对应的参数。

6）农村面源污染物入河平均浓度，即

$$C_{Ri} = 100 \cdot \frac{I_i}{I_R} \tag{5-6}$$

式中：C_{Ri} 为农村生活污染物入河平均浓度，mg/L，$i=1$、2、3、4 分别为 COD、氨氮、总磷、总氮对应的参数。

（2）乡村径流。研究主要针对乡村不同土地利用方式，采用污染负荷法在修正基础上计算乡村径流污染负荷。流域乡村土地的利用方式主要有村镇建筑用地、耕地（旱地、水田）、草地、林地、荒地等 5 种，根据不同土壤利用类型、降雨量值、化肥使用量、农作物种植类型资料，通过对农村径流源强系数进行修正，结合不同土地利用方式下的径流系数、土地面积、降水年值，得出流域乡村径流污染物排放情况。

在实际调研的基础上，研究采用线性模型公式（克服农业面源模型在建模过程中对面源污染物产生和迁移过程的过多考虑）进行乡村径流污染负荷估算，即

$$W = \sum_{i=1}^{5} a_i \cdot K_i \cdot P \cdot A_i \tag{5-7}$$

式中：W 为农村径流污染源某种污染物的年负荷总量，kg/a；a_i 为第 i 种土地利用方式的径流系数；K_i 为第 i 种土地利用方式的某种污染物输出系数；P 为年降水量，mm/a；A_i 为第 i 种土地利用方式的面积，km²，i 为流域土地的利用方式，$i=1\sim5$，分别表示城镇建筑用地、耕地、草地、林地、荒地。

（3）城市径流。城市径流中污染物主要来自降雨径流对城市地表的冲刷。地表沉积物是城市径流中污染物的主要来源，具有不同土地使用功能的城市，沉积物来源不同。城市地表沉积物主要由城市垃圾、大气降尘、街道垃圾的堆积、动植物遗体、落叶和部分交通遗弃物等组成，污染物负荷量主要影响因素有不透水面积、雨水排水系统类型、交通影响、路缘高度、街道清扫等。

通过对流域城市用地类型及面积的调查（研究中参考《辽宁省城市建设统计公报》中的数据），在获取不同城市年降水总量、降雨径流相关系数的基础上，核算浑河流域城市年降雨径流总量。借鉴《辽河流域污染物总量控制管理技术研究》对大辽河流域城市径流污染物浓度与径流量的研究成果，分析流域城市径流污染物排放情况。计算公式为

$$W = \sum_{i=1}^{4} a_i \cdot K_i \cdot P \cdot A_i \tag{5-8}$$

式中：W 为城市径流某种污染物的年负荷总量，kg/a，包括 COD、氨氮、总磷、总氮等 4 种污染物；a_i 为第 i 种土地利用方式的径流系数；K_i 为第 i 种土地利用方式的某种污染物输出系数；P 为年降水量，mm/a；A_i 为第 i 种土地利用方式的面积，km²；$i=1\sim4$ 分别表示居民用地、工业用地、道路广场用地、绿地。

（4）矿山径流。借鉴前人的研究成果，浑河流域矿山径流造成的污染占流域总污染的比例较小，一般均低于 1%，同时由于小型矿山资料统计不全（当前所用资料，一般以 2002 年全国容量核定工作对辽河流域矿山企业进行的全面调查资料为基准），污染物监测设备不够齐全、非标准矿山修正系数细化程度较低，同时考虑到当前不同区域矿山规模、降雨量年内及年际变动、污染物含量变化中不确定性因素众多，因此，研究在对流域面源污染物总量进行控制的基础上，没有将矿山径流考虑在内。

5.1.4 农业耕作制度

1. 作物类型

浑河流域属传统的农业种植区域，耕地面积较大，并以种植粮食作物为主。流域耕地总面积为 10763km²，其中水田 4086km²（水稻为主），旱田 6677km²（包括玉米、大豆、蔬菜和其他作物）。浑河、太子河上游多为山地丘陵，林地众多，耕地主要分布于河流冲积平原和河岸带的山谷中。

流域的主要粮食作物为水稻、玉米，辅以豆类、花生、薯类等杂粮，经济作物以油菜、棉花、花生、芝麻为主，蔬菜种类较多。在对作物种植面积和产量进行分析的基础上，结合统计年鉴及现状调查结果，将流域的主要作物概化为水稻、玉米两种进行施肥及污染物产生量的确定。

研究区内粮食作物占比最大，约为农作物播种面积的 90%；粮食作物中玉米占 70%，稻谷占 20%，大豆占 4%；油料作物和蔬菜播种面积占总播种面积的比例为 4%。因此，研究区的种植业以粮食作物为主，粮食作物中玉米播种面积最大，水稻次之。

2. 化肥施用量

流域化肥的施用量主要是通过问卷调查获得。浑河流域耕地施肥以氮肥为主，其次是磷肥和钾肥。从化肥种类上分析，流域内使用的化肥主要为尿素、磷酸二铵，以及少量的氮磷钾复合肥。研究区内旱田主要使用阿特拉津、乙草胺，水田使用丁草胺等农药。水田在单位面积内的肥料施用量、除草剂种类及数量均大于旱田。

浑河流域各地的化肥使用量差距较大，与播种面积、作物类型相关。营口市单位播种面积化肥使用量最高，为 35kg/亩；本溪市单位面积化肥使用量最少，为 14.5kg/亩。总体而言，流域内抚顺、本溪市的单位播种面积化肥使用量低于辽宁省平均水平。流域内化肥使用量年际变化呈现波动趋势，化肥、农药施用量在 2009 年、2011 年最多，分别为613811t（折纯量）、333t，而在 2007 年、2006 年用量最少，分别为 572147t（折纯量）、308.1t。2006—2012 年化肥、农药使用情况（折纯量）见表 5-6 和表 5-7。

表 5-6　　　　　　　　　　浑河流域化肥使用情况　　　　　　　　　单位：t

年份	沈阳	抚顺	鞍山	本溪	丹东	营口	辽阳	盘锦	铁岭	合计
2006	195789	260888	29798	6669	247	8670	52022	9432	1609	565124
2007	191593	255298	32256	6669	249	9586	51122	9830	1711	558314
2008	196122	261332	33150	6669	254	9978	53022	9851	1769	572147
2009	212770	283516	33895	6669	262	9978	55023	10061	1637	613811
2010	209773	279523	34640	6669	269	9978	54023	10480	1853	607208
2011	215588	282053	35058	6668	246	10007	55452	10496	2004	617572
2012	220018	274077	35585	6814	282	9855	48726	9789	2079	607225

表 5-7　　　　　　　　　　浑河流域农药使用情况　　　　　　　　　单位：t

年份	沈阳	抚顺	鞍山	本溪	丹东	营口	辽阳	盘锦	铁岭	合计
2006	51.0	86.5	38.0	53.5	0.7	9.0	58.0	10.0	1.3	308.0
2007	49.9	84.7	41.2	53.5	0.7	9.9	57.0	10.4	1.4	308.7
2008	51.1	86.7	42.3	53.5	0.7	10.4	59.1	10.5	1.5	315.8
2009	55.4	94.1	43.3	53.5	0.7	10.4	61.4	10.7	1.4	330.9
2010	54.6	92.7	44.2	53.5	0.7	10.4	60.2	11.1	1.6	329.0
2011	56.1	93.6	44.8	53.5	0.7	10.4	61.4	11.2	1.7	333.8
2012	57.3	90.9	45.4	54.7	0.8	10.2	54.3	10.4	1.7	325.7

化肥使用量的折纯量是指化肥（氮、磷、钾肥及复合肥）施用量中实际含氮（以 N 计）、磷（以 P_2O_5 计）和钾（以 K_2O 计）的数量。尿素的含氮量为 46%，磷酸二铵的氮、磷含量分别为 16% 和 20%，氮磷钾复合肥的氮、磷和钾物质的含量在 10%～15% 之间。浑河流域氮、磷和钾肥的使用情况见表 5-8。

表 5-8　　　　　　　　　　　　　浑河流域 N、P、K 的施用量　　　　　　　　单位：t

年份	类型	沈阳	抚顺	鞍山	本溪	丹东	营口	辽阳	盘锦	铁岭	合计
2006	N	164542	219252	25042	5605	208	7286	43720	7927	1352	474934
	P	21468	28605	3267	731	27	951	5704	1034	176	61963
	K	9779	13031	1488	333	12	433	2598	471	80	28225
2007	N	161016	214554	27108	5605	209	8056	42963	8261	1438	469210
	P	21008	27993	3537	731	27	1051	5605	1078	188	61218
	K	9570	12752	1611	333	12	479	2553	491	85	27886
2008	N	164822	219625	27859	5605	213	8386	44560	8279	1487	480836
	P	21504	28654	3635	731	28	1094	5814	1080	194	62734
	K	9796	13053	1656	333	13	498	2648	492	88	28577
2009	N	178813	238268	28486	5605	220	8386	46242	8455	1376	515851
	P	23329	31087	3716	731	29	1094	6033	1103	179	67301
	K	10627	14161	1693	333	13	498	2748	503	82	30658
2010	N	176294	234913	29112	5605	226	8386	45401	8807	1557	510301
	P	23001	30649	3798	731	29	1094	5923	1149	203	66577
	K	10478	13962	1730	333	13	498	2698	523	93	30328
2011	N	181181	237039	29463	5604	207	8410	46602	8821	1684	519011
	P	23638	30926	3844	731	27	1097	6080	1151	220	67714
	K	10768	14088	1751	333	12	500	2770	524	100	30846
2012	N	184904	230336	29906	5727	237	8282	40950	8227	1747	510316
	P	24124	30052	3902	747	31	1081	5343	1073	228	66581
	K	10989	13690	1777	340	14	492	2434	489	104	30329

浑河流域年均使用的氮、磷和钾肥量分别为 497208t、64870t 和 29551t。氮肥、磷肥在 2011 年施用最多，在 2007 年施用最少；钾肥使用量较为稳定，但基本上呈增加趋势。

3. 化肥施用时间

浑河流域位于中国东北部，农作物为一年一熟。水稻、玉米、大豆等作物的种植时间，施用方式及时间见表 5-9。玉米和大豆的喷药时间为播种后的 10～15 天，水稻为大田插秧后的 10 天左右。

水稻和玉米的生长期包括分蘖期、拔节期、齐穗期、成熟期，不同时期作物对氮、磷吸收率不同，具体见表 5-10。

表 5 - 9　　　　　　　　　　浑河流域作物耕作施肥情况

作物种类	种 植 时 间	施肥方式	施 肥 时 间
水稻	5 月 20 日至 5 月 25 日（占 90%）	表施	5 月 20 日至 5 月 25 日（占 90%），7 月下旬占 10%
玉米	4 月 25 日	垄沟施肥 表施	4 月 25 日（占 60%），7 月中旬左右（占 40%）
大豆	5 月中旬左右	垄沟施肥	5 月中旬左右

表 5 - 10　　　　　　　　　水稻、玉米生长的氮、磷吸收率

时期	分蘖期		拔节期		齐穗期		成熟期	
种类	水稻	玉米	水稻	玉米	水稻	玉米	水稻	玉米
氮吸收率/%	39	23	35	30	11	20	15	27
磷吸收率/%	19	19	36	35	17	16	28	29

浑河流域每年农耕开展时间在 4 月下旬到 5 月上旬，秋收时间在 9 月末到 10 月初，由于浑河、太子河上游多为山区，作物的耕种和收获多采取人工方式进行，不宜进行集中的规模化数据统计。

目前流域大田作物的除草和杀虫绝大部分通过喷药实现，人工除草的面积很小，因此，农药的污染风险倍增。水稻田灌溉后的弃水通常不经过任何处理便直排入河，造成水体中氮磷和农药等污染物浓度偏高。

5.1.5　畜禽养殖污染

1. 基础信息

浑河流域养殖业主要以猪、牛（肉牛、奶牛）、羊、禽类（肉禽、蛋禽）为主，禽类和猪的数量较多，奶牛的养殖数量偏少。经调查，流域养殖肉禽 8021.8 万只，蛋禽 1636.7 万只，猪 282.5 万头，肉牛 72.9 万头，奶牛 1.4 万头，羊 117.6 万只。

2. 污染物产生量

依据《农业技术经济手册》中单位数量畜禽的废物排泄量（表 5 - 11），牛的排泄量最大，猪、羊次之，家禽排泄量较小。浑河流域鸡的养殖数量最多，为不失一般性，研究中对家禽污染物产生量的计算以鸡进行计算。在饲养时间的确定上，猪按每年 199 天计算，牛、羊按 365 天计算，肉鸡以 55 天、蛋鸡以 365 天计算。流域畜禽污染物产生量见表 5 - 12。依据畜禽的排泄量和排泄量中污染物含量（表 5 - 13）计算单位畜禽污染物的排放量，见表 5 - 14。

表 5 - 11　　　　　　　　　　畜 禽 废 物 排 泄 情 况

类型	单位	牛	猪	羊	蛋鸡	肉鸡
粪	kg/(d·单位)	20	2	2.6	0.12	0.12
	kg/(a·单位)	7300	398	950	43.8	6.6

续表

类型	单位	牛	猪	羊	蛋鸡	肉鸡
尿	kg/(d·单位)	10	3.3	—	—	—
	kg/(a·单位)	3650	656.7	—	—	—
计算期	d	365	199	365	365	55

表 5 - 12　　　　　　　　流域单位畜禽废物排泄情况

类型	单位	牛	猪	羊	蛋鸡	肉鸡
粪	万 t/d	1.5	0.6	0.3	0.2	1.0
	万 t/a	542.4	112.4	111.7	71.7	52.9
尿	万 t/d	0.7	0.9	—	—	—
	万 t/a	271.2	185.5	—	—	—

表 5 - 13　　　　　　　　畜禽粪便中污染物含量

畜禽	类别	单位	氨氮	总磷	总氮
牛	粪	kg/t	1.71	1.18	4.37
	尿	kg/t	3.47	0.4	8
猪	粪	kg/t	3.08	3.41	5.88
	尿	kg/t	1.43	0.52	3.3
羊	粪	kg/t	0.8	2.6	7.5
	尿	kg/t	—	1.96	14
鸡	粪	kg/t	4.78	5.37	9.84
	尿	kg/t	—	—	—

表 5 - 14　　　　　　　　单位畜禽年排泄粪便中污染物含量

类型	单位	牛		猪		羊		家禽	
		粪	尿	粪	尿	粪	尿	粪	尿
氨氮	kg/(a·单位)	8.61	1.46	1.36	0.34	0.45		0.12	
总氮	kg/(a·单位)	31.90	29.20	2.34	2.17	2.28		0.28	
总磷	kg/(a·单位)	12.48	12.67	1.23	0.84	0.57		0.13	

　　结合畜禽年粪尿排放情况及粪便中污染物含量情况，综合计算出浑河流域畜禽养殖的氨氮、总氮和总磷的产生量分别为 2.4t、8.7t、3.7t。

　　结合实地调研资料，浑河流域畜禽粪便主要用于还田种植作物，除少部分进行肥料加工再施用于耕地外，其余的随冲洗污水或降雨淋滤直接进入河道。浑河流域拥有较少的污染物自处理的闭合循环养殖场，其余养殖场均以传统养殖为主，畜禽排泄物的处理效率较低。研究过程中由于缺少对规模化养殖场的调研数据，在对区域畜禽养殖种类和数量进行初步评估的基础上，结合养殖场的畜禽数量对污染物产生量进行折合计算。

5.1.6　生活污染物

1. 城镇生活

浑河流域的城镇生活污染源氮、磷主要来源于浑河、太子河干流及重要支流两岸居民的生活污水。浑河上游的清原镇、红透山镇、南杂木镇、新宾镇、永陵镇等是居民较集中的县镇，每天约有 1 万 t 的生活污水未经任何处理直接流入浑河和苏子河，但城镇生活污水处理厂较少投入使用，污染物直排现象严重；太子河上游本溪段污染物年排放量中 COD 占 34%，生活污水直排现象较为普遍。浑河流域城镇生活污水及污染物产生情况见表 5‐15。

表 5‐15　　　　　　　　　浑河流域城镇生活污水及污染物产生情况

区划	城镇人口/万人	污染物产生量				
		废水/万 t	COD/t	氨氮/t	总氮/t	总磷/t
沈阳市	334.9	16785.3	83219.8	9937.8	13091.7	965.4
鞍山市	121.4	6084.6	30166.9	3602.4	4745.7	349.9
抚顺市	120	6014.4	29819.0	3560.9	4691.0	345.9
本溪市	72.7	3643.7	18065.3	2157.3	2841.9	209.6
丹东市	0.2	10.0	49.7	5.9	7.8	0.6
辽阳市	87.5	4385.5	21743.0	2596.5	3420.5	252.2
铁岭市	0	0	0	0	0	0
营口市	87.9	4405.6	21842.4	2608.3	3436.1	253.4
盘锦市	48.5	2430.8	12051.8	1439.2	1895.9	139.8
合计	873.1	43760.0	216958.0	25908.3	34130.6	2516.8

2. 农村生活

农村人口分布零散，缺乏统一完善的污染物处理设施，生活污染物随处排放，造成水环境污染的潜在风险较大。研究中农村生活污染主要来源于生活污水、人粪尿、农村生活垃圾。

依据《肥料实用手册》，成年人粪、尿年排放量分别为 113.7kg 和 579.3kg，粪中氮、磷含量分别占 0.64% 和 0.11%，尿中氮、磷含量分别占 0.53% 和 0.04%。参考《全国饮用水水源地环境保护规划技术》相关规定，农村人均生活用水量为 70L/d，其中人均总氮排放量为 5.0g/d，人均总磷排放量为 0.44g/d。浑河流域农村人口为 360.2 万人，流域内农村人口生活污染物的年产生量见表 5‐16。流域内农村生活污水和人粪尿产生总量为 9262.4 万 t，产生的总氮和总磷分别为 20248.3t 和 1863.1t。

表 5‐16　　　　　　　　　浑河流域农村生活污染物产生情况

区划	农村人口/万人	废水污染物产生量			粪便污染物产生量			尿污染物产生量		
		废水/万 t	总氮/t	总磷/t	粪/万 t	总氮/t	总磷/t	尿/万 t	总氮/t	总磷/t
沈阳市	96.3	2460.5	1757.5	154.7	10.9	700.8	120.4	5.6	2956.7	223.1
鞍山市	59.3	1515.1	1082.2	95.2	6.7	431.5	74.2	3.4	1820.7	137.4

续表

区划	农村人口/万人	废水污染物产生量			粪便污染物产生量			尿污染物产生量		
		废水/万 t	总氮/t	总磷/t	粪/万 t	总氮/t	总磷/t	尿/万 t	总氮/t	总磷/t
抚顺市	35.8	914.7	653.3	57.5	4.1	260.5	44.8	2.1	1099.2	83.0
本溪市	20.8	531.4	379.6	33.4	2.4	151.4	26.0	1.2	638.6	48.2
丹东市	0.2	5.1	3.6	0.3	0.0	1.5	0.3	0.0	6.1	0.5
辽阳市	91.5	2337.8	1669.9	147.0	10.4	665.8	114.4	5.3	2809.3	212.0
铁岭市	1.5	38.3	27.4	2.4	0.2	10.9	1.9	0.1	46.1	3.5
营口市	35.2	899.4	642.5	56.5	4.0	256.1	44.0	2.0	1080.7	81.6
盘锦市	19.5	498.2	355.9	31.3	2.2	141.9	24.4	1.1	598.7	45.2
合计	360.2	9200.5	6571.8	578.4	40.9	2620.4	450.3	20.9	11056.1	834.4

浑河流域农村居民饮食习惯及生活水平差别较大，因此，农村生活垃圾组分随时间变化而变化，导致每月、每季垃圾的产生量很不固定。流域农村生活垃圾产生量见表 5-17。

表 5-17 浑河流域农村生活垃圾产生量

区划	农村人口/万 t	年产生量/万 t		有机垃圾物质含量/t	
		生活垃圾	有机垃圾	总氮	总磷
沈阳市	96.3	8.44	3.51	745.17	277.68
鞍山市	59.3	5.19	2.16	458.86	170.99
抚顺市	35.8	3.14	1.31	277.02	103.23
本溪市	20.8	1.82	0.76	160.95	59.98
丹东市	0.2	0.02	0.01	1.55	0.58
辽阳市	91.5	8.02	3.34	708.03	263.84
铁岭市	1.5	0.13	0.05	11.61	4.33
营口市	35.2	3.08	1.28	272.38	101.50
盘锦市	19.5	1.71	0.71	150.89	56.23
合计	360.10	31.55	13.14	2786.46	1038.36

浑河流域农村生活垃圾几乎没有采取任何处理措施，垃圾任意丢弃和堆放，在降水的淋滤和径流的冲刷作用下，腐烂有机垃圾释放出来的氮、磷污染物随着径流进入水体，使河道水质变差。

5.2 模型构建

5.2.1 SWAT 模型数据库构建

研究首先选用 30m 空间分辨率的 DEM 作为研究区 SWAT 模型构建的地形基础，提取研究区范围并建立地形模型；再借助 1:25 万的数字水系数据辅助模型进行研究区河网提取，建立浑河流域河网模型；然后采用收集到的 76 个雨量测站 1990—2006 年降水数据、12 个气象测站 1990—2006 年气温数据作为气象资料输入，并基于构建的气象发生器（用来模拟缺失的降水、气温、相对湿度、平均风速、太阳辐射等数据）建立研究区气候数据；基于构建的土壤类型参数库，把土地利用数据及土壤数据作为下垫面参数输入，建立研究区下垫面数据库；最后，利用收集 83 个入河排污口的排污资料，构建点源污染数据库。综合以上各要素，构建浑河流域 SWAT 模型的基础数据库。

5.2.2　SWAT 模型构建方法

研究利用 SWAT 模型集成的数字地形分析软件包，首先获取河流的坡度、坡长、流域面积等基本参数信息。模型模拟时，根据 DEM 把流域划分为若干子流域，然后依据土地利用类型、土壤类型、坡度类型等数据进一步划分为水文响应单元（Hydrologic Response Unit，HRU）。为更有效地模拟径流，在考虑水文测站、入河排污口等信息的基础上，以大辽河出海口作为流域出口，并结合流域实际情况，设置河网提取的集水区面积阈值为 50km²，进行流域空间离散化，研究区共划分 184 个子流域，提取水系总长 5345km。

HRU 是 SWAT 模型模拟的最小研究单元，每类 HRU 具有独立的土地利用类型、土壤类型和坡度数据。ArcSWAT 模型软件提供 3 种 HRU 划分方式，即唯一土地利用类型/土壤类型/坡度（Dominant Land Use、Soils、Slope）、唯一 HRU（Dominant HRU）、多种 HRU（Multiple HRUs）。

唯一土地利用类型/土壤类型/坡度划分方式把每个子流域将仅划分为一个 HRU，模型采取子流域里面积比最大的土地利用类型、土壤类型和坡度类型参与模拟计算；唯一 HRU 划分方式也是把每个子流域仅划分为一个 HRU，子流域里土地利用类型、土壤类型和坡度类型的唯一组合中，采取面积比最大的组合参与模拟计算；多种 HRU 划分方式把每个子流域划分为多个不同土地利用类型、土壤类型和坡度类型组合，即多个 HRUs。为尽可能接近实际水文过程，本书模拟采用 Multiple HRUs 划分方式。设置模拟的土地利用类型、土壤类型、坡度类型面积最小阈值比均定为 10%，即如果子流域中某种土地利用类型、土壤类型和坡度类型的面积比小于该阈值，则在模拟中不予考虑，剩下的土地利用类型、土壤类型和坡度类型的面积重新按比例计算，以确保整个子流域的面积都能参与水文模拟。

模型模拟时蒸发模型选用 Penman/Monteith，产流模型选用 Daily Rain/CN/Daily Route 方法，汇流模型选用马斯京根法，降水数据空间插值展布采用 Skewed Normal 方法。

根据收集的农作物种植结构、化肥施用量、化肥施用时间以及畜禽养殖污染现状信息，按流域设置农业现状管理情景。

散养畜禽主要以分散农户为单位，散养区域为农村居民区及农业种植区。研究结合农村居民区和典型畜禽养殖场的空间分布，将研究区的畜禽和生活污染简化为 29 个区域（计算单元），每个区域污染集中处和区域中心作为污染物集中排污口输入点源模型进行计算。

5.3　模型率定和验证

研究采用人工调参和自动率定相结合方法进行模型校准与验证。通常先对径流进行率定，然后对氮、磷等营养物进行模拟率定。

径流的校准与验证采用浑河下游的邢家窝棚水文站、太子河下游的唐马寨水文站点的径流实测数据。根据北口前、占贝、南章党、浑河大闸、邢家窝棚、本溪、辽阳、小林子、唐马寨9个水质监测站点的监测数据对模型氮、磷模拟值进行校准。

5.3.1　模型模拟评估标准

由于水文过程复杂，水文模型模拟值与实测值之间不可避免地会产生一定误差。因此，构建一个标准来评估水文模型模拟的好坏至关重要。评估标准应尽可能准确地描述模型表达真实系统的程度，即提高模型系统与实际系统的"接近程度"。评价水文模型性能最直观、最常用的方法是对模拟和实测的径流过程线进行对比，给出主观的判断。客观评价通常需要对模拟的和观测的水文变量进行误差的数学估计，通过适合度指标来衡量优劣。

评估水文模型模拟效果好坏的指标较多，本书在分析比较的基础上，采用径流过程线、相对误差（D_v）、Nash - Sutcliffe 效率系数（E_{NS}）及确定性系数（R^2）来评估模型模拟效果。径流过程线、相对误差（D_v）常用于评估模拟整体的水量偏差；Nash - Sutcliffe 效率系数（E_{NS}）和确定性系数（R^2）对峰值流量非常敏感，常用来评估洪峰模拟的效果。

1. 相对误差

相对误差（D_v）是描述模拟径流总量与实测径流总量误差的指标。正值表示模拟值较实测值偏高，负值则偏低，越接近零，表明模拟效果越好。根据以往经验，$|D_v| \leqslant 10\%$时，表明模拟效果非常好；$10\% < |D_v| \leqslant 20\%$时，表明模拟效果令人满意；$|D_v| > 20\%$时，则说明模拟效果不好。$D_v$的计算公式为

$$D_v = \frac{100(P - O)}{O} \times 100\% \tag{5-9}$$

式中：D_v为相对误差；O为观测的平均值；P为预测平均值。

2. Nash - Sutcliffe 效率系数

Nash 和 Sutcliffe 为描述水文模型模拟的准确性提出 Nash - Sutcliffe 效率系数（E_{NS}）。它是一个能够直观体现实测径流和模拟径流拟合程度好坏的指标，取值范围为（$-\infty$，1]（E_{NS}越接近于1，模拟精度越高）。根据以往经验，当$E_{NS} > 0.75$时，可认为模拟效果非常好；$0.50 \leqslant E_{NS} \leqslant 0.75$时模拟效果令人满意；$E_{NS} < 0.50$时，模拟效果不好。$E_{NS}$的计算公式为

$$E_{NS} = 1 - \frac{\sum_{i=1}^{n}(O_i - P_i)^2}{\sum_{i=1}^{n}(O_i - \overline{O})^2} \tag{5-10}$$

式中：E_{NS} 为 Nash‐Sutcliffe 效率系数；O_i 为 i 时刻的观测值；P_i 为 i 时刻的模拟值；$\overline{O}$ 为观测的平均值。

3. 确定性系数

确定性系数（R^2）是用来描述模拟数据和实测数据相关度的指标，其取值范围为 $[0, 1]$。R^2 越接近于 1，表明模拟和实测数据的拟合度越高，模拟效果越好。根据以往经验，$R^2 \geqslant 0.85$ 时，表示模拟效果非常好；$0.85 > R^2 \geqslant 0.50$ 时，表明模拟效果令人满意；$R^2 < 0.50$ 时，表明模拟效果不好。R^2 的计算公式为

$$R^2 = \left[\frac{\sum\limits_{i=1}^{n} (O_i - \overline{O})(P_i - \overline{P})}{\sqrt{\sum\limits_{i=1}^{n} (O_i - \overline{O})^2} \sqrt{\sum\limits_{i=1}^{n} (P_i - \overline{P})^2}} \right]^2 \qquad (5-11)$$

式中：R^2 为确定性系数；O_i 为 i 时刻的观测值；P_i 为 i 时刻的模拟值；$\overline{O}$ 为观测的平均值；$\overline{P}$ 为预测平均值。

5.3.2　径流参数率定和验证

由于浑河流域缺少基流数据，研究中主要对总径流量进行参数率定和校准。在年校准时首先对径流曲线数进行调整，然后对土壤有效含水量和土壤蒸发补偿系数进行调整，直到达到径流量要求；然后对逐月径流曲线进行调整，即在峰值合理、衰减异常的情况下，对河床出流的有效水力传导率进行调整；如果融雪阶段出现异常，应在改变融化速率的基础上，对基流系数 α 进行调整。

本次模拟以 1992—2001 年为率定期，2002—2006 年为模型验证期。

1. 模型率定

研究选取敏感性指数为十分敏感和较敏感的 6 个参数（表 5-18），采用人工调参和自动率定相结合的方法进行研究区月尺度 SWAT 模型率定。模型模拟结果显示，两个测站率定期 E_{NS} 均大于 0.75，R^2 系数全在 0.75 以上，$|D_v|$ 都小于 20%，SWAT 模型可适用于浑河流域的月径流模拟，模拟精度见表 5-19，两个水文测站模拟径流与实测径流曲线拟合较好，且在枯水期和丰水期匹配程度均达到精度要求。依据项目前面给定的水文模型模拟评估标准，月尺度径流模拟效果非常好。

表 5-18　　　　　　　　　　　敏感性较高参数的物理意义

参数	描　述
Cn2	SCS 径流曲线模型中一个无量纲参数，称为径流曲线数值（Curve number），取值范围为 0～100
Canmx	林冠饱和时的最大储水量（mm）
Gwqmn	浅层含水层产生"基流"的阈值深度，取值范围为 0～5000，模型默认值为 0
Alpha_Bf	基流 Alpha 系数
Revapmn	浅层含水层再蒸发的水位阈值（mm）
Esco	裂缝导致的土壤蒸发量（mm），取值范围为 0.01～1.00。Esco 减小，模型能从下层土壤吸收水分将增加

表 5 - 19   率定期月径流模拟精度

测站	E_{NS}	R^2	$D_v/\%$
邢家窝棚	0.89	0.90	0.47
唐马寨	0.76	0.79	15.48

2. 模型验证

研究以 2002—2006 年为验证期，对径流率定模型进行检验。模型模拟结果显示，两个测站验证期的 E_{NS} 均大于 0.6，R^2 系数全在 0.6 以上，$|D_v|$ 都小于 20%，模拟精度见表 5 - 20，经过率定的 SWAT 模型参数可靠，可用于进一步的模拟研究。率定期月径流模拟值与实测值拟合曲线见图 5 - 1 和图 5 - 2。从图中的模拟径流和实测径流流量过程线来看，两个水文测站模拟径流与实测径流曲线总体拟合很好，2012 年、2005 年、2006 年下半年径流模拟精度欠佳，可能与资料系列长度和站点选取有关。依据给定的水文模型模拟评估标准，月尺度径流模拟效果相对较好。

表 5 - 20   验证期月径流模拟精度

测站	E_{NS}	R^2	$D_v/\%$
邢家窝棚	0.81	0.86	10.08
唐马寨	0.69	0.67	-5.67

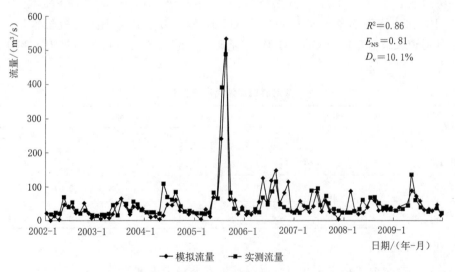

图 5 - 1　邢家窝棚水文站验证期月径流模拟值与实测值拟合曲线

5.3.3　泥沙参数率定和验证

浑河流域河道中的泥沙主要来自耕地及裸露地的水土流失。结合资料系列年长度和年内精度，对浑河、太子河流域采用不同的资料系列进行预热、校准和验证。

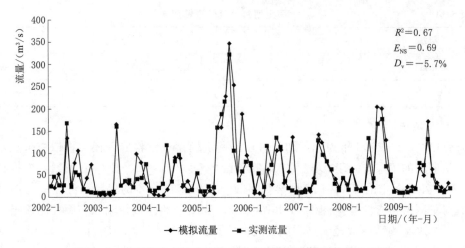

图 5-2　唐马寨水文站验证期月径流模拟值与实测值拟合曲线

1. 浑河流域

浑河上游区水土流失较为严重，土壤整体侵蚀强度属于微度侵蚀。依据相关要求和研究成果，在对泥沙负荷进行参数校准的过程中，以模拟值与实测值年均值误差小于实测值的 30%，月均值 $R^2 > 0.6$ 且 $E_{NS} > 0.5$ 为控制标准。研究选取南章党、占贝和北口前 3 个站点的泥沙监测数据进行校准与验证。受资料年限和系列完整程度所限，以 2005 年为预热期、2006—2007 年为校准期、2008—2009 年为验证期进行人工调参。

在考虑地表径流的影响，适度调整 USLE 方程坡长因子 SLSUBBSN、土保持因子 ULSE_P、耕作管理因子 USLE_C、HRU 的坡度 SLOPE、河道可侵蚀性因子 CH_EROD 和河道植被覆盖因子 CH_COV 的基础上，给出浑河流域泥沙模拟值和实际值的率定、验证结果，见表 5-21 和图 5-3。

表 5-21　　　　　　　　　浑河流域泥沙负荷率定情况　　　　　　　　单位：t

站点	月均值		衡量指标			
	实测	模拟	E_{NS}	底限	R^2	底限
北口前	2560.5	2242.62	0.82	>0.5	0.92	>0.6
占贝	2355.4	2377.56	0.83	>0.5	0.87	>0.6
南章党	147.8	127	0.83	>0.5	0.86	>0.6

2. 太子河流域

太子河流域只有干流个别年份有泥沙含量数据，支流缺少数据。受气候条件的影响，站点的泥沙数据一般在 10 月到次年 3 月缺测，在时间序列上具有不连续性，因此，暂不进行 R^2 和 E_{NS} 指标的计算。由于各测站泥沙数据在月份上均存在缺测情况，因此，仅对具有实测数据的年月进行验证。率定期和验证期的平均相对误差最大值分别为 0.32 和 0.25，模拟结果具有一定的可靠性。太子河流域典型站点泥沙的率定和验证结果见表 5-22 和图 5-4。

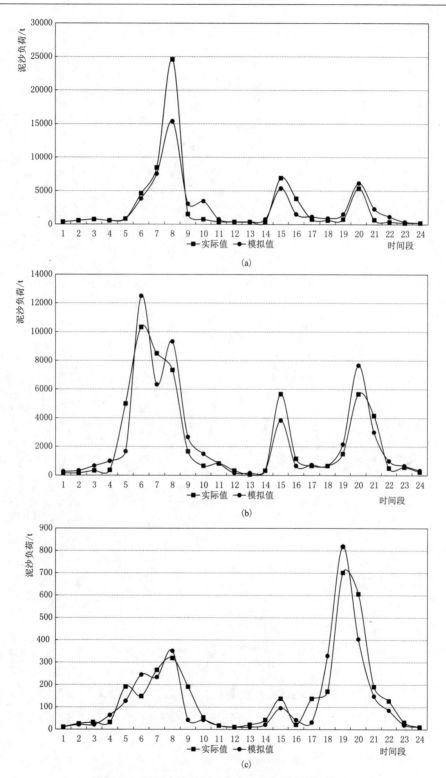

图 5-3　浑河流域月泥沙负荷实测与模拟结果率定

（a）北口前站泥沙率定；（b）占贝站泥沙率定；（c）南章党站泥沙率定

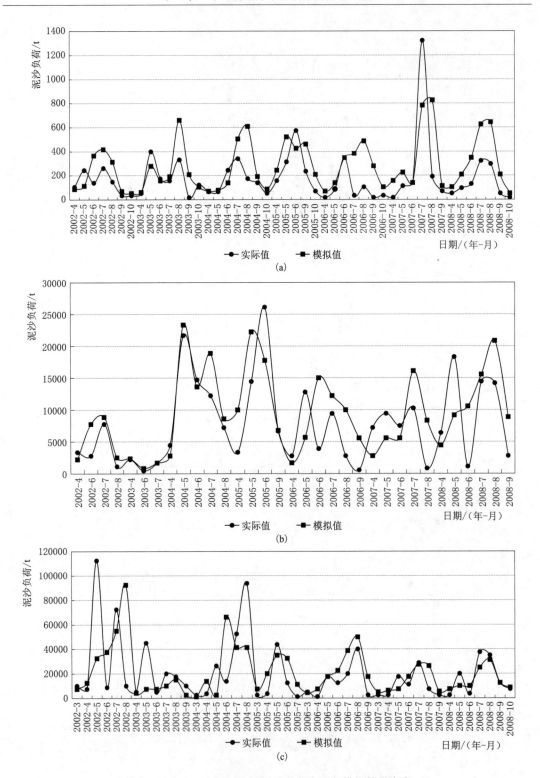

图 5-4（一）　太子河流域泥沙负荷实测与模拟结果率定

（a）本溪站泥沙率定；（b）辽阳站泥沙率定；（c）小林子站泥沙率定

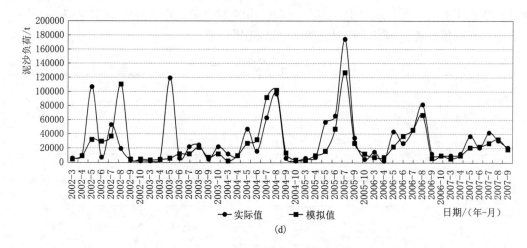

图 5-4（二） 太子河流域泥沙负荷实测与模拟结果率定

(d) 唐马寨站泥沙率定

表 5-22　　　　　　　　太子河流域典型站点泥沙率定和验证结果　　　　　　　单位：t/a

站点名称	率 定 期			验 证 期		
	实测值	模拟值	相对误差	实测值	模拟值	相对误差
本溪	33737	44533	0.32	36600	45384	0.24
辽阳	77279	96599	0.25	40256	47905	0.19
小林子	181547	212410	0.17	97212	113738	0.17
唐马寨	226784	281212	0.24	222051	277564	0.25

注　率定期定为 2002—2005 年，验证期为 2006—2008 年。

5.3.4 营养物参数率定和验证

在对土壤中氮、磷营养盐初始浓度进行核实的前提下，结合施肥和耕作措施的合理性措施，依据不同情景和土壤保护策略对作物施肥混合效率系数进行检验。研究中对硝酸盐负荷参数率定主要通过修改氮渗透系数实现，对可溶性磷负荷参数率定可通过修改磷渗透系数和土壤磷分配系数实现。

在进行面源污染负荷校准时，首先调查流域内的点源污染排放情况，将流域的工业氮、磷污染排放数据以点源形式输入，然后进行氮、磷污染强度计算，根据水质监测点的氮磷监测数据对模型进行校准。校准达标后将点源数据扣除，模拟得到基于面源污染的氮磷负荷。

1. 浑河流域

考虑到浑河大伙房水库特殊的功能定位，水质保护显得尤为重要，研究中选择大伙房水库以上干流的北口前断面、下游的东陵大桥、邢家窝棚断面对氮、磷模拟值进行校准。在对土壤中营养物的初始浓度、施肥和耕作措施的正确性进行核实的基础上，通过改变氮渗透系数 NPERCO、磷渗透系数 PPERCO 实现对 NO_3 负荷、可溶性磷负荷的模拟。为保证供水水库水质达标，研究中以 2006—2007 年为校准期，以 2008—2009 年为验证期对北口前站点模拟值进行率定，结果见表 5-23 和图 5-5。

表 5-23　　　　　　　　　北口前总氮、总磷模拟验证结果　　　　　　　　单位：mg/L

监测内容	月均值		衡量指标			
	实测	模拟	E_{NS}	底限	R^2	底限
总氮	1.95	1.98	0.64	≥0.5	0.63	≥0.6
总磷	0.13	0.14	0.52	≥0.5	0.87	≥0.6

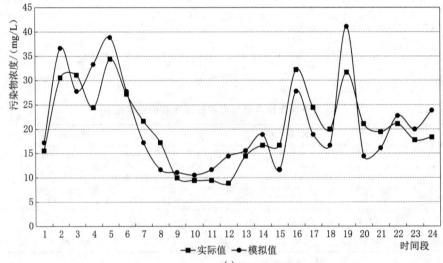

(a)

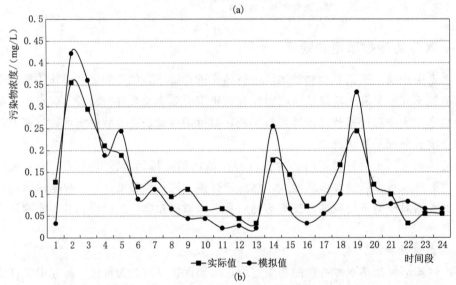

(b)

图 5-5　北口前验证期污染物实测与模拟浓度曲线

(a) 总氮月浓度；(b) 总磷月浓度

SWAT 模型主要对氨氮、有机氮、硝态氮、亚硝态氮以及有机态、吸附态、溶解态磷等营养物质进行模拟。研究中由于仅掌握了 2006—2009 年干流常规水质站的实测氨氮数据，因此，选用 2006—2009 年东陵大桥、邢家窝棚断面氨氮指标进行率定和验证。经验证，东陵大桥断面 E_{NS}、R^2 分别为 0.58、0.69；邢家窝棚断面 E_{NS}、R^2 分别为 0.62、0.73。东陵大桥、邢家窝棚断面氨氮实测模拟值拟合情况见图 5-6。

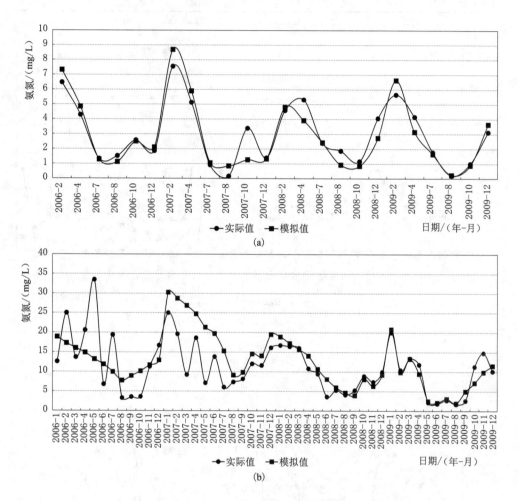

图 5-6 浑河干流主要水质断面氨氮实测模拟值拟合情况
(a) 东陵大桥；(b) 邢家窝棚

2. 太子河流域

受资料序列连续性、精度限制，研究中以 2007—2008 年干流本溪、辽阳、小林子、唐马寨站点水质监测站数据为基础对氨氮指标模拟值进行率定和验证。模拟过程中主要对氮渗透系数（NPERCO）、磷渗透系数（PPERCO）、土壤磷分配系数（PHOSKD）进行调整（表 5-24），确定模拟结果（表 5-25），分析实测值与模拟值拟合情况，见图 5-7。

表 5-24　　　　　　　　太子河水系营养物质预测重要参数率定结果

参　数	站　点			
	本溪	辽阳	小林子	唐马寨
氮渗透系数	0.9	0.9	0.9	0.9
磷渗透系数	17.5	17.5	17.5	17.5
土壤磷分配系数	190	190	190	190

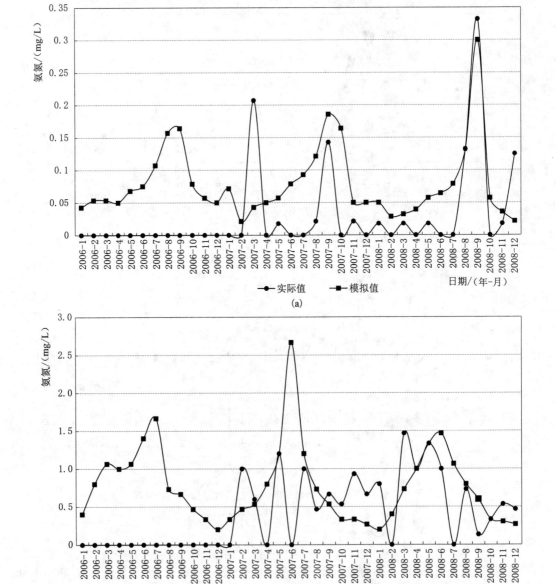

图 5-7（一）　太子河流域主要断面氨氮实测与模拟结果对比

（a）本溪站；（b）辽阳站

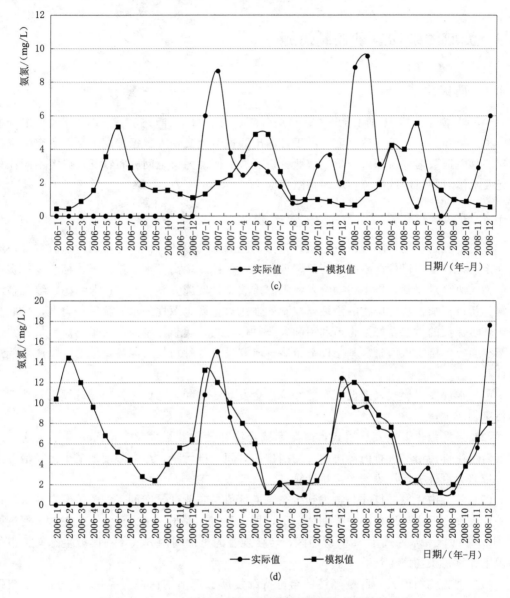

图 5-7（二） 太子河流域主要断面氨氮实测与模拟结果对比

（c）小林子站；（d）唐马寨站

表 5-25 太子河水系主要站点氨氮率定和验证结果 单位：t

站点	率 定 期			验 证 期		
	实测值	模拟值	相对误差	实测值	模拟值	相对误差
本溪	117.9	132.0	0.12	186.3	221.7	0.19
辽阳	1288.8	1507.9	0.17	1746.2	2025.6	0.16
小林子	2314.5	2661.7	0.15	2494.3	2843.5	0.14
唐马寨	5404.8	6431.7	0.19	6876.7	7564.4	0.10

5.4 　流域污染物总量控制措施

5.4.1 　研究思路

　　SWAT 模型的模拟输出结果在时间上分年、月、日 3 种形式，空间涵盖水文相应单元、子流域和整个流域 3 种尺度。由于日输出数据量大且输入数据精度不高，研究中主要对年、月模拟数据进行深入分析，依此分析流域的面源污染空间分布特征，确定不同计算单元及水体对浑河流域面源污染的贡献程度。

5.4.2 　情景构建

　　浑河流域是资源型缺水严重地区，为保证区域水资源的可持续开发利用与流域水环境的稳定改善，在实行最严格的水资源管理制度，严控新增高耗水、排污不达标企业；实行污染物入河总量控制，提出污染物入河限制排放总量实施方案；调整产业结构，综合整治入河排污口；加强对污染物的治理与控制，强化对重要水源地的水资源保护力度，采取有利于环境保护的生态友好型土地利用和农业耕作方式，逐步控制面源污染物产生量，并逐步减少面源污染物入河量。基于以上策略，研究设置 4 种情景对浑河流域污染物产生量进行计算。

　　(1) 常规发展模式，遵循现有的经济社会发展结构和生态保护格局，计算现有情境下的污染物产生量。

　　(2) 经济强化干预发展模式，遵循区域经济社会效益最大化、排污量最小化这一准则，对企业排污情况进行内部协调，均衡排污口间的排污量，最大限度地减少污染治理成本，依此为目标进行污染物产生量计算。

　　(3) 生态占优发展模式，考虑到生态服务价值与农业产量间的反相关关系，在保证辽河平原粮食产区主导地位不动摇的情况下，划定浑河、太子河、大辽河干流左右岸河流两侧 1km 缓冲区和水库周围 5km 缓冲区，转变现有的土地利用方式，在区域生态保护占优情况下计算污染物产生量。

　　(4) 理想均衡模式，区域经济社会可持续发展、经济结构得到优化，"分类、分区、分级"的水功能区水质目标得到实现，流域污染源得到最大程度地削减和控制，在经济社会生态得到最大程度改善的情况下计算污染物产生量。划定浑河、太子河、大辽河干流左右岸河流两侧 1km 缓冲区和水库周围 5km 缓冲区，转变现有的土地利用方式，在区域生态保护占优情况下计算污染物产生量。

5.4.3 　结果分析

　　从研究结果分析知，水环境污染一级区主要分布在浑河干流河道两侧，点源污染物产生主要与工业布局和废水排放量有关，面源污染风险主要与农业种植和耕地利用方式相关。水环境污染二级区主要分布在支流河道两侧。因此，研究中应对支流排污、河道周边土地利用方式、区域内部产业结构调整对应下的污染物产生情况进行着重分析。

1. 常规发展模式

（1）计算结果。依据水质模拟模型，紧扣浑河流域水污染现状，研究中结合不同性质排水中的污染物含量界定，核算污染物排放总量。总磷、总氮作为湖库富营养化控制指标，在河流污染物计算中一般不予考虑，但鉴于湖库中累积的氮、磷除一部分与湖库底质有关外，很大一部分来源于外界输入，同时当前浑河流域水体中氮、磷超标严重，依据《辽宁省环境质量公报》的统计结果，流域总氮年均浓度为 2.96～5.04mg/L，总磷年均浓度为 0.136～0.6mg/L，因此，研究中选取 COD、氨氮、总磷、总氮为浑河流域水质控制因子。浑河流域计算单元内污染物产生情况见表 5-26。

表 5-26　　　　　　　　　浑河流域常规发展情景下污染物产生情况

序号	流域名称	产水量/亿 m³	泥沙量/万 t	COD/t	氨氮/t	总磷/t	总氮/t
1	浑河	22	11	315706	23199	23253	48258
2	太子河	31	85	217595	16308	18582	35182
3	大辽河	1	15	104276	7559	5514	14771
4	合计	54	163	637577	47066	47349	98211

　　　点源污染物产生情况相对稳定，并且主要来自城镇生活、工业生产。浑河流域作为东北地区重要的老工业基地，石化、冶金、机械、电子产业发达，支柱产业在辽宁省经济产值中所占比例较大。流域城市多为二类城市，人口密集，污废水排放量大。常规发展模式下计算单元点源污染物产生情况见表 5-27。

表 5-27　　　　　　　常规发展模式下浑河流域点源污染物产生情况

编号	计 算 单 元	面积/km²	COD/t	氨氮/t	总磷/t	总氮/t
1	大伙房水库以上清原县	2322.82	1549	79	147	164
2	大伙房水库以上新宾满族自治县	2278.3	1519	77	145	161
3	大伙房水库以上抚顺县	867.06	578	29	55	61
4	大伙房水库以下铁岭县	126.75	3300	167	312	350
5	大伙房水库以下抚顺县	98.35	2561	130	242	271
6	大伙房水库以下抚顺市辖区	1567.77	40820	2071	3861	4327
7	大伙房水库以下沈阳市辖区	252.48	6958	702	816	1608
8	大伙房水库以下新民市	2140.66	58994	5948	6916	13631
9	大伙房水库以下辽中县	516.83	14243	1436	1670	3291
10	大伙房水库以下灯塔市	974.8	302	31	52	67
11	大伙房水库以下台安县	74.85	114	8	11	17
12	大伙房水库以下辽阳县	197.71	61	6	11	13
13	大伙房水库以下海城市	146.93	223	15	22	33
14	太子河新宾满族自治县	1176.27	438	20	33	29
15	太子河本溪市辖区	2231.79	12709	1290	2775	4205

续表

编号	计算单元	面积/km²	COD/t	氨氮/t	总磷/t	总氮/t
16	太子河本溪县	1276.61	7270	738	1587	2405
17	太子河辽阳市辖区	1307.61	3843	361	760	848
18	太子河辽阳县	3023.25	8886	834	1758	1961
19	太子河凤城市	265.17	44	5	10	10
20	太子河沈阳市辖区	2983.64	1708	89	170	123
21	太子河抚顺县	57.96	22	1	2	1
22	太子河鞍山市辖区	736.3	32912	2339	3621	4739
23	太子河海城市	225.05	10060	715	1107	1449
24	太子河灯塔市	618.99	1819	171	360	402
25	大辽河海城市	281.91	4735	340	324	696
26	大辽河盘山县	102.34	1719	123	118	253
27	大辽河大洼县	712.68	11969	859	819	1759
28	大辽河营口市辖区	108.54	1823	131	125	268
29	大辽河大石桥市	707.57	11883	852	813	1747
30	合计	27380.99	243062	19567	28642	44889

在对流域土地利用类型进行分析的基础上，结合区域计算单元的属性状况，采用污染物负荷估算法对流域面源污染物产生情况进行计算，见表 5-28。

表 5-28　　　　　　常规发展模式下浑河流域面源污染物产生量

编号	计算单元	面积/km²	泥沙量/(t/a)	COD/(t/a)	氨氮/(t/a)	总磷/(t/a)	总氮/(t/a)
1	大伙房水库以上清原县	2322.82	33655	12789	861	633	1651
2	大伙房水库以上新宾满族自治县	2278.3	29709	12544	845	620	1619
3	大伙房水库以上抚顺县	867.06	10678	4774	321	236	616
4	大伙房水库以下铁岭县	126.75	1500	1517	82	92	142
5	大伙房水库以下抚顺县	98.35	879	1177	64	71	110
6	大伙房水库以下抚顺市辖区	1567.77	12872	16	1	1	2
7	大伙房水库以下沈阳市辖区	252.48	1646	3	1	1	1
8	大伙房水库以下新民市	2140.66	13440	72418	5085	3380	10021
9	大伙房水库以下辽中县	516.83	1498	17484	1228	816	2419
10	大伙房水库以下灯塔市	974.8	2825	17865	1038	1015	1915
11	大伙房水库以下台安县	74.85	253	13592	933	649	1816
12	大伙房水库以下辽阳县	197.71	621	3624	211	206	388
13	大伙房水库以下海城市	146.93	426	26681	1830	1273	3564
14	太子河新宾满族自治县	1176.27	91588	21001	865	1506	1255

续表

编号	计　算　单　元	面积 /km²	泥沙量 /(t/a)	COD /(t/a)	氨氮 /(t/a)	总磷 /(t/a)	总氮 /(t/a)
15	太子河本溪市辖区	2231.79	145244	22	2	2	4
16	太子河本溪县	1276.61	86049	24430	1594	1249	2988
17	太子河辽阳市辖区	1307.61	98776	13	1	1	2
18	太子河辽阳县	3023.25	217833	30677	2502	1136	5176
19	太子河凤城市	265.17	4622	1009	72	46	139
20	太子河沈阳市辖区	2983.64	156033	30	2	1	4
21	太子河抚顺县	57.96	808	21001	865	1506	1255
22	太子河鞍山市辖区	736.3	10268	7	1	0	2
23	太子河海城市	225.05	13600	33413	3329	719	7125
24	太子河灯塔市	618.99	25177	6281	512	233	1060
25	大辽河海城市	281.91	19433	11271	821	518	1570
26	大辽河盘山县	102.34	8063	4092	298	188	570
27	大辽河大洼县	712.68	56146	28494	2075	1309	3968
28	大辽河营口市辖区	108.54	9620	1	0	0	1
29	大辽河大石桥市	707.57	56739	28289	2060	1300	3939
30	合计	27380.99	1110001	394515	27499	18707	53322

　　当前，我国由面源污染造成的水环境污染问题日益严峻。通过比较，浑河流域面源污染主要表现为农田污染型，主要污染指标为总氮和总磷，各项指标比较为：农田径流＞畜禽养殖＞城市径流＞水土流失＞农村生活。对于 COD 指标，畜禽养殖是最主要的污染源，其次为城市径流，最后为农村生活。流域污染物排放各项情况见表 5－29，分区域情况见表 5－30。

表 5－29　　　　　　　　　　　　　浑河流域污染类型核算

面源污染类型	总　　氮		总　　磷		氨　　氮		COD	
	污染负荷 /(t/km²)	排放量 /t	污染负荷 /(t/km²)	排放量 /t	污染负荷 /(t/km²)	排放量 /t	污染负荷 /(t/km²)	排放量 /t
农田径流	1.05	53085	0.07	18544	0.19	27192		
畜禽养殖	0.003	164	0.0003	89	0.001	107	1.33	389257
城市径流	0.0005	26	0.00004	11	0.0007	151	0.01	3456
农村生活	0.0004	21	0.00003	8	0.0003	45	0.006	1802
水土流失	0.008	26	0.003	55				

注　1. 鉴于农村道路上的主要污染物为分散畜禽污染物、生活杂物，且径流形成条件较为复杂，因此，研究中暂不考虑农村径流的影响。

　　2. 水土流失是造成泥沙输移、水体氮磷超标的重要因素，对 COD、氨氮影响程度较小。

表 5 - 30　　　　　　　　　　浑河流域常规发展模式下污染物分区域产生情况

编号	计 算 单 元	面积/km²	COD/t	氨氮/t	总磷/t	总氮/t
1	大伙房水库以上清原县	2322.82	14338	940	780	1815
2	大伙房水库以上新宾满族自治县	2278.3	14063	922	765	1780
3	大伙房水库以上抚顺县	867.06	5352	350	291	677
4	大伙房水库以下铁岭县	126.75	4817	249	404	492
5	大伙房水库以下抚顺县	98.35	3738	194	313	381
6	大伙房水库以下抚顺市辖区	1567.77	40836	2072	3862	4329
7	大伙房水库以下沈阳市辖区	252.48	6961	703	817	1609
8	大伙房水库以下新民市	2140.66	131412	11033	10296	23652
9	大伙房水库以下辽中县	516.83	31727	2664	2486	5710
10	大伙房水库以下灯塔市	974.8	18167	1069	1067	1982
11	大伙房水库以下台安县	74.85	13706	941	660	1833
12	大伙房水库以下辽阳县	197.71	3685	217	217	401
13	大伙房水库以下海城市	146.93	26904	1845	1295	3597
14	太子河新宾满族自治县	1176.27	21439	885	1539	1284
15	太子河本溪市辖区	2231.79	12731	1292	2777	4209
16	太子河本溪县	1276.61	31700	2332	2836	5393
17	太子河辽阳市辖区	1307.61	3856	362	761	850
18	太子河辽阳县	3023.25	39563	3336	2894	7137
19	太子河凤城市	265.17	1053	77	56	149
20	太子河沈阳市辖区	2983.64	1738	91	171	127
21	太子河抚顺县	57.96	21023	866	1508	1256
22	太子河鞍山市辖区	736.3	32919	2340	3621	4741
23	太子河海城市	225.05	43473	4044	1826	8574
24	太子河灯塔市	618.99	8100	683	593	1462
25	大辽河海城市	281.91	16006	1161	842	2266
26	大辽河盘山县	102.34	5811	421	306	823
27	大辽河大洼县	712.68	40463	2934	2128	5727
28	大辽河营口市辖区	108.54	1824	131	125	269
29	大辽河大石桥市	707.57	40172	2912	2113	5686
30	合计	27380.99	637578	47066	47348	98211

（2）面源污染空间分析。

1）产沙量。根据 SWAT 模型模拟结果计算得到各流域年均泥沙产生量：浑河流域为 11 万 t，太子河流域为 85 万 t，大辽河流域为 15 万 t。研究区年平均土壤侵蚀模数为 40t/km²，大辽河流域土壤侵蚀最严重，其次是太子河流域，浑河流域土壤侵蚀模数较小。泥沙流失的空间分布与降水量有一定的空间相关性。由于大辽河流域营口市辖区、大石桥市等子流域（如SUB-167）处于大辽河下游，地势变缓，上游水流携带的泥沙便蓄积于此，形成较高的土壤侵蚀模数，对浑河流域入海泥沙量的贡献率最大，符合模型模拟的输出结果。

2）总磷。根据SWAT模型模拟结果计算得到各流域年均总磷产生量：浑河流域为8993t、太子河流域为6399t、大辽河流域为3315t。浑河流域年均总磷输出强度为6.832kg/hm²。总磷负荷的空间分布受地形、降水、土地利用类型等因素影响，并与泥沙流失具有一定的相关性。大辽河流域的总磷坡面输出强度大于浑河流域，而太子河流域的总磷输出强度最小。耕地大量施用化肥与农药，而农药中有机磷杀虫剂约占农药总量的40%，因此，耕地的总磷含量较高，相应地耕地面积所占比例较大的大辽河海城市、大辽河盘山县、大辽河大洼县、大伙房水库以下海城市、大伙房水库以下台安县的总磷输出强度较大，而建设用地所占面积较大的大伙房水库以下抚顺市辖区、太子河本溪市辖区、太子河辽阳市辖区、太子河沈阳市辖区子流域的总磷输出强度较小。从土地利用类型分析，耕地面积所占比例较大的子流域SUB-169的总磷输出强度最大，而林地覆盖面积较大的子流域SUB-99的总磷输出强度最小。

3）总氮。根据SWAT模型模拟结果计算得到各流域年均总氮产生量：浑河水系为24264t、太子河水系为19010t、大辽河水系为10048t。浑河流域年均总氮输出强度为19.474kg/hm²。总氮负荷的空间分布影响与总磷空间分布影响一致。大辽河水系的总氮坡面输出强度大于浑河流域，而太子河水系的总氮输出强度最小。研究区耕地中大量施用化肥，化肥中硝酸盐氮及有机氮含量较高，因此，流域耕地的氮产出量较高。耕地所占比例较大的浑河中下游、太子河下游、大辽河上游子流域总氮输出强度较大，如子流域SUB-89的总氮输出强度最大；而灌木林及疏林地等有机氮含量较低，故灌木林及疏林地覆盖度较高的太子河、浑河上游山区的总氮输出强度较小，如子流域SUB-177；城市建设面积较大的大伙房水库以下抚顺市辖区、大伙房水库以下沈阳市辖区、太子河本溪市辖区、太子河辽阳市辖区、太子河沈阳市辖区总氮输出强度最小。

依据上述分析，浑河流域总磷和总氮负荷与产沙量密切相关，处于流域上游的清原县、宜宾县、本溪县虽然产水量和产沙量较大，但污染负荷并不大。从单位面积上看，总氮和总磷负荷强度，最大值分别为316.596kg/hm²、259.834kg/hm²，总氮负荷强度高的区域主要是分布在大伙房水库以下台安县、大伙房水库以下海城市、太子河抚顺县、太子河海城市；总磷负荷强度高的区域主要是分布在大伙房水库以下台安县、大伙房水库以下海城市、太子河抚顺县，大伙房水库、汤河水库、葠窝水库、汤河水库附近总磷负荷强度不高，在0.006～9.784kg/hm²之间。结合地形和土壤类型分布，地形坡度较大的流域上游，土壤类型多为棕壤和盐渍水稻土，土壤可侵蚀性较强；下游鞍山、海城、营口、盘锦市地区地势平坦，高程差不大，土壤类型多为草甸土、棕壤，土壤侵蚀量小，泥沙流失量小，污染物负荷较少。总氮、总磷污染负荷重的区域是中下游的新民县、沈阳市辖区、辽中县、灯塔市、辽阳县和鞍山市辖区、海城市、大石桥市的部分区域，由太子河流域土地类型分布可知，平原区的旱田和水田主要分布在这些区域，是污染负荷的关键源区。总氮和总磷负荷强度空间差异较大，通过面积加权计算，平均负荷强度为29kg/hm²和10kg/hm²。结合流域地形地势、土壤类型和土地利用情况，流域上游地区植被覆盖密度高、耕地偏少，污染负荷偏低；下游地区农田较多，农业化肥施用量多，水土流失较为严重，污染严重。

2. 强化干预发展模式

在流域实施强化干预发展模式情境下，区域经济发展对应的产业结构按照发展规划和水功能区限排要求进行调整，实施分质供水，减少产业发展需水量和污废水排放量。该发展模式下点源污染物排放量相对于常规发展情形有所减少或优化，但面源污染物排放量受影响程度较小。

（1）排污企业布局变迁及耗水产业调整。

1）高耗水企业外迁，淘汰陈旧的耗水生产工艺。结合浑河流域的水资源承载能力及供水潜力，适度发展与区域资源布局结构相适应的节水型产业。在保证社会经济 GDP 总量递增的前提下，充分挖掘企业节水潜力，淘汰落后的高耗水、高排水生产工艺，外迁甚至关闭"三高一低"产业。在对企业进行水平衡测试的基础上，对超用水定额企业由政府部门出资帮其引进先进节水器具及生产工艺，但企业在生产效益好转后须按照增产增效的比例向政府交纳一定的抚恤金，作为政府进行后续帮扶工作的流动资金，在节水增效的同时实现区域内部的经济效益最大化。借助国际相关经验，政府部门在优化用水的前提下，可以适度引进虚拟水（贸易水）的思想，利用世界贸易自由化，将流域不能生产的耗水产品与丰水地区进行交换，保证流域水资源的可持续利用。

2）流域产业部门集群化，淘汰小作坊式生产。企业集群化是当前提高流域经济综合实力，发展高效低耗、循环经济的必然途径。流域周边的小作坊式生产部门既是"三高一低"模式的代表，又是生产事故频发地，严重阻碍了流域经济整体实力的提高。对浑河流域周边各市的食品加工、印染、造纸、酿造、化工企业，通过对其进行关转并停，实现高效、节能、低排企业的集约化，形成集团效应，既有利于高质量产品的生产，又有助于企业生产过程中污水及污染物的集中处理与排放，减少治理环境的外部投入。

3）引入市场机制，促进用、排、耗水比例优化。自由化的市场机制是促进有效节水、高效用水、最少排水的有效制约机制。市场交换的自由性促使节水产品及生产工艺在竞争中更占有优势，同时在使用效能方面，由于高科技的投入，节水的时效更长、节水量更大，利于规划水平年缺水程度的减小；依据价格变动与商品销售量反比例变化的原理，利用水价的经济杠杆作用，积极探讨现行的水价政策和水资源费征收标准及收缴政策，制定统一的水价政策，逐步实行分质供水和优质优价及两部制水价政策，实现流域水资源的统一配置、调度、管理，促进水资源的高效利用，减少用水量与排水量（因为当前的水价包含市政污水处理费）；适度借鉴排污量的市场化交易，在流域水功能区纳污量不变的情况下，充分利用有限的排污权交易，有利于实现入河排污量的减小，为区域水环境的改善奠定污染物削减基础；借鉴市场一对一交易方式（自由交易），实施生态补偿机制，实现保护与破坏生态的外部行为内部化，使生态需水能够在天然状态下实现供需平衡，减少人为的生态补水造成的生态耗水的损失。

4）发展高效节水农业，减少农业水资源的过多支出。农业用水一般占当地用水总量的 70% 左右，同时浑河流域农业用水一般以大水漫灌为主，高效机械化的节水器具推广力度较小，农业用水浪费现象较严重。在对流域用水总量进行控制的基础上，在农业用水保证率（一般为 75%）下合理地分配其用水总量，但要对各取水口的过水量实行监控，在用水定额范围内分配单位面积的用水总量。政府出资引进节水的器具，并通过举办培训班、讲座等形式告知农民节水器具使用过程中应注意的问题，从农业用水源头上实现节水，也在一定程度上减少了因农业退水造成的地表水体的面源污染。

（2）供需平衡分析。研究中采用 1956—2000 年水文长系列进行分用水户供需平衡计算。计算过程中充分考虑社会经济发展水平、用水水平和节水水平等情况，本着节省水资源、遏制地下水超采、加大非常规水资源开发利用力度的原则，采用优化配置理论对经济社会部门用水、耗水、排水过程进行控制，实现污染物最优排放需求。

浑河流域现状缺水比较严重，特别是浑河人口规模大，经济比较发达，水资源开发利用程度高，经济部门间用水竞争激烈。在充分研究流域水量、水质、水生态、水环境特性的基础上，通过保持经济社会与生态环境合适的用水比例，合理调配有限的水资源量，实现经济社会部门间用水的效益最大化。基准年水资源供需平衡结果见表 5-31。

表 5-31　　　　　　　　　　　基准年水资源供需平衡　　　　　　　　　　单位：$10^8 m^3$

供水方式	水资源分区	需水量	供水量						缺水量
			合计	地表水	浅层地下水	承压水	污水回用	外调水	
非分质供水	大伙房水库以上	2.09	1.73	1.33	0.40	0	0	0	0.36
	大伙房水库以下	30.07	24.15	9.17	14.84	0	0.14	0	5.92
	太子河	22.58	20.98	14.37	6.50	0	0.11	0	1.59
	大辽河	12.26	10.99	9.44	1.54	0	0.01	0	1.27
	合计	67.00	57.86	34.32	23.28	0	0.26	0	9.14
分质供水	大伙房水库以上	2.09	1.73	1.33	0.40	0	0	0	0.36
	大伙房水库以下	30.07	24.08	9.20	14.74	0	0.14	0	5.99
	太子河	22.58	19.84	10.41	9.28	0	0.15	0	2.74
	大辽河	12.26	5.87	3.23	2.59	0	0.05	0	6.39
	合计	67.00	51.53	24.18	27.01	0	0.34	0	15.48

（3）污染物产生量。分析基准年不同地区污染物产生水平以及污染物产生特点，对截污减排具有重要意义。基准年不同地区点源和面源污染物产生量见表 5-32。

表 5-32　　　　　　　　浑河流域污染物产生量（基于分质供水）　　　　　　　单位：t

编号	计 算 单 元	COD	氨氮	总磷	总氮
1	大伙房水库以上清原县	1104.6	75	42.4	85
2	大伙房水库以上新宾满族自治县	1083.2	71	41.8	83.4
3	大伙房水库以上抚顺县	412.2	26	15.9	31.6
4	大伙房水库以下铁岭县	2950	85.8	87.5	99.3
5	大伙房水库以下抚顺县	1890	66.8	67.8	76.9
6	大伙房水库以下抚顺市辖区	37500	1063.7	1082.3	1228
7	大伙房水库以下沈阳市辖区	6150	360.5	228.7	456.4

续表

编号	计 算 单 元	COD	氨氮	总磷	总氮
8	大伙房水库以下新民市	46854.6	3054.9	1938.6	3868.5
9	大伙房水库以下辽中县	13555.1	737.5	468.1	934
10	大伙房水库以下灯塔市	275	15.9	14.6	19
11	大伙房水库以下台安县	93	4.1	3.1	4.8
12	大伙房水库以下辽阳县	50	3.1	3.1	3.7
13	大伙房水库以下海城市	203	7.7	6.2	9.4
14	太子河新宾满族自治县	415	16	4.4	15.5
15	太子河本溪市辖区	2475.1	980	285.9	1304.1
16	太子河本溪县	1415.8	690	163.6	745.8
17	太子河辽阳市辖区	1450.1	310	80	357.2
18	太子河辽阳县	3352.8	765	184.8	826.2
19	太子河凤城市	35	4	1.1	4.7
20	太子河沈阳市辖区	1432	57	19.7	79.9
21	太子河抚顺县	18	1	0.2	0.9
22	太子河鞍山市辖区	816.6	1943	518.4	1701.7
23	太子河海城市	249.6	645	158.5	520.2
24	太子河灯塔市	686.5	126	37.9	169.2
25	大辽河海城市	4230	177	58.9	206.3
26	大辽河盘山县	1268	64	21.5	75
27	大辽河大洼县	10156	447.2	149	521.4
28	大辽河营口市辖区	1534	68.2	22.7	79.4
29	大辽河大石桥市	9830	443.6	147.9	517.8
30	合计	151485.2	12309	5854.6	14025.3

从污染物产生地区分布看，污染物主要来源于太子河和大伙房水库以下地区。这两个地区地处大辽河上游，排污口一般都在取水口下游，通过河流的传输将污染物输送到大辽河，导致下游大辽河水质变差，水质型缺水较为严重。浑河流域存在上游污染物明显向下游转移的现象。

从污染物产生的种类看，浑河流域主要以点源污染物为主。一般情况下，经济越发达，点源污染物产生量越大，所占比例也越高。在浑河流域，大伙房水库以下经济发展高于大辽河地区。从表5-32分析可知，大伙房水库以下代表点源污染物的COD和氨氮比例明显高于大辽河地区，而代表面源污染物的总磷和总氮，产生量相对较少，仅占污染物产生总量的11%。由此，经济越发达，点源污染物所占比例越高。

3. 生态占优发展模式

在此发展模式下，流域的耕地面积不增加，适度减少耕地面积还林、还草、还湿，减少农业生产面源污染，确保流域水功能区水质保护目标的实现。划定浑河、太子河、大辽河干流左右岸河流两侧 1km 缓冲区和水库周围 5km 缓冲区，涉及流域耕地面积 1475km²，约占流域耕地总面积的 13.7%。借助农业种植结构调整，转变现有的土地利用方式，在区域生态保护占优情况下计算污染物产生量。

（1）参数量化。鉴于以往模型参数确定的随机性及监控数据的不可获取性，借助 Suzuki 等提出的碳平衡理念，依据水资源分区套地市的原则划分计算单元，按照不同土地利用类型氮磷流失系数的差异，结合土壤、作物、残留物在空间上的变化特性，计算浑河流域不同水资源分区的氮磷损失量。基于农业面源污染动态评估模型具有分布参数、物理基础、持续模拟的特性，研究过程中借助 RS 与地理信息系统等数字化技术，对农业氮、磷污染物的迁移转化过程的参数进行深入分析和量化。

前人的研究发现，氮肥的径流损失与不同性质土壤的施氮量多少有关。当砂壤土的施氮量为 160kg/hm² 时，径流损失量为 135.7kg/hm²。依据《辽宁省农业统计年鉴 2010》，浑河流域氮肥年施用量为 195kg/hm²（当施氮量大于 150kg/hm² 时，土壤中发生氮素淋失的可能性增大），计算得到氮肥的年损失量为 95kg/hm²，两者比例大致相当。农田暴雨径流氮养分的流失量与累积径流量成正相关。浑河流域农业生产施肥中因肥料结构和使用方法不当，氮素的年整体损失量为 95kg/hm²，符合全国旱区农田氮肥流失比例 20%～50% 的范围。

鉴于农田磷素损失计算的复杂性及不确定性，依据流域土壤的性质及农业生产中施磷量情况，考虑到流域不同计算单元降雨量、农田管理方式、研究尺度的差异性，结合统计年鉴及调研数据，计算浑河流域农业生产过程中总磷损失量。第一次全国污染源普查资料显示，农业污染已成为影响中国水源安全的首要因素。肥料中的氮、磷在农业生产中充分发挥其最大功效的同时，其负面功效也不可忽视。由于地表作物的生长对耕地造成严重侵蚀，在径流中总磷中的 90% 是颗粒形态磷。浑河流域上游土壤层较薄，研究表明，自地面以下 20cm 向上直至表层，总磷含量总体呈下降趋势。浑河流域由于土壤中矿物质含量相对较低，农业生产中磷肥施用量较高，造成较高的地表径流损失率，单位面积损失量为 9kg/hm²。沉积物中有机质含量和黏土含量与粒度将直接影响到作物对 Ca - P、Al - P、Fe - P 溶解态磷的吸附能力。浑河流域土壤从表层到 20cm 深度，沉积物中黏粒含量逐渐减少，砂粒的含量增加，粒度变大，总磷残留量增加。因此，在降雨径流作用下，形成了较高的磷损失量。

（2）污染物产生量。结合参数量化计算结果，在进行土地种植结构调整后，耕地的氮、磷损失量得到有效减少，总氮、总磷单位面积年减少量为 9.5t/hm²、0.9t/hm²。针对面源污染 COD、氨氮来源进行分析，单位面积土地退耕后 COD、氨氮污染物减少量为 14kg/hm²、5kg/hm²。流域点源污染物产生情况几乎没有发生变动。浑河流域基于生态占优模式的面源污染物产生情况见表 5 - 33。

经过比较，在生态占优发展模式面源污染物产生量相对常规发展模式下减少 9%，COD、氨氮、总磷、总氮分别减少 5.12%、31.67%、10.40%、25.95%。在此发展模式下，从单位面积上看，总氮和总磷负荷强度，最大值分别为 275.27kg/hm²、257.07kg/hm²，相对于常规发展情形下负荷强度分别减少 13.1%、1.1%。

表 5 - 33　　　　　浑河流域基于生态占优模式的面源污染物产生情况

编号	计 算 单 元	面积/km²	COD/t	氨氮/t	总磷/t	总氮/t
1	大伙房水库以上清原县	2322.82	11789	361	533	901
2	大伙房水库以上新宾满族自治县	2278.3	11644	395	530	944
3	大伙房水库以上抚顺县	867.06	4474	171	206	391
4	大伙房水库以下铁岭县	126.75	817	50	22	125
5	大伙房水库以下抚顺县	98.35	377	60	65	99
6	大伙房水库以下抚顺市辖区	1567.77	15	1	1	2
7	大伙房水库以下沈阳市辖区	252.48	3	1	1	1
8	大伙房水库以下新民市	2140.66	70518	4135	3190	8596
9	大伙房水库以下辽中县	516.83	16584	778	726	1744
10	大伙房水库以下灯塔市	974.8	16365	288	865	790
11	大伙房水库以下台安县	74.85	13412	843	631	1681
12	大伙房水库以下辽阳县	197.71	3384	91	182	208
13	大伙房水库以下海城市	146.93	25981	1480	1203	3039
14	太子河新宾满族自治县	1176.27	20241	485	1430	685
15	太子河本溪市辖区	2231.79	18	2	2	3
16	太子河本溪县	1276.61	22630	694	1069	1638
17	太子河辽阳市辖区	1307.61	12	1	1	2
18	太子河辽阳县	3023.25	28277	1302	896	3376
19	太子河凤城市	265.17	709	67	16	130
20	太子河沈阳市辖区	2983.64	28	2	1	3
21	太子河抚顺县	57.96	20841	785	1490	1135
22	太子河鞍山市辖区	736.3	7	1	0	2
23	太子河海城市	225.05	32173	2709	595	6195
24	太子河灯塔市	618.99	5181	495	123	235
25	大辽河海城市	281.91	10511	441	442	1000
26	大辽河盘山县	102.34	3892	198	168	420
27	大辽河大洼县	712.68	27294	1475	1189	3068
28	大辽河营口市辖区	108.54	1	0	0	1
29	大辽河大石桥市	707.57	27129	1480	1184	3069
30	合计	27380.99	374307	18791	16761	39483

　　分析可知，总氮负荷强度高的区域主要是分布在大伙房水库以下台安县、大伙房水库以下海城市、太子河海城市；总磷负荷强度高的区域主要是分布在太子河抚顺县，大伙房水库、汤河水库、葠窝水库、汤河水库附近总磷负荷强度不高，在 2.38～8.37kg/hm²。

4. 理想均衡模式

在此发展模式下，流域的经济社会结构得到调整，流域耕地种植面积得到优化，点源、面源污染物产生量得到削减（表5-34），在此情景下，COD、氨氮、总磷、总氮污染物产生量分别为525794t、31102t、22618t、53508t，比常规发展模式下污染物产生量分别减少111785t、15966t、24733t、44703t。

表 5-34　　　　　　　　　　浑河流域理想均衡模式下污染物产生情况

编号	计 算 单 元	面积/km²	COD/t	氨氮/t	总磷/t	总氮/t
1	大伙房水库以上清原县	2322.82	12894	436	575	986
2	大伙房水库以上新宾满族自治县	2278.3	12727	466	572	1027
3	大伙房水库以上抚顺县	867.06	4886	197	222	423
4	大伙房水库以下铁岭县	126.75	3767	136	110	224
5	大伙房水库以下抚顺县	98.35	2267	127	133	176
6	大伙房水库以下抚顺市辖区	1567.77	37515	1065	1083	1230
7	大伙房水库以下沈阳市辖区	252.48	6153	362	230	457
8	大伙房水库以下新民市	2140.66	117373	7190	5129	12465
9	大伙房水库以下辽中县	516.83	30139	1516	1194	2678
10	大伙房水库以下灯塔市	974.8	16640	304	880	809
11	大伙房水库以下台安县	74.85	13505	847	634	1686
12	大伙房水库以下辽阳县	197.71	3434	94	185	212
13	大伙房水库以下海城市	146.93	26184	1488	1209	3048
14	太子河新宾满族自治县	1176.27	20656	501	1434	701
15	太子河本溪市辖区	2231.79	2493	982	288	1307
16	太子河本溪县	1276.61	24046	1384	1233	2384
17	太子河辽阳市辖区	1307.61	1462	311	81	359
18	太子河辽阳县	3023.25	31630	2067	1081	4202
19	太子河凤城市	265.17	744	71	17	135
20	太子河沈阳市辖区	2983.64	1460	59	21	83
21	太子河抚顺县	57.96	20859	786	1490	1136
22	太子河鞍山市辖区	736.3	824	1944	518	1704
23	太子河海城市	225.05	32423	3354	754	6715
24	太子河灯塔市	618.99	5868	621	161	404
25	大辽河海城市	281.91	14741	618	501	1206
26	大辽河盘山县	102.34	5160	262	190	495
27	大辽河大洼县	712.68	37450	1922	1338	3589
28	大辽河营口市辖区	108.54	1535	68	23	80
29	大辽河大石桥市	707.57	36959	1924	1332	3587
	合　　计	27380.99	525794	31102	22618	53508

从流域分区和污染物构成情况看，浑河流域点源、面源污染物产生量比例为 38：62，其中 COD、氨氮、总磷、总氮的产生比例为 39：61、39：61、33：67、27：73。太子河流域点源、面源污染物产生量比例为 14：86，其中 COD、氨氮、总磷、总氮的产生比例为 9：91、46：54、21：79、30：70。大辽河流域点源、面源污染物产生量比例为 27：73，其中 COD、氨氮、总磷、总氮的产生比例为 28：72、25：75、12：88、16：84。浑河流域污染物构成情况见表 5-35。

表 5-35　　　　　　　　　　　　　浑河流域污染物构成情况

编号	分区	面积/km²	点　源　污　染/t				面　源　污　染/t			
			COD	氨氮	总磷	总氮	COD	氨氮	总磷	总氮
1	大伙房水库以上	5468.18	2600	172	100	200	27907	927	1269	2236
2	大伙房水库以下	6097.13	109521	5400	3900	6700	147456	7727	6886	16285
3	太子河	13902.64	12347	5537	1455	5725	130117	6543	5623	13404
4	大辽河	1913.04	27018	1200	400	1400	68827	3594	2983	7558
	合计	27380.99	151486	12309	5855	14025	374307	18791	16761	39483

5.5　流域污染物调控策略

在理想均衡模式下，COD、氨氮年产生量为 525794t、31102t，而典型年设计流量对应的水环境容量最大，分别为 175758t、22746t，因此，研究区污染物排放量在岸上排污口层面超标。为实现排污口污染物排污总量不超标、水体水质达标的目标，在保证流域经济社会可持续发展的前提下，充分挖掘区域减排潜力，从农业价值转换、区域内部贸易交换层面考虑，提出污染物调控策略。

5.5.1　基于农业价值的土地调整策略

农业生态系统服务价值与其他产品生产密切相关。生态系统作为生产输入会提供服务价值，而其通常被看作购置性投入的替代品，利于成本降低。农业生态系统保护与粮食产量增加存在动态均衡，两者具有"下跌"关系。农业生产者为实现土地利用层面的利润最大化，对生态系统服务的更大依赖将导致农田产量削减。通过构建农业生态系统生产函数模型，合理确定替代条件和产出结果，量化研究种植土地保留数量与提供生态系统服务土地数量的分配比例。借助用于生产的土地产量弹性计算，浑河流域每增加 1% 的生态系统服务用地，对应农作物产量将缩减 1.06%。借助作物种植类型与农业面源污染物产生量间的对应关系，单位面积（hm²）土壤总氮、总磷损失量减少 95kg、9kg。

1. 农业生态保护均衡

流域作为典型的社会—经济—自然复合生态系统，是一种从整体上解决人类干扰自然水循环过程所导致的一系列生态问题的理想管理单元。流域农业生态价值将农业生态系统产品与服务价值经济核算进行衔接，是从农业生产根源上对区域生产投入、土地成本、产品附属价值进行的货币化表现。客观、正确、全面认识农业的多功能性，需关注农业的生态价值。当前对农业生产全球公益性质的补偿相对缺乏，因此，当区域公众选择的土地利用方式对流域发展（社会经济层面）有利，并从全球视角看也不失为最佳利用方式时，地方决策者们可能会过度开发流域农业生态价值，由此造成农业生态系统保护力度与开发规模的不匹配。流域层面保护农业生态的益处本身具有纯公益性质，如支持授粉昆虫、保护沿海地带、农田渠道管理等从不同角度验证了农业生态价值的公益多元化。

当前，多数公众对农业生态系统服务价值持肯定态度。从土地产出多元化上分析，公众为实现农业生态价值的优化配置，在综合权衡有限土地生产价值和生态系统收益价值大小的基础上，合理确定农业生产保留地的数量。流域农业生态系统的维持需要较少的投入，如一位土地经营者保护的授粉昆虫也可能为其邻居的果树服务，因而开放的农业生态系统因第一个土地经营者没有限制授粉昆虫而运转。因此，花费低廉的成本即可实现生态保护的观点对生态保护倡导者具有很强的吸引力。任何事情都具有双面性。如果生态系统服务是购置性投入的替代品，并且如果当地人过分重视保护或者恢复生物栖息地以便为自己提供利润最大化的生态服务水平，在此前提下更多的土地因提供生态系统服务而受到保护或者被生态复原，由此导致粮食产量缩减，土地产出作物价格上扬，进而吸引更多人投入到粮食生产行业，农业生态系统稳定局面被打破。因此，如果生态系统服务和购置性投入是替代物，粮食产出效应则具有负面价值。农业生态保护的倡导者应该做到何种程度才能使当地人受益于增加了的生态系统服务价值，"生态保护"如何界定，流域层面上应保护数量有限的小规模自然差异土地，还是保护本地特色差异近乎消失而农业产量得到强化的大规模人为开采农田？深刻辨析农业土地生态价值内涵，量化研究农业产量减少与土地生态价值增加量间的对应关系，是合理制定流域农业土地保护政策及区域可持续发展的重要依据，也是促进区域生态、经济社会协调一体化发展的关键。

2. 农业生态保护均衡

农业生态系统保护与粮食产量增加存在动态均衡，且这种均衡似乎有些违反直觉。生态系统服务能帮助生产者增强在其他投入上的生产力，或者能使其减少购买其他投入的资本。因此，对农业生态系统服务的更大依赖虽对生产者有所帮助，但土地生产产量会减少。如果因替代相对较低的投入资本而节约的成本超出购置性资本投入，则在农业生产产量下降的情况下，其利润也可能上升。土地生产者因其自身受益而优化其土地利用强度，如砍伐小部分森林来种植庄稼或将其作为对农业生产有益昆虫的栖息地，用于洪水蓄积或者其他服务目的，土地利用强度不会增加，但农业产量有所提升。如果通过本地昆虫授粉提供的生态系统服务替代租用蜜蜂的购置性资本投入，而林果种植面积稍多的土地生产者则无须购买多余的蜜蜂，节省了购买蜜蜂的费用。但如果保留多余的森林面积，即使土地生产者的收入不会下降，土地上的粮食产量势必下降。

农业生产的粮食产量下降意味着食品产量降低，预示着食品价格提高，对生态保护产生两种影响：①依赖农业种植谋生的人有利可图，造成其他地方的土地利用更加集约化；②保留土地提供生态系统服务和购买物资来替代此类服务之间平衡点发生变动。农业生态系统保护与否取决于土地生产投入和产出的相对价格，如果土地生产者依赖生态系统服务，农产品供应收缩和价格上涨过程会促使其他农场主由依赖转为开发，农业生态价值货币化趋势明显。因此，生态系统服务的价值除能给土地生产者提供物质刺激外，还会影响生态保护政策的执行力。如果农业生态系统服务和购置性投入具有替代性，对前者依赖过大会导致减产。因此，农业生态价值的量度应综合考虑土地生产者保留土地给其他人带来的激励作用的影响。本书借助静态比较模型（模型简单且没有限制性）分析土地生产者对土地保留的私人最佳选择对粮食产量的影响。

3. 农业生态系统服务

流域生态系统服务通常与农业生产有关，已有的研究主要集中在使用生态系统服务替代购置性投入这一情形。在 Gretchen Daily 编写的《自然的服务》一书中，农业生态系统服务功能主要包括土壤和土壤肥力的产生以及更新、庄稼和天然植物的授粉、农业害虫的控制、种子的播撒和营养物质的转移。此外，防洪、气温和风力的调节也使农场受益。弗吉尼亚州奥古斯塔 Polyface 农场直接用于农业生产的土地不到 20%，但受到保护的土地调节了气温和风力，从而保护了植物和动物，提高了土壤的再生能力，为消灭农业害虫的小型食肉动物提供栖息之处，此外还可调节水流，利于水分保持。Polyface 农场不购买任何化学杀虫剂、工厂加工生产的肥料或来自其他渠道的饲料，而奥古斯塔的其余农场主却把自己总生产费用的几乎一半用于购买上述物资。Polyface 农场 80% 的土地是森林，因此，农场主利用生态系统服务功能替代农业生产过程中需购买的物资。

流域农业生态系统具有防洪和水质净化的功能。土地经营者通过结合购置性投入与陆地景观的自然特点"生产"出绿地和阡陌。在农田生产中采用"绿色基础设施"具有很高的成本效益。农场建设中多栽种或保留树木，并多保留雨水浇灌的绿地、湿地以及其他"天然"陆地景观，而并非使用管道、渠道、泵闸装置以及其他"灰色基础设施"。除防洪外，"绿色基础设施"还可以降低供水和农田退水费用。

农业生态系统服务价值通常被看作购置性投入的替代品，而非补充品。后续推论将就这一现象进行具体阐述。

4. 农业生态系统价值

界定农业生态系统生产函数，函数将农业生产投入与产出数量结合起来。参考 Simpson 的研究成果，土地产量与投入、生态系统服务数量、土地面积间的关系简写为

$$q = f(x, S, A) \tag{5-12}$$

式中：q 为产量；x 为购置性投入的数量；S 为提供的生态系统服务的数量；A 为直接参与生产过程的土地面积。

生态系统生产函数的标志特点是产量部分取决于未开发的生态系统提供的服务。保持未开发自然生态系统的功能应放弃对土地替代性功能价值的开发。例如，在农业生产方面，一些土地可能要被用于种植树篱、防风林或用作授粉昆虫及野生动物的栖息地，或者用作天然覆盖物和湿地（补充地下水并减轻洪灾损失），所以不能作为生产用地。为此，让土地休耕一段时间，在此期间土壤肥力得以恢复，即为对施肥的替代，且休耕土地的数量即为实行"保护"措施的土地数量。种植园轮流造林的举措可理解为集约化利用土地的一种措施，目的在于提供更多的生态系统服务。

土地利用的集约程度可以用植被保持区域和不透水表面之间的比例来测量。直接利用土地进行生产活动和保留一些区域提供生态系统服务间存在不可避免的交换。借鉴 Simpson 的相关研究，土地的生产能力 S 简单表达为

$$S = \varphi \cdot (\overline{A} - A) \tag{5-13}$$

式中：$\overline{A}$ 为土地使用决策者所持有的地块面积；A 为直接用于生产的土地面积；φ 为参数，用来测量为提供生态系统服务而保留的土地的生产力。

土地产生的生态系统服务价值量随着用于耕种土地 A 数量的增加而减少。式（5-12）和式（5-13）不一定意味着生态系统提供的任何实物计量与保留的土地数量以线性方式发生变化，如可假设自然生态系统过滤营养物质的能力是一个递减指数函数，或在一个大小为 $\overline{A} - A$ 的区域中物种多样性可通过幂函数来描述。

假定 r 代表投入的价格，并将产量价格正规化到 1。土地生产者的利润 η 为

$$\eta = f(x, S, A) - r \cdot x \tag{5-14}$$

在购置性投入的情况下，为实现利润最大化，存在

$$f_x \leqslant r \tag{5-15}$$

为提高土地的集约利用程度，应

$$f_A - \varphi \cdot f_S \geqslant 0 \tag{5-16}$$

式中，下标字母表示偏导数，如 $f_x = \partial f / \partial x$。在一阶条件下，式（5-15）和式（5-16）可能是不等式。对于以生态服务价值开发为目的的土地，不采用购置性投入可能是最佳选择，而在农业生产过程中，最大化地集约利用土地可能是最佳选择。研究将针对式（5-15）和式（5-16）是不等式的情形进行讨论。

（1）替代条件分析。多数农业生态系统服务文献资料假定生态系统服务是购置性投入的替代品：生产者可通过较低的土地集约利用程度以及更多地依赖"天然"的投入而节省资本投入。替代品的概念通常为：当购置性投入的价格上升时，如果更多的土地被保留用于提供生态系统服务，那么生态系统服务是购置性投入的替代品。因此，如果 $dS/dr > 0$，则 S 是 x 的替代品。因为保留土地的数量和直接用于生产的土地数量必须加起来等于现有土地的数量 $\overline{A}$，通过保留土地的数量来测量生态系统服务的数量，那么 $dS/dr = -dA/dr$。

假定一阶条件下，式（5-15）和式（5-16）可以作为等式成立，对于 r 求微分，则

$$f_{xx} \cdot \frac{dx}{dr} - (\varphi \cdot f_{xS} - f_{xA}) \frac{dA}{dr} = 1 \tag{5-17}$$

$$(f_{xA} - \varphi \cdot f_{xS}) \frac{dx}{dr} + (\varphi^2 \cdot f_{SS} - 2\varphi \cdot f_{SA} + f_{AA}) \frac{dA}{dr} = 0 \tag{5-18}$$

使用式（5-17）从式（5-18）中消去 dx/dr，则

$$\frac{dA}{dr} = \frac{\varphi \cdot f_{xS} - f_{xA}}{f_{xx}(\varphi^2 \cdot f_{SS} - 2\varphi \cdot f_{SA} + f_{AA}) - (\varphi \cdot f_{xS} - f_{xA})^2} \tag{5-19}$$

通过满足利润最大化的二阶条件，式（5-19）中的分母为正。购置性投入是对直接用于生产的土地的补充，那么，如果式（5-19）中的分子为负，就替代了生态系统服务。

（2）投入产出分析。在经济社会发展和生态诉求之间的矛盾日益尖锐的情况下，当前主要关注在土地利用集约化程度降低的情况下，土地提供的生态价值是否满足可持续发展的需求。为此，本书针对土地处于最优分配状况时，土地所有者为获取更多的生态系统服务价值，转换农业生产土地利用方式的可行性和产出情况进行探讨。

如果土地利用的集约度降低，购置性投入 x 和总产量 q 会出现相应变化。因此，对 A 求生产关系的全部微分，即

$$\frac{dq}{dA}=f_x \cdot \frac{dx}{dA}-\varphi \cdot f_S+f_A \tag{5-20}$$

假设土地集约化的选择接近于在当前状态下实现利润最大化，因此满足了式（5-16）的条件。通过对 A 完全求式（5-15）的微分，并联合式（5-20），有

$$\frac{dx}{dA}=\frac{\varphi \cdot f_{xS}-f_{xA}}{f_{xx}} \tag{5-21}$$

利润最大化的二阶条件要求：$f_{xx}<0$。比较式（5-21）和式（5-19），当且仅当生态系统服务是购置性投入的替代品时，$dx/dA>0$。

假定将土地在生态保护和生产活动间进行分配，以便使利润最大化（$\varphi \cdot f_S=f_A$）。如果生态系统服务和购置性投入是替代品，联合式（5-20）和式（5-21），得出

$$\frac{dq}{dA}=f_x \cdot \frac{\varphi \cdot f_{xS}-f_{xA}}{f_{xx}}>0 \tag{5-22}$$

如果较少的土地被保留用来提供生态系统服务（如将 A 变大些），生产活动则会增加，因此，当更多的土地被保留用来提供生态系统服务时，生产活动就会削减。

对土地生产者而言，如果将多数土地用于提供生态系统服务，而将少数土地用于生产，那么即使其利润没有减少，产出也会减少。不过，这将暗示市场价格会上涨。笔者将产量的价格正规化为 1，因此购置性投入的相对价格 r 会减少。从式（5-19）中可以看出，其他生产者效仿该生产者（减少土地利用的集约化程度）的动力会降低。

从生态保护政策的执行层面而言，如果从事农业生产的个人或农场利益依赖生态系统服务功效，他们会缩减其生产活动总量。因为式（5-22）是一种严格不平等，意味着保护生态的提倡者会合理分析希望改变其行为的生产者的具体出发点和意图。如果农业生产者已经在进行土地优化利用，这种效应会随之而来；如果生产者还未进行土地优化利用，当他们接受当地最佳土地分配方式时，该效应才会出现。

当前，生态保护的倡导者尚未充分考虑到在环保意识日渐增强的大趋势下，部分数量的农场土地（现在用于生产农作物出售）将被用于提供生态系统服务，由此导致粮食产量减少、食品种类改变（产品转移）这一情况出现的必然性。因此，在一个地区增加生态保护区面积可能会增大其他地区生态退化的风险。此类"矛盾"（或"下跌"）已在相关的农业保护计划中被提出，且这些计划都涉及土地休耕问题，但针对以生态系统服务方法进行生态保护可能出现的问题尚未得到充分研究。

（3）测算模型构建。借鉴相关研究，规模生产函数的不变收益表达形式为

$$q=\sqrt{x \cdot S}-\gamma \cdot x \cdot \frac{S}{A} \tag{5-23}$$

式（5-23）中变量符号的意义同上。γ 为一个正的常数。该生产函数简单，并具有限制性。当产量价格被正规化为 1 时，利润目标 η 为

$$\eta=\sqrt{x \cdot S}-\gamma \cdot x \cdot \frac{S}{A}-r \cdot x \tag{5-24}$$

对于 x 来说，利润最大化的一阶条件为

$$\begin{cases} \dfrac{1}{2}\sqrt{\dfrac{S}{x}} - \gamma \cdot \dfrac{S}{A} - r = 0 \\ -\dfrac{\varphi}{2}\sqrt{\dfrac{x}{S}} + \gamma \cdot x \cdot \dfrac{\varphi \cdot \overline{A}}{A^2} = 0 \end{cases} \qquad (5-25)$$

当一阶条件式（5-25）成立时，最优化处理的二阶条件得到了满足。经过变换得

$$x = \frac{S}{4\left(\gamma \cdot \dfrac{S}{A} + r\right)^2} \qquad A = \frac{\overline{A}}{1 + \sqrt{\dfrac{r}{\gamma} \cdot \varphi}} \qquad (5-26)$$

直接用于生产的土地在效力方面获得了提高，而受保护土地由此产生的生态系统服务由参数 φ 决定，即如果少量的生态系统服务能持久有效，那没必要划拨更多的土地来提供诸多此类服务。

在生产函数中，生态系统服务和购置性投入是替代项：当购置性投入 r 的价格上扬时，用于生产的土地减少，意味着必须增加土地保护的数量。当为达到利润最大化而增加保留土地的数量时，暗示着产量削减。将式（5-25）乘以 x 得到

$$\frac{1}{2}\sqrt{x \cdot S} - \gamma \cdot x \cdot \frac{S}{A} - r \cdot x = \eta - \frac{1}{2}\sqrt{x \cdot S} = 0 \qquad (5-27)$$

对于 A 求式（5-27）的完全微分。当 A 和 x 被选择用于利润的最大化时，表达式的数值解为

$$\frac{\dfrac{\mathrm{d}x}{x}}{\dfrac{\mathrm{d}A}{A}} = \frac{A}{\overline{A} - A} \qquad (5-28)$$

因此，当大多数土地用于生产时，对购置性投入的依赖性较大。如果将更多土地用于农业生产活动，就需要购买更多的投入来补偿丧失了的生态系统服务。作为生态保护政策，如果土地不用于生产，而被保护起来用于提供生态系统服务，情形如何？如果开始考虑的是对购置性投入的过分依赖，那么生态系统服务对购置性投入技术替代的边际率将会很高，即购置性投入会大幅缩减。

用于生产的土地利用发生变化后，为使利润最大化（$\partial q/\partial x = r$），则

$$\frac{\dfrac{\mathrm{d}q}{q}}{\dfrac{\mathrm{d}A}{A}} = \frac{r \cdot x}{q} \frac{A}{\overline{A} - A} \qquad (5-29)$$

如果当前流域农业生产较大程度依赖于购置性投入，则容易出现产量大幅削减的情景。

5. 浑河流域耕作方式程式化描述

研究以 2010 年 TM（Thematic Mapper）、ETM+（Enhanced Thematic Mapper Plus）遥感影像为数据源（http：//www. resdc. cn/data. aspx？ DATAID=99），在对遥感影像进行几何校正、影像拼接等预处理基础上，利用分层分类法进行土地利用类型分类提取。研究中采用野外调查和目视解译相结合的方法，选取典型区域进行遥感解译精度评价，精

度为 82.4%。对提取结果进行统计分析：耕地面积约为 10763km²，占流域总面积的 39.3%；森林面积 13321km²，在防治水土流失、调节局地气候、防风固沙方面发挥着重要作用；草地面积约为 251km²。浑河流域土地利用情况见表 5-36。

表 5-36　　　　　　　　　　　　浑河流域土地利用情况

土地利用类型	面积/km²	土地利用类型	面积/km²
耕地	10763	其他	3050
森林	13321	总计	27385
草地	251		

（1）农业生产价值估算。农产品价值计算过程中选取能反映浑河流域土地价值的农产品、成材林、湿地物质产品价值进行分析。考虑流域土地农业产品生产价值数据获取的难易程度和可靠性，在对产品市场价值可度量性进行分析的基础上采用产品价值的简易测算方法进行计算。

1）耕地农产品价值。流域内耕地作为受人类活动影响较大的非天然生态系统，其单位面积农作物的生态服务价值可以利用市场价值法进行计算。当前，主要结合单位面积上的生物量与当量因子确定耕地的生态服务价值。结合《中国农业年鉴 2013》中农作物的分区概况，以辽宁省重点农作物的统计分类数据为基础，选择水稻、玉米、小麦、大豆、高粱、谷子、薯类、其他作物（杂粮和经济作物）、花生、向日葵、烟草、蔬菜、瓜果等作为研究对象，进行分布面积及相关参变量的统计。计算过程中，单位产量为根据各地统计数据，在考虑作物种植面积和产量归总的基础上，经过与全国同类型地区平均产量进行比较，通过修正后给出。为避免数据上的出入，研究中取区间的低限作为参考数据，具体情况见表 5-37。通过数据计算，浑河流域农产品价值为 87.35 亿元。

表 5-37　　　　　　　　　　　　浑河流域农业种植基本参数

作物类型	种植面积/km²	单位产量/(t/km²)	单价/(元/t)	农产品价值/亿元
水稻	4119	76.45	1600	5.04
玉米	12463	58.43	1282	9.34
小麦	77	42.74	1302	0.04
大豆	813	24.54	3060	0.61
高粱	531	45.48	2700	0.65
谷子	813	28.22	4500	1.03
薯类	600	52.75	1279	0.41
花生	615	25.33	11900	1.86
向日葵	36	18.17	5000	0.03
烟草	50	36.38	14600	0.26
蔬菜	2345	36.38	1722	1.47
瓜果	2063	1197	2110	52.10
其他作物	2860	203	2500	14.51
合计	27385			87.35

2）成材林经济价值。成材林（经济林）在维持流域水生态功能稳定方面发挥着重要作用。研究结合流域植被类型及主要利用方式，计算基于木材的蓄积面积与市场价值乘积的流域林产品综合价值，有

$$V_{\text{forest}} = 10^{-2} \cdot S \cdot p \cdot a \cdot b \cdot c \tag{5-30}$$

式中：V_{forest} 为林产品价值，万元；S 为森林面积，km^2；p 为流域平均木材价格，元/m^3；a 为森林综合出材率；b 为林木的择伐强度；c 为单位面积的木材蓄积量，m^3/hm^2。

浑河流域的林木总面积为 11062km^2，木材的平均价格 625 元/m^3，林木综合出材率为 50%，林木择伐强度取 36%，单位面积的木材蓄积量 56m^3/hm^2。综合分析，流域土地林产品价值为 69 亿元。

3）湿地物质生产价值。土地利用中的滩涂湿地可以发展渔业、水产养殖业、农业种植等产业，其价值评估一般采用直接价值评估法。但由于流域湿地多为自然保护区或水源保护区，其人工生产价值较低；湿地植被多为天然植被，以发挥生态服务价值为主，市场价值较低，且不应进行开发；流域蓄水面积较小，并且水产养殖密度较低。因此，研究暂不进行流域湿地物质产品生产价值计算。

经过综合分析，浑河流域土地农业生产价值为 157 亿元。

（2）农业生产成本估算。

1）农业生产总成本。研究者依据生态系统经济价值与能值间的对应关系，计算流域由于环境保护投入、受益生态服务能值对应下的农业生产成本。项目组在对浑河流域农业生产过程物资和劳动力投入进行系统分析的基础上，结合能值计算过程中对不同分类能值流的确定，提出农业生产过程中的主要投入包括水土流失治理、物资、劳动力的投入。在对典型区投入产出成本进行归类合并的基础上，计算 2012 年浑河流域农业生态系统成本投入。

a. 水土保持成本。项目借鉴相关文献，在考虑到区域水土流失类型和水土保持发展规划的基础上，浑河流域单位面积土壤损失量为 15000kg/hm^2。同时，流域的土壤以棕褐土为主，有机质在土壤中的含量为 0.022kg/hm^2。经过计算，单位质量土壤中含有的能量为 $2.26 \times 10^7 J/kg$，土壤流失造成的能量损失为 $7.46 \times 10^9 J/hm^2$。水土流失能值的换算单位为 $1.24 \times 10^5 seJ/J$，因此，总能值为 $9.25 \times 10^{14} seJ/hm^2$。依据能值定价 595 元/$hm^2$，计算流域水土保持价值总量为 3.97 亿元。

b. 物质投入成本。

i. 材料折旧。农业生产过程中实体工具逐渐被耗损，由此造成工具本身使用价值的下降。农业生产工具具有多样化，同时使用年限具有差异，为不失一般性，研究借助 Coelho 等的成果，将浑河流域农业生产材料折旧的能值定价为 500 元/hm^2。

ii. 燃油。流域用于农业生产各项活动的燃油消耗为 $1.1 \times 10^7 L$，燃油密度取 0.75 kg/L，完全燃烧产生的能量为 4184kJ/kg。依据参考文献的研究成果，燃油总能值为 $2.90 \times 10^{13} seJ/hm^2$。借鉴文献中的数据计算得出能值定价为 18.5 元/hm^2。因此，流域农业生产效率较低，机械化利用水平不高，主要以人力资源为主。由此计算浑河流域燃油投入成本为 0.2 亿元。

iii. 电力。当前浑河流域土地生产农业灌溉用水主要用柴油机抽取。因此，暂不考虑电力在农业物质生产过程中的投入成本。

iv. 物质。物质的能量主要来自农业生产过程中地面辅助设施的成本折现。借鉴地区农业统计年鉴的数据，典型区土地生产的物质能量为 4200 元/hm²。

c. 服务成本。

i. 劳动力。随着经济社会发展，农业高效、精准管理成为实现农业生态可持续发展的关键。因农业生产投入的人力、时间较多，同时创造的价值偏低，在对流域农业产量、农产品价值进行综合研究的基础上，折现流域农业生产人力能量为 3800 元/hm²。

ii. 管护。由于流域农业生产自动化水平偏低，农业生产的管护人员较少、费用不高。农业的管护费用主要用于农田小型水利设施、田间道路的维护。研究将土地的管护投入定为 75 元/hm²。

iii. 服务。浑河流域的农业生产缺少现代技术装备，同时景致过于单调，目前作为景观旅游项目对外开放的可能性较小。因此，研究将农业生产的服务投入成本暂定为 10 元/hm²。

借助流域土地单位面积能值定价，计算水土保持、物质投入、服务投入的价值总量，依据成本投入和获得价值间的等量换算，间接获得浑河流域农业生产投入值。浑河流域农业生产成本投入为 96.57 亿元，见表 5 - 38。

表 5 - 38　　　　　　　　　　　浑河流域农业生产投入情况

分类	明细	能值/(seJ/hm²)	能值定价/(元/hm²)	价值总量/亿元	成本投入/亿元
水土保持	土壤流失	9.25×10^{14}	595	3.97	3.97
物质投入	折旧	3.05×10^{15}	500	5.38	5.38
	燃油	2.90×10^{13}	18.5	0.20	0.20
	物质	1.42×10^{16}	4200	45.20	45.20
服务投入	劳动力	1.29×10^{16}	3800	40.90	40.90
	管护	2.51×10^{14}	75	0.81	0.81
	服务	3.30×10^{13}	10	0.11	0.11
合计				96.57	96.57

2）附属物品维护费用。水域作为土地上重要的形态表现，除提供直接的供水价值外，还间接地提供渔业产品和水电等功能。为了维护农业生态系统的完整性，除对农业生产过程进行例行投入外，还需根据浑河流域农业生产实际情况对附属产品维护费用进行补偿。流域土地生产过程中附属产品的维持费用主要包括渔业生产、水力发电成本投入。结合流域物质产品生产实际情况，浑河流域附属物品维护费用为 200 万元，其中包括流域渔业生产成本维护费用 140 万元，主要用于册田、官厅水库的鱼苗购置和管护费用；官厅水库水力发电成本维护费用 180 万元。

综上所述，浑河流域土地生产总成本为 96.57 亿元，土地附属物品（水力发电、渔业）的维护费用为 380 万元（等同土地"修缮款"），除掉土地成本支付款项后的土地生产支出为 96.53 亿元。

浑河流域近年来逐渐采用生态系统保护的耕作方式，随着流域生态保护修复措施的进一步实施，农业生产者将自己的大片土地退还为森林，而不是用于耕种，并且依赖这片森林的养分提供、储水、防止气候灾害、控制害虫等生态服务功能。研究借助生产函数的具体形式揭示流域农业生态系统潜在价值的重要性。

6. 农业土地价值转换测算

采用式（5-29）中的数目导出土地产量（关于用于生产的土地）的弹性，得到

$$\frac{\frac{dq}{q}}{\frac{dA}{A}} = \frac{扣除支付额的土地生产成本}{土地农业生产价值} \times \frac{扣除林地的土地总面积}{林地总面积}$$

$$= \frac{96.53 \times 10^8\ 元}{96.57 \times 10^8\ 元} \times \frac{14064 km^2}{13321 km^2} = 1.06$$

依据上述计算，浑河流域为实现以利润最大化为目的的土地分配，将目前耕种或使用土地的1‰用作非生产的生态用地，以便使其提供更多的生态系统服务，而流域的农作物产量将缩减1.06%。从浑河流域植被的生态价值分析，森林是流域生态服务价值的主要提供者，因此，将退耕土地减少粮食产量与林地带来的生态价值增加量作为利益减损与增加的表征符合实际，研究成果具有代表性和可靠性。

研究使用简单的合计数据（因数据分散且难以收集，研究中的个别数据采用二次处理后的理想值数据）进行校验的模型表明，农业产量的减少与生态价值功效增加间存在内在联系，因此，现实研究中忽略此对应关系的影响不可小觑。浑河流域上游基本上是农村地区，流域划分为农田的区域不到全部面积的一半。如同其他地方一样，流域减少现有农场的生产活动可能导致将农耕扩展到新的土地上，但这种"下跌"的影响尚没有系统的研究成果。因此，在更加了解农业生态系统服务价值的广泛效应之前，应对依赖这种做法所带来的裨益持谨慎态度。

研究虽能对农业生态价值"下跌"影响给出定量的模型分析，但主要采用微级的视角进行典型区量化研究。如果农业生产者在生产中对生态系统服务的依赖性较强，研究对生态保护政策影响如何，该问题完全超越有限模型的考虑范围。针对该问题在后续研究中将作进一步探讨。扩大对生态系统服务的依赖会在一些地方保留更多的土地，但加大对生态系统服务的依赖是否会有助于推动更多的生态保护目标尚不完全清晰，因此，在考虑生态系统服务这一方式对生态保护政策的意义时，应重视生态系统服务价值的盲目增加与现有的服务开发数量减少间的矛盾与对应关系。

7. 污染物调控策略

研究提出了针对农业生态价值变化与农田增减之间"下跌"影响的担忧：在一个流域中某区域依赖生态系统服务的倾向会加大其他地区更加集约化利用土地的压力。①研究中依据自然生态系统提供的服务是生产过程中购置性投入的替代品的假设，并且假定生产者在土地利用方面以利润接近最大化为决策目标，则对生态系统服务的更大依赖将导致农田产量削减；②流域内农业种植产量的减少将导致农产品价格上涨，诱发其他地区生产者增加农业生产投入，扩大耕种面积，但也在一定程度上削弱其他地区农业生产者在生产中效

仿该功效（依赖生态系统服务）的动力；③浑河流域上游地区多为山区，农业较为发达，农业生产成本不高，经测算流域每增加 1% 的生态系统服务用地，农作物产量将缩减 1.06%。

流域农业种植土地面积的减少，虽对粮食产量的减少造成一定影响，但对控源产生积极影响。研究借助作物种植类型与农业面源污染物产生量间的对应关系，确定单位面积（hm^2）土壤总氮、总磷损失量减少量。

鉴于以往模型参数确定的随机性及监控数据的不可获取性，研究借助 Suzuki 等提出的碳平衡理念，依据水资源分区套地市的原则划分计算单元，按照不同土地利用类型氮、磷流失系数的差异，结合土壤、作物、残留物在空间上的变化特性，计算不同水资源分区的氮、磷损失量。基于农业面源污染动态评估模型具有分布参数、物理基础、持续模拟的特性，提出考虑土壤含水率特性、氮磷累积效应的农田施肥损失计算方法。研究过程中借助 RS 与 GIS 等数字化技术，对农业氮、磷污染物的迁移转化机理进行深入分析和量化。

（1）氮损失量计算。

1）铵盐损失。土壤中铵盐损失量与降水量、雨水与土壤的混合深度、产沙模数以及农田排水量有关。研究基于自然生态系统中氮平衡原理，构建区域氮循环模型，用于模拟发生在陆地生物圈中氮的运移和转化过程。铵盐的循环平衡模型为

$$\frac{\partial N_{amm}}{\partial t} = N_{dm} + N_{hm} + N_{amm} - N_{uptake} \times \frac{N_{amm}}{N_{amm} + N_{nit}} - N_{nitrif} - N_{vola} + fert\_amm$$

$$(5-31)$$

式中：N_{amm} 为铵盐中的氮沉积量，$t/(km^2 \cdot d)$；N_{dm} 为碎石矿化过程中氮的转移量，$t/(km^2 \cdot d)$；N_{hm} 为腐殖质矿化过程中氮的转移量，$t/(km^2 \cdot d)$；N_{uptake} 为作物对氮的吸收量，$t/(km^2 \cdot d)$；N_{nit} 为硝酸盐中的氮的沉积量，$t/(km^2 \cdot d)$；N_{nitrif} 为硝酸盐的转移量，$t/(km^2 \cdot d)$；N_{vola} 为氨的挥发量，$t/(km^2 \cdot d)$；$fert\_amm$ 为肥料中铵盐量，$t/(km^2 \cdot d)$。

研究将土壤中氨氮吸附与溶解两相平衡状态耦合为描述土壤中铵态氮变化方程。项目结合土壤中的铵盐平衡方程，在一次降雨过程中，铵盐随地表排水的损失量计算公式为

$$W_{NH_4^+-N} = \left(10^6 \cdot \beta \cdot S_s + 10^3 \cdot \frac{\theta \cdot h \cdot \alpha + P \cdot \alpha_1}{\theta \cdot h + P} \times R_a\right) \times A \qquad (5-32)$$

式中：β 为土壤颗粒吸附氨氮的含量，$\mu g/g$；$W_{NH_4^+-N}$ 为农田铵盐的流失量，t；α 为铵盐在土壤溶液中的含量，mg/L；S_s 为产沙模数，t/km^2；θ 为土壤含水率，%；h 为雨水与土壤的混合深度，mm；α_1 为雨水中氨氮浓度，mg/L；P 为雨量，mm；R_a 为农田排水量，mm；A 为排水面积，km^2。

由于土壤溶液中的铵盐含量难以测定，研究联合土壤中铵盐的平衡方程，给出求解公式，即

$$\beta = \frac{K_e}{\rho} - \frac{10^{-3} \cdot \theta_0 \cdot \alpha}{\rho_0} \qquad (5-33)$$

式中：K_e 为土壤中铵盐含量，$\mu g/cm^3$；ρ 为土壤体积质量，g/cm^3；θ_0 为土壤凋萎含水率，%；ρ_0 为水体的密度，g/cm^3。

2）硝酸盐损失。根据不同的土地利用类型的肥料利用量估算硝酸盐的浸出量。土壤的硝化、反硝化活性与土壤性质密切相关。硝酸盐的损失量为土壤含水率、土壤结构和硝酸盐浓度的函数。

研究表明，土壤中硝化作用（NITRIF）作为土壤水分含量 $[f_{\mathrm{NIT,sw}}(W_{\mathrm{S}})]$、温度 $[f_{\mathrm{NIT,T}}(T)]$ 和铵盐浓度 (N_{amm}) 的函数，与土壤含水率、土壤通气孔隙度、全氮含量、C/N 呈显著性相关。其中，$f_{\mathrm{NIT,T}}(T)$ 以指数方式在平均土壤温度 $Q_{10,\mathrm{NIT}}(2℃)$ 和最适土壤温度 $Q_{\mathrm{opt,NIT}}(20℃)$ 之间变动；$f_{\mathrm{NIT,sw}}(W_{\mathrm{S}})$ 与土壤含水率呈线性关系；u_{NIT} 表示硝化作用的速率常数，本书取 0.003/d。

反硝化作用（DENITR）由多种厌氧细菌驱动，采用土壤水分含量函数 $[f_{\mathrm{DENI,sw}}(W_{\mathrm{S}})]$、温度 $[f_{\mathrm{DENI,T}}(T)]$ 和土壤中可用 NO_3^- 的含量构成的函数表示。μ_{DENI} 表示反硝化作用的速率常数，本书取 0.0015/d。

硝化作用、反硝化的计算公式为

$$\mathrm{NITRIF} = \mu_{\mathrm{NIT}} \cdot f_{\mathrm{NIT,sw}}(W_{\mathrm{S}}) \cdot f_{\mathrm{NIT,T}}(T) \cdot N_{\mathrm{amm}} \tag{5-34}$$

$$\begin{cases} f_{\mathrm{NIT,T}}(T) = Q_{10,\mathrm{NIT}}^{(T-T_{\mathrm{opt,NIF}})/10} \\[2mm] f_{\mathrm{NIT,sw}}(W_{\mathrm{S}}) = \begin{cases} 1.17\dfrac{W_{\mathrm{S}}}{W_{\mathrm{FC}}} + 0.165 & W_{\mathrm{S}} < W_{\mathrm{FC}} \\[3mm] 1.0 - 0.1\dfrac{W_{\mathrm{S}}}{W_{\mathrm{FC}}} & W_{\mathrm{S}} \geqslant W_{\mathrm{FC}} \end{cases} \end{cases}$$

$$\mathrm{DENITR} = \mu_{\mathrm{DENI}} \cdot f_{\mathrm{DENI,sw}}(W_{\mathrm{S}}) \cdot f_{\mathrm{DENI,T}}(T) \cdot N_{\mathrm{nit}} \tag{5-35}$$

$$\begin{cases} f_{\mathrm{DENI,T}}(T) = Q_{10,\mathrm{DENI}}^{(T-T_{\mathrm{opt,DENI}})/10} \\[2mm] f_{\mathrm{DENI,SW}}(W_{\mathrm{S}}) = \begin{cases} 0 & W_{\mathrm{S}} \leqslant W_{\mathrm{FC}} \\[3mm] 1.0\dfrac{W_{\mathrm{S}}}{W_{\mathrm{FC}}} & W_{\mathrm{S}} > W_{\mathrm{FC}} \end{cases} \end{cases}$$

土壤沉积氮（DEPO）主要包括铵盐沉积氮（$\mathrm{DEPO}_{\mathrm{ammd}}$）和硝酸盐中的沉积氮（$\mathrm{DEPO}_{\mathrm{nitd}}$）这两种，计算公式为

$$\begin{cases} \mathrm{DEPO}_{\mathrm{ammd}} = \dfrac{1}{3}R_{\mathrm{rain}} + R_{\mathrm{DEPO,dry,ammd}} \\[3mm] \mathrm{DEPO}_{\mathrm{nitd}} = \dfrac{2}{3}R_{\mathrm{rain}} + R_{\mathrm{DEPO,dry,nitd}} \end{cases} \tag{5-36}$$

式中：R_{rain} 为水中铵盐、硝酸盐的潜在浓度，$\mathrm{kg/(hm^2 \cdot a)}$；热带森林取值为 1.77，温带森林取值为 1.08，北方针叶林取值为 0.55，耕地/草地取值为 1.0；$R_{\mathrm{DEPO,dry,ammd}}$ 为在干燥情况下氨氮的沉积量，$\mathrm{kg/(hm^2 \cdot a)}$；$R_{\mathrm{DEPO,dry,nitd}}$ 为在干燥情况下，硝酸盐的沉积量，$\mathrm{kg/(hm^2 \cdot a)}$。

假定氮的垂直运动发生在 2m 以内的土层。针对土壤含水率，引进水力渗透系数 K_θ，结合 Brooks 和 Corey 方程计算硝酸盐的淋滤损失量 LEACH，即

$$\mathrm{LEACH} = K_{\mathrm{s,leach}} \left(\frac{\theta - \theta_{\mathrm{r}}}{\varphi - \theta_{\mathrm{r}}}\right)^{3+2\lambda} \cdot \frac{C_{\mathrm{Nit}}}{2\varphi \cdot \dfrac{W_{\mathrm{S}}}{W_{\mathrm{FC}}}} \tag{5-37}$$

式中：$K_{s,leach}$ 为完全饱和土壤的水力传导系数，cm/h，本研究取值为 2.55；θ 为在 $-33kPa$ 时的土壤含水量，cm^3/cm^3，取值为 0.273；θ_r 为土壤参与含水量，取值为 0.075；φ 为总孔隙度，cm^3/cm^3，取值为 0.442；λ 为空隙大小分配级数。

（2）磷损失量计算。土壤中磷肥的流失主要包括溶解态、颗粒态两种形式。本书依据土壤性质、土壤最初含水率、描述表层土壤干燥度和作物生理性状的季节性可变参量、土地几何性状的差异，结合前人的研究成果，给出两种不同性质磷浓度的测算方法，分别为

$$\begin{cases} \text{TDP} = \dfrac{K \cdot P_{av} \cdot D \cdot B \cdot t^a \cdot w^b}{V} \\ \text{TPP} = \text{TP} \cdot E \cdot \text{PER} \end{cases} \qquad (5-38)$$

式中：TDP 为土壤中溶解磷浓度，mg/L；TPP 为土壤中颗粒磷浓度，mg/L；P_{av} 为可用土壤磷含量，mg/m^3；K、a、b 为与土壤中黏土和有机碳含量相关的动力学参变量；D 为磷肥与土壤相互作用的有效深度，mm；B 为土壤体积密度，mg/m^3；t 为时段长，min；w 为径流中水土比例，L/g；V 为径流总量，mm；TP 为土壤中总磷含量，mg；E 为含沙量，g/L；PER 为磷在土壤中的富集速率，g^{-1}。

为避免农田径流的下渗损失，研究引入霍顿下渗机制描述降雨径流间的转化，该模型将下垫面分为透水面和不透水面进行计算。由透水面形成的径流量计算公式为

$$v_{rp} = \begin{cases} 0 & v \leqslant s_{dp} + s_{iw} + \dfrac{f_c}{\lambda} \\ v - s_{dp} - s_{iw} - \dfrac{f_c}{\lambda} & v > s_{dp} + s_{iw} + \dfrac{f_c}{\lambda} \end{cases} \qquad (5-39)$$

式中：v 为降雨量，mm；s_{dp} 为渗透区域的洼地蓄量，mm；s_{iw} 为透水面的土壤初渗损失，mm；f_c 为稳定下渗率，mm/h；λ 为平均降雨历时的倒数，h^{-1}。

（3）结果分析。依据《辽宁省农业统计年鉴 2013》《辽宁省统计年鉴 2013》，浑河流域年氮肥施用量为 $400kg/hm^2$（当施氮量大于 $150kg/hm^2$ 时，土壤中发生氮素淋失的可能性明显增大），计算得到氮肥的年损失量为 $95kg/hm^2$，两者比例大致相当。农田暴雨径流氮养分的流失量与累积径流量呈正相关。浑河流域农业生产施肥中因肥料结构和使用方法不当，氮素的年整体损失量为 $95kg/hm^2$，符合全国旱区农田氮肥流失比例（20%～50%）。

第一次全国污染源普查资料显示，农业污染已成为影响中国水源安全的首要因素。肥料中的氮、磷在农业生产中充分发挥其最大功效的同时，其负面功效也不可忽视。由于地表作物的生长对耕地造成严重侵蚀，在径流中总磷中的 90% 是颗粒形态磷。浑河流域上游土壤层较薄，研究表明，自地面以下 20cm 向上直至表层，总磷含量总体呈下降趋势。浑河流域由于土壤中矿物质含量相对较低，农业生产中磷肥施用量较高，造成较高的地表径流损失率，单位面积损失量为 $9kg/hm^2$，高于文献研究的浑河流域的农田径流全磷流失量。沉积物中有机质含量和黏土含量与粒度将直接影响到作物对 Ca-P、Al-P、Fe-P 溶解态磷的吸附能力。浑河流域土壤从表层到 20cm 深度，沉积物中黏粒含量逐渐减少，砂粒的含量增加，粒度变大，总磷残留量增加。因此，在降雨径流作用下，形成了较高的磷损失量。

5.5.2 基于改进 EKC 曲线的经济结构调整策略

可持续发展成为研究环境库兹涅茨曲线（EKC）学者探求的重要领域。基于两种不同的 EKC 设定，借助面板数据法研究浑河流域在 2003—2012 年期间水环境保护与经济社会可持续发展间的协调对应关系：①依据 EKC 关系曲线，水环境恶化与社会经济发展水平提升间存在倒 U 形关系；②依据修改 EKC（MEKC）关系曲线，水环境保护的可持续性与社会经济发展（HD）间存在倒 U 形关系，受制于水资源消耗、区域贸易开放度、人均 GDP 水平、污染物排放总量控制法规约束。研究表明，对于 EKC，最小二乘法（FMOLS）和动态最小二乘法（DOLS）系数对 Y（人均 GDP）、Y^2、E（人均水资源消耗量）、T（区域贸易开放度）、MAN（生产附加值）和 MHDI（修正的社会经济发展指数）的"平均值"分别为 2.090、-0.150、0.720、0.216、0.072 和 1.890；在长期情况下，人均污废水排放量对人均实际 GDP 的弹性为 $2.090-0.300Y$；人均水资源消耗每提高 1%，人均污废水排放量增加约 0.720%；区域贸易开放度每提高 1%，人均污废水排放量增加约 0.216%；生产附加值每提高 1%，人均污废水排放量增加约 0.072%；MHDI 每提高 1%，人均污废水排放量增加约 1.890%。因此，EKC 假定、社会经济发展水平（HD）和可持续性成为制定有效水环境保护策略的关键因素。

1. EKC 评判经济结构合理性阐述

伴随着公众对可持续发展理念理解的日益深入，环境保护成为建设美丽中国夙愿的关键环节，鉴于此，了解区域环境恶化情况及其制约因素已变得愈发重要。在环境库兹涅茨曲线（EKC）的最初框架内，强调单纯经济增长是造成环境恶化的主因。最近研究表明，区域贸易交换程度、教育和区域公平、人力资本投入、技术进步、产业结构和城市化、贫困、资源消耗等也是造成环境恶化的重要因素。近来可持续性在环境改善中的重要作用已开始得到重视。区域社会经济发展（HD）一直被视为重要的经济增长驱动力。为此，相关研究已将 HD 作为一个可持续发展因素引入 EKC 方法中，结果表明，EKC 模型较大受制于 HD 维度变化。此外，可持续性影响与环境管理机构完善和投资水平紧密联系。可持续性影响的评价涉及技术进步、评价数据的完整性及统计技术等方面。为描述区域经济的可持续性，借助 EKC 理论和实证调查将区域经济社会发展程度与曲线的容量相关联，试图探讨可持续性的理论意义以及与实证 EKC 公式的潜在联系。

当前，尽管 EKC 研究比较广泛，但该方法在可持续发展环境下的实用性和可操作性尚未得到完全诠释。研究借助最新研究成果，针对以往研究中的不足之处提出方法改进：①通过改变因变量，用表征环境恶化状况的环境压力评估替代标准 EKC 中的纯环境压力判定；②通过引入"资源诅咒"假说（RCH），构建联立模型研究 EKC；③改进 EKC 曲线（MEKC），主要针对民众福祉方面和社会发展过程的可持续性层面。研究提出用 HD 指数（HDI）更换原 EKC 模型（GDP）的收入自变量，用实际收入水平（GS）替换污染物排放量，以衡量区域经济社会发展的可持续性。本研究所用模型均采用面板数据法进行估计，以控制变量之间的异质性和非线性。面板数据集的维度选择在合理的测算时间内应包括浑河流域尽可能多的控制单元。

研究利用 Pedroni 建议的先进协调检验方法对 10 个控制单元 2003—2012 年的面板数

据进行分析，验证社会经济可持续发展和水环境保护间数据存在长期均衡关系。第一个长期关系将人均 GDP、水资源消耗、区域贸易交换程度、生产附加值和修改 HDI（MHDI）作为 EKC 模型（污废水排放量为因变量）的解释变量；第二个长期关系将 HDI、水资源消耗、区域贸易交换程度、生产附加值和污染物排放法规（RL）作为 MEKC 的解释变量（研究中将负 GS 记为 GS⁻，为因变量）。在此基础上，采用基于面板数据的最小二乘法（FMOLS）和动态最小二乘法（DOLS）对上述两个关系中的变量进行估算。相关研究表明，利用最小二乘法在计算过程中会产生渐近无偏移和正态分布估计量，为此，研究中借助基于面板向量误差修正模型（VECM）的 Granger 因果检验消除变量间的干扰。

2. 数据准备

研究中的数据集由浑河流域 10 个控制单元在 2003—2012 年的均衡面板数据构成。这些变量取自统计年鉴和统计公报中的相关指标。为满足流域均衡发展过程而非单纯的经济增长这一需求，在探讨 EKC 和 MEKC 模型的构建过程中，着重考虑福祉性（区域整体发展受益）和可持续性两方面。鉴于 EKC 与 MEKC 间的相互关系，研究中对各自的主要影响因素进行阐述，便于对经济社会发展水平和水环境保护间的关系进行分析。

（1）EKC。废水排放量（C），以 t/（人·a）作为衡量单位；经济收入（Y），用人均实际 GDP 衡量；MHDI 为研究期内初始状况与中等教育情况下产生影响的总和，但不包括收入（GDP，Y），以免 MHDI 间产生多重共线性和 Y。

（2）MEKC。人均负 GS（GS⁻）；HDI 表示为 MHDI（包括研究周期和教育水平），但包括收入（Y）；污染物排放总量控制法规（RL）是控制污染物超标排放的重要治理维度。

（3）EKC 和 MEKC。水资源消耗量（E）用人均每 kg 水资源当量的资源使用量衡量；区域贸易开放度（T）用中间量产生 GDP 百分占比衡量；生产附加值（MAN）用产生 GDP 的百分占比衡量。

浑河流域经济结构控制单元基本信息见表 5 - 39。

表 5 - 39　　　　　　　　　浑河流域经济结构控制单元基本信息

四级区	市域	所 属 区 县
大伙房水库以上	抚顺	清原县
大伙房水库以下	抚顺	抚顺县、抚顺市辖区
	沈阳	沈阳市辖区、新民市、辽中县
太子河	抚顺	新宾满族自治县
	本溪	本溪市辖区、本溪县
	辽阳	辽阳市辖区、辽阳县
	沈阳	沈阳市辖区、辽中县
	鞍山	鞍山市辖区、海城市
大辽河	盘锦	盘山县、大洼县
	营口	营口市辖区、大石桥市

3. 模型搭建

以往的研究中往往忽略污染物排放量与区域公众收入间的关系，仅对 EKC 假设产生的影响进行单一研究。为此，学者将水资源消耗引入污染物排放量—收入间关系的研究中，作为规避忽略变量偏差的一种策略。

研究假定废水排放量（C）、收入（Y）和水资源消耗量（E）间存在长期关系，即

$$C=\alpha_0+\alpha_1 Y+\alpha_2 Y^2+\alpha_3 E+\varepsilon \tag{5-40}$$

此外，Antweiler 等认为将区域间贸易往来纳入模型定量化研究具有可行性。区域贸易交换程度对水环境的影响取决于处理水环境污染问题的经验实施有效性。为此，学者建议考虑贸易对污染物排放量—收入水平—水资源消耗关系的影响作为对计量经济估算中忽略变量偏差问题的解决方案。该方法给出包括排放量（C）、收入（Y）、水资源消耗量（E）与贸易交流程度（T）的二次 EKC 公式，即

$$C=\alpha_0+\alpha_1 Y+\alpha_2 Y^2+\alpha_3 E+\alpha_4 T+\varepsilon \tag{5-41}$$

相关研究表明，在 EKC 公式中添加控制变量有利于体现区域间贸易往来、制造业发展、社会福祉水平的提高（如收入分配、教育、健康），同时对公众在公平、民主、遵纪守法和其他制度方面的参与具有一定的正面影响。经改进后，EKC 模型的函数形式为

$$C=\alpha_0+\alpha_1 Y+\alpha_2 Y^2+\alpha_3 E+\alpha_4 \text{MAN}+\alpha_5 \text{HDI}+\varepsilon \tag{5-42}$$

式（5-42）表示可借助 MHDI 表示污染物排放量（C）与 GDP（Y）间的倒 U 形关系，用未参与收入分配过程的 MHDI（即 GDP）替换 HDI，经重新拟订后给出。此外，MHDI 中没有 GDP 指数，可避免 Y 和 MHDI 间对应因素的重合性。为此，模型以 MHDI 项为基础进行变量间关系推导。

不同于增加解释变量，学者将 HDI 作为污染排放物的解释变量，侧重构建 MEKC 模型，甚至基于发展概念确定倒 U 形曲线。研究采用 MEKC 替代 EKC 主要基于两方面：在需求方面，如果环境在经济发展水平欠佳地区不再是奢侈品，制定水环境容量总量控制政策缓解环境恶化的需求则起主导作用；在供应方面，如果经过技术创新和生产结构（高污染基础产业到低排放的高新技术服务行业）调整，污染排放量出现增长，则产业结构转变在经济体系构建中发挥着重要作用。初始投资成本较高的污染减排技术能够降低流域经济落后地区实施污染减排控制政策的积极性，但规模化效益日益增加却提升了减排技术的推广力度，EKC 正是有效解释上述现象的途径。相关研究使用多国关系或时间序列分析对 EKC 假说的存在进行了实证检验。

在此背景下，研究试图用更具功能导向性的度量即 HDI 替代 EKC 的收入因素 GDP，而保持其他控制变量不变，对整个经济体内污染行业的百分比或 HD 对污染的影响进行分析。此外，为了适应面向可持续发展研究框架的需要，与水环境污染相关的因变量被替换为宏观经济可持续指标，即 GS。GS 指数公式表示为

$$\text{GS}=\dot{K}-(F_R-f_R)(R-g)-b(e-d) \tag{5-43}$$

式中：$\dot{K}$ 为经济资本投入；R 为水资源开采率；g 为水资源自然增长率；F_R 为水资源租金；f_R 为水资源开采边际成本；b 为污废水排放量的边际成本；e 为污废水排放率；d 为水体对污染自然削减率。

GS 以资源可替代性假设为基础，通常作为判定可持续性的依据：①GS＞0→可持续性（GS$^+$）；②GS＝0→可持续性的最低水平；③GS＜0→非可持续性（GS$^-$）。

基于此，污染物排放量（C）与 EKC 中表示的 GDP(Y) 间的关系可以用 MEKC 重新确定：将 GS$^-$ 用作非可持续性的度量取代因变量（污染物排放物量 C），用 HDI 替代 GDP(Y)。此外，学者认为如果后代能享受同样的福祉水平（而不仅仅是收入），HD 度量（而非简单的经济增长水平）的使用可以作为衡量区域协调发展模式可持续性的有效指标。另外，与经典 EKC 模型中简单考虑的污染物排放量相比，MEKC 分析的附加值为 GS 指数所涉及的水资源的消耗和功能退化值。因此，生产附加值（MAN）可能在 EKC 方法应用中起重要作用。依据经典 EKC，其他控制变量如区域间贸易水平和 MAN 份额给定后，尚可分析 HD 对可持续发展的影响。为实现对经济发展与污染间关系进行综合分析，基于经验数据的 MEKC 函数表达形式为

$$GS^- = \beta_0 + \beta_1 \cdot HDI + \beta_2 \cdot HDI^2 + \beta_3 \cdot T + \beta_4 \cdot MAN + \beta_5 \cdot RL + \mu \quad (5-44)$$

广义层面表示 EKC 和 MEKC 的最终函数形式将分别由式（5-45）和式（5-46）给出，即

$$C_{i,t} = \alpha_{0,i} + \alpha_{1,i} Y_{i,t} + \alpha_{2,i} Y_{i,t}^2 + \alpha_{3,i} E_{i,t} + \alpha_{4,i} T_{i,t} + \alpha_{5,i} MAN_{i,t} + \alpha_{6,i} MHDI_{i,t} + \xi_{i,t}$$

$$(5-45)$$

$$GS_{i,t}^- = \beta_{0,i} + \beta_{1,i} HDI_{i,t} + \beta_{2,i} HDI_{i,t}^2 + \beta_{3,i} E_{i,t} + \beta_{4,i} T_{i,t} + \beta_{5,i} MAN_{i,t} + \mu_{i,t} \quad (5-46)$$

式中：i、t、$\alpha_{0,i}$ 和 $\beta_{0,i}$、$\xi_{i,t}$ 和 μ 分别为地区、时间、固定产出和白噪声项；$\alpha_{1,i}$、$\alpha_{2,i}$、$\alpha_{3,i}$、$\alpha_{4,i}$、$\alpha_{5,i}$ 和 $\alpha_{6,i}$ 分别为相对于收入、收入平方、水资源消费、贸易开放度、生产附加值和 MHDI 的污染物长期排放量弹性；$\beta_{1,i}$、$\beta_{2,i}$、$\beta_{3,i}$、$\beta_{4,i}$、$\beta_{5,i}$ 和 $\beta_{6,i}$ 分别为相对于 HDI、HDI 平方、水资源消耗、贸易开放度、生产附加值和法规的长期 GS 弹性。

对于式（5-45）和式（5-46）中的预计标记，标记 $\alpha_{1,i}$ 和 $\beta_{1,i}$ 预计为正，而 $\alpha_{2,i}$ 和 $\beta_{2,i}$ 预计为负，这是 EKC 假设为真的必要条件。由于水资源消耗增加可能扩大经济规模并增加污废水排放量，标记 $\alpha_{3,i}$ 和 $\beta_{3,i}$ 预计为正。预计标记 $\alpha_{4,i}$ 和 $\beta_{4,i}$ 会出现正负兼有的情况，取决于地区的经济发展水平：对于经济社会发展水平较高区域而言，由于淘汰某些污染密集型产品，并从环保法律较宽松的其他地区进口同类产品，该标记预计为负；对于经济社会发展水平较低区域而言，该标记预计为正，因为污染物比例较大的行业较多地分布在该区域。由于在宽松的环境法规下污染型生产占一定优势，因而，加大区域间贸易交换程度反而会加重污染。

由于生产和 HDI 标记这两个调节变量提高了污染物排放水平，因此，MEKC 中设置的 MHDI 和 GS 这两个变量可将经济增长和水环境破坏间的因果关系与 HD 维度及可持续性结合起来。此外，用 RL 表示的水环境容量总量控制是经济增长和可持续性发展的胁迫动力。在一般情况下，有关污染物排放总量控制的分析与 RL 内在相关。RL 较低意味着水环境质量总体状况较差。鉴此，RL 是水环境污染控制的一个重要治理维度。

4. 计量经济方法论

研究给出计量经济的三步式实证方法：第一步用一组面板单位根检验来探讨面板数据集中个别系列的可靠性；第二步用适当的面板长期估值（如 FMOLS 和 DOLS）建立长期关系；第三步估算阐述 Granger 因果关系的面板 VECM。

（1）面板单位根检验分析。为评估变量的可靠性，对 3 种类型的面板单位根进行检验并计算。采用公式为

$$W_{i,t} = \alpha_{i,t} + \sum_{j=1}^{k+1} \beta_{ij} \Delta X_{i,t-j} + \xi_{it} \qquad (5-47)$$

在式（5-47）中，检验统计量假定两种假设：零假设由 H_0 给出：$\sum_{j=1}^{k+1} \beta_{ij} - 1 = 0$，备择假设由 H_1 给出：$\sum_{j=1}^{k+1} \beta_{ij} - 1 < 0$ 并假定 W_{it} 固定不变。借助转换向量 $\boldsymbol{w}_i^* = \boldsymbol{A} \boldsymbol{W}_i = [W_{i1}^*,$ $W_{i2}^*, \cdots, W_{iT}^*]'$ 和 $\boldsymbol{x}_i^* = \boldsymbol{A} \boldsymbol{X}_i = [X_{i1}^*, X_{i2}^*, \cdots, X_{iT}^*]'$，构造以下检验统计量，即

$$\lambda = \frac{\left(\dfrac{1}{\sigma_i^2} \sum\limits_{i=1}^{N} \boldsymbol{w}_i^{*\prime} \boldsymbol{x}_i^{*\prime} \right)}{\sqrt{\dfrac{1}{\sigma_i^2} \sum\limits_{i=1}^{N} \boldsymbol{x}_i^{*\prime} \boldsymbol{A}' \boldsymbol{A} \boldsymbol{x}_i^*}} \qquad (5-48)$$

Levin 等借助横截面独立性假设，提出面板单位根检验，并指出面板单位的自回归系数具有同质性。依据 ADF 检验的假定表示为

$$\Delta X_{it} = \alpha_i + \beta_i X_{i,t-1} + \delta_i t + \sum_{j=1}^{k} \gamma_{ij} \Delta X_{i,t-j} + v_{it} \qquad (5-49)$$

式中：Δ 为一阶差分算子；X_{it} 为因变量；v_{it} 为方差为 σ^2 的白噪声干扰；$i = 1, 2, \cdots, N$ 表示地区数量；$t = 1, 2, \cdots, T$ 表示时间。

同时假设 $H_0 : \beta_i = 0$，$H_1 : \beta_i < 0$。其中，对应 Y_{it} 的备择假设是固定的。

检验基于统计量 $\tau_{\beta i} = \tilde{\beta}_i / \sigma(\tilde{\beta}_i)$，其中，$\tilde{\beta}_i$ 是 β_i 在式（5-49）中的 OLS 估计值，$\sigma(\tilde{\beta}_i)$ 是标准误差。Levinet 等发现，与单公式 ADF 检验相比，面板法有效增大了有限样本的估计区间。因此，研究中也可采用基于面板单位根检验的式（5-50）限制 β_i，即

$$\Delta X_{it} = \alpha_i + \beta X_{i,t-1} + \delta_i t + \sum_{j=1}^{k} \gamma_{ij} \Delta X_{i,t-j} + v_{it} \qquad (5-50)$$

在上述层面上，Levinet 给出假设，即

$$H_0 : \beta_1 = \beta_2 = \cdots = \beta = 0 \qquad H_1 : \beta_1 = \beta_2 = \cdots = \beta < 0$$

其中，检验统计量为 $\tau_{\beta i} = \tilde{\beta}_i / \sigma(\tilde{\beta}_i)$，$\tilde{\beta}_i$ 是 β 在式（5-50）中的 OLS 估计值，$\sigma(\tilde{\beta}_i)$ 为标准误差。

Im 等提出基于数组均值法的检验方法，即用式（5-49）的平均统计量 $\tau_{\beta i}$ 计算 $\overline{Z}$ 的统计量，即

$$\overline{Z} = [\bar{t} - E(\bar{t})] \frac{\sqrt{N}}{\sqrt{V(\bar{t})}} \qquad (5-51)$$

其中

$$\bar{t} = \frac{1}{N} \sum_{i=1}^{N} t_{\beta i}$$

式中：$E(\bar{t})$ 和 $V(\bar{t})$ 分别为 $t_{\beta i}$ 统计量的平均值和方差，通过模拟产生。$\overline{Z}$ 收敛于标准正态分布。该检验还基于平均个体单位根检验，用 $\bar{t} = \frac{1}{N} \sum_{i=1}^{N} t_{\beta i}$ 表示。

（2）面板协整检验分析。由于每个变量都包含一个面板单位根，因此，依托 Pedroni 给出的面板协整检验来验证变量间是否存在一种长期关系。

Pedroni 根据 Engle 和 Granger 给出的协整回归残差算法得出基于地区 N、观测值 T 和回归量 m 面板数据组成的假设统计量，即

$$W_{it} = \alpha_{i,t} + \lambda_{it} + \sum_{j=1}^{m} \beta_{j,i} X_{j,it} + \xi_{it} \tag{5-52}$$

式中：W_{it} 和 $X_{j,it}$ 为各水平的一阶自积。

Pedroni 提出了两组面板协整检验方法。第一组称为面板协整检验，以维度内方法为基础，包括 4 个统计量，即面板 v 统计量（Z_v）、面板 Rho 统计量（Z_ρ）、面板 PP 统计量（Z_{PP}）和面板 ADF 统计量（Z_{ADF}）。这些统计量包含了不同地区用于估计残差单位根检验的自回归系数，同时考虑了各个地区共同的时间因素和异质性。第二组称为组均面板协整检验，以维度间方法为基础，包括 3 个统计量，即组 Rho 统计量（$\overline{Z}_\rho$）、组 PP 统计量（$\overline{Z}_{PP}$）和组 ADF 统计量（$\overline{Z}_{ADF}$）。一般情况下，这些统计量与各地区残差单位根检验有关个体的自回归系数的平均值相关。

在零假设情况下，所有 7 个统计变量检验均表明不存在协整关系 $H_0: \rho_i = 0 \, \forall i$，而备择假设由 $H_1: \rho_i = \rho < 1 \, \forall i$ 给出。ρ_i 是备择假设下估计残差的自回归项，计算公式为

$$\dot{\xi}_{i,t} = \rho_i \cdot \xi_{i,t-1} + u_{i,t} \tag{5-53}$$

Pedroni 指出，当 T、$N \to \infty$ 满足下列条件时，所有 7 个统计量处于布朗运动中的独立运动，并呈标准渐近分布，有

$$\frac{Z - \mu \sqrt{N}}{\sqrt{v}} \underset{N,T \to \infty}{\Rightarrow} N(0,1) \tag{5-54}$$

其中 Z 是 7 个正态统计量之一，而 μ 和 v 由 Pedroni 给出。

（3）面板 FMOLS 和 DOLS 估计值。研究表明，协整向量的 OLS 估计量具有较好的收敛性，它们呈渐近分布，偏向性与数据序列相关的多余参数有关。对于面板数据而言，时间序列分析中存在的多种问题也可能出现，即使具有异质性，这些问题可能更加显著。

鉴于此，应采用有效的估计方法对协整向量进行检验，如 Phillips 和 Hansen 最初建议采用 FMOLS 估计量、Stock 建议采用 DOLS 估计量进行验证。对于面板数据，Kao 和 Chiang 证明这两种方法服从正态分布估计量。OLS 和 FMOLS 估计量虽具有较小的样本偏差，但 DOLS 估计量的表现特征优于这两个估计量。

对于回归量间的内生性问题，Pedroni 用相关估计量构建以下等式进行解决，即

$$W_{i,t} = \alpha_i + \beta_i X_{i,t} + \tau_{i,t} \tag{5-55}$$

式中，$W_{i,t}$、$X_{i,t}$ 与斜率 β_i 存在协整关系，斜率在 i 中可能均匀分布也可能不均匀分布。Pedroni 通过用内源性反馈效应控制回归量的滞后差异，增加协整回归性，给出公式

$$W_{i,t} = \alpha_i + \beta_i X_{i,t} + \sum_{k=-Ki}^{Ki} \gamma_{i,k} \Delta X_{i,t-k} + \tau_{i,t} \tag{5-56}$$

定义 $\omega_{i,t} = (\hat{\tau}_{i,t}, \Delta X_{i,t})$，$\omega_{i,t} = \lim_{T \to \infty} E\left[1/T \left(\sum_{t=1}^{T} \omega_{i,t} \right) \left(\sum_{t=1}^{T} \omega_{i,t} \right)' \right]$ 作为向量求解过程的长期协方差。其中，长期协方差矩阵可以分解为 $\boldsymbol{\Omega}_i = \boldsymbol{\Omega}_i^0 + \Gamma_i + \Gamma_i'$，$\boldsymbol{\Omega}_i^0$ 为同期协方差，

Γ_i 为自协方差的加权和。

因此，面板 FMOLS 估计量由下式给出，即

$$
\begin{cases}
\widetilde{\beta}_{\text{FMOLS}}^{*} = \dfrac{1}{N} \sum_{i=1}^{N} \Big\{ \Big[\sum_{t=1}^{T} (X_{i,t} - \overline{X}_i)^2 \Big]^{-1} \Big[\sum_{t=1}^{T} (X_{i,t} - \overline{X}_i) W_{i,t}^{*} - T\hat{\gamma}_i \Big] \Big\} \\[2ex]
W_{i,t}^{*} = W_{i,t} - \overline{W}_i - \dfrac{\widetilde{\Omega}_{2,1,i}}{\widetilde{\Omega}_{2,2,i}} \Delta X_{i,t} \\[2ex]
\hat{\gamma}_i = \hat{\Gamma}_{2,1,i} + \widetilde{\Omega}_{2,1,i}^{0} - \dfrac{\widetilde{\Omega}_{2,1,i}}{\widetilde{\Omega}_{2,2,i}} (\hat{\Gamma}_{2,2,i} + \widetilde{\Omega}_{2,2,i})
\end{cases}
\tag{5-57}
$$

Kao 和 Chiang 等将用于时间序列分析的 DOLS 方法用于面板数据分析，包括协整关系中的事前和滞后值（$\Delta X_{i,T}$），以及消除回归量和误差项间的相关性的估计量由式（5-56）给出。在此基础上，面板 DOLS 估计量可定义为

$$
\widetilde{\beta}_{\text{DOLS}}^{*} = \frac{1}{N} \sum_{i=1}^{N} \Big[\Big(\sum_{t=1}^{T} \mathbf{Z}_{i,t} \mathbf{Z}_{i,t}' \Big)^{-1} \Big(\sum_{t=1}^{T} \mathbf{Z}_{i,t} \widetilde{\mathbf{W}}_{i,t} \Big) \Big]
\tag{5-58}
$$

式中：$\mathbf{Z}_{i,t} = [X_{i,t} - \overline{X}_i, \Delta X_{i,t-K_i}, \cdots, \Delta X_{i,t+K_i}]$ 为回归量向量，而且 $\widetilde{\mathbf{W}}_{i,t} = W_{i,t} - \overline{W}_i$。

（4）面板 Granger 因果检验。研究中对面板 VECM 的估计值进行 Granger 因果检验，采用 VECM 面板自带的两步程序研究短期和长期动态的联系。第一步估计方程（5-45）和式（5-46）中的长期参数，以获得平衡偏差对应的残差；第二步估计有关短期调整的参数，由此产生的公式与面板 Granger 因果检验相结合。

对面板 A，有

$$
\begin{bmatrix}
\Delta C_{i,t} \\
\Delta Y_{i,t} \\
\Delta Y_{i,t}^2 \\
\Delta E_{i,t} \\
\Delta T_{i,t} \\
\Delta \text{MAN}_{i,t} \\
\Delta \text{MHDI}_{i,t}
\end{bmatrix}
=
\begin{bmatrix}
\phi_{i,1} \\
\phi_{i,2} \\
\phi_{i,3} \\
\phi_{i,4} \\
\phi_{i,5} \\
\phi_{i,6} \\
\phi_{i,7}
\end{bmatrix}
+
\begin{bmatrix}
\theta_{1,1,k} & \theta_{1,2,k} & \theta_{1,3,k} & \theta_{1,4,k} & \theta_{1,5,k} & \theta_{1,6,k} & \theta_{1,7,k} \\
\theta_{2,1,k} & \theta_{2,2,k} & \theta_{2,3,k} & \theta_{2,4,k} & \theta_{2,5,k} & \theta_{2,6,k} & \theta_{2,7,k} \\
\theta_{3,1,k} & \theta_{3,2,k} & \theta_{3,3,k} & \theta_{3,4,k} & \theta_{3,5,k} & \theta_{3,6,k} & \theta_{3,7,k} \\
\theta_{4,1,k} & \theta_{4,2,k} & \theta_{4,3,k} & \theta_{4,4,k} & \theta_{4,5,k} & \theta_{4,6,k} & \theta_{4,7,k} \\
\theta_{5,1,k} & \theta_{5,2,k} & \theta_{5,3,k} & \theta_{5,4,k} & \theta_{5,5,k} & \theta_{5,6,k} & \theta_{5,7,k} \\
\theta_{6,1,k} & \theta_{6,2,k} & \theta_{6,3,k} & \theta_{6,4,k} & \theta_{6,5,k} & \theta_{6,6,k} & \theta_{6,7,k} \\
\theta_{7,1,k} & \theta_{7,2,k} & \theta_{7,3,k} & \theta_{7,4,k} & \theta_{7,5,k} & \theta_{7,6,k} & \theta_{7,7,k}
\end{bmatrix}
\begin{bmatrix}
\Delta C_{i,t-k} \\
\Delta Y_{i,t-k} \\
\Delta Y_{i,t-k}^2 \\
\Delta E_{i,t-k} \\
\Delta T_{i,t-k} \\
\Delta \text{MAN}_{i,t-k} \\
\Delta \text{MHDI}_{i,t-k}
\end{bmatrix}
$$

$$
+
\begin{bmatrix}
\lambda_1 \\
\lambda_2 \\
\lambda_3 \\
\lambda_4 \\
\lambda_5 \\
\lambda_6 \\
\lambda_7
\end{bmatrix}
\text{ECT}_{i,t-1}
+
\begin{bmatrix}
\psi_{,i,t} \\
\psi_{2,i,t} \\
\psi_{3,i,t} \\
\psi_{4,i,t} \\
\psi_{5,i,t} \\
\psi_{6,i,t} \\
\psi_{7,i,t}
\end{bmatrix}
\tag{5-59}
$$

面板 B，有

$$
\begin{bmatrix}
\Delta \mathrm{GS}_{i,t}^- \\
\Delta \mathrm{HDI}_{i,t} \\
\Delta \mathrm{HDI}_{i,t}^2 \\
\Delta E_{i,t} \\
\Delta T_{i,t} \\
\Delta \mathrm{MAN}_{i,t} \\
\Delta \mathrm{RL}_{i,t}
\end{bmatrix}
=
\begin{bmatrix}
\omega_{i,1} \\
\omega_{i,2} \\
\omega_{i,3} \\
\omega_{i,4} \\
\omega_{i,5} \\
\omega_{i,6} \\
\omega_{i,7}
\end{bmatrix}
+
\begin{bmatrix}
\bar{\omega}_{1,1,k} & \bar{\omega}_{1,2,k} & \bar{\omega}_{1,3,k} & \bar{\omega}_{1,4,k} & \bar{\omega}_{1,5,k} & \bar{\omega}_{1,6,k} & \bar{\omega}_{1,7,k} \\
\bar{\omega}_{2,1,k} & \bar{\omega}_{2,2,k} & \bar{\omega}_{2,3,k} & \bar{\omega}_{2,4,k} & \bar{\omega}_{2,5,k} & \bar{\omega}_{2,6,k} & \bar{\omega}_{2,7,k} \\
\bar{\omega}_{3,1,k} & \bar{\omega}_{3,2,k} & \bar{\omega}_{3,3,k} & \bar{\omega}_{3,4,k} & \bar{\omega}_{3,5,k} & \bar{\omega}_{3,6,k} & \bar{\omega}_{3,7,k} \\
\bar{\omega}_{4,1,k} & \bar{\omega}_{4,2,k} & \bar{\omega}_{4,3,k} & \bar{\omega}_{4,4,k} & \bar{\omega}_{4,5,k} & \bar{\omega}_{4,6,k} & \bar{\omega}_{4,7,k} \\
\bar{\omega}_{5,1,k} & \bar{\omega}_{5,2,k} & \bar{\omega}_{5,3,k} & \bar{\omega}_{5,4,k} & \bar{\omega}_{5,5,k} & \bar{\omega}_{5,6,k} & \bar{\omega}_{5,7,k} \\
\bar{\omega}_{6,1,k} & \bar{\omega}_{6,2,k} & \bar{\omega}_{6,3,k} & \bar{\omega}_{6,4,k} & \bar{\omega}_{6,5,k} & \bar{\omega}_{6,6,k} & \bar{\omega}_{6,7,k} \\
\bar{\omega}_{7,1,k} & \bar{\omega}_{7,2,k} & \bar{\omega}_{7,3,k} & \bar{\omega}_{7,4,k} & \bar{\omega}_{7,5,k} & \bar{\omega}_{7,6,k} & \bar{\omega}_{7,7,k}
\end{bmatrix}
\begin{bmatrix}
\Delta \mathrm{GS}_{i,t-k}^- \\
\Delta \mathrm{HDI}_{i,t-k} \\
\Delta \mathrm{HDI}_{i,t-k}^2 \\
\Delta E_{i,t-k} \\
\Delta T_{i,t-k} \\
\Delta \mathrm{MAN}_{i,t-k} \\
\Delta \mathrm{RL}_{i,t-k}
\end{bmatrix}
$$

$$
+
\begin{bmatrix}
\gamma_1 \\
\gamma_2 \\
\gamma_3 \\
\gamma_4 \\
\gamma_5 \\
\gamma_6 \\
\gamma_7
\end{bmatrix}
\mathrm{ECT}_{i,t-1}
+
\begin{bmatrix}
\nu_{1,i,t} \\
\nu_{2,i,t} \\
\nu_{3,i,t} \\
\nu_{4,i,t} \\
\nu_{5,i,t} \\
\nu_{6,i,t} \\
\nu_{7,i,t}
\end{bmatrix}
\tag{5-60}
$$

式中：Δ 项表示一阶差分；$\phi_{i,j}$，ω_i，i，j，$k=1,2,3,4,5,6,7$，表示地区固定效应；$i(i=1,2,\cdots,m)$ 为西沃兹信息准则（SIC）确定的最佳滞后长度；$\mathrm{ECT}_{i,t-1}$ 为长期协整关系衍生的估计滞后误差校正项；λ_j 和 γ_k 项为调整系数；$\psi_{j,i,t}$ 和 $\nu_{k,i,t}$ 为干扰项，假定与零平均值无关。

将式（5-45）和式（5-46）中估计的滞后残差定义为 ECT，估计与两个短期模型相关的参数为

$$
\mathrm{EKC}\ \mathrm{ECT}_{i,t}=C_{i,t}-\tilde{\alpha}_{1,i}Y_{i,t}-\tilde{\alpha}_{2,i}Y_{i,t}^2-\tilde{\alpha}_{3,i}E_{i,t}-\tilde{\alpha}_{4,i}T_{i,t}-\tilde{\alpha}_{5,i}\mathrm{MAN}_{i,t}-\tilde{\alpha}_{6,i}\mathrm{MHDI}_{i,t}
\tag{5-61}
$$

$$
\mathrm{MECK}\ \mathrm{ECT}_{i,t}=\mathrm{GS}_{i,t}^- -\tilde{\beta}_{1,i}\mathrm{HDI}_{i,t}-\tilde{\beta}_{2,i}\mathrm{HDI}_{i,t}^2-\tilde{\beta}_{3,i}E_{i,t}-\tilde{\beta}_{4,i}T_{i,t}-\tilde{\beta}_{5,i}\mathrm{MAN}_{i,t}-\tilde{\beta}_{6,i}\mathrm{RI}_{i,t}
\tag{5-62}
$$

5. 实证结果

在 1% 的显著性水平下，3 个单位根检验一致证实，10 个控制单元的所有变量为一阶自积，即 $I(1)$。表 5-40 显示了单位根检验的结果。

表 5-40　　　　　　　　　　面板数据单位根测试结果

明细	类型	C	Y	E	T	CS	HDI	RL
Breitung	平均	−0.662	2.568	−0.386	−1.693	−2.362	−0.078	−1.408
	Δ	−8.443	−7.330	−6.549	−7.747	−4.184	−6.175	−8.136
LLC	平均	−0.219	1.004	−0.416	0.037	−2.095	−0.695	−1.595
	Δ	−12.428	−8.644	−6.209	−8.851	−12.617	−5.627	−6.618
IPS	平均	−0.681	−1.729	−0.172	0.928	−1.658	−1.658	1.632
	Δ	−17.124	−12.009	−8.430	−15.582	−6.640	−8.660	−6.624

注　1. 所有变量用自然对数标识。Δ 表示一阶差分。Breitung 为无效假设，LLC 和 IPS 用于非平稳测试检验。滞后选择基于西沃兹信息准则（SIC）。

　　2. * 在 1% 显著性水平下的统计检验（p 值是在圆括号中）。

由于变量在面板 EKC 和面板 MEKC 的一阶差分均固定不变，本书采用 Pedroni 的相关公式进行协整检验。表 5-41 对 Pedroni 协整检验的结果进行了表述。结果表明，所有统计量均具有存在的必要，不存在协整关系的零假设被拒绝的情况；变量是协整的，式（5-45）和式（5-46）中的所有变量间存在两项长期均衡关系。

表 5-41　　　　　　　　　　　面板数据的协整统计和结果

统计尺度	面板 EKC		面板 MEKC	
维度内	检验统计结果	概率	检验统计结果	概率
面板 v-stat	-4.286^*	0.0005	-2.459^*	0.009
面板 r-stat	-1.369^{**}	0.03	-2.993^*	0.004
面板 PP-stat	-4.246^*	0	-3.659^*	0.001
面板 ADF-stat	-4.435^*	0	-3.715^*	0.0004
维度间				
种群 r-stat	-1.983^{**}	0.03	-2.351^{**}	0.01
种群 PP-stat	-4.331^*	0	-4.287^*	0
种群 ADF-stat	-3.248^*	0.001	-4.721^*	0

注　Pedroni 测试的无效假设验证数据缺少协整性。滞后选择基于最大滞后步长为 5 的西沃兹信息准则。

*　在 1% 显著性水平下的统计检验。

**　在 5% 显著性水平下的统计检验。

表 5-42、表 5-43 分别提供了 EKC 和 MEKC 的面板的 FMOLS 和 DOLS 估计结果。所有变量均用自然对数表示。长期协整关系的估计系数可用长期弹性表示。这些参数在 1% 的显著性水平下对总体结果的影响较为显著。标准 EKC 假设的验证结果表明，EKC 模型［即式（5-45）］的人均污废水排放量与人均实际 GDP 之间以及 MEKC 模式［即式（5-46）］的人均实际收入水平（GS^-）与 HDI 间存在倒 U 形关系。鉴于此，EKC 和 MEKC 模型的假设均得到验证。

表 5-42　　　　基于面板 FMOLS 和 DOLS EKC（C 作为因变量）计算结果

面板	Y	Y^2	E	T	MAN	MHDI	C
FMOLS	2.097^*	-0.152^*	0.726^*	0.218^*	0.074^*	1.683^*	-6.218^*
DOLS	2.083^*	-0.149^*	$0.714^*(0.001)$	$0.214^*(0.0001)$	0.069^*	2.117^*	-8.480^*

注　表中符号意义同表 5-41。

表 5-43　　　基于面板 FMOLS 和 DOLS 的 MEKC 计算结果（GS^- 作为因变量）

面板	HDI	HDI^2	E	T	MAN	RL	C
FMOLS	$1.897^*(0.002)$	$-1.025^*(0.008)$	1.175^*	$0.226^*(0.0001)$	0.066^*	$-0.015^*(0.005)$	-6.468^*
DOLS	$2.096^*(0.0004)$	$-1.020^*(0.005)$	1.125^*	0.280^*	0.068^*	$-0.020^*(0.004)$	-5.972^*

注　表中符号意义同表 5-41。

对于表 5-42 中的面板 EKC 模型，Y、Y^2、E、T、MAN 和 MHDI 的面板 FMOLS 估计系数分别为 2.097、-0.152、0.726、0.218、0.074 和 1.683。意味着在长期情况

下，人均污废水排放量对人均实际 GDP 的弹性为 $2.097-0.304Y$。人均水资源消耗量每提高 1%，人均污废水排放量增加 0.726%；贸易开放度每提高 1%，人均污废水排放量增加 0.218%；生产附加值每提高 1%，人均污废水排放量增加 0.074%；MHDI 每提高 1%，人均污废水排放量增加 1.683%。Y、Y^2、E、T、MAN 和 MHDI 的面板 DOLS 估计系数分别为 2.083、-0.149、0.714、0.214、0.069 和 2.117。在长期情况下，人均污废水排放量对人均实际 GDP 的弹性为 $2.081-0.298Y$；人均水资源消耗每提高 1%，人均污废水排放量增加 0.714%；贸易开放度每提高 1%，人均污废水排放量增加 0.214%；生产附加值每提高 1%，人均污废水排放量增加 0.069%；MHDI 每提高 1%，人均污废水排放量增加 2.117%。

对于表 5 - 43 中的面板 MEKC 模型，HDI、HDI^2、E、T、MAN 和 RL 的面板 FMOLS 估计系数分别为 1.897、-1.025、1.175、0.226、0.066 和 -0.015。在长期情况下，人均 GS^- 对 HDI 的弹性为 $1.897-2.050HDI$；人均水资源消耗每提高 1%，人均 GS^- 增加 1.175%；贸易交换程度每提高 1%，人均 GS^- 增加 0.226%；生产附加值每提高 1%，人均 GS^- 增加 0.066%；RL 每提高 1%，人均 GS^- 降低 0.015%。HDI、HDI^2、E、T、MAN 和 RL 的面板 DOLS 估计系数分别为 2.096、-1.020、1.125、0.280、0.068 和 -0.020。在长期情况下，人均 GS^- 对 HDI 的弹性为 $2.096-2.040HDI$；人均水资源消耗每提高 1%，人均 GS^- 增加 1.125%；贸易开放度每提高 1%，人均 GS^- 增加 0.280%；生产附加值每提高 1%，人均 GS^- 增加 0.068%；RL 每提高 1%，人均 GS^- 降低 0.020%。

对于 EKC 模型估计结果表明，人均 GDP、人均水资源消耗、贸易开放、生产附加值和 MHDI 对人均污废水排放量产生较大影响。此外，ECT 在 1% 显著性水平下具有重要统计学意义，因为此时所有变量对长期均衡表现出相对缓慢的调整速度。

对于 MEKC 模型估计结果表明，HDI、水资源消耗、贸易交换程度、生产附加值和 RL 对人均 GS^- 产生一定影响。此外，ECT 在 10% 显著性水平下具有重要统计学意义，因为此时所有变量对长期均衡表现出相对缓慢的调整速度。

6. 结语

以往对 EKC 研究的文献较多，但涉及发展可持续性层面较少。为此，本研究采用两种模式研究区域可持续发展与污染物排放间的关系：①基于传统的 EKC 文献，主要参量包括人均污废水排放量、人均 GDP、人均水资源消耗、区域贸易交换程度、生产附加值、不包括 GDP 的修正 HDI；②提出改进 EKC 曲线的新概念，将人均负 GS、HDI、人均水资源消耗、区域贸易交换程度、生产附加值和水环境容量总量控制法规相关联，作为控制污染物排放的一个重要治理维度。

研究采用 1990—2010 年期间浑河流域 10 个区域构建面板模型，并用 3 种不同的面板单位根检验支持一阶自积即 $I(1)$ 的所有面板变量。借助 Pedroni 的面板协整检验结果，证实所有面板变量存在协整关系。

对于 EKC、FMOLS 和 DOLS 系数对 Y、Y^2、E、T、MAN 和 MHDI 的"平均值"分别为 2.090、-0.150、0.720、0.216、0.072 和 1.890；在长期情况下，人均污废水排放量对人均实际 GDP 的弹性为 $2.090-0.300Y$；人均水资源消耗每提高 1%，人均污废

水排放量增加约 0.720%；区域贸易开放度每提高 1%，人均污废水排放量增加约 0.216%；生产附加值每提高 1%，人均污废水排放量增加约 0.072%；MHDI 每提高 1%，人均污废水排放量增加约 1.890%。

水环境保护和区域可持续发展间的短期和长期因果关系结果对水环境保护政策的实施具有重要影响。由于与 EKC 相关联的所有系数都具有统计学意义，EKC 和 MEKC 的变量间存在长期和短期双向关系，其普遍意义表现在：①对于 EKC，难以在发展的第一阶段实现具有积极资本积累过程的可持续水平。满足基本的 HD 需求是该目标的必要条件，而环境保护则被视为次级商品。通过应用 MEKC，不可持续增长途径在中等发展水平下有所减少，使用 EKC 遏制水环境恶化趋势在高收入水平条件下才能出现。②HD 表示在将来达到并保持更高可持续发展水平的有效手段。如果对 HD 进行适当的投资，资源诅咒可能不会发生，从而对减少水污染和提高区域可持续发展水平产生积极影响。③涉及贸易交换过程的具体作用。根据 Stiglitz 的研究，贸易交换和外商直接投资（FDI）的流入对环境保护政策的质量具有积极影响。在这个层面上，其他条件不变情况下的区域一体化可能是促使贸易和资本流入不断增加的地区改善环境的观念所在。同时，为了避免宽松法治产生较高的污染物超标排放，流域整体管理层面应考虑制定控制污染物超排的制裁措施，减少污染转移问题的发生。

第6章 浑河流域水环境容量总量分配

浑河流域水系作为辽河的一级支流，近年来，环境问题日益严重。主要污染物排放总量居高不下，远远超过河流水体的环境容量；入河排污口水质污染严重，普遍超过排放标准；流域农业、化肥残留、畜禽养殖和农村居民的生活污水和垃圾等面源污染直排入河，污染河水，破坏了河流两岸的自然生态。国家与各级部门针对浑河流域的水资源与水环境问题，开展了相关的研究工作，但是缺乏对浑河流域水环境管理问题的系统研究，尤其在基于水环境容量总量控制的基础上对浑河的研究鲜有人开展。水环境容量总量控制的实施既是构成水环境管理基础框架的重要组成，也是保障流域水健康、促进流域内区域经济社会可持续发展的重要举措。

美国于20世纪60年代开始对总量控制指标分配方法进行研究，是较早实施水环境容量总量控制的国家。美国自实施水质目标为限的排放总量控制以来，当前已对控制富营养化为目标的氮、磷等物质总量进行了有效控制。水环境容量总量分配过程中涉及污染源数量众多。中国在水环境容量或目标总量控制基础上，基于经济优化分配原则或公平合理原则对污染物允许排放量分配进行研究。当前基于经济分配和最优化理论的分配方法难以满足公平原则、无法反映出污染源的负荷分配是否符合环境变化特征。因此，应在充分考虑科学、环境、经济指标的基础上，在满足当地水功能分区水质目标约束条件下进行水环境容量的二次分配。王勤耕通过引入"平权函数"和"平权排污量"保证初始排污权分配的现实性和公平性，借助"有效环境容量"确保初始排污权分配与环境质量目标的一致性。李嘉等以河流水质监测段达标为目标，在充分考虑污染源对水环境容量资源竞争排他的基础上，构建河段各污染源排污量限制和排污浓度限制的协同控制模型，借助合作博弈模型实现对污染源的协同控制。王媛在考虑区域GDP、人口、水文、环境等影响因素的基础上，以加权信息熵最大化为目标，构建基于公平排污权准则的污染物总量分配方案；盛虎以经济与人口作为着眼点，借助层次分析和基尼系数交换反馈法合理分配邛海流域的水环境容量总量；陈培帅依据水环境容量计算公式对重庆主城区两江水环境容量总量进行计算，借助经济结构和水环境容量间的联系，对水环境容量初始值进行二次分配。

对研究流域进行现状水质评价的基础上，找出超标控制因子，同时结合污染源评价，找出主要污染源作为总量控制对象。研究中，依据流域水体污染现状，可选取COD、NH_3-N为总量控制因子，以水功能区设计水文条件下超标因子的水环境容量为控制依据，结合计算单元经济社会现状及规划水平年流域的水质保护目标提出流域水环境容量分配方案。

研究中为回避整体直接分配的技术、管理的复杂性，以及局部按控制单元计算允许排放量繁琐、可行性差的缺点，结合水环境管理的分级分区控制规划体系，将浑河流域整体规划分成浑河、太子河、大辽河 3 个局部层面规划，局部整体之间可进行贸易和排污权交易优化资源配置，规划内部计算单元、排污口间通过水量调配和产污量削减实现排污控制上限和污染物现状优化排放量，降低问题的复杂程度并与环境管理机构、行政区域相适应，实现流域、区域的容量计算和总量控制规划在多层次的基础上进行。

6.1 安全裕量

为抵消容量总量与受纳水体水质间的不确定性并防御突发的水污染风险，水环境容量分配首先应留有一定的安全裕量。由于水环境数据的不完善，以及土地利用、水文、气象数据系列的不连贯、不系统性等问题的存在，安全裕量分析成为减少水环境容量分配和管理过程产生的不确定性误差的主要策略。美国 TMDL 虽已提及安全裕量的计算方法，但不确定性影响因素众多，造成定量化计算缺少科学依据，尚未形成一个科学规范的计算方法。

对 MOS 的定量化及其负荷分配研究是推动 TMDL 策略完善的关键。研究借助污染物总量负荷（TMDL）的相关研究成果，阐述安全裕量（MOS）的特征。结合 MOS 的表现形式，给出隐式、显式、FOEA 计算 MOS 的流程。在梳理以往研究成果的基础上，从MOS 的产生机理出发，给出与污染物总量控制相关的 MOS 计算过程。

6.1.1 研究状况

安全裕量是美国典型 TMDL 文件中包含的基本要素之一，通常指基于谨慎性考虑对环境容量（纳污能力）的预留部分。安全裕量包括显性或隐性两种形式。污染物最大日负荷量（TMDL）一般由污染点源负荷、污染面源负荷、水体自然背景负荷、安全裕量（MOS）构成。MOS 主要由污染负荷和河流湖库水质之间关系的不确定性引起。TMDL计划中污染物的安全裕量通常占环境容量的 5% 左右，而在我国的流域水环境治理规划中，安全裕量的设计值偏低，甚至没有。

目前对 MOS 尚缺少科学的计算方法，采用的计算依据有：依据经验分析确定不同污染物的不确定数量的比例、直接减去总负荷中一定数量的负荷量。安全裕量作为管理预留和保守分析的部分，由于自身的不确定性，不宜参与总量分配过程。

MOS 可能是隐含的（在分析过程中借助一定的假设条件与 TMDL 进行整合）或潜在的（作为 TMDL 的一部分）。对安全裕量的计算，主要采用凭经验评估、分析模型的不确定性两种方法。为减小预测过程中的人为误差，项目借助经验法量化不确定性因素给安全裕量造成的影响。基于 TMDL 的实施框架，学者对 MOS 的不确定性分析方法从定性分析到定量计算层面进行了深入研究。自 EPA 对 MOS 给出显性和隐性表述方法后，研究者借助敏感性分析、FOEA(First Order Error Analysis)、蒙特卡罗模拟法对 MOS 确定过程中的相关因素进行定量判定。Zhang 等利用 FOEA 确定 TMDL 分配过程中的 MOS，详细阐述了 FOEA 的计算步骤。当前的研究，通常以 TMDL 优化分配为依据，探讨基于不确定性分析的安全裕量计算方法。

FOEA 由于具有计算效率高、模型参数输出便捷的特点，同时易于构建污染物负荷

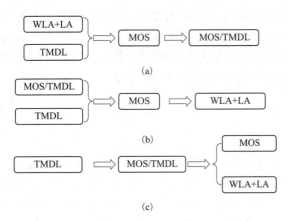

图 6-1　隐式、FOEA、显式计算 MOS 的流程
(a) 隐式；(b) FOEA；(c) 显式

和 FOEA 输出浓度间的对应关系，被用来在 TMDL 计算中量化 MOS。隐式、显式、FOEA 计算 MOS 的流程如图 6-1 所示。

TMDL 计划作为进行水质管理的一种有效策略，其实施的有效性受到水体纳污能力/水环境容量、面源污染负荷产生过程的不确定性、水质模型参数率定和系统不完整性的影响。基于对我国水环境管理现状与发展趋势的分析，对 MOS 估算方法的科学性和对 MOS 评价范围的合理性等问题，是限制 TMDL 技术应用的最大制约因素。因此，对 MOS 的定量化及其负荷分配研究是推动 TMDL 策略完善的重要方面。

6.1.2　计算方法

流域污染负荷与受纳水体水质类型间的不确定性，导致在污染负荷削减过程中需要设定一定的安全裕量，用以确保水质控制目标的实现。受经验积累和数据来源的限制，在安全裕量的确定过程中，会出现理论值偏高（水质目标脱离实际）或偏低（水质无法达标）的现象。在对以往的研究成果进行梳理的基础上，从 MOS 的产生机理出发，给出与污染物总量控制相关的 MOS 计算过程，为进行研究区污染物容量总量分配提供依据。

1. 基于 TMDL 污染负荷总量

在考虑季节性变动和安全裕量变化对点源和面源污染负荷造成影响的基础上，TMDL 计划应针对特定的目标水体展开。在执行 TMDL 计划过程中，通过对超标污染物进行筛选，确定目标水体同化容量；核算排入目标水体的污染物总量，确定水体允许污染负荷总量；最后，在保证水体达标的前提下，考虑 MOS，将水体允许的污染负荷总量分配到各个污染源。因此，研究中通常借助 TMDL 计算公式，反推 MOS。计算框架为

$$TMDL = WLA + LA + PI + MOS \tag{6-1}$$

式中：WLA 为允许的点源污染负荷；LA 为面源污染负荷；PI 为内源污染负荷；MOS 为安全裕量。

流域水体的内源污染与长时间的污染积累和污染物的本底状况相关，短时间内受人为影响的程度较小。在考虑变异系数和敏感系数的基础上，流域污染负荷和安全裕量的关系见图 6-2。

为减少污染负荷与受纳水体水质之间关

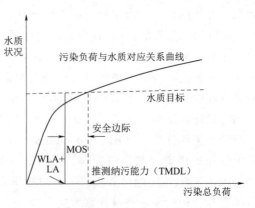

图 6-2　流域污染负荷和安全裕量的关系

系的不确定性影响，研究中也可根据实际水环境状况的研究成果，采用一定比例的TMDL负荷作为安全裕量。如学者采用 TMDL 的 10% 作为武汉市东湖污染负荷的安全临界值，符合 EPA 给出的安全临界值为 5%～10%TMDL 的建议。研究案例中，依据污染物种类、模型精度及实际水环境管理需求，给出安全裕量的取值范围，见表 6-1。

表 6-1　　　　　　　　　　典型 TMDL 研究中安全裕量的取值

污染物控制类型	安全余量所占比例/%	污染物控制类型	安全裕量所占比例/%
多氯联苯/PCB	5	病原体	5
营养盐	7	重金属/酸碱性	5
营养盐	5		

确定安全临界值 MOS 的作用在于抵消由于污染负荷及受纳水体水质关系的不确定性对污染负荷削减产生的影响。流域水体受到面源污染的影响，导致污染负荷与水质间关系不确定性日益明显。在考虑保守水文条件对水环境容量影响的基础上，相关的研究以一定比例的面源污染负荷作为 MOS。

2. 不确定性分析法

MOS 的不确定性分析法，通过对水环境容量/水体纳污能力计算结果的不确定性因素进行量化分析，据此确定 MOS 的取值。研究的重点在于参数的不确定分析。当前普遍采用的分析方法有 MCS（Monte - Carlo - Simulation）和 FOEA 两种。

MCS 方法应用广泛、发展迅速，能够较好地解决模型参数的后验分布问题，利于不确定性参数的确定。但 MCS 计算所需的数据量大，分析时间长。运用 FOEA 方法计算过程中，假定模型的变量满足线性规律，可用变量的中值替代概率分布下的均值。采用一阶泰勒公式将模型在参数取值点处展开，据此给出参数样本离散系数与模拟值样本离散系数的关系，确定模型的不确定性。

流域水环境容量计算过程中输入数据和参数众多，为避免不确定性分析过程的繁琐工作量，应首先确定影响模型计算结果的关键参数。在关键参数取值样本范围内模拟值变幅满足控制目标限值的情况下，模型实际参数取值得出的模拟值与最大计算值之间的差值，即为基于模型不确定性分析得出的安全裕量。

3. 联合法

为准确计算非线性安全裕量方程的可靠性指标，研究中将验算点法、中心点法进行整合，将安全裕量在计算点处进行 Taylor 展开，减小了误差，提高了安全裕量方程的计算精度。

假设安全裕量方程中的各个变量相互独立。将非线性安全裕量方程在验算点 X^* 和它两侧适当位置处进行 Taylor 展开。安全裕量方程为

$$M = g(x_1, x_2, \cdots, x_n) = 0 \tag{6-2}$$

通过迭代法进行验算点 X^* 的计算，即

$$X^* = \mu_i - \beta \sigma_i \alpha_i \tag{6-3}$$

$$a_i = \frac{\left.\frac{\partial g}{\partial x_i}\right|_{x^*} \sigma_i}{\sqrt{\sum_{i=1}^{n}\left(\left.\frac{\partial g}{\partial x_i}\right|_{x^*} \sigma_i\right)^2}} \qquad \beta = \frac{g(X^*) + \sum_{i=1}^{n}(\mu_{Xi} - X_i^*)\left.\frac{\partial M}{\partial X_i}\right|_{x^*}}{\sum_{i=1}^{n}\alpha_i \sigma_{Xi}\left.\frac{\partial M}{\partial X_i}\right|_{x^*}} \qquad (6-4)$$

依据上述方法，通过迭代法计算检验点 X^*。

中心点 X^0 和 X' 为检验点 X^* 两侧的展开点。中心点 X^0、X' 到检验点 X^* 的距离分别用 Δ_i 和 Δ'_i 表示。表达形式为

$$\begin{cases} \Delta_i = x_i^0 - x_i^* \\ \Delta'_i = x_i'^0 - x_i^* \end{cases} \qquad (6-5)$$

经过变换后，得到

$$\begin{cases} \Delta = x_1^0 - x_1^*, x_2^0 - x_2^*, \cdots, x_n^0 - x_n^* \\ X' = X^* + \Delta' = x_1^* + \Delta'_1, x_2^* + \Delta'_2, \cdots, x_n^* + \Delta'_n \end{cases} \qquad (6-6)$$

取另一点 X'，与验算点 X^* 相差

$$\Delta'_i = -c_i \Delta_i + k_i c_i \qquad (6-7)$$

如果 $x_i^0 = x_i^*$，则 $k_i = 1$；否则 $k_i = 0$，故

$$\Delta' = -c_1(x_1^0 - x_1^*) + k_1 c_1, -c_2(x_2^0 - x_2^*) + k_2 c_1, \cdots, -c_n(x_n^0 - x_n^*) + k_n c_1 \qquad (6-8)$$

$$X' = \Delta' + X^* = x_1^* - c_1(x_1^0 - x_1^*) + k_1 c_1, x_2^* - c_2(x_2^0 - x_2^*) + k_2 c_2, \cdots, -c_n(x_n^0 - x_n^*) + k_n c_n$$

$$\qquad (6-9)$$

式中，c_i 为正数，通常取值范围为（0，1）。因此，在验算点 X^* 两侧存在两个展开点 X^0 和 X'。

在点 X^0、X'、X^* 进行 Taylor 一级展式，即

$$M_1 = g(X^0) + \sum_{i=1}^{n} \left.\frac{\partial g}{\partial x_i}\right|_{X^0} (x_i - x_i^0) \qquad (6-10)$$

$$M_2 = g(X') + \sum_{i=1}^{n} \left.\frac{\partial g}{\partial x_i}\right|_{X'} (x_i - x'_i) \qquad (6-11)$$

$$M_3 = g(X^*) + \sum_{i=1}^{n} \left.\frac{\partial g}{\partial x_i}\right|_{X^*} (x_i - x_i^*) \qquad (6-12)$$

对式（6-10）至式（6-12）进行标准化变换，给出安全裕量方程，即

$$M_1 = a_0 + a_1 Z_1 + a_2 Z_2 + \cdots + a_n Z_n = 0 \qquad (6-13)$$

$$M_2 = b_0 + b_1 Z_1 + b_2 Z_2 + \cdots + b_n Z_n = 0 \qquad (6-14)$$

$$M_3 = c_0 + c_1 Z_1 + c_2 Z_2 + \cdots + c_n Z_n = 0 \qquad (6-15)$$

借助式（6-13）至式（6-15）可以得到 3 个可靠性指标 β^0、β'、β^*。在比较 3 个指标大小的基础上，得到以下公式。

（1）如果 $\beta^* \geqslant \max(\beta^0, \beta')$，失效区在失效函数的凹陷一侧。联合式（6-13）和式（6-14），进行两失效点对应的失效模数间的相关系数计算，即

$$\rho_{12} = \frac{\mathrm{cov}(M_1, M_2)}{\sigma M_1 \cdot \sigma M_2} = \frac{\displaystyle\sum_{i=1}^{n} a_i b_i}{\sqrt{\displaystyle\sum_{i=1}^{n} a_i^2 \sum_{i=1}^{n} b_i^2}} \tag{6-16}$$

两失效模式的可靠性指标分别为

$$\begin{cases} \beta_1 = \dfrac{\mu_{M_1}}{\sigma_{M_1}} = \dfrac{a_0}{\sqrt{\displaystyle\sum_{i=1}^{n} a_i^2}} \\[6mm] \beta_2 = \dfrac{\mu_{M_2}}{\sigma_{M_2}} = \dfrac{b_0}{\sqrt{\displaystyle\sum_{i=1}^{n} b_i^2}} \end{cases} \tag{6-17}$$

失效概率 P_{12} 和可靠性指标计算公式为

$$\begin{cases} P_{12} = \Phi(-\beta) \\ \beta = \Phi^{-1}(1 - P_{12}) \end{cases} \tag{6-18}$$

(2) 当 $\beta^* \leqslant \max(\beta^0, \beta')$ 时，安全裕量的失效概率和可靠性指标计算公式为

$$\begin{cases} P_f = P_1 + P_2 - P_{12} \\ \beta = \Phi^{-1}(1 - P_f) = \Phi^{-1}(1 - P_1 - P_2 + P_{12}) \end{cases} \tag{6-19}$$

利用此方法计算的安全裕量，更加接近实际情况，可靠性指标精度较高。

6.1.3 安全裕量取值

安全裕量考虑了水环境容量总量分配中的不确定性因素，取值主要基于以下几点。

(1) 对于毒性较大或危害较大的可降解污染物，借鉴保守物质假设确定安全裕量范围。取值大小取决于污染物的降解速率，越高越安全。

(2) 对于径污比大的河流，不考虑污染物的降解能力，不进行安全裕量取值。

(3) 对于一般的可降解污染物质，采用偏安全的降解速率，将安全裕量取为 $10\%\sim 20\%$，通常选取偏严的经验数据。

(4) 在多目标约束中采用最严约束，如采用一维模型计算河流的分配容量时，利用混合区限制进行排放量校核，校核减排的部分作为安全裕量。

(5) 对所有水质目标标准值降低 10% 对应的水环境容量。

(6) 对所有或重点排放源的分配降低 10% 对应的水环境容量。

为兼顾浑河流域经济发展的需要，预留一部分总量作为建设项目的发展用量或调节指标备用，但预留指标不得超过区域水环境容量总量控制指标的 15%。受浑河流域污染物排放、水环境监测数据限值，研究中借鉴前人对辽河及北方相似下垫面及水文条件河流的水环境容量安全裕量的研究成果，依据美国环保局（EPA）提出的安全裕量 MOS 的特性及变化影响因素，取 10% 的水环境容量作为安全裕量。因此，在考虑安全裕量的情况下，为保证区域污染物减排和经济发展双赢，浑河流域参与分配的水环境容量总量为不同情境下给定的容量值的 90%。

安全裕量值的确定，为合理分配计算分区的污染物容量总量，实现"排污口（直排

口）—子流域（支流）—流域/干流"的分配过程提供依据。

6.2　水环境容量分配方法

在兼顾公平性与效率性的基础上，流域水污染物总量分配依据公平、合理、经济可行的原则，并考虑流域内各地在经济、社会、环境和资源等方面的差异。在实施流域水环境容量总量分配时，以区域—流域、排污口—流域支流—流域干流两种途径为主线。

水环境容量总量的合理计算和优化分配应针对具体水域，从污染源可控性研究入手，选择优化方案或手段将其分配到陆上污染控制区及污染源。依据前人的研究成果，影响水环境容量初始分配的因素主要包括排污现状、社会经济贡献因素、产业结构、发展阶段、环境容量。此外，对控制单元内特殊控制水体的多少、排放口布局的合理性等造成与天然水环境容量差异变化的因素也应进行考虑。

6.2.1　陆域水环境容量分配

浑河流域的抚顺、沈阳、鞍山、辽阳、本溪、营口等城市均为人口密集区，区域污水处理厂的处理能力有限，居民生活污水、工业生产废水存在直排现象。因此，在污染物总量分配的过程中，应充分考虑污水处理厂污染物的削减能力，实施污染源内部不同行业间的排污权交易，并非仅限定污染量的贡献额度。在确定不同河流安全余量比例的基础上，预留出污水处理厂对应的水环境容量，余下的容量进入陆域三层分配体系进行计算。排污口水环境容量三层分配体系见图 6-3。在综合考虑环境、经济、社会综合指标的基础上，结合时间、空间尺度上相关影响因素，浑河流域陆域水环境容量分配指标体系见图 6-4。

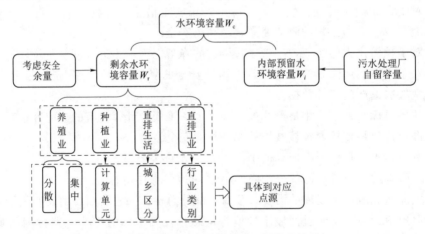

图 6-3　排污口水环境容量三层分配体系

依据上述观点，浑河流域参与总量分配的水环境容量计算公式为

$$W_r = W_c \cdot (1-\eta) - \sum W_i \qquad (6-20)$$

式中：W_r 为参与三层分配的水环境容量，t/a；W_c 为计算单元的水环境容量，t/a；η 为安全裕量比例，%；W_i 为控制单元内污水处理厂的 COD_{Cr} 排污量，t/a。

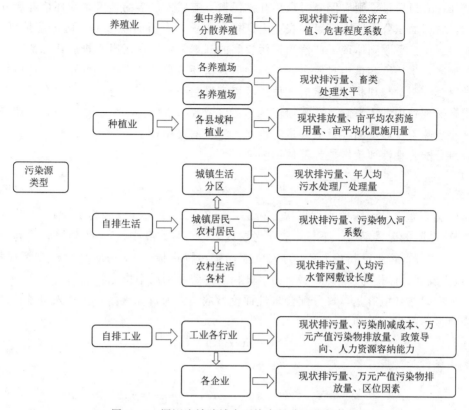

图 6-4 浑河流域陆域水环境容量分配指标体系

假设在分配的某一层次某一类别，有 m 个待分配对象，n 个影响指标，每个对象对应的环境容量值计算方法为

$$W_j = W_d \cdot e_j \tag{6-21}$$

$$e_j = \sum_{i=1}^n a_i \cdot b_{ij} \quad b_{1j} = \frac{B_{1j}}{\sum\limits_{j=1}^m B_{1j}}, b_{2j} = \frac{B_{2j}}{\sum\limits_{j=1}^m B_{2j}}, \cdots, b_{nj} = \frac{B_{nj}}{\sum\limits_{j=1}^m B_{nj}}$$

式中：$j=1,2,\cdots,m$；e_j 为第 j 个未分配对象的指标综合权重；a_i 为通过专家打分获得的各指标初始权重；B_{1j}，B_{2j}，$\cdots$，B_{nj} 为第 j 个分配单位不同指标的量化值，如污染负荷、经济产值，种植业的污染负荷通过经验系数法核算，其余三类污染源的排污量数据由污染源普查提供；W_d 为待分配环境容量，首层分配 W_d 为控制单元的 COD_{Cr} 环境容量值，次层中 W_d 是上一层分配得到的 COD_{Cr} 环境容量值，t/a；W_j 为第 j 个待分配对象分配到的 COD_{Cr} 环境容量值，t/a。

6.2.2 入河排污口总量分配

借助总量分配合理性评价指数，依据公平、科学、效率原则，合理确定入河排污口水环境容量总量分配。借鉴浑河流域经济社会发展现状，公平性原则包含水资源贡献率、人口数量、农田面积、城市发展规模 4 个指标；水资源贡献率指流域水资源丰富地区，分配量可增加；人口数量原则应保障民众生存排污权，流域人口多的地区，水环境容量分配量可增加；农田面积公平原则满足了农业生产排污需求，农田面积多的地区分配量可增加；城市发展规模公平原则体现了产值和排污权间的基本关系，在污废水排放达标情况下，产值高的地区，水环境容量相对较多。科学性原则由环境容量利用率指标表示，环境容量利用率即容量分配量与现状排污量的比值，环境容量利用率越高，分配方案越合理。效率原则体现在治理费用利用方面，在浑河流域排污口位置基本保持不变的情况下，治理费用应尽可能小意味着排污口的容量分配量与现状入河量的变化较小。

总量分配合理性评价指数计算依据为

$$\text{RT} = \sum_{i=1}^{6} T_i \cdot b_i \qquad (6-22)$$

式中：b_i 为权重系数，一般借助层次分析法、熵值法、专家打分法确定；T_i 为单项指标值，为 $0 \sim 1$ 间的无量纲值，下标 i 表示考虑因素的序号，其中，T_1 为环境容量利用率指标，T_2 为水资源贡献率指标，T_3 为人口生存排污权指标，T_4 为农村生产排污权指标，T_5 为城市发展达标排污权指标，T_6 为污染物治理费用利用率指标。

研究中以水环境容量总量分配合理性评价指数最大为目标函数，构建入河排污口水环境容量总量分配模型，即

$$z = \max(\text{RT}) \qquad (6-23)$$

约束条件为

$$Y_i + \sum_{j=1}^{n} \alpha_{ij} \cdot X_j \leqslant C_i \quad i = 1,2,3,\cdots,m; j = 1,2,3,\cdots,n \qquad (6-24)$$

$$X_j \geqslant 0 \quad X_{j\min} \leqslant X_j \leqslant X_{j\max} \qquad (6-25)$$

式中：RT 为总量分配合理性评价指数；X_j 为第 j 个排污口的污染物入河量，t/d；α_{ij} 为 j 入河排污口的单位污染物入河负荷（kg/d）对 i 断面产生的浓度贡献，即水质响应系数；C_i 为 i 断面的目标浓度，mg/L；Y_i 为 i 断面的背景浓度，包括入境浓度与面源负荷对于水质浓度的贡献，mg/L。

6.2.3　污染源总量分配

入河排污口分配量为点源的总分配量。研究中将各排污口的分配量乘以工业源/城镇生活源所占点源污染物总量的比例，扣除安全裕量后得到各排污口工业点源/城镇生活源的污染物总分配量，再进行各排污口内工业企业的污染物分配。

企业/城镇生活点源层面的分配过程应遵循：当排污口工业/城镇生活点源分配量有剩余时，在各排污口达标排放的情况下，维持现状或将多余水环境容量作为资源进行产权交换；当排污口点源分配量不足时，采用线性规划法，借助各排污口的企业/城镇生活污染物分配方案，促成排污口所在区域产值最大化目标的实现。

企业/城镇生活排污对应的水环境容量分配方法为

$$y = \max f_i(x) \qquad (6-26)$$

$$f_i(x) = \sum_{j=1}^{n} C_{ij} \cdot Q_{ij} \quad j = 1,2,3,\cdots,n \qquad (6-27)$$

约束条件为

$$\sum_{j=1}^{n} Q_{ij} \cdot L_j(x) \leqslant Q_i \tag{6-28}$$

式中：$f_i(x)$ 为 i 入河排污口的工业总产值，万元；C_{ij} 为 j 企业单位入河负荷所产生的 GDP，万元；Q_{ij} 为 i 入河排污口承载的第 j 个企业所分配的污染物排放量，t/d；Q_i 为 i 入河排污口内纳污企业的污染物总分配量，t/d；$L_j(x)$ 为第 j 个企业/城镇生活排污口的入河系数。

6.2.4 方案可行性判定方法

1. 范数含义

向量的范数可以简单、形象地理解为向量的长度，或者向量到零点的距离，或者相应的两个点之间的距离。

向量的范数定义：向量的范数是一个函数 $\parallel x \parallel$，满足非负性 $\parallel x \parallel \geqslant 0$，齐次性 $\parallel cx \parallel = |c| \cdot \parallel x \parallel$，三角不等式 $\parallel x+y \parallel \leqslant \parallel x \parallel + \parallel y \parallel$。

常用的向量的范数有以下几个。

L_1 范数：$\parallel x \parallel$ 为 x 向量各个元素绝对值之和。

L_2 范数：$\parallel x \parallel$ 为 x 向量各个元素平方和的 $1/2$ 次方，L_2 范数又称为 Euclidean 范数或者 Frobenius 范数。

L_p 范数：$\parallel x \parallel$ 为 x 向量各个元素绝对值 p 次方和的 $1/p$ 次方。

L_∞ 范数：$\parallel x \parallel$ 为 x 向量各个元素绝对值最大那个元素的绝对值，即

$$\lim_{k \to \infty} \left(\sum_{i=1}^{n} | p_i - q_i |^k \right)^{1/k}$$

椭球向量范数：$\parallel x \parallel A = \text{sqrt}[T(x)Ax]$，$T(x)$ 代表 x 的转置。定义矩阵 C 为 M 个模式向量的协方差矩阵，设 C 是其逆矩阵，则 Mahalanobis 距离定义为 $\parallel x \parallel C = \text{sqrt}[T(x)Cx]$，即为关于 C' 的椭球向量范数。

2. 欧氏距离

欧氏距离（对应 L_2 范数）：最常见的两点之间或多点之间的距离表示法，又称为欧几里得度量，它定义于欧几里得空间中。n 维空间中两个点 $x_1(x_{11}, x_{12}, \cdots, x_{1n})$ 与 $x_2(x_{21}, x_{22}, \cdots, x_{2n})$ 间的欧氏距离为

$$d_{12} = \sqrt{\sum_{k=1}^{n} (x_{1k} - x_{2k})^2}$$

也可以用表示成向量运算的形式，即

$$d_{12} = \sqrt{(a-b)(a-b)^T}$$

曼哈顿距离：曼哈顿距离对应 L_1-范数，也就是在欧几里得空间的固定直角坐标系上两点所形成的线段对轴产生的投影的距离总和。例如，在平面上，坐标（x_1，y_1）的点 P_1 与坐标（x_2，y_2）的点 P_2 的曼哈顿距离为 $|x_1 - x_2| + |y_1 - y_2|$。曼哈顿距离依赖坐标系统的转度，而非系统在坐标轴上的平移或映射。

切比雪夫距离：若两个向量或两个点 x_1 和 x_2，其坐标分别为（x_{11}，x_{12}，x_{13}，$\cdots$，

x_{1n}）和（x_{21}，x_{22}，x_{23}，…，x_{2n}），则二者的切比雪夫距离为 $d = \max(|x_{1i} - x_{2i}|)$，$i$ 为 $1 \sim n$。对应 L_∞ 范数。

闵可夫斯基距离（Minkowski Distance）：闵氏距离不是一种距离，而是一组距离的定义。对应 Lp 范数，p 为参数。

闵氏距离的定义：两个 n 维变量（或者两个 n 维空间点）$x_1(x_{11}, x_{12}, \cdots, x_{1n})$ 与 $x_2(x_{21}, x_{22}, \cdots, x_{2n})$ 间的闵可夫斯基距离定义为

$$d_{12} = \sqrt[p]{\sum_{k=1}^{n} |x_{1k} - x_{2k}|^p}$$

其中，p 是一个变参数。

当 $p=1$ 时，就是曼哈顿距离。

当 $p=2$ 时，就是欧氏距离。

当 $p \to \infty$ 时，就是切比雪夫距离。

根据变参数的不同，闵氏距离可以表示一组距离。

Mahalanobis 距离：也称为马氏距离。在近邻分类法中，常采用欧氏距离和马氏距离。

3. 标准化欧氏距离

标准化欧氏距离是针对简单欧氏距离的缺点而作的一种改进方案。标准欧氏距离的思路：既然数据各维分量的分布不一样，那先将各个分量都"标准化"到均值、方差相等。

假设样本集 X 的数学期望或均值（mean）为 m，标准差（standard deviation，方差开根）为 s，那么 X 的"标准化变量"X^* 表示为 $(X-m)/s$，而且标准化变量的数学期望为 0，方差为 1。样本集的标准化过程（standardization）用公式描述为

$$X^* = \frac{X - m}{s}$$

$$标准化后的值 = \frac{标准化前的值 - 分量的均值}{分量的标准差}$$

经过简单的推导就可以得到两个 n 维向量 $\boldsymbol{a}(x_{11}, x_{12}, \cdots, x_{1n})$ 与 $\boldsymbol{b}(x_{21}, x_{22}, \cdots, x_{2n})$ 间的标准化欧氏距离的公式，即

$$d_{12} = \sqrt{\sum_{k=1}^{n} \left(\frac{x_{1k} - x_{2k}}{s_k}\right)^2}$$

如果将方差的倒数看成一个权重，这个公式可以看成一种加权欧氏距离（Weighted Euclidean Distance）。

6.3　水环境容量分配结果

根据浑河流域经济社会发展和水环境污染物排放状况，研究结合辽宁省及辽河流域水环境保护目标和规划实施情况，对 COD、氨氮两种污染物水环境容量总量规划目标（2030 年控制）进行分配。分配层面包括全流域、区域层面两种。全流域规划层面，将基于断面节点水质控制目标的流域水环境容量总量分配到流域的不同区域（行政区），确定

区域控制端面通量或浓度中不同计算单元的贡献率。流域规划的结果在于确定区域上下游断面的水质约束或通量限制，区域规划则在不影响流域中其他区域水环境功能达标的前提下，将总量分配到区域的源点（支流入河口、直排口），确定控制断面通量的控制比例。

6.3.1 流域水环境容量初次分配

在考虑安全余量的情况下，对流域 COD、氨氮水环境容量总量进行初次分配，结果见表 6-2。

表 6-2　　　　　　　　　　浑河流域水环境容量总量初次分配结果　　　　　　　单位：t/a

水系	河流	初始值1		初始值2		初始值3		初始值4	
		COD	氨氮	COD	氨氮	COD	氨氮	COD	氨氮
浑河	章党河	14.78	5.47	176.42	18.18	113.13	9.97	175.73	15.48
浑河	东洲河	172.19	10.92	869.05	95.12	719.34	45.62	754.26	47.83
浑河	红河	60.03	2	276.2	12.91	200.38	6.68	229.57	7.65
浑河	浑河	7341.86	369.83	36703.61	3926.34	37404.12	2037.34	41877.1	2320.89
浑河	蒲河	560.21	30.37	1591.96	122.52	1020.85	55.34	1585.74	85.97
浑河	社河	7.59	0.26	34.59	1.97	20.74	0.69	32.22	1.08
浑河	苏子河	60.34	4.15	2313.1	157.03	1768.5	121.46	2143.22	147.18
浑河	英额河	18.22	0.61	167.59	7.84	121.58	4.05	139.29	4.64
太子河	北沙河	253.88	15.84	911.32	117.12	907.63	56.65	803.43	50.15
太子河	海城河	309.87	18.61	721.09	59.32	552.6	33.19	656.54	39.43
太子河	兰河	27.46	0.91	130.78	8.04	99.19	3.31	117.65	3.92
太子河	太子河	18818.59	1008.47	92685.45	8629.13	72911.24	3923.67	87073.7	4685.11
太子河	汤河	22.95	0.77	64.58	5.52	42.83	1.43	53.1	1.77
太子河	细河	69.15	4.97	327.59	33.38	208.6	14.98	264.78	19.02
大辽河	大辽河	237.07	193.24	20074.78	1956.71	16263.44	813.17	18785.2	939.27
合计		27974.19	1666.42	157048.11	15151.13	132354.17	7127.55	154691.53	8369.39
水系	河流	初次分配1		初次分配2		初次分配3		初次分配4	
		COD	氨氮	COD	氨氮	COD	氨氮	COD	氨氮
浑河	章党河	13.30	4.92	158.78	16.36	101.82	8.97	158.16	13.93
浑河	东洲河	154.97	9.83	782.15	85.61	647.41	41.06	678.83	43.05
浑河	红河	54.03	1.80	248.58	11.62	180.34	6.01	206.61	6.89
浑河	浑河	6607.67	332.85	33033.25	3533.71	33663.71	1833.61	37689.39	2088.80
浑河	蒲河	504.19	27.33	1432.76	110.27	918.77	49.81	1427.17	77.37
浑河	社河	6.83	0.23	31.13	1.77	18.67	0.62	29.00	0.97
浑河	苏子河	54.31	3.74	2081.79	141.33	1591.65	109.31	1928.90	132.46
浑河	英额河	16.40	0.55	150.83	7.06	109.42	3.65	125.36	4.18
太子河	北沙河	228.49	14.26	820.19	105.41	816.87	50.99	723.09	45.14
太子河	海城河	278.88	16.75	648.98	53.39	497.34	29.87	590.89	35.49
太子河	兰河	24.71	0.82	117.70	7.24	89.27	2.98	105.89	3.53

续表

水系	河流	初次分配1		初次分配2		初次分配3		初次分配4	
		COD	氨氮	COD	氨氮	COD	氨氮	COD	氨氮
太子河	太子河	16936.73	907.62	83416.91	7766.22	65620.12	3531.30	78366.33	4216.60
太子河	汤河	20.66	0.69	58.12	4.97	38.55	1.29	47.79	1.59
太子河	细河	62.24	4.47	294.83	30.04	187.74	13.48	238.30	17.12
大辽河	大辽河	213.36	173.92	18067.30	1761.04	14637.10	731.85	16906.68	845.34
合计		25176.77	1499.78	141343.30	13636.04	119118.78	6414.80	139222.38	7532.46

注 1为最小生态流量对应的水环境容量；2为典型年流量对应的水环境容量；3为分期设计流量对应的水环境容量；4为冰期非冰期设计流量对应的水环境容量。

研究中为充分利用水体的自净能力促进区域经济社会发展，以典型年设计流量对应的水环境容量进行总量分配，即 COD、氨氮的分配总量分别为 141343t/a、13636t/a。在流域经济社会发展状况实现区域间贸易交易最大化、排污口排污权最大程度优化、工业及农业布局合理的情况下，后续研究将会就不同情境下的水环境容量分配进行研究。浑河流域水环境容量初次分配情况见图 6-5。

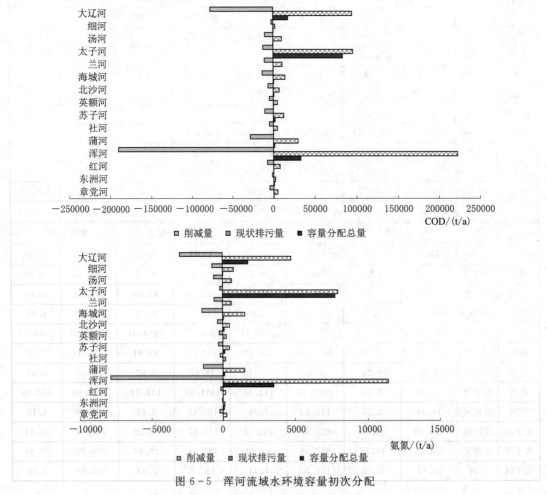

图 6-5 浑河流域水环境容量初次分配

利用河流污染物一维模型，结合浑河流域污染物排放口位置及污染物排放种类，针对不同情形下的排污口排污权交易特点，进行组合排污口削减计算，确保水功能区水质达标。

排污权优化过程中，为充分保护饮用水源的水质，对于饮用水源区的取水口应该远离河段排污口，最好将排污口设置在水质达标区或饮用水源区（水源保护区）的顶端，对富余的水环境容量置换给下游促进经济社会发展。污染物削减中严格限定污染物在水源保护区及饮用水源区的排放量，尽量减小此区段排污口的设置。

6.3.2　排污口污染物总量分配

根据浑河流域水体特点，鉴于排污及污水治理资料的缺乏，考虑到污染物大幅削减的技术经济可行性问题，研究选择非线性费用最小法进行 COD、氨氮总量分配。

为实现流域水环境治理系统整体的生态效益、经济效益、社会效益，采用数学优化规划法，以治理费用最小作为目标函数，以目标总量作为约束条件，通过内部企业的排污权交易和资源的贸易协调，实现系统的污染治理投资费用总和最小。

目标函数为

$$Z = \min \sum_{i=1}^{m} Z_m \qquad (6-29)$$

式中：Z 为流域水污染物总的治理费用；Z_m 为污染治理的费用函数。

$$Z_m = f(Q, \theta) = k_1 \cdot Q_i(g)^{k_2} + k_3 \cdot Q_i(g)^{k_2} \cdot \theta_i^{k_4} \qquad (6-30)$$

式中：$Q_i(g)$ 为企业 i 的污水处理量；θ_i 为企业 i 的污水处理量；k_1、k_2、k_3、k_4 为常数，采用不同行业费用矩阵进行计算参数估算给出。

约束条件为

$$\begin{cases} \sum_{i=1}^{m} (W_i - X_i) \leqslant B \\ X_i = Q_i \cdot C_i \cdot \theta_i \end{cases} \qquad (6-31)$$

对于 COD 而言，$\theta_i < 0.95$（按照二级处理能力，COD 最大处理率为 95%），COD 处理后一般出水浓度最低为 30mg/L，有

$$30 < C_i \times (1-\theta_i) < CS_i \quad X_i \geqslant 0 \quad i = 1, 2, 3, \cdots, m \qquad (6-32)$$

对于氨氮而言，$\theta_i < 0.4$（按照二级处理能力，氨氮最大处理率为 40%），氨氮处理后一般出水浓度最低为 5mg/L，有

$$5 < C_i \times (1-\theta_i) < CS_i \quad X_i \geqslant 0 \quad i = 1, 2, 3, \cdots, m \qquad (6-33)$$

式中：W_i 为第 i 个污染源水污染物现状排放量；X_i 为第 i 个污染源水污染物削减排放量；C_i 为第 i 个污染源污染物浓度；B 为水环境容量总量控制目标；CS_i 为 i 个污染源污染物浓度排放标准。

依据市政部门污水处理厂建设情况及处理标准、流域城镇建设、工农业结构布局数据，在排污口间排污控制量合理调配的情况下，拟合浑河流域不同部门的 COD、氨氮费用流量函数。函数中的系数确定以 COD、氨氮费用矩阵提供的数据为基础，借助最小二乘法，在 10% 允许误差的范围内，采用牛顿最速下降法，通过差分拟合求得。

1. 排污口交换矩阵

流域上游污染物在现状的污水处理厂运行状况下，难以达到出境断面要求的控制标准。以水功能区典型断面的水质控制目标为基准，结合上下游之间的经济发展状况，在充分利用水体自净能力的前提下，进行污染物治理成本的投入测算。水体的水环境容量随季节的不同而变化。研究从流域水质的时空变化层面进行考虑，将其作为定值，通过计算不同交易率下的交易价格，间接地反映流域排污口排污权分配状况。

区域污染物排放量的增加和经济发展对流域水体的排污极限、污染物治理投入计算方法提出新要求。排污权交易能够针对不同来源的污染物，有效地利用区域的规模经济并控制成本差异。学者以污染物的最大日负荷（TMDL）和污染物负荷分配为基础，进行流域污染物的动态排放许可交易，有效地减少了区域污染治理的成本投入。动态的许可程序能够在较低成本投入的前提下实现断面的水质控制标准。在污染物排放权交易过程中，交易率是影响水环境改善程度和边际安全的重要物理量。考虑治理成本函数不确定性的交易率被广泛应用到河流 BOD/DO 的管理中。鉴于污染物治理中的不确定性因素众多，因此，构建风险最小化模型以降低不同利益相关者对水质的冲突风险，是合理确定流域污染物综合治理投入的关键环节。当前常用的优化河流污染物分配负荷的多目标优化框架，应包括污染物治理成本、污染物排放权公平及超标污染物的综合治理等环节。

研究将污染物浓度超标的水质作为模糊事件或模糊风险进行排放许可交易的过程界定。在利用蒙特卡罗分析法（Monte Carlo Analysis）获取污染物排放相关数据的基础上，借助改进的贝叶斯网络法/BN（Bayesian network）法进行 COD、氨氮的处理成本计算。改进的 BN 法能够用于河流水质的实时管理，并可给出治理水平和排放许可交易的概率密度函数。已有的研究表明，基于污染物治理成本的排放许可交易不仅在实现环境保护目标方面是经济有效的，而且在面对人口和经济增长的压力下能够实现环境保护的目标。贝叶斯网络法是一种有向非循环图，它用节点表示随机变量，用弧度表示变量间的目标—效果关系。每个节点用一个条件概率表（CPT）表示子代节点与父代节点间的概率关系。在水环境保护投入和应用管理中，贝叶斯网络法能够以定量、定性的数据作为输入，并能够充分考虑到不确定性影响，因此，在实时的水质管理中通常被作为一种经济划算的、风险可测的决策支持工具。

污染物排放许可的实时操作规程主要由交易率体系、蒙特卡罗模拟、基于水质超标模糊风险的均衡曲线、安全系数、总成本、基于 BN 的水质实时管理策略组成。模型的输入主要包括流域控制节点的水量水质状况、水功能区的污染负荷、基于河流水体承受极限的安全系数。模型的输出主要为最优污染物去除率的分布函数、最优污染物排放许可交易策略的分布函数（治理成本）。模型计算的流程见图 6-6。

研究首先设置河流水质同化能力的安全系数，然后在输入随机变量的前提下，利用蒙特卡罗模拟方法生成交易率体系。蒙特卡罗分析也能提供控制断面污染物浓度的分布函数。在考虑功能退化水体污染物浓度模糊从属函数的基础上，模型也可给出控制断面水质超标的模糊风险率。表征河流水环境容量的安全系数能够控制水质超标的模糊风险。约束法用于描述超标污染物去除成本投入、模糊风险、安全系数的均衡曲线。在选择最优的非支配解决方案（Non - dominated solution）的基础上，借助污染物去除率的分布函数，

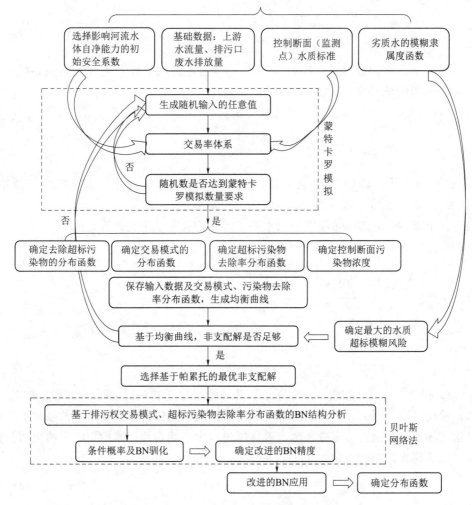

图 6-6 污染物排放许可交易的实时操控流程

BNs 给出模型的输出量：排污口在交易（控制措施）下的废水排放量（e_i），排污口 i、j 之间的污染物排放权交易量（$T_{i,j}$）。

（1）交易率 TRS。当两个排污者对某一区域的水质产生相同的影响时，由于他们对其他区域的影响是不相同的，因此两者之间不能进行排污权交易。区域 i、j 之间的转换系数用 r_{ij} 表示（表示由于区域 i 每增加 1kg 的氨氮污染物负荷时对区域 j 的 COD 浓度变化产生的影响），则污染物排放口之间的交易率表示为

$$t_{ij} = \min\left\{\frac{r_{ik}}{r_{jk}}\right\} \quad i<j, k=\{j,\cdots,n\}, \forall i、j=1,2,\cdots,n \qquad (6-34)$$

式中：n 为区域数（排污口数）；t_{ij} 为区域 i、j 之间的交易率，表示在下游水质不恶化情况下排污口 i、j 之间的 COD、氨氮交易量。

在以往的排污权交易中，水质标准应该满足所有控制断面的要求。研究利用以下公式计算区域的污染物初始允许排放量，即

$$\overline{T_i} = \min\left(\frac{E_j - \sum\limits_{k=1}^{i-1} r_{kj} \cdot \overline{T_k}}{r_{ij}}\right) \quad j = i, \cdots, n; k = 1, 2, \cdots, i-1 \quad (6-35)$$

式中：$\overline{T_i}$ 为区域污染物最初允许排放量，kg；r_{kj} 为在区域 j 和 k 之间的转换系数，mg/(L·kg)；E_j 为区域 j 的污染物同化能力，mg/L。

以污染物 COD 为例，给出 E_j 的计算公式为

$$E_j = \frac{COD_j - COD_{std,j}}{SF} \quad (6-36)$$

式中：COD_j 为区域 j 的 COD 最初含量，mg/L；SF 为河流同化作用对应的安全系数；$COD_{std,j}$ 为 COD 在区域 j 对应的水功能区中的控制标准，mg/L。

结合各个排污口对超标污染物去除水平，污染物去除成本的计算公式为

$$z = \min \sum_{i=1}^{n} C_i(e_i^0 - e_i) \quad (6-37)$$

约束条件为

$$e_i - \sum_{k=1}^{i-1} t_{ki} T_{ki} + \sum_{k>i}^{n} T_{ik} \leqslant \overline{T_i} \quad i = 1, 2, \cdots, n \quad T_{ik}, T_{ki} \geqslant 0 \quad e_i \in [0, e_i^0]$$

$$(6-38)$$

式中：C_i 为排污口 i 的处理成本，为递增的凸函数；e_i^0 为排污口 i 的最初处理成本。

（2）模糊风险。研究在考虑到与河流水质模拟相关的输入参数随机性的基础上，计算排污口水质超标的风险。为充分考虑水质达标过程中不确定性因素的影响，给出依托监测点水质状况的模糊隶属度函数为

$$r_l = \int_0^{c_{\max,l}} \mu(c_l) f(c_l) dc_l \quad (6-39)$$

式中：r_l 为在监测点 l 处的超标水质的模糊风险；$\mu(c_l)$ 为不达标水质模糊集的隶属函数；$c_{\max,l}$ 为水体中指示污染物的最高浓度；$f(c_l)$ 为水质指示污染物在监测点 l 处的概率密度函数。

（3）贝叶斯网络（BNs）。BNs 作为有向非循环图，表示随机变量集 $U = \{X_1, X_2, \cdots, X_n\}$ 中变量间相互依赖程度的大小。自变量集的联合概率分布用条件概率分布的乘积表示，即

$$P(x_1, x_2, \cdots, x_n) = \prod_{i=1}^{n} P[x_i \mid \pi(x_i)] \quad (6-40)$$

式中：x_i 为变量 X_i 的第 i 个定性值；$P(x_1, x_2, \cdots, x_n)$ 为定性值（$x_1, x_2, \cdots, x_n$）的联合概率；$\pi(x_i)$ 为引起变量 X_i 变化的定性值。

通常情况下，条件概率的计算依据为

$$P(h|e) = \frac{[P(e|h) \times P(h)]}{P(e)} \quad (6-41)$$

当前对 BNs 主要从参数、结构两方面进行研究。参数的研究主要指对参数条件概率

的估计，通常将参数取为训练数据的最大可能值。结构的研究主要指在考虑训练数据间相互关系的基础上，寻找图形结构的可能空间。极大似然估计是研究变量条件概率的过程，以迭代算法为基础，实现计算过程中的数据匹配。

（4）污染物排放许可交易。在前人研究的基础上，笔者运用非零和博弈模型，从污染物排放管理机构与排污者目标冲突的均衡中选择最优的非偏向解决方案，实现污染物的最优排放交易。具体操作流程如图 6-7 所示。参与者 Ⅰ 和 Ⅱ 具有混合的策略向量 x 和 y。假定 x 的维度从 1 到 n，y 的维度从 1 到 m。n 维矩阵 A 和 m 维矩阵 B 分别对应参与者 Ⅰ 和 Ⅱ 的决策变量。参与者

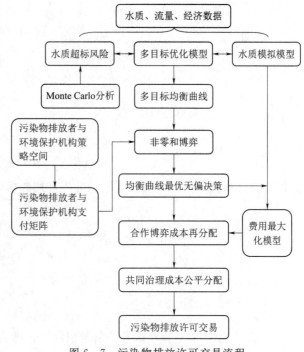

图 6-7　污染物排放许可交易流程

Ⅰ 在 A 的行向量、参与者 Ⅱ 在 B 的列向量上取最大值。e、l 分别是 n 维、m 维的矢量。

参与者 Ⅰ、Ⅱ 的目标函数为

$$\begin{cases} \max_{x} x'Ay \\ \text{s.t.} \quad e'x-1=0 \\ \quad x\geqslant 0 \end{cases} \tag{6-42}$$

$$\begin{cases} \max_{y} x'By \\ \text{s.t.} \quad l'y-1=0 \\ \quad y\geqslant 0 \end{cases} \tag{6-43}$$

对于上述目标函数的最初表现形式，在引入纳什均衡系数均衡点 (x^0, y^0) 的基础上，参与者 Ⅰ 和 Ⅱ 的目标函数能够同时成立，即

$$\begin{cases} x^{0'}Ay^0=\max_{x}\{x'Ay^0|e'x-1=0,x\geqslant 0\} \\ x^{0'}By^0=\max_{y}\{x^{0'}By|l'y-1=0,y\geqslant 0\} \end{cases} \tag{6-44}$$

对上述联立均衡方程组，直接运用 Kuhn - Tucker 的必要条件求出均衡点：如果 (x^0, y^0) 是联立方程组的均衡点，则应该存在标量 α^0、β^0，使得下面的函数关系成立，即

$$\begin{cases} x^{0'}Ay^0-\alpha^0=0 \\ x^{0'}By^0-\beta^0=0 \\ Ay^0-\alpha^0 e\leqslant 0 \\ B'x^0-\beta^0 l\leqslant 0 \end{cases} \tag{6-45}$$

$$\text{s. t.}$$

$$\begin{cases} e'x^0 - 1 = 0 \\ l'y^0 - 1 = 0 \\ x \geqslant 0 \\ y \geqslant 0 \end{cases}$$

上述函数关系式变形可得

$$\begin{cases} x^0(\boldsymbol{A}y^0 - \alpha^0 \boldsymbol{e}) = 0 \\ y^0(\boldsymbol{B}'x^0 - \beta^0 \boldsymbol{l}) = 0 \end{cases} \tag{6-46}$$

污染物排放管理机构与排污者间的非零和博弈模型可表示为

$$\max_{x,y,\alpha,\beta} x'(\boldsymbol{A}+\boldsymbol{B})\boldsymbol{y} - \alpha - \beta = 0 \tag{6-47}$$

$$\text{s. t.} \quad \boldsymbol{A}\boldsymbol{y} - \alpha \boldsymbol{e} \leqslant 0$$

$$B'\boldsymbol{x} - \beta \boldsymbol{l} \leqslant 0$$

$$e'\boldsymbol{x} - 1 = 0$$

$$l'\boldsymbol{y} - 1 = 0$$

$$x \geqslant 0, y \geqslant 0$$

式中：α、β 为标量，α、β 在取最大值的情况下，即为 α^0、β^0，分别为参与者 Ⅰ 和 Ⅱ 获得的期望价值。

2. 交换矩阵应用

（1）浑河上游主要排污口交易情况。根据区域经济社会发展特点，在最大程度利用本地污染物处理能力的前提下，统筹考虑浑河上游章党河、东洲河、红河、社河、苏子河、英额河排污情况，将研究区内的英额河生活、英额河造纸厂、红河生活、苏子河生活、苏子河造纸厂、章党生活、社河综合、东洲生活主要排污口按照自上而下的顺序编为 1~8，见表 6-3。研究利用校准的水质模拟模型计算排污口对应区域间的转换系数，见表 6-4。流域排污口间的交易率计算结果见表 6-5。为更好地估计水质超标的模糊风险，将 COD 的最小、最适宜的浓度确定为 12mg/L、15mg/L（暂且将 COD 作为自变量，考虑其浓度变化引起的氨氮浓度的变化）。

为确定排污口污废水的治理成本函数，研究在对不同区域的污水处理厂的建设和管理运行成本进行分析的基础上，考虑到处理成本的变动性，给出以下表达形式，即

$$C_i = \alpha_i x^2 \tag{6-48}$$

式中：C_i 为排污口 i 对超标污染物的处理成本，百万元；x 为排污口 i 对污染物的去除水平（$x \in [0, 1]$）；排污口 $i = 1, 2, \cdots, 8$ 的 α_i 取值分别为 1.45、1.65、0.41、0.21、0.21、0.21、2.10、0.41。

表 6-3　　　　　　　　浑河上游流域排污口基本特征

排污口 i	流量/(m³/s)	COD/(mg/L)	氨氮/(mg/L)
1	6.45	20.5	0.76
2	6.45	25.3	3.00

排污口 i	流量/(m³/s)	COD/(mg/L)	氨氮/(mg/L)
3	6.45	15.8	0.53
4	6.45	12.5	0.46
5	6.45	25.5	0.98
6	0.93	19.5	0.86
7	1.44	11.2	0.41
8	1.44	26.3	1.31

表 6 - 4　　　　　　　　　　　　转换系数矩阵 r_{ij}（$\times 10^{-4}$）

区域 i	区 域 j							
	1	2	3	4	5	6	7	8
1	55.7	54.6	57.8	74.6	109.2	112.4	106.1	106.3
2	0	15.8	23.1	45.2	92.4	96.6	99.8	107.1
3	0	0	7.4	32.6	84	89.3	95.6	106.4
4	0	0	0	26.3	79.8	86.1	94.5	106.3
5	0	0	0	0	63	71.4	87.2	105.3
6	0	0	0	0	0	14.7	56.7	97.23
7	0	0	0	0	0	0	48.3	94.5
8	0	0	0	0	0	0	0	79.2

表 6 - 5　　　　　　　　　　　　排污口间交易率矩阵 t_{ij}

区域 i	区 域 j							
	1	2	3	4	5	6	7	8
1	1	1.0417	1.0488	1.0498	1.0590	1.1470	1.1801	1.4087
2	0	1	1.0571	1.0582	1.0675	1.1562	1.1894	1.4199
3	0	0	1	1.0508	1.0602	1.1483	1.1814	1.4102
4	0	0	0	1	1.0592	1.1472	1.1803	1.4089
5	0	0	0	0	1	1.1372	1.1699	1.3966
6	0	0	0	0	0	1	1.0802	1.2895
7	0	0	0	0	0	0	1	1.2534
8	0	0	0	0	0	0	0	1

　　在考虑到河流水体水环境容量安全系数的基础上，利用 Matlab 优化工具箱进行优化的污染物去除水平和交易方式的确定。蒙特卡罗模拟法的输入包括排污口的污染负荷（P_i）、上游流量（Q_{up}）、COD 和氨氮的浓度（COD_{up}、$NH_3 - N_{up}$）、上游的水温。研究中假定输入的随机变量呈正态分布。在较高的安全系数下，河流水体通常具有较低的纳污能力，并且排污口之间的初始排放许可交易量较小。因此，安全系数的增加能够减少水体

中污染物浓度超标的模糊风险，但却增加污染物处理的总成本。综合分析得知，当安全系数从 1 增加到 1.4 时，水质超标的模糊风险从 0.45 下降到 0。浑河上游总治理成本—模糊风险—安全系数之间的变化如图 6-8 所示。

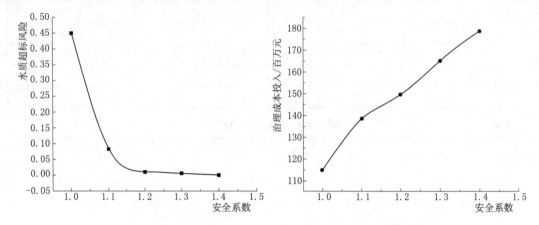

图 6-8　浑河上游总治理成本—模糊风险—安全系数之间的变化

由此可知，浑河上游的 8 个排污口在确保安全系数的合理区间内，依托排污口交易率矩阵以及贸易交换程度、区域经济发展规模，合理地调整水环境容量分配，近期可实现9318t COD、319t 氨氮的削减目标。英额河生活、红河生活、苏子河生活、章党生活、东洲生活排污口在充分挖掘区域污水处理厂处理能力的基础上，借助水资源综合利用调控、区域贸易往来调控措施，能够实现 16% 的人均排污减排指标。

（2）太子河流域生活排污口交易情况。河流体系中的水质目标管理通常被看作多元目标的优化问题：充分利用河流水体的水环境容量，降低污染物排放对环境的影响，实现水体水质稳定。从均衡发展角度考虑，流域水质控制的目标在于：确信污染物排放量在可接受的范围内，实现水质控制目标和污染物总量排放标准；同时充分利用水体自净稀释能力，减少污染物治理费用。为此，研究以治理成本最小化、低水位水质风险最小化为目标进行最优化模型的构建。

1）治理成本最小化。河流沿岸通常分布一系列排污口，排放不同治理水平的污染物。监测站点指标污染物浓度的现场测定结果，可用于表明水质状况的可接受程度。在水质管理模型中，水质指标污染物浓度超标，在排放过程中应当被控制。总治理费用 C 的表达式为

$$C = \sum_{i=1}^{n} f_i(x_i) \tag{6-49}$$

式中：$f_i(x_i)$ 为排污口 i 的治理费用函数；x_i 为污染物治理水平；n 为排污口个数。

2）低水位水质风险最小化。低水位水质风险最小化通常被认为是低水位水质事件的发生概率，可借助模糊事件的概率表示。计算公式为

$$r_{wl} = \int_0^\infty \mu_{wl}(c_{wl}) f(c_{wl}) \mathrm{d}c_{wl} \tag{6-50}$$

式中：$\mu_{wl}(c_{wl})$ 为低水位水质模糊事件的从属函数；$f(c_{wl})$ 为水质指标 w 在监测点 l 处浓度水平的概率密度函数（PDF）。

为便于研究，在获得河道上游流量的情况下，项目利用蒙特卡罗模拟法求解在监测点处的水质变量浓度 PDFs。

生活污废水的排放量与居民用水量、用水规律及方式、居住习惯等具有重要联系。居民生活中物质需求来源受区域的土地利用类型、区域气候条件影响较大，区域间物质交换较为频繁。物质的贸易交换过程中伴随着水资源的潜在流动和污染物的潜在转移。地处太子河流域的北沙河、海城河、兰河、太子河、汤河、细河、大辽河水系因所处的下垫面条件相似，并且区域间计算单元的贸易交换往来频繁，因此，应对污染物的产生情况从整体层面进行削减。计算单元内的生活排污口管理部门应加强合作，借助流域排污量统筹交易平台，实现区域污染物排放量的整体协调最优。研究中将北沙河综合、海城河综合、兰河综合、太子河生活、汤河综合、细河生活、大辽河生活、大辽河啤酒厂（啤酒作为大众化的饮料，排放废水中 COD_{Cr}、BOD_5 含量较高，并且跨区域消费现象普遍，研究中作为生活污水排放情况进行考虑。）分别用编号 1、2、3、4、5、6、7、8 表示。太子河流域水系的天然径流量较小，水量主要用于农田灌溉和生态补水，探讨合作共赢框架下的区域污染物治理新理念，为流域水环境的整体治理提供方法参考。受入河污染物类型、水体水质保护目标的限制（入河 70% 的污水来源于家庭生活），选取 COD、氨氮作为水质污染物控制典型因子。

经过计算，太子河流域 8 个主要排污口构成的非零和博弈模型中，流域污染物排放管理机构和排污者间相互博弈寻优。排污者的环境破坏治理费用支出用矩阵 A 表示，流域污染物排放管理机构的决策用矩阵 B 表示，有

$$A=\begin{bmatrix} 0 & 0 & 0 & 0 & 0.85 \\ & & & 0.62 & 0 \\ & & 0.50 & & 0 \\ & 0.39 & & & 0 \\ 0.31 & & & & 0 \end{bmatrix} \quad B=\begin{bmatrix} 0 & 0 & 0 & 0 & 0.15 \\ & & & 0.38 & 0 \\ & & 0.50 & & 0 \\ & 0.61 & & & 0 \\ 0.69 & & & & 0 \end{bmatrix}$$

污染物排放者和流域污染物排放管理机构的策略空间分别为向量 [15,30,50,70,85] 和 [45,48,50,52,55]。经计算，博弈的最优函数模型的目标值是 0.53。均衡点与 $x=(0,0,0,0,1)$ 和 $y=(1,0,0,0,0)$ 相一致，期望支付为 $\alpha=0.31$、$\beta=0.15$。

依据非零和博弈无偏决策的特点（表 6-6），污染物排放口 4、5、7 依据污染物处理率最高、模糊风险率相对较低的原则，依靠协作进行联合，减少污染物治理成本。排污口 2、3 和 8 可以充分利用水体自净作用削减污染物，而不需要进行人为的外部投入。排污口 1 和 6 应该完全地处理其污染物负荷，因为在其利用较低的治理成本和提高其治理水平的情况下，并没有明显地改善河流水质。

研究流域均衡排污口 7 的治理成本要大于最初的治理成本，而排污口 4、5 则小于最初的均衡成本。因此，排污口 4、5 从排污口 7 购买污染物排放许可权，但排污口 4、5、7 联合的整体污染物治理成本比独自的最优值降低 20%。经非零和博弈后，排污口 4、5、7 不同层次联合的治理成本见表 6-7。

表 6 - 6　　　　　　　　　　　　　排污口无偏决策的特点

排污口 i	污染物处理率/%	最初治理成本/万元	模糊风险率/%
1	95	416	0
2	95	914	0
3	85	701	0
4	80	389	30
5	82	668	30
6	85	178	0
7	75	855	30
8	90	366	0

表 6 - 7　　　　　　　　排污口 4、5、7 不同层次联合的治理成本比较

联合层次	排污口治理成本/万元				成本下降率/%
	4	5	7	合计	
4、5、7	490	216	821	1527	20
4、7	906	187	0	1093	12
4、5	423	0	634	1057	0
5、7	0	203	1168	1371	10

　　研究利用合作的博弈理论进行总成本的降低和再分配，使每个排污者的治理成本付出在总成本中所占比例有所降低，利于激励污染物排放管理机构采取进一步的正向激励措施，引导单个排污者实现投入与水质达标受益均衡化。排污口 4、5、7 经过反复博弈后，最终的均衡成本付出计算结果见表 6 - 8。排污口 7 均衡调节的数值表明，排污口通过市场交易出售排污许可获得的收益应该与排污口 4、5 购买排污许可的付出相等，但总排污成本降低 217 万元。

表 6 - 8　　　　　　　排污口 4、5、7 成本重新分配计算结果

排污口 i	单个排污者在总支付成本中减少量/万元	最终治理成本重新分配/万元	均衡调整变化量/万元
4	75	314	−104
5	129	539	−113
7	165	690	217
合计	369	1543	0

3. 交换矩阵应用

　　项目通过对区域内、区域间不同行业的排污资源进行整体协调，在优化排污口资源排放量的基础上，确定行业污染物治理费用—流量关系系数，为行业排污的整体规划提供依据。行业内部 COD、氨氮的费用—流量函数关系见表 6 - 9。

表 6-9　　　　　　　　　　　　浑河流域行业部门费用—流量函数关系

河流	行业部门	COD				氨　氮			
		k_1	k_2	k_3	k_4	k_1	k_2	k_3	k_4
章党河	章党生活	3.58×10^{-6}	1.36	3.25×10^{-6}	39.25	6.98×10^{-5}	26.48	6.34×10^{-5}	765.29
东洲河	东洲生活	3.58×10^{-6}	1.36	3.25×10^{-6}	39.25	6.98×10^{-5}	26.48	6.34×10^{-5}	765.29
红河	红河生活	3.58×10^{-6}	1.36	3.25×10^{-6}	39.25	6.98×10^{-5}	26.48	6.34×10^{-5}	765.29
浑河	浑河生活	3.47×10^{-6}	1.36	3.18×10^{-6}	39.88	6.77×10^{-5}	26.48	6.20×10^{-5}	777.59
	化塑厂	0.006	0.61	0.22	2.15	0.123	11.86	4.27	41.96
	发电厂	0.001	0.82	0.10	39.25	0.029	15.91	1.93	765.29
	制药厂	0.007	0.61	0.22	2.15	0.128	11.86	4.27	41.96
蒲河	蒲河综合	0.005	1.35	0.10	39.25	0.093	26.30	1.93	765.29
社河	社河综合	3.58×10^{-6}	1.36	3.25×10^{-6}	39.25	6.98×10^{-5}	26.48	6.34×10^{-5}	765.29
苏子河	苏子河生活	3.58×10^{-6}	1.36	3.25×10^{-6}	39.25	6.98×10^{-5}	26.48	6.34×10^{-5}	765.29
	造纸厂	0.008	0.61	3.25×10^{-6}	39.25	0.162	11.86	6.34×10^{-5}	765.29
英额河	英额河生活	3.58×10^{-6}	1.36	3.25×10^{-6}	39.25	6.98×10^{-5}	26.48	6.34×10^{-5}	765.29
	造纸厂	0.008	0.61	3.25×10^{-6}	39.25	0.162	11.86	6.34×10^{-5}	765.29
北沙河	北沙河综合	7.12×10^{-5}	1.36	8.56×10^{-5}	42.15	0.001	26.48	0.002	821.83
海城河	海城河综合	7.12×10^{-5}	1.36	8.56×10^{-5}	42.15	0.001	26.48	0.002	821.83
兰河	兰河综合	7.12×10^{-5}	1.36	8.56×10^{-5}	42.15	0.001	26.48	0.002	821.83
太子河	太子河生活	7.12×10^{-5}	1.36	8.56×10^{-5}	42.15	0.001	26.48	0.002	821.83
	动力厂	0.001	0.82	0.10	2.19	0.019	15.91	1.93	42.73
	造纸厂	0.008	0.61	0.22	2.15	0.148	11.86	4.27	41.96
	化学厂	0.006	0.61	0.22	2.15	0.123	11.86	4.27	41.96
	水泥厂	0.002	0.61	0.22	2.15	0.035	11.86	4.27	41.96
	建材厂	0.001	0.82	0.10	2.19	0.029	15.91	1.93	42.73
	化肥厂	0.006	0.61	0.22	2.15	0.123	11.86	4.27	41.96
	氧气厂	6.32×10^{-5}	1.36	0.22	2.19	0.001	26.48	4.27	42.73
	发电厂	0.001	0.82	0.10	2.19	0.027	15.91	1.93	42.73
	铁厂	0.001	0.82	0.10	2.19	0.029	15.91	1.93	42.73
	暗渠	3.47×10^{-6}	1.36	0	2.19	6.77×10^{-5}	26.48	0	42.73
汤河	汤河综合	7.12×10^{-5}	1.36	8.56×10^{-5}	42.15	0.001	26.48	0.002	821.83
细河	金矿	0.006	0.61	0.22	2.19	0.123	11.86	4.27	42.73
	细河生活	7.12×10^{-5}	1.36	8.56×10^{-5}	42.15	0.001	26.48	0.002	821.83
大辽河	大辽河生活	7.12×10^{-5}	1.36	8.56×10^{-5}	42.15	0.001	26.48	0.002	821.83
	啤酒厂	7.12×10^{-5}	1.36	8.56×10^{-5}	42.15	0.001	26.48	0.002	821.83
	染织厂	0.008	0.61	0.22	2.19	0.148	11.86	4.27	42.73
	港监	3.47×10^{-6}	1.36	0.10	2.19	6.77×10^{-5}	26.48	1.93	42.73
	化纤厂	0.006	0.61	0.22	2.19	0.123	11.86	4.27	42.73
	造纸厂	0.008	0.61	0.22	2.19	0.148	11.86	4.27	42.73

结合浑河流域费用—流量关系曲线，在对排污口废水排放量进行优化的基础上，结合污水处理厂达标排放标准，计算污染物削减量和设计处理费用，计算结果（初次削减）见表 6-10。

表 6-10 浑河流域基于费用最小的非线性规划分配方案

河流	行业部门	COD				氨 氮				总费用/万元
		处理后浓度/(mg/L)	削减量/t	处理效率/%	处理费用/万元	处理后浓度/(mg/L)	削减量/t	处理效率/%	处理费用/万元	
章党河	章党生活	50	1976	41	109	8	92	24	241	241
东洲河	东洲生活	50	600	41	33	8	28	44	73	73
红河	红河生活	50	3094	41	170	8	144	54	377	377
浑河	浑河生活	40	32200	43	1771	5	1498	30	3924	3924
	化塑厂	50	17000	45	1190	8	791	32	2072	2072
	发电厂	30	15000	45	1050	5	698	28	1828	1828
	制药厂	60	19047	45	1333	8	886	35	2321	2321
蒲河	蒲河综合	50	11653	41	699	8	542	24	1420	1420
社河	社河综合	60	1972	41	118	8	92	30	240	240
苏子河	苏子河生活	50	1789	43	98	8	83	39	218	218
	造纸厂	60	2842	45	199	15	132	45	346	346
英额河	英额河生活	50	792	41	44	8	37	24	96	96
	造纸厂	60	1303	45	91	15	61	26	159	159
北沙河	北沙河综合	50	2736	43	164	8	127	22	333	333
海城河	海城河综合	50	5723	43	343	8	650	28	1703	1703
兰河	兰河综合	50	4451	41	267	8	250	26	655	655
太子河	太子河生活	40	2129	43	117	6	99	115	314	314
	动力厂	30	350	44	25	5	14	63	36	36
	造纸厂	60	700	45	49	15	14	63	36	49
	化学厂	60	660	45	46	15	14	63	36	46
	水泥厂	50	570	45	40	8	14	63	36	40
	建材厂	30	465	45	33	5	14	63	36	36
	化肥厂	60	890	45	62	8	14	63	36	62
	氧气厂	30	230	43	16	5	11	50	28	28
	发电厂	30	200	43	14	5	9	43	24	24
	铁厂	30	450	45	32	5	14	65	37	37
	暗渠	50	650	43	46	5	14	65	37	46
汤河	汤河综合	50	4377	43	263	8	275	27	539	539

续表

河流	行业部门	COD				氨氮				总费用/万元
		处理后浓度/(mg/L)	削减量/t	处理效率/%	处理费用/万元	处理后浓度/(mg/L)	削减量/t	处理效率/%	处理费用/万元	
细河	金矿	60	495	45	35	15	23	4	60	60
	细河生活	40	441	41	24	8	20	3	54	54
大辽河	大辽河生活	40	5445	43	299	8	253	32	690	690
	啤酒厂	40	5300	45	371	8	247	31	646	646
	染织厂	50	6150	45	431	15	286	36	749	749
	港监	32	4500	43	315	5	209	26	548	548
	化纤厂	50	6800	45	476	8	316	40	829	829
	造纸厂	60	7800	45	546	15	363	46	950	950
合计			170780		10919		8334		21727	21789

注 造纸企业废水排放标准参考《制浆造纸工业水污染物排放标准》(GB 3544—2008) 的规定。

在费用最低的情况下，浑河流域主要排污口共削减 COD、氨氮分别为 170780t、8334t，占污染物应削减量的 44.4% 和 47.7%。流域污染物治理总投入为 2.18 亿元，占辽宁省河道水环境治理费用投入的 18%，费用投入合理，基本上能够实现流域污染物削减 50% 的控制目标。

6.3.3 计算单元污染物总量分配

在对排污口主要污染物采用最小费用法进行削减的基础上，为保证河道污染物排放达标，采用定额达标法对浑河计算单元 COD、氨氮污染物进行总量分配。定额达标法以行业现行的排污定额为依据，在所有污染源都达到定额排放的基础上，给出进一步向污染源分配的权重。研究中通过比较污染源的污染物排放总量之和与总量目标，采用等比例分配、平方比例分配、传递系数比例分配等方式对存在差异的污染源确定定额达标的权重。

1. 工业排污定额

由于流域内其余的产量资料不易获取，并且抚顺、沈阳、本溪、鞍山、辽阳等城市的污染物排放标准相对较为严格，工业定额计算公式为

$$M_i = Q_i c_i \tag{6-51}$$

式中：M_i 为第 i 工业排污定额，g；Q_i 为第 i 个工业污染源的基准年排水量，m^3；c_i 为第 i 个污染源的废水最高允许排放浓度，mg/L。

浑河流域污染物排放执行一级 A/B 排放标准，COD 最高允许排放标准为 60mg/L。

2. 传递系数

研究过程中按照污染源对水功能区控制断面的影响程度，调整计算污染源的污染物允许排放权重，即对计算单元的水环境容量进行分配。污染源对水功能区断面贡献率的高低通过传递系数 k_{ci} 加以体现，新的分配负荷计算公式为

$$W_i = M_i - \frac{M_i \cdot k_{ci}}{\sum\limits_{i=1}^{n}(M_i \cdot k_{ci})} \cdot \left(\sum\limits_{i=1}^{n} M_i - W\right) \tag{6-52}$$

式中：W_i 为第 i 个污染源的分配负荷，kg/d；W 为已确定的行业污染物排放目标总量；k_{ci} 为传递系数。

3. 总量分配调整

对于污染物排放控制量大于现状排污量的行业，将现状排污量作为行业污染物分配的最终值，并将分配结果从全部行业的目标总量中扣除，其余的污染源继续按照权重进行分配，直至得到最终的分配结果为止。

4. 分配结果

浑河流域各控制断面的浓度在排污口初次削减的基础上并未实现水质规划目标。为从根本上实现水功能区水质浓度达标，需在当前污染物最优削减的基础上进行二次削减，削减的依据如下。

（1）加大污水处理厂的建设以及污水达标处理的力度。主要针对沈阳、抚顺、鞍山、本溪、辽阳市在规划的污水处理厂建设规模的前提下，在各市经济承受范围内再建日处理能力 10 万 t 的大型污水处理厂 2～3 座，形成年 7300 万～10000 万 t 的污废水处理能力。

（2）严格限定污水排放口的数量，未来不准以任何名义在河道中新增污水排放口。

（3）污水排放口的出水浓度严格执行城镇污水处理厂排水标准，并对任意排放的污废水在 2030 年前过渡到《辽宁省污水综合排放标准》（DB 21/1627—2008）中直排、限制排放标准。

（4）在城镇各部门布局结构优化的基础上进行耗水及需水密集型产业外迁、企业内部水平衡测试、节水技术整改，最大可能性地减少排水量。

（5）减少单位产品（万元 GDP）排水量，在当前用水定额的基础上再减少 10%～20%，在 2030 年达到发达国家同等产品的用水及排水标准。

由于当前排入浑河干流及支流的计算单元的污染物多存在超标现象，所以基于定额达标计算后，污染物总量得到大幅削减。分配结果（二次削减）见表 6-11。经过分配后的 COD、氨氮排放总量为 208832t、17177t，为计算单元水环境容量的 1.48 倍、1.26 倍，因此，需要从流域整体层面对水环境容量进行分配和调整。

表 6-11　　　　浑河流域计算单元主要污染物定额达标贡献率分配结果　　　　单位：t

编号	计 算 单 元	分配前排放量		分配后排放量		水环境容量分配	
		COD	氨氮	COD	氨氮	COD	氨氮
1	大伙房水库以上清原县	8706	319	4841	167	520	18
2	大伙房水库以上新宾满族自治县	8593	341	4778	178	1753	91
3	大伙房水库以上抚顺县	3299	144	1834	75	244	22
4	大伙房水库以下铁岭县	2543	100	1414	52	47	4
5	大伙房水库以下抚顺县	1531	93	851	49	780	63
6	大伙房水库以下抚顺市辖区	25330	780	14083	408	9678	568

续表

编号	计 算 单 元	分配前排放量		分配后排放量		水环境容量分配	
		COD	氨氮	COD	氨氮	COD	氨氮
7	大伙房水库以下沈阳市辖区	4154	265	4154	265	14136	1299
8	大伙房水库以下新民市	79250	5263	44063	5257	121	7
9	大伙房水库以下辽中县	20350	1110	11314	944	2123	166
10	大伙房水库以下灯塔市	11235	223	6247	152	774	71
11	大伙房水库以下台安县	9119	620	5070	529	1124	91
12	大伙房水库以下辽阳县	2319	69	1289	69	1078	87
13	大伙房水库以下海城市	17679	1089	9830	998	1124	91
14	太子河新宾满族自治县	13947	367	13947	367	0	0
15	太子河本溪市辖区	1683	719	1683	719	13457	801
16	太子河本溪县	16236	1013	9027	685	3333	328
17	太子河辽阳市辖区	987	228	549	165	1340	62
18	太子河辽阳县	21356	1513	11874	1513	42156	3004
19	太子河凤城市	502	52	279	52	5160	3847
20	太子河沈阳市辖区	986	43	548	19	279	24
21	太子河抚顺县	14084	575	7831	559	149	16
22	太子河鞍山市辖区	556	1423	1423	556	10267	732
23	太子河海城市	21892	2455	12172	1171	11469	762
24	太子河灯塔市	3962	455	2203	217	4086	309
25	大辽河海城市	9953	452	5534	452	7578	551
26	大辽河盘山县	3484	192	3484	192	7578	551
27	大辽河大洼县	25286	1407	14059	671	310	23
28	大辽河营口市辖区	1036	50	576	24	369	27
29	大辽河大石桥市	24955	1408	13875	672	310	23
30	合计	355013	22768	208832	17177	141343	13638

上述表格的计算结果为 COD、氨氮在水环境容量理念指导下进行的目标总量分配。为实现污染物排放总量和水环境质量目标要求，流域计算单元的水环境容量应根据流域水系、经济社会发展特点进行分配和调整。调整原则如下。

（1）不等量原则。由于水体存在自净容量，在总量调整时，应依据水质模型，在综合考虑水体所处位置、传递系数大小的基础上进行不等量调整。研究中将上游水功能区富余容量调到下游时，考虑到传递系数，可利用的水环境容量总量会减少；反之，若将下游的水环境容量调整到上游时，计算单元水环境容量总量可增加。

（2）就近原则。为避免在出境断面水质满足控制目标要求的情况下，整个水功能区或河流全河段却出现超标现象的发生，在进行水环境容量总量调整时，不宜将河流最下游水体的富余水环境容量调整到水环境功能区或河流最上游。

（3）重要控制断面达标原则。总量调整后的污染物排放量应借助水质模型确定断面污染物浓度，以确保水系重要控制断面满足水环境质量目标要求。

6.3.4 流域水环境容量再分配

在满足浑河流域计算单元对应的水功能区水质全部达标的要求下，对流域范围内各区域开展远期目标的总量分配，将容量总量分解到排污口和河道水功能区控制断面。

1. 研究区范围及边界条件

研究区的上游边界为红河清原源头水保护区下游的湾甸子断面，上游满足分级、分区容量规划清洁边界要求；下游边界为大辽河营口缓冲区的入海口断面。按照浑河流域级容量规划的要求，下游边界污染物浓度及通量应满足大辽河流域级容量计算划定的限值，才能实现下游水功能区水质达标。湾甸子断面的水质要求为 COD≤4.5mg/L、氨氮≤1.9mg/L；污染物通量要求为 COD≤1337g/s、氨氮≤122g/s。

2. 区域水环境容量总量分配

根据浑河流域计算单元及干支流排污口污染物排放特点，对浑河、太子河、大辽河水系的水环境容量进行规划，将容量总量分配到 29 个计算单元。

方案一：运用线性规划法重新计算各单元的 COD、氨氮最大允许排放量，见表 6-12。

表 6-12　　　　　　　　　　浑河流域计算单元最大允许排放量

编号	计　算　单　元	COD 最大允许排放量		氨氮最大允许排放量	
		g/s	t/a	g/s	t/a
1	大伙房水库以上清原县	18.09	570	0.35	11
2	大伙房水库以上新宾满族自治县	61.02	1924	1.76	55
3	大伙房水库以上抚顺县	8.51	268	0.42	13
4	大伙房水库以下铁岭县	2.62	83	0.13	4
5	大伙房水库以下抚顺县	43.24	1364	2.33	74
6	大伙房水库以下抚顺市辖区	536.46	16918	20.89	659
7	大伙房水库以下沈阳市辖区	144.62	4561	5.13	162
8	大伙房水库以下新民市	6.70	211	0.24	8
9	大伙房水库以下辽中县	117.70	3712	6.10	192
10	大伙房水库以下灯塔市	42.90	1353	2.60	82
11	大伙房水库以下台安县	62.33	1966	3.34	105
12	大伙房水库以下辽阳县	59.74	1884	3.20	101
13	大伙房水库以下海城市	62.33	1966	3.34	105
14	太子河新宾满族自治县	0	0	0	0
15	太子河本溪市辖区	168.28	5307	28.68	904
16	太子河本溪县	423.94	13370	13.25	418
17	太子河辽阳市辖区	128.80	4062	3.19	101
18	太子河辽阳县	523.05	16495	106.59	3360

续表

编号	计算单元	COD 最大允许排放量		氨氮最大允许排放量	
		g/s	t/a	g/s	t/a
19	太子河凤城市	119.40	3766	125.99	3972
20	太子河沈阳市辖区	128.77	4061	0.86	27
21	太子河抚顺县	382.29	12056	10.81	341
22	太子河鞍山市辖区	159.23	5022	26.21	826
23	太子河海城市	533.42	16822	27.29	860
24	太子河灯塔市	186.38	5878	11.06	349
25	大辽河海城市	192.64	6075	8.74	276
26	大辽河盘山县	121.28	3825	3.71	117
27	大辽河大洼县	82.01	2586	12.42	392
28	大辽河营口市辖区	84.07	2651	0.46	15
29	大辽河大石桥市	82.01	2586	3.38	106
30	合计	4481.86	141342	432.47	13635

计算结果表明，计算单元水环境容量总量分配的结果与现状排污情况不符，许多经济社会发达、人口密集的地区水环境容量分配量相对较少。虽然个别计算单元的污染物允许排放量相对较大，但各个排污单位的排污方式唯一，在短时间内生产结构不易改变，难以实现流域全部水功能区达标。

方案二：引进水环境容量分配中的分配合理性评价指数，借助《大辽河流域水污染物总量分配研究》中提及的分项指标及其权重确定计算单元水环境容量分配值。分配合理性评价指数见表6-13。

表 6-13 计算单元污染物分配合理性评价指数

分 配 指 标			权重系数		$T_i \cdot b_i$
现状 COD 排放量	T_1	0.87	b_1	0.16	0.14
人口	T_2	0.99	b_2	0.19	0.19
GDP	T_3	0.99	b_3	0.15	0.15
耕地	T_4	0.99	b_4	0.09	0.09
水资源	T_5	0.98	b_5	0.27	0.26
容量利用率	T_6	0.97	b_6	0.14	0.14
分 配 指 标			权重系数		$T_i \cdot b_i$
现状氨氮排放量	T_1	0.87	b_1	0.16	0.14
人口	T_2	0.99	b_2	0.19	0.19
GDP	T_3	0.99	b_3	0.15	0.15
耕地	T_4	0.99	b_4	0.09	0.09
水资源	T_5	0.98	b_5	0.27	0.26
容量利用率	T_6	0.98	b_6	0.14	0.14

注 分配合理性评价指数计算公式为 $RT_i = \sum_{i=1}^{6} T_i \cdot b_i$。

浑河流域排污口污染物排放量经过削减后，计算单元污染物排放量和排污行业布局结构发生变化，污染物排放量得到减少，相对于分配后污染物排放量数值，浑河上游、大辽河流域等计算单元的 COD、氨氮总削减量为 16970t、789t。结合合理性评价指数，浑河流域计算单元水环境容量最大允许排放量情况见表 6-14。

表 6-14　　　　　　　　　浑河流域污染物最大允许排放情况

编号	计 算 单 元	COD 最大允许排放量		氨氮最大允许排放量	
		g/s	t/a	g/s	t/a
1	大伙房水库以上清原县	76.29	2406	3.33	105
2	大伙房水库以上新宾满族自治县	75.31	2375	3.55	112
3	大伙房水库以上抚顺县	28.92	912	1.49	47
4	大伙房水库以下铁岭县	44.84	1414	1.65	52
5	大伙房水库以下抚顺县	26.98	851	1.55	49
6	大伙房水库以下抚顺市辖区	446.56	14083	12.94	408
7	大伙房水库以下沈阳市辖区	131.72	4154	8.41	265
8	大伙房水库以下新民市	376.16	11863	119.51	3768
9	大伙房水库以下辽中县	358.76	11314	14.59	460
10	大伙房水库以下灯塔市	168.03	5299	3.05	96
11	大伙房水库以下台安县	123.67	3900	7.62	240
12	大伙房水库以下辽阳县	40.87	1289	2.19	69
13	大伙房水库以下海城市	237.82	7500	27.83	878
14	太子河新宾满族自治县	0	0	0	0
15	太子河本溪市辖区	53.37	1683	22.81	719
16	太子河本溪县	286.24	9027	21.73	685
17	太子河辽阳市辖区	17.34	547	5.23	165
18	太子河辽阳县	376.51	11874	47.99	1513
19	太子河凤城市	8.85	279	1.65	52
20	太子河沈阳市辖区	17.38	548	0.60	19
21	太子河抚顺县	248.31	7831	17.73	559
22	太子河鞍山市辖区	45.12	1423	17.64	556
23	太子河海城市	385.96	12172	37.14	1171
24	太子河灯塔市	69.86	2203	6.88	217
25	大辽河海城市	175.48	5534	14.34	452
26	大辽河盘山县	121.29	3825	4.35	137
27	大辽河大洼县	82.00	2586	4.63	146
28	大辽河营口市辖区	18.26	576	0.76	24
29	大辽河大石桥市	439.96	13875	21.31	672
30	合计	4481.86	141343	432.50	13636

由计算结果分析可知，水环境容量总量分配结果相对于初始计算结果更能体现区域污染物排放现状，但仍不能完全满足实际区域水质目标管理的需求。在考虑到流域排污口排污权充分交易并完全利用的情况下，难以通过减污实现水功能区水质达标要求。为此，在方案二的基础上增加约束条件，借助流域水量调整和下泄方式转变，对于污染物排放量大的水功能区适当增加下泄水量，将每个排污口的 COD 排放量上限大于 10% 的现状排污量，氨氮的排放量上限大于 10% 的现状排污量进行调整。调整后的 COD、氨氮污染物排放总量分别为 159572t、15007t，高于 COD、氨氮排放上限 18229t、1371t。根据水环境容量计算过程，削减 18229t COD、1371t 氨氮对应的流量大致为 19m³/s、24m³/s。2030年随着大伙房调水工程规模进一步增加，浑河流域缺水问题基本得到解决。2030 年在 90% 供水保证率的控制目标下，浑河流域缺水深度基本上在 1% 以内，因此，大大提升河流生态需水满足程度。在此情景下，浑河流域地表水供水量 39.28 亿 m³，相对于多年平均地表径流量（供水能力为 34.32 亿 m³）增加 4.96 亿 m³，同时增加外调新水 4.84 亿 m³，能够满足排污超标断面水环境容量调整后的水量增加需求。

基于以上硬性条件，浑河流域污染物分配合理性评价指数调整结果见表 6-15。流域计算单元污染物最大允许排放量调整结果见表 6-16。

表 6-15　　　　　　　　浑河流域污染物分配合理性评价指数调整结果

分　配　指　标			权重系数		$T_i \cdot b_i$
现状 COD 排放量	T_1	0.99	b_1	0.16	0.16
人口	T_2	0.82	b_2	0.19	0.16
GDP	T_3	0.84	b_3	0.15	0.13
耕地	T_4	0.82	b_4	0.09	0.07
水资源	T_5	0.76	b_5	0.27	0.21
容量利用率	T_6	0.95	b_6	0.14	0.13
分　配　指　标			权重系数		$T_i \cdot b_i$
现状氨氮排放量	T_1	0.92	b_1	0.16	0.15
人口	T_2	0.96	b_2	0.19	0.18
GDP	T_3	0.97	b_3	0.15	0.15
耕地	T_4	0.97	b_4	0.09	0.09
水资源	T_5	0.95	b_5	0.27	0.26
容量利用率	T_6	0.98	b_6	0.14	0.14

表 6-16　　　　　　　　浑河流域污染物最大允许排放量调整结果

编号	计　算　单　元	COD 最大允许排放量		氨氮最大允许排放量	
		g/s	t/a	g/s	t/a
1	大伙房水库以上清原县	153.50	4841	5.30	167
2	大伙房水库以上新宾满族自治县	151.51	4778	5.65	178
3	大伙房水库以上抚顺县	58.15	1834	2.38	75
4	大伙房水库以下铁岭县	44.84	1414	1.65	52

续表

编号	计　算　单　元	COD 最大允许排放量		氨氮最大允许排放量	
		g/s	t/a	g/s	t/a
5	大伙房水库以下抚顺县	26.98	851	1.55	49
6	大伙房水库以下抚顺市辖区	446.56	14083	12.94	408
7	大伙房水库以下沈阳市辖区	131.72	4154	8.41	265
8	大伙房水库以下新民市	376.16	11863	119.51	3768
9	大伙房水库以下辽中县	358.76	11314	29.94	944
10	大伙房水库以下灯塔市	198.09	6247	4.82	152
11	大伙房水库以下台安县	160.77	5070	16.78	529
12	大伙房水库以下辽阳县	40.87	1289	2.19	69
13	大伙房水库以下海城市	311.70	9830	31.65	998
14	太子河新宾满族自治县	0.00	0	0.00	0
15	太子河本溪市辖区	53.37	1683	22.81	719
16	太子河本溪县	286.24	9027	21.73	685
17	太子河辽阳市辖区	17.41	549	5.23	165
18	太子河辽阳县	376.51	11874	47.99	1513
19	太子河凤城市	8.85	279	1.65	52
20	太子河沈阳市辖区	17.38	548	0.60	19
21	太子河抚顺县	248.31	7831	17.73	559
22	太子河鞍山市辖区	45.12	1423	17.64	556
23	太子河海城市	385.96	12172	37.14	1171
24	太子河灯塔市	69.86	2203	6.88	217
25	大辽河海城市	175.48	5534	14.34	452
26	大辽河盘山县	110.47	3484	6.09	192
27	大辽河大洼县	307.17	9687	4.63	146
28	大辽河营口市辖区	18.26	576	0.76	24
29	大辽河大石桥市	439.96	13875	21.31	672
	合计	5019.96	158313	469.30	14796

　　在计算单元的水环境容量最优的情况下，排污口的水环境容量得到充分利用，排污口规划的排污量更合理，更易于现场操控。浑河流域排污口 COD、氨氮排放的优化控制量见表 6-17。

表 6-17　　　　　　　　　　浑河流域排污口污染物排放优化控制量

河流	排污口名称	排放控制量/t		削减量/t	
		COD	氨氮	COD	氨氮
章党河	章党生活	1832	163	2120	21
东洲河	东洲生活	556	50	644	6
红河	红河生活	2868	256	3320	32

河流	排污口名称	排放控制量/t		削减量/t	
		COD	氨氮	COD	氨氮
浑河	浑河生活	29849	2660	34551	336
	化塑厂	15759	1404	18241	178
	发电厂	13905	1239	16095	157
	制药厂	17657	1573	20437	199
蒲河	蒲河综合	10802	962	12504	122
社河	社河综合	1828	163	2116	21
苏子河	苏子河生活	1658	147	1920	19
	造纸厂	2635	234	3049	30
英额河	英额河生活	734	66	850	8
	造纸厂	1208	108	1398	14
北沙河	北沙河综合	2536	225	2936	29
海城河	海城河综合	5305	1154	6141	146
兰河	兰河综合	4126	444	4776	56
太子河	太子河生活	1974	176	2284	22
	动力厂	324	25	376	3
	造纸厂	649	25	751	3
	化学厂	612	25	708	3
	水泥厂	528	25	612	3
	建材厂	431	25	499	3
	化肥厂	825	25	955	3
	氧气厂	213	20	247	2
	发电厂	185	16	215	2
	铁厂	417	25	483	3
	暗渠	603	25	697	3
汤河	汤河综合	4057	488	4697	62
细河	金矿	459	41	531	5
	细河生活	409	36	473	4
大辽河	大辽河生活	5048	449	5842	57
	啤酒厂	4913	439	5687	55
	染织厂	5701	508	6599	64
	港监	4171	371	4829	47
	化纤厂	6304	561	7296	71
	造纸厂	7231	644	8369	82
合计		158312	14797	183248	1871

结合计算单元污染物产生、排放规律，在对计算单元污染物最大允许排放量进行优化的基础上，重新分配水功能区对应的水环境容量，见表 6-18。

表 6-18　　　　　　　浑河流域水功能区控制断面水环境容量分配结果

水系	水 功 能 区	控制量/t		控制浓度/(mg/L)	
		COD	氨氮	COD	氨氮
浑河	章党河抚顺农业用水区	178	18	17.9	0.8
浑河	东洲河关门山水库渔业用水区	17	1	9.7	0.4
浑河	东洲河"关山Ⅱ水库"渔业用水区	265	36	16.5	0.7
浑河	东洲河抚顺工业用水区	594	56	24.2	1.2
浑河	红河清原源头水保护区	0	0	10.1	0.3
浑河	红河湾甸子镇景观娱乐用水区	278	13	14.5	0.5
浑河	浑河北口前饮用水源区	272	12	11.5	0.4
浑河	浑河大伙房水库饮用水源区	204	31	11.3	0.4
浑河	浑河大伙房水库出口工业用水区	3919	390	19.3	0.9
浑河	浑河橡胶坝 1 景观娱乐用水区	584	38	19.8	0.8
浑河	浑河橡胶坝（末）工业用水区	7628	498	23.5	1.2
浑河	浑河高坎村过渡区	316	21	19.7	0.9
浑河	浑河高坎村饮用水源区	224	19	19.8	1.0
浑河	浑河干河子拦坝饮用水源区	722	62	18.9	0.8
浑河	浑河浑河桥景观娱乐用水区	37	3	19.1	0.9
浑河	浑河五里台饮用水源区	261	23	18.7	0.9
浑河	浑河龙王庙排污口排污控制区	164	21	19.9	0.8
浑河	浑河上沙过渡区	13917	1745	39.1	1.9
浑河	浑河金沙农业用水区	2581	324	38.7	2.0
浑河	浑河细河河口排污控制区	215	23	38.8	1.8
浑河	浑河黄南过渡区	435	46	33.9	1.7
浑河	浑河七台子农业用水区	2702	284	39.7	1.9
浑河	浑河上顶子农业用水区	2819	296	38.8	1.5
浑河	蒲河沈阳源头水保护区	0	0	9.2	0.3
浑河	蒲河棋盘山水库渔业用水区	140	15	17.0	0.7
浑河	蒲河法哈牛农业用水区	777	55	36.3	1.8
浑河	蒲河法哈牛过渡区	22	2	19.5	1.0
浑河	蒲河团结水库渔业用水区	15	1	19.4	0.9
浑河	蒲河辽中农业用水区	612	44	31.5	1.5
浑河	蒲河辽中排污控制区	7	0	32.5	1.6
浑河	蒲河老窝棚过渡区	2	0	33.9	1.7
浑河	蒲河老窝棚农业用水区	29	2	29.0	1.4
浑河	社河抚顺源头水保护区	0	0	9.2	0.3
浑河	社河腰堡水库渔业用水区	1	0	9.8	0.4

水系	水 功 能 区	控制量/t		控制浓度/(mg/L)	
		COD	氨氮	COD	氨氮
浑河	社河温道林场饮用水源区	34	2	8.5	0.4
浑河	苏子河新宾源头水保护区	82	3	9.2	0.3
浑河	苏子河红升水库饮用水源区	22	1	7.8	0.5
浑河	苏子河双庙子饮用水源区	44	2	9.3	0.5
浑河	苏子河双庙子过渡区	1245	109	19.2	0.9
浑河	苏子河北茶棚饮用水源区	143	6	14.4	0.5
浑河	苏子河永陵镇过渡区	37	2	15.8	0.5
浑河	苏子河下元饮用水源区	220	9	12.3	0.5
浑河	苏子河木奇饮用水源区	538	22	11.5	0.4
浑河	英额河清原源头水保护区	0	0	9.2	0.3
浑河	英额河英额门镇工业用水区	104	5	8.3	0.4
浑河	英额河小山城排污控制区	39	2	14.7	0.5
浑河	英额河马前寨过渡区	26	1	13.2	0.4
太子河	北沙河本溪农业用水区	374	53	18.9	0.8
太子河	北沙河大堡农业用水区	350	40	19.5	1.0
太子河	北沙河浪子饮用水源区	195	22	17.8	0.9
太子河	海城河海城源头水保护区	0	0	9.2	0.3
太子河	海城河"红土岭水库"饮用水源区	5	0	17.9	0.5
太子河	海城河"红土岭水库"出口饮用水源区	278	27	19.2	1.0
太子河	海域河东三台农业用水区	443	31	28.0	1.4
太子河	兰河辽阳源头水保护区	0	0	9.2	0.3
太子河	兰河水泉饮用水源区	42	3	14.1	0.5
太子河	兰河古家子农业用水区	90	5	13.5	0.5
太子河	太子河新宾源头水保护区	0	0	9.2	0.3
太子河	太子河观音阁水库饮用水源区	1452	214	10.3	0.4
太子河	太子河老官砬子饮用水源区	2707	318	11.5	0.4
太子河	太子河老官砬子工业用水区	989	52	11.3	0.4
太子河	太子河合金沟工业用水区	15382	1196	28.1	0.4
太子河	太子河葠窝水库工业用水区	3280	513	19.8	1.0
太子河	太子河葠窝水库出口工业用水区	4602	338	18.7	0.9
太子河	太子河南排入河口排污控制区	197	13	18.2	0.8
太子河	太子河管桥过渡区	497	32	18.4	1.0
太子河	太子河迎水寺饮用水源区	1973	113	14.3	0.5
太子河	太子河北沙河河口农业用水区	45461	4173	33.3	1.6
太子河	太子河柳壕河口农业用水区	3243	281	34.5	1.7
太子河	太子河二台子农业用水区	13650	1183	36.8	1.8

水系	水 功 能 区	控制量/t		控制浓度/(mg/L)	
		COD	氨氮	COD	氨氮
太子河	汤河辽阳源头水保护区	0	0	9.2	0.3
太子河	汤河二道河水文站饮用水源区	12	1	10.3	0.4
太子河	汤河汤河水库饮用水源区	10	1	14.6	0.5
太子河	汤河汤河水库出口农业用水区	43	4	14.5	0.4
太子河	细河本溪源头水保护区	0	0	9.2	0.3
太子河	细河连山关水库饮用水源区	6	0	11.5	0.4
太子河	细河下马塘饮用水源区	13	1	12.9	0.5
太子河	细河下马塘渔业用水区	311	31	19.3	0.8
大辽河	大辽河三岔河口农业用水区	18997	1794	29.5	1.4
大辽河	大辽河上口子工业用水区	4	0	25.4	1.5
大辽河	大辽河虎庄河入河口排污控制区	773	73	26.1	1.4
大辽河	大辽河营口缓冲区	463	44	28.4	1.3
	合计	118376	10720		

在区域水质目标管理过程中，管理者可根据实际需求和水环境变化状况，改变总量分配中的分项指标影响权重，也可在水环境保护规划中增加约束条件，实现既能符合当地现状，又满足区域水环境管理目标，且不影响全流域水质达标的总量分配方案。

6.4 总量分配可达性措施

6.4.1 城市点源削减策略

由水环境容量分配过程可知，大伙房水库以下沈阳市、抚顺市、铁岭市以及太子河鞍山、本溪、沈阳、辽阳的污染物削减量较大，结合计算单元的具体地理位置及发展格局提出重要城市点源污染物削减策略。

（1）沈阳（大伙房以下、太子河沈阳区段）。地处浑河的中下游，工农业发达，城市化水平较高，是辽宁中部城市群的核心地带。依据特殊的地理优势，沈阳市生产性的企业部门都依浑河而建，在便利获取水资源的同时，将大量未经处理的生产性废水排入浑河；许多城镇生活排污口未经任何处理直接排入浑河，严重影响了浑河的水质，破坏了流域的生态环境，为此研究中结合沈阳市污水处理厂近年的发展规模，在规划水平年内以污水处理率的"3个100%"为控制基准严格削减污染物排放量，即主城区污水收集处理率达到100%，郊区、县（市）建成区污水收集处理率达到100%，独立工业园区以及城市化程度较高的中心镇污水收集处理率达到100%。当前沈阳市已有20座污水处理厂通水试运行，4座于2010年前通水试运行，日处理市政污水能力为130万 m³（同时研究中将新增2～3座日处理能力为10万 t 的污水处理厂），为从根本上对污染物在部门最大化发展的前提下进行大规模的排放削减、改变沈阳段浑河及其支流的水污染状况奠定基础。

（2）大伙房以下抚顺市。地处浑河的中上游，区内工农业发达，污染物排放密集大。该计算单元的污染物排放点主要位于：浑河（抚顺市区段）及7条主要支流、沈抚灌渠。对于浑河抚顺段及章党河、东州河、海新河、抚西河、将军河、古城河、李石河的污染物削减量的控制，研究中采用定额达标分配法在原先削减量的基础上，严格控制用水定额及污染物最高允许排放浓度，按照污染源对控制断面的影响程度，重新修正计算单元污染物排放总量分配指标；对于沈抚灌渠在原先污染物削减计算的基础上，采用费用最小分配方法对周边的腈纶化工厂总排、石油二厂总排、抚顺钢厂、石油一厂总排、抚顺铝厂、乙烯化工厂总排、石油三厂总排、洗化厂总排、石化二厂、醇醚化工厂进行总量分配，在其污水达标排放率达到100%的同时，使部分企业的中水回用率达到80%。

（3）大伙房以下铁岭市。借助辽河流域的过城河段整治工程的实施——清河、城关河、柴河和汎河的整治工程，建立和完善铁岭市城市污水处理厂、调兵山市城市污水处理厂运营机制，加快开原市和昌图县城镇污水处理厂建设，使工业固体废物综合利用达到40%、工业用水重复利用率达90%以上、中水回用达30%、中心城区污水集中处理率达到90%，城镇污水集中处理率达到65%。为进一步减少水源保护区的污染物排放量，使水质达到国家地表水环境质量标准Ⅱ类标准要求，进一步控制面源污染物的排放量，对易于控制的规模化养殖场和集中式养殖区粪便综合利用率达到90%，污水达标率达到30%。

（4）太子河鞍山市。在全力推进结构减排措施，关闭海城市西洋集团钢厂、台安博发造纸有限公司和德瑞纸业有限公司等排污大户的基础上，加快对鞍山市第二污水处理厂二期工程、海城市感王集中污水处理工程的建设步伐，2009年新增10处污水处理厂，年削减COD 8004t，使城镇生活日处理能力达67万t；同时通过工程改造和完善，挖掘提高现有污水处理厂的处理能力：工业用水重复利用率达90%、中水回用到30%、中心城区污水集中处理率达到90%，城镇污水集中处理率达到70%，在实现减排的同时切实改善环境质量。

（5）太子河本溪市。在"十一五"期间实现年处理污水1亿t、减排污水4600万t的基础上，加快对北钢污水处理及中水回用工程、南芬区污水处理工程、桓仁镇污水处理工程等11项水环境治理项目的实施，加大对细河两岸采矿、选矿、小化工企业的监管和整治力度，使细河沿岸的主要污染源得到有效控制，工业废水排放达标率达100%。在当前控制监管的基础上，继续加大对本钢焦化厂排水的治理力度，使其污染物排放稳定达标率达100%。严格控制钢铁、冶炼、水泥等高能耗项目的建设，关停并转污染重、能耗高的企业，加强对本钢、北钢、水泥集团等重点耗能企业的监控；实行企业用水累进加价收费制度，推行节水技术和措施，降低生产用水量，全面提高工业重复用水率，在全面合理用水的同时实现污染物排放量最小。

（6）太子河辽阳市。辽阳市位于辽东半岛城市群的中部，是一座新兴的石油化纤工业城市。结合辽阳市经济发展的实际，在对小造纸厂进行关停和整治的基础上，加大北排沟沿岸工业废水和城镇生活污水的限排力度，通过修建新北排暗渠，从源头削减污染物的排放量。加强对弓长岭区所生产的工业废水和生活污水、庆化公司排放的含硝基化合物的酸性废水的排放监管力度，加快对河东新城地区污水处理厂建设步伐；在弓长岭区日处理能力3万t的污水处理厂稳定运行（中水全部回用）的基础上，继续修建辽阳县、灯塔市和宏伟区污水处理厂，缓解太子河流域辽阳段污染问题。

6.4.2　面源污染控制策略

面源污染分布广、随机性强、潜伏期长、产生及削减量不易估算，导致控制面源污染的成本高、难度大，借助管理措施从不同层面对面源产生情况进行介入，从控源层面进行干预，有效防止流域面源污染的产生及入河量。各国在实践中提出过多种调控方法，主要包括：以养分管理和家畜管理为主的农田系统管理措施；以农作物管理和土壤管理为主的农作物系统管理措施；以水资源管理、土地使用管理和景观管理为主的水文系统管理措施。

BMPs 是有效减少或预防水污染，防治或削减面源污染，使水质符合水质目标的实际措施。当前应用比较广泛的 BMPs 措施主要包括少耕或免耕法、等高种植、人工湿地、植被过滤带、岸边缓冲区、地下水等方法和措施。

1. 数字信息技术

当前，种植结构变化和水文监测数据的不足仍是制约面源污染管理水平提高的瓶颈。科学管理功效的发挥受到数据有限性的制约。数据的可用性将有助于确定管理策略在所属尺度上的量化程度。遥感数据和卫星图像因具有较高的时间频率和空间覆被分辨率，所以有助于相关观测数据的获取以及 BMPs 管理手段的提升。

土地利用对流域水质的影响，随着流域时空尺度的变化而变化。由于 GIS 和遥感技术能对河流水质和面源污染物流失状况造成的影响范围进行有效监控，所以，针对不同的土地尺度，GIS 技术和流域管理决策的集成可有效遏制不同程度的流域水土流失状况。

2. 面源污染集成管理

流域面源污染集成管理作为水质目标管理的一种新范式和发展趋势，是协调开发和管理水、土相关资源，实现经济收益和社会财富最大化，并能有效促进流域整体生态系统可持续发展的动态过程。BMPs 中的协作是完善面源污染集成管理框架和实施过程的关键环节。面源污染集成管理能够有效地避免水质目标管理过程中出现的公众健康和生态风险间的矛盾冲突。地下水库的控制范围能够跨越流域水文边界的限制。因此，对地下水面源污染的防范管理需要流域管理机构的多方协作。公众参与是在特殊场合下实现社会和环境管理目标的有效手段。公众在参与面源污染集成管理中的作用主要体现在谈判协商、研讨等活动中。

3. 水量水质联合管理

为实现浑河流域水质和生态环境状况的整体改善，有效减少农业面源污染废水排放已成为治理流域污染的有效举措。但控制的过程较为复杂，极易引发单一污染控制过程中顾此失彼现象的出现。因此，确立长期可持续的农业有效灌溉制度，需要依据农业生产过程中营养物质的流失程度，给出合理的中水回用措施或退水方案。在此过程中，水质模拟为有效地管理水资源提供了一系列可行方法。流域尺度上评估农业退水水质状况的物理模型大量涌现。例如，ROM 5.1 提供了一种进行环境风险评估、生态潜能评价、最优管理区域划定的新技术，实现了对退水污染物排放的有效管理。在综合技术评价过程中，对水生态潜能实施的评估是进行水质动态管理的基础。

　　流域水质的自适应管理是促进流域农业生产和环境管理工作顺利开展的重要依据。BMPs 的实施，能对降雨径流造成的土壤、营养物质的流失起到减缓作用，并能有效保护饮用水源的安全。BMPs 作为一种从源头减少和消除营养物质流失的一种自适应手段，已被大量的研究所关注。鉴于此，BMPs 的策略制定者应充分考虑到财政激励和成本共享机制的可用性，以便进一步提高流域污染综合管理的有效性。

第7章 浑河流域水生态补偿标准研究

当前已有的流域水生态补偿标准针对性强，涵盖范围较为狭窄，通用性较差，尤其是对基于水量水质联合调控的补偿标准理论研究较少，且缺少具体的操控细则。项目结合水生态破坏流域的具体类型，针对浑河流域的水生态现状，从水生态特征、生态受益补偿、生态受损补偿、生态保护成本（面源污染控制、点源污染治理）的层面考虑，给出流域治理修复型水生态补偿标准的计算方法。

7.1 流域水生态补偿框架

依据水资源价值的转移性，流域上下游对生态建设付出的成本应一致，偿付主体间可动态转化。本书从水资源的水量水质属性出发，在合理界定自然、人为因素对流域水资源开发利用影响程度的基础上，借助辽河流域区域间取得的生态补偿成功经验，探讨流域水生态补偿程度测算框架。

7.1.1 实施基础

水资源短缺、上下游用水矛盾突出、水环境恶化是浑河流域面临的主要水生态问题。流域上、中、下游针对水量水质问题已开展过生态补偿层面的相关研究和实践。鉴于水量、水质价值联系的相关性、不可分割性，建立跨行政区的水量、水质监测制度及监管运行机制是实现流域水资源可持续开发利用的关键。辽河流域水污染防治"十二五"规划大纲提出，"十二五"期间应加强跨区域的水量水质协调与监管，建立跨界水污染协同治理机制，减少跨界水污染冲突。

结合研究区水资源的分层次开发利用、功能价值状况，针对水功能区污染物浓度的削减过程，项目提出基于水源地保护、水资源利用、水环境保护层面的流域生态补偿实施框架，为进行跨区域流域生态补偿标准的制定提供依据。

1. 水源地保护

依据"谁保护、谁受益"的原则，国家和辽宁省政府向大伙房水库、观音阁水库等水源地保护区提供涵养水源、水资源保护、水环境治理成本投入和维持费用。

（1）各级政府承担水源地保护补偿的责任主体。针对区域经济社会发展、国家水资源所有权特性，依据"谁受益、谁补偿"原则，除国家作为水源地保护区的补偿主体外，辽宁省政府作为收益主体也应对水源地的保护承担一定的补偿责任。大伙房水库保护区内各级地方政府（流域上游）是主要补偿对象。

（2）针对水源保护区建设的各项投入及成本付出，制定针对性补偿标准。实施生态工程和水资源保护工程的投入和管护费用，按生态保护建设投入成本和管护费用确定补偿标准；保护区内发展经济的损失，可参照《水污染防治法》第 56～59 条规定确定补偿标准。

（3）结合各地财政及收益主体的支付意愿，补偿资金筹措渠道多元化。开征区域水源生态补偿附加税，在增值税和营业税的基础上增加税率为 5‰的水源生态补偿附加税，在国家/地方政府公共支出中专项用于生态补偿；在下游用水企业和个人的水费征收中，增加 0.1 元/m³ 的水源生态保护费项目专项用于生态补偿。

2. 水资源利用

（1）补偿主体和补偿对象的确定。

1）当上游通过各项节水措施，将节余水量供给下游地区时，实行有偿转让，下游依据供水量的多少给上游生态保护成本付出方支付补偿费用。补偿标准应在双方协商的基础上确定。

2）当上游向下游地区的供水量少于"分水协议"规定的出境水量时，上游地区应承担下游地市因用水不足造成的经济损失。

（2）流域"分水协议"作为建立浑河流域间水资源开发利用、保护补偿机制的依据。补偿主要通过省、市政府财政转移支付，也可由下游用水户承担。

3. 水环境保护

按照"谁污染、谁付费"原则，上下游政府职能部门就水质状况进行基于水环境保护的生态补偿标准制定。在明晰省界断面水体质量标准和保护的法律责任基础上，建立健全流域省界断面水质监管制度，为跨界河流水环境保护补偿提供依据。

（1）由于上游水质不达标或水污染事故影响下游地区的经济发展时，上游地区应承担下游必要的经济损失。针对污染物浓度超标的跨界断面，补偿标准可依据相关规定确定，如《河北子牙河流域水环境污染补偿》；在上游发生给下游地区经济发展造成损失的水污染事故时，有关责任主体应根据经济损失评估报告，与补偿对象协商补偿额度。

（2）上游地区补偿主体和下游地区补偿对象都是地方政府时，借助政府间财政转移的方式实施生态补偿；在企业或个人作为补偿主体的情况下，依据协商的补偿数额，直接向受偿对象的地方政府、企业或个人支付补偿金。

7.1.2 补偿框架

水资源稀缺地区的水量具有综合功效。项目针对浑河流域水量构成的特殊性，将污染物的自净水量、生态需水量、污废水入河量等自然、人为作用下的水量变化过程考虑在内，结合流域水环境纳污能力和污染物排放双总量控制目标，以上下游各方最大程度协调可持续发展为目标，构建基于政府监管、上下游双方自由协商的流域水生态补偿程度框架。基于断面上下游的水量水质要求，补偿程度并非仅限于水量控制目标，同时补偿机制的灵活性为充分发挥水质的潜在功效提供前提。结合流域地理特性及保护目标的特殊性，本书构建的针对断面水量水质控制目标的流域水生态补偿框架，如图 7-1 所示。

为充分体现缺水流域水量构成及分配、水质控制目标及实现过程的特殊性，激励上游在保护水生态环境的同时应节约用水，加大中水、循环水回用力度，下游进一步减少新水的取用量，逐步退还生态环境用水，实现流域生态、经济社会的协调可持续发展。项目结合以往的成功经验及流域的水量水质保护目标，给出跨区域的流域水生态补偿程度实施

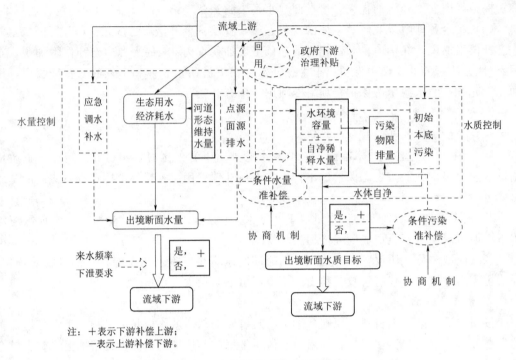

注：＋表示下游补偿上游；
　　－表示上游补偿下游。

图 7-1　浑河流域水生态补偿框架

框架。

1. 总量补偿

结合流域省界控制断面下泄水量要求，确定补偿资金流向，按照区域水量水质的价值属性初步核算补偿金额。水量属性主要从水资源的稀缺价值层面考虑，水质属性主要从治污、水质自净能力的保证层面考虑。

2. 分项控制

在用水竞争激烈的地区，下泄水量的维持通常以牺牲上游生态和环境用水为代价。浑河流域生态脆弱，最小生态需水保证程度较低。上游良好水生态的维持，对下游、整个流域物质生产的进行和良好水生态环境的形成具有重要意义。按照流域河道内外生态维持最小水量的控制要求，应对上游的基本生态用水提前预留（河道外最小生态需水量）。在政府监管、自由协商的基础上，下游对上游生态水量功效发挥过程中的投入，按照等价交换原则对上游付出进行补偿。河道形态维持水量（浑河流域主要指冲沙水量、自净水量）的下泄，对于整个流域水生态的稳定具有重要意义。

浑河流域上游污染物的排放降低了下游经济社会用水的水质满足程度，但自净水量的存在，又在一定程度上为河道接纳污染物创造了空间。上游地区以污染物的排放限定量为基础，严格污染物排放量，在自净水量的保证下，下游出境断面能够实现水质控制目标。下游按照上游在污染物削减方面的投入、自净水量的维持付出的成本进行等效价值补偿。若下游出境断面水体污染物浓度超标，上游虽实行截污减排措施，但自净水量的不足客观地制约了水体自净能力的发挥。因此，流域下游对上游地区的成本投入在扣除人为因素影响的基础上进行协商性质的补偿。

上游中水回用在一定程度上减少了经济社会的新水取用量，增加了河道断面的下泄水量。按照"谁受益、谁补偿"的原则，下游政府部门应对经济基础薄弱的上游地区采取的有效保护行为进行补偿。应急调水的水源地不同，调水过程涉及的水利工程、调水距离、调水水量及临时工程等随机性因素，因此，调水过程中补偿标准的确定具有不确定性。自2005年以来，大伙房水库应急输水工程启动，也在一定程度上为调水线路周边生态环境的改善提供了水量支持。由于基于应急调水性质的参与方及用水动机较为复杂，研究在后续过程中将针对浑河流域水资源调度特殊性，进行可操控性的生态补偿标准研究，实现流域下游受益方对上游地区水源地和水环境保护投入的补偿。

3. 补偿特殊性探讨

生态补偿作为消除区域发展差距，实现流域经济社会、生态全面协调可持续的重要举措，在补偿标准制定和实施中应充分考虑到区域发展的不均衡性和区位资源分布的不平衡性，实现生态补偿的真正功效。浑河流域上游地区处于生态功能核心区域，但由于历史和地理原因，经济发展条件差、底子薄，出现了生态工程建设投入大、成效低的状况。流域上游地区耕地总体质量较差，粮食理论生产能力仅占辽宁省的10%左右，因此，确定上游地区生态补偿经济额度时，应以地区生态环境的质量和资源环境承载能力为基础，考虑到人均生态足迹对资源开采的压力，扶持符合自然群落演替规律的物种发展（宜林则林，宜草则草），避免补偿资金的浪费或低效投入。在补偿资金下放和政策实施过程中，应实施有效的生态治理监管措施，避免生态项目重复、重叠造成资金"捆绑受挫"。

7.2 断面水生态补偿标准

为充分体现浑河流域水生态价值的多样性，项目以天然、人为状况下水量、水质变化为基础，从生态补偿标准测算的影响因素考虑，构建水量、水质控制模块，借助水功能区水体纳污能力对污染物入河总量的限制性和流域水质控制目标对水体污染物浓度达标与否的检验性，在上、下游协商机制的调控下，给出系统的流域水生态补偿标准测算依据，如图7-2所示。

7.2.1 水量补偿标准

浑河流域水资源严重不足。近年来，受气候变化、人类活动的影响，流域的降水量、径流量总体呈减少的趋势，但经济社会发展对水的需求量却日益增加。区域间、区域内竞争性用水矛盾尖锐。充足的水量是进行涉水经济活动的基础。项目结合流域上下游基于现状来水、用水需求的水量分配协议，探讨治理修复型流域水生态补偿标准研究方法，实现水资源的真正价值。

浑河流域由于水资源过度开发利用，断面的下泄水量严重不足，流域上下游之间的竞争性用水矛盾尖锐。项目通过对流域的历史径流资料进行分析，近年来浑河、太子河干流及支流天然来水量普遍偏少，水资源的先天不足已成为制约流域经济社会、生态协调发展的关键因素。为规范流域整体用水秩序，巩固流域生态保护成果，进行区域水量生态补偿

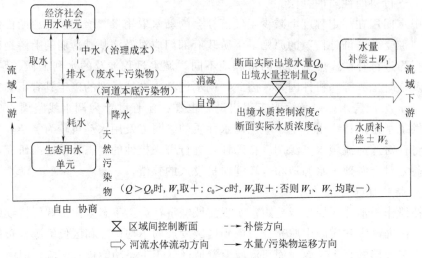

图 7 - 2　流域水生态补偿标准测算依据

是实现流域水量循环利用的重要举措。

7.2.2　水质补偿标准

在确定流域污染物排放总量、水体纳污能力的基础上，借助水体对污染物浓度的降解能力，采用一维水质模型判定出境断面水体水质类型。水功能区水质达标判定是检验流域污染物治理效果的重要方法。为此，结合水质评价模型对下泄断面水质类型的判定结果、污染物治理成本和流域水质保护目标确定上、下游之间的水质补偿关系。

流域实施水生态补偿后，下游提供给上游一定的补偿，用于流域环境的保护，使得水生态服务价值有所增加，包括水质改善、水量时空分布均匀化、水土流失面积减少等。项目依据《地表水环境质量标准》（GB 3838—2002），确定流域上游下泄水量的水质达标级别为Ⅲ类水质标准：如果上游水质维持良好，优于Ⅲ类，下游地区需对上游进行补偿，补偿额为正；如果上游破坏了水质，致使中下游的水体水质降低到Ⅲ类标准以下，则上游在综合权衡的基础上需对下游地区进行赔偿，补偿额为负。计算依据为

$$V_{ss} = \delta W C \tag{7-1}$$

式中：V_{ss} 为流域水资源价值补偿量，元/a；δ 为判定系数（当水质好于Ⅲ类时，$\delta=1$；当水质为Ⅲ类时，$\delta=0$；当水质劣于Ⅲ类时，$\delta=-1$）；W 为上、下游转移水量，t/a；C 为污水处理成本，元/t。

当前，对流域污染物排放管理实行总量和浓度双重控制。项目通过将流域水功能区水体纳污能力与当前污染物排放总量进行对比，核算补偿资金流向，为实施最严格的水资源管理制度提供依据。基于水体纳污能力的流域水质补偿标准计算公式为

$$V_M = C_0 \cdot (M - M_0) \tag{7-2}$$

式中：V_M 为流域水体的纳污能力补偿量，元/a；C_0 为水体的恢复成本，万元/t；M_0 为

水功能区内污染物总排放量，t/a；M 为水功能区水体纳污能力，t/a。

针对我国目前水环境监控的总体水平，选择Ⅲ类标准作为跨区域河流污染经济补偿的界值。如果以优于Ⅲ类水质作为水质补偿标准判定依据，多数地区在经济投入上难以承受；如果选择劣于Ⅲ类水质作为判定依据，又难以起到治理污染、改善水环境质量的作用。只要上游区域与下游区域交界水质达到国家《地表水环境质量标准》（GB 3838—2002）的Ⅲ类标准，上游区域尚不必对下游区域进行补偿；下游区域在上游区域内调水取水，上游区域根据下游区域对水质的要求，提出补偿数额；经济补偿与被污染的河流流量或调水量挂钩。

项目结合浑河流域上游年均下泄水量及水质状况，依照既定的补偿标准核算方法，下游地区无需对上游进行水量水质方面的补偿。现实中，依据自由协商的原则，为进一步缩小流域上下游之间的发展差距，下游应针对上游的环境保护投入进行一定的补偿，进一步资助其采取环保的手段进行生产，减少对流域水生态的破坏。

7.2.3 结语

本书针对我国当前大多数流域面临的水量短缺、水质恶化的现状，以缺水与水污染并重的浑河流域为例，探讨跨区域流域水生态补偿标准计算方法，在进行流域生态补偿标准理论框架阐述的基础上，给出了水量、水质、污染物处理水平补偿标准测算依据，以及分层次实施细则，为浑河流域水生态补偿机制的实施提供了依据。

7.3 流域均衡用水补偿标准

浑河流域上游在采取生态治理措施尽量增加控制断面下泄水量的情况下，却因天然降水量较少、地下水位下降等外界因素的干预，并未达到流域出境断面水量的下泄要求。在这种情况下，作为流域生态保护方的上游反而补偿受益方的下游，严重挫伤了上游治理水污染、保护水生态的积极性。因此，项目认为在流域水量补偿标准的测算过程中，应将社会机制考虑在内，重视社会约束和管理机制的引导和调控作用，才能协调流域上下游因理论测算结果的不公平性造成的矛盾，实现流域水生态补偿的真正功效。

7.3.1 公平用水补偿标准

1. 计算结果

项目给出的计算方法是在考虑社会机制的前提下，以用水部门经济效益最大化为目标，实现水量的公平分配。2007年浑河流域上游地区的需水情况见表 7-1。流域整体的水质状况较差（Ⅳ类水为主），个别河段或水库甚至为劣Ⅴ类水。在这种情况下，流域用水部门的经济效益主要体现在农业上。为避免用水过程中参数的不确定性给农业生产价值造成的影响，项目将相关参数的变化幅度以区间的形式给出。

结合《中国农业年鉴2007》中农作物的分区概况，以浑河、太子河上游地区重点农作物的统计分类数据为基础，选择小麦、玉米、大豆、花生、棉花、水果、蔬菜作为研究对象，进行分布面积及相关参变量的阐述，见表 7-2。

表 7-1　　　　　　　　　　2007 年浑河流域上游区域需水情况　　　　　　　单位：亿 m³

水系	农业	工业	市政	环境
浑河	1.96	0.64	0.43	0.01
太子河	2.55	0.75	0.37	0.01

注　1. 表中的数据均为地表水对区域用水部门的支撑数据，该数据依据 2007 年区域用水部门的需水要求，在合理划分地表、地下水的供水能力和范围的基础上确定的。

　　　2. 市政用水中包含一部分家庭生活用水和卫生用水。除环境用水外的其他公共、建设用水也包含在内。

表 7-2　　　　　　　　　　　　浑河流域农业种植基本参数

作物	种植面积/%	潜在产量/(万 t/hm²)	总成本/(元/hm²)	价格/(元/t)
小麦	30.53	[0.25, 0.338]	[801, 1083]	[1302, 1762]
玉米	36.1	[2.87, 3.88]	[4820, 6521]	[1282, 1718]
大豆	2.33	[0.22, 0.3]	[687, 930]	[3060, 4140]
薯类	3.19	[0.5, 0.68]	[1144, 1547]	[1279, 1730]
棉花	8.41	[0.69, 0.94]	[1600, 1977]	[11135, 15065]
花生	4.84	[0.22, 0.3]	[687, 930]	[11900, 16100]
蔬菜	13.3	[1.45, 1.97]	[4404, 5959]	[1722, 2358]
瓜果	1.3	[3.4, 4.6]	[2859, 3869]	[2110, 2891]

　　为进一步给参与用水联盟的用水部门提供经济激励，项目利用合作博弈的中心、偏中心（Nucleolus、Weak Nucleolus）理论进行不同联盟的参与者对应的用水总收益的重新分配。中心理论能够最大程度地反映合作博弈的均衡解，但并非是单个用水户的收益最大解；偏中心理论对应的整体效益欠佳，但易于实现单个部门用水效益最大化。结合研究区部门用水量与经济效益之间的对应关系，在对浑河流域上游农业最大化用水效益进行计算的基础上，结合区域用水联盟的构成情况，进行社会公平机制对应下的部门水量最优分配。浑河流域的水体水质已基本上不能满足生活、工业的用水要求，因此，项目主要对农业的水权进行重新分配。在对长系列连贯资料进行分析的基础上，给出流域上游用水部门的收益上下限，见表 7-3 和表 7-4。

表 7-3　　　　　　　　　　　浑河流域用水部门的收益分配区间　　　　　　　单位：亿元

用水户	最初收益		联盟收益		联盟附加收益		中心理论/重分配收益		中心理论/分配附加收益		偏中心理论/重分配收益		偏中心理论/分配附加收益	
	下限	上限	下限	上限	下限	上限	下限	上限	下限	上限	下限	上限	下限	上限
1	75	189	46	85	−29	−104	176	352	101	163	134	349	59	160
2	98	248	62	111	−39	−137	205	430	108	179	251	433	153	182
3	88	1268	1554	2844	1545	2717	935	1801	926	1673	994	1854	985	1727
4	326	1254	176	532	143	413	767	1523	734	1398	708	1470	675	1345

注　表中的用水（户）联盟为：1 为大伙房水库以上抚顺市；2 为太子河本溪市；3 为浑河流域大伙房水库；4 太子河流域观音阁水库。

表 7 - 4　　　　　　　浑河流域不同用水户间的收益分配　　　　　单位：元/m³

用水户	用水联盟形式		中心理论分配	
	下限	上限	下限	上限
1	1.29	2.12	3.75	5.89
2	1.93	3.23	2.49	3.90
3	1.83	3.31	0.90	1.76
4	1.11	2.50	2.47	4.26

注　1. 表中用水户的分类同表 7 - 3。

　　2. 表中数据的来源为用水部门 1978—2006 年的长系列用水资料。

结合流域土地利用类型图，项目借助 GIS 的统计分析功能给出研究区不同计算单元上的耕地面积。项目以研究区不同类型的作物种植面积百分比为基础，进行用水户最大收益下的水量再分配。以中心分配理论为主导的流域农业最优需水量的计算结果见表 7 - 5。

表 7 - 5　　　　　　　　浑河流域上游水量分配结果　　　　　　单位：亿 m³

用水户	用水联盟形式		中心理论分配	
	下限	上限	下限	上限
1	2.1	2.4	0.7	0.8
2	1.6	1.7	1.2	1.4
3	3.7	3.8	6.6	7.1
4	4.9	4.0	2.2	2.4
合计	12.3	11.9	10.7	11.7

依据社会公平机制，以基于中心理论的合作博弈为基础，浑河上游流域在当前的发展模式下，需水的上限为 11.8 亿 m³，下限为 10.8 亿 m³，均值为 11.3 亿 m³。2007 年浑河上游流域的抚顺市、本溪市的农业需水总量为 4.51 亿 m³，低于均衡状态的水量（在线性化过程中，便于均匀分配用水效益，假定研究区的农业用水效益所占比例相同，均衡水量取为 11.3 亿 m³）6.79 亿 m³。因此，浑河上游在水质现状只能满足农业用水需求的状况下，依靠自身的节水和中水回用技术，节省了 6.79 亿 m³ 的水量。

2007 年浑河流域上游的下泄水量为 1.48 亿 m³。从"谁受益、谁补偿"的角度考虑，浑河流域下游的沈阳市、辽阳市、鞍山市等应对上游的来水量进行补偿，补偿的标准以农业用水产生的经济效益为基础（农业用水产生的经济效益是按照下游农业用水量与上下游农业用水效益的差值的乘积计算得出），下游区域应向上游的抚顺市、本溪市补偿 4655 万元，其中补偿抚顺市 2925 万元、补偿本溪市 1730 万元。

2. 结语

项目以社会公平机制为基础，采用区间值对浑河流域上游的最优需水量进行计算，在保证综合效益最大化的前提下，为进行用水部门最优水量的分配提供依据。浑河上游的水质状况较差，主要用于农业灌溉。以基于中心理论的合作博弈为基础，在 2007 年浑河流域下泄水量为 1.48 亿 m³，且全为上游的补缺水量。因此，流域下游的地市应向上游补偿下泄水量的成本付出及损失 4655 万元。

项目给出的计算方法是在考虑流域历史资料和工程调节能力的基础上给出的长系列水量最优分配策略。补偿标准研究中选取的系列年较短，同时研究区分部门的用水数据较为缺乏、用水种类单一，因此，项目给出的计算方法难以反映来水的长期变化对部门用水量的影响。水质作为表征用水部门排水对流域水体影响程度的重要指标，具有累积和叠加效应。项目针对研究期内的污染物产生量对水质的短期影响进行研究，难以反映流域水质在生态补偿标准确定中的真正作用，同时，对造成水体污染的自然和人为因素区分不够清晰，难以体现对合理用水、有效排水的经济激励作用。

7.3.2　合作博弈补偿标准

1. 计算结果

项目在考虑到浑河流域上游地区水质状况及区域经济社会发展特点的基础上，暂将上游的用水户定为农业、工业、生态，下游的用水户为农业。此分类与模型构建过程中的用水户分类一致。鉴于合作博弈的特点，用水户在参与到联盟过程初期，会尽量提高水资源的利用效率，从而导致具有较大效益的用水户能够获得初始水权外的多余水量，但基于流域整体协调发展的理念，高效益的用水户应支付给低效用水户一定的效益补偿。

依据 2007 年流域上下游的初始水权分配关系，流域 1、2、3、4 用水部门对应的用水量分别为 4.50 亿 m^3、1.39 亿 m^3、0.06 亿 m^3、0.08 亿 m^3（仅考虑流域地表水）。流域上、下游的水量分配与区域的发展格局和对不同质量水资源的依赖程度有关，具有一定的不均衡性。

为便于进行水量和经济效益的重新分配，在对研究区计算单元单方水经济效益、用水户可支配水量、用水户用水类型进行分析的基础上，通过对区域同部门用水量及经济效益进行归并，项目将计算的 $b(i)/B(i)$、$c(i)/C(i)$ 值列于表 7-6 中，为进行用水户模糊信息博弈下的水量分配和效益计算提供依据。

表 7-6　　　　　　　　模糊信息联盟博弈计算参数

计算明细	$i=1$	$i=2$	$i=3$	$i=4$
$b(i)/B(i)$	0.985	0.857	0.903	—
$c(i)/C(i)$	0.900	0.190	2.488	—

流域用水部门在参与模糊信息联盟时，使用相同的水量能够获得更多的收益，甚至高于确定信息的沙普利值。因此，此种情景下的水量合理分配是确定流域上、下游补偿关系的关键。按照研究给出的方法进行计算，分配给用水户的水量将低于初始水权水量，但从公平和综合效益的角度考虑，用水户以此为基础却能得到高于无序竞争用水获得的收益。针对上游 3 个用水部门间构成的用水联盟进行合作博弈，部门 1、2、3 最终的用水量与沙普利值间的对应关系为 0.4 元/m^3、3.8 元/m^3、30 元/m^3，部门 1、2、3 对应的最优水量为 0.56 亿 m^3、0.19 亿 m^3、0.06 亿 m^3，需水总量为 0.81 亿 m^3。从社会公平的层面考虑，因浑河流域上游的下泄水量完全来源于上游的生态保护和节水成效，因此，下游需要对上游的付出进行生态补偿，补偿的水量基础为 2007 年出境断面的下泄水量，补偿总量为 4655 万元。

2. 结语

项目以合作博弈的水量分配框架为基础，通过对确定信息博弈、含糊信息博弈的沙普利值进行计算，构建浑河流域整体用水部门的效益最大化水量分配模型。在对浑河流域上游的用水户重新分配水量进行计算的基础上，农业、工业、生态对应的需水量分别为 0.56 亿 m³、0.19 亿 m³、0.06 亿 m³。依据"谁受益、谁补偿"的原则，流域下游应补偿上游 4655 万元。

项目给出的水量最优分配策略以用水部门间的合作框架为基础，并且多为部门在用水效益最优状态下的水量分配格局。流域水生态破坏原因的多样化，用水效益的难以确定性，促使当前的方法在现实中的应用受到一定的限制，但却为流域水生态补偿标准的计算提供新思路。

7.4 生态损益补偿标准

7.4.1 生态受益价值补偿标准

生态补偿的最终目的是通过激励人们的生态环境保护行为来维系流域生态系统服务功能的正常发挥。项目将对流域进行生态补偿看作"投入"、生态服务功能看作"产出"，运用投入与产出间的对应关系，利用产出值间接核算生态补偿量（生态服务价值）。针对浑河流域生境及物种多元化、不同水域相关功能属性的差异性，项目从河流生态系统、森林生态系统、湿地生态系统层面考虑，借助相关统计公报（2007 年）及流域土地利用分类数据，通过对与直接、间接、其他价值的核算，确定受益生态补偿标准。依据生态产品、服务类型的联合评价框架，对生态系统功能进行系统分类是进行水生态服务价值核算的基础，如图 7 - 3 所示。

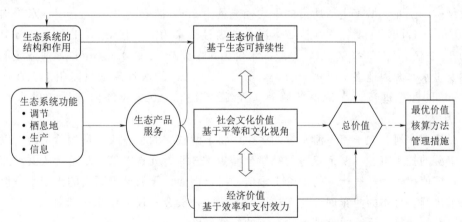

图 7 - 3　生态系统功能、产品、服务联合评价框架

结合不同土地利用类型下的面积统计，项目通过对相关价值计算方法优、缺点及适用范围进行比较，采用市场价值法、影子价格法等相关方法进行直接、间接、其他使用价值的核算，为准确进行生态价值补偿提供依据。

1. 河流生态系统

（1）物质产品价值。浑河流域属北方半干旱气候区，河道内水量相对较小，水生植物较少，项目暂不考虑其经济价值。对于动物资源主要以浑河流域上游的大伙房、观音阁、葠窝水库的渔业养殖为主。流域水库多为水源保护区，水库每年捕成鱼 25 万～35 万 kg（暂定为 30 万 kg）。依据有关研究，研究将水库投放鲤鱼、鲫鱼、草鱼和鲢鳙鱼鱼种的初始成本定为 15 万元。水库渔业养殖主要依靠不同种类鱼种对库区及周边水环境及生态改进的互补式促进作用，从生态角度改善水环境。鱼苗生长过程中不需要进行人为的管理投入，因此，本书并未考虑渔业生产的人力成本投入。经调查，2007 年淡水鱼（草、鲤、鲢、鲫鱼 4 种淡水鱼）的市场批发价格为 7.5 元/kg，在综合分析的基础上，浑河流域上游湿地生态系统的物质产品价值约为 146 万元。

浑河流域上游生产的物质产品为生态保护的参与者带来了一定的经济收入，对缩小流域整体的发展差距具有一定的促进作用。但根据流域生态补偿的概念特征，暂不将物质产品价值作为确定流域水生态补偿的依据。

（2）附加功能价值。休闲娱乐和文化服务是生态系统服务功能的重要组成部分。项目取河流的休闲娱乐生态系统平均价值为 230 美元/(hm² · a)（2007 年美元对人民币的汇率为 7.61），生态系统生物多样性单位面积的生态价值量取沼泽或水体提供栖息地或避难所服务功能的生态效益 1657.18 元/(hm² · a)。河流生态系统单位面积上的科研文化价值取3467 元/hm²。经计算，浑河流域的附加功能价值为 18711 万元。

流域水生态服务功能的收益主体具有跨区域性，因此，生态保护的成本付出通常由政府买单。依据流域上、下游经济发展水平的差异，下游区域应针对上游抚顺市、本溪市提供的水生态服务价值进行补偿。下游地市对上游抚顺市、本溪市的补偿金额为 11137 万元、5569 万元。

（3）供水价值。2007 年，浑河流域抚顺市地表径流量为 3.97 亿 m³，依据流域供水的组成结构，工业、城市生活所占的平均径流量为 2.67 亿 m³、1.30 亿 m³，水价均值为2.43 元/m³、1.65 元/m³；浑河流域本溪市地表径流量为 3.8 亿 m³，工业、城市生活径流量为 2.33 亿 m³、1.47 亿 m³，对应的水价为 4.1 元/m³、2.4 元/m³；浑河流域下游区域的主要供水水源因地表水质劣于 Ⅲ 类，其 0.64 亿 m³ 的水资源量只能用于工业，按照5.6 元/m³ 的标准进行供水价值的测算。经综合分析，2007 年浑河流域的供水价值为207535 万元。

项目依据浑河、太子河下泄水量的多少，将下游获得的水量收益反哺给上游。以此为基础，上游的抚顺市、本溪市获得的补偿金额为 13319 万元、22521 万元。从供水的实际情况看，该值仅作为补偿标准的理论上限值。结合前面计算的跨界断面的出境水量值，在社会公平机制、合作的博弈理论的支持下，下游的补偿金额仅为供水价值补偿值的 13%。因此，项目的计算值反映的是理想状态下的补偿额度。

（4）水力发电。浑河上游水库来水量较小，水电站出力较小。依据市场价值法，2007年浑河流域官厅水库发电价值约为 33 万元。

水库的水力发电效益并非仅被流域下游所享有，因此，从受益对象和付出对象的层面考虑，水力发电作为一种流域整体付出的收效，在总体价值较小的情况下，暂不将其划为上下游生态补偿的范畴。

（5）河流输沙。浑河流域多年平均输沙量 8070 万 t，平均输沙模数 1786t/km²。项目取河流输沙的平均治理成本为 3.1 元/t。在综合分析的基础上，浑河流域的河流输沙价值为 25017 万元。

河流输沙特性作为水体的自然属性，是与水流特性相关的功能体现。流域上游的输沙水流作为天然下泄的水量，并非与区域的人为干涉程度相关。因此，项目暂不将河流输沙价值作为确定上、下游生态补偿的依据。

（6）净化环境功能。研究中，湖库单位面积平均氮、磷的去除率分别为 398t/km²、186t/km²，氮、磷去除成本按生活污水处理成本计，分别为 1500 元/t、2500 元/t。浑河流域以大伙房、观音阁、葠窝水库为代表，净化水域面积分别为 238km²、33km²、1.19km²。经综合分析，流域湖库的净化功能价值为 28906 万元。

污染物在进入湖库之前，已经过一系列的物理、化学变化过程，补偿标准已体现在该过程中。因此，湖库的净化环境功能是对终端水体自然价值的表征，不具有生态补偿的实施基础。

2. 森林生态系统

森林生态系统服务功能指森林生态系统及其生态过程为人类提供的自然环境条件与效用。从流域尺度上准确核算森林生态系统服务功能大小，并按照功能特性进行差异性分析，是进行生态补偿、流域管理的依据。项目采用 2007 年 TM 遥感影像，破译出浑河流域森林生态类型面积及其空间分布。依据 GPS 样点和调研成果，将森林生态系统划分为灌丛、针叶林、阔叶林和针阔混交林四类进行相关功能价值的计算。

（1）土壤保护功能价值。浑河流域的森林类型以阔叶林、混交林、针叶林、灌木林为主，在遥感与地理信息系统技术支持下，利用 GIS 的空间分析功能，2007 年 4 种森林类型的面积比为 18:23:13:33。浑河流域上游大伙房水库、浑河、太子河流域的森林面积为 424km²、2033km²、1276km²。经计算，流域阔叶林、混交林、针叶林、灌木林的面积大约为 773km²、987km²、558km²、1416km²，各自对应的土壤侵蚀模数为 480t/(km²·a)、285t/(km²·a)、500t/(km²·a)、400t/(km²·a)，土壤容重为 1.18t/m³、1.03t/m³、1.15t/m³、1.18t/m³，土壤厚度 0.3527m、0.3260m、0.4007m、0.3629m。在无林地覆盖的情况下，浑河流域多为荒漠、荒山地貌，为此，研究取土壤侵蚀模数为 915t/(km²·a)。土壤营养盐（氮、磷、钾）的含量为 0.431kg/t，价格为 2549 元/t，水库单位库容每年需投入的成本 0.67 元/m³。由此，流域因森林植被的存在每年减少土壤侵蚀量 188 万元，减少周边土地损失收益 45 万元，防止土壤肥力下降收益 207 万元，减轻河道泥沙滞留和淤积效益 27 万元。综上所述，浑河流域的土壤保持功能价值为 467 万元。

流域的土壤保护功能主要体现在森林植被的防风固沙方面。合理地区分天然、人为造林面积是计算流域上下游生态补偿标准的关键。植被的生长与流域及库区水量的赋存具有一定的联系，是水量价值的衍生体现。因此，项目并未将土壤保护功能价值作为生态补偿标准的测算基础。

（2）林产品价值。2007 年，浑河流域的林木总面积为 3733km²，木材的平均价格为

625元/m³，林木综合出材率为 50%，林木择伐强度取 36%，单位面积的木材蓄积量 149m³/hm²。综合分析，流域林产品价值为 625925 万元。

流域林产品作为能够进行市场交换的产品，不能体现流域上、下游的付出和收益的关系，难以体现水生态服务价值。

（3）水分调节功能价值。流域土壤深度为 0.36m，土壤孔隙度取 50%。水价按照不同区域的用水类型加以确定，经综合分析取为 3.18 元/m³。经计算，浑河流域森林涵养水源功能价值为 168620 万元。结合统计资料及以往的研究，浑河流域汛期平均降水量 0.251m，林地的林冠截留率 11%，林地单位面积凋落物层的持水量为 782m³/km²，S、S_0 取 268547m³/km²、102300m³/km²。经综合计算，流域森林生态系统补给水源量 5.594 亿 m³，均化洪水价值为 59384 万元。由此，浑河流域森林的水分调节功能价值为 228005 万元。

流域的水分调节功能是产生出境断面下泄水量的前提。不同用途水量的价值以及补偿标准在相关的章节中已经有所涉及，项目给出的价值量是对流域水量及其价值的综合阐述。

（4）大气调节功能价值。项目将森林固碳、释氧的单位功效定为 2.78t/hm²、2.02t/hm²，其价值取为 273.3 元/t 和 400 元/t，因此浑河流域森林的大气调节功能价值为 56323 万元。

大气调节功能作为对流域水生态功能的广义阐述，难以确定补偿和受偿的对象。因此，森林的大气调节功能价值不能作为确定流域生态补偿标准的依据。

（5）环境净化功能价值。浑河流域阔叶林、针叶林、混交林的面积为 744km²、537km²、950km²，对 SO_2 的净化能力为 8.87t/（km²·a）、21.56t/（km²·a）、15.21t/（km²·a），滞尘能力为 1020t/（km²·a）、3320t/（km²·a）、2170t/（km²·a），对 NO 的净化能力为 541.5t/（km²·a）、1871.5t/（km²·a）、1206.5t/（km²·a），削减成本为 600 元/t、170 元/t、780 元/t。经综合计算，流域森林的环境净化功能价值为 279332 万元。

环境污染的多样性和气体污染物的易扩散性，在一定程度上增加了确定流域收益和受偿主体的难度。同时，森林生态补偿的研究作为独立的学科，项目暂不进行深入探讨。

（6）附加功能价值。流域森林生态系统的附加功能价值主要指森林的科研文化和生物多样性维持价值。借鉴 Costanza 等的研究成果，项目将浑河流域森林生态系统的单位科研文化功能价值取 197.8 元/hm²。经计算，流域森林生态系统的科研文化价值为 7106 万元。

生物多样性价值体现在森林自然保护区发展的机会成本和公众支付意愿两个方面。流域森林保护区面积为 56750hm²，单位面积林业用地的产值为 1800 元/hm²，综合分析得出森林生态系统因维持生物多样性所丧失的机会成本为 10215 万元。研究资料表明，全球社会对保护中国森林资源的支付意愿为 112 美元/hm²，由此，流域森林增加生物多样性的价值为 30620 万元。经综合计算，浑河流域森林生态系统的附加功能价值为 35726 万元。

流域森林的附加功能价值对森林所在区域财政收入的增加具有一定的带动作用，是对流域生态保护成果的肯定。流域上、下游对维持水生态的整体改善均起到一定的积极作用。因此，双方不存在依附水量变化的补偿关系。

3. 湿地生态系统

湿地生态系统是开放水域与陆地之间过渡性的生态系统，兼有水域和陆地生态系统的特点，同时具有其独特的功能和结构。湿地多样化的生态服务功能的重要性及价值的差异性，成为对湿地进行合理开发和补偿有价可依的依据。

当前对湿地实施的补偿，多是国家、区域政府对湿地管理、维护、保护人员的行为补偿，也包括因扩大湿地面积而进行的移民搬迁、产业结构调整企业的补助。浑河流域的湿地对改善局地气候，维持流域水量稳定供给起到一定的积极作用。但因研究区内的湿地面积较小，湿地水量严重不足，导致湿地的基本功能难以维持。因此，项目将对湿地的补偿转嫁给与湿地形态维持相关的流域水量和水质进行的补偿，借助水量的恢复水平和保障程度的提高，实现湿地生态系统的功效多样化。

（1）净化水质功能。项目根据 Costanza 的研究成果，采用 4177 元/hm^2 作为湿地单位面积净化水质的价格。借鉴各省自然保护区的分类名目，以及人机交互处理的 TM 遥感影像为基础，浑河流域现有的湿地面积为 82021hm^2。因此，流域湿地的水质净化功能价值为 34260 万元。

（2）科研文化价值。湿地的科研文化价值主要表现在为研究北方植物的功能价值、珍稀鸟类的生活习性提供场所。项目鉴于我国湿地价值的特殊性，将单位面积湿地生态系统的平均科研价值取为 382 元/hm^2。浑河流域湿地的科研文化价值为 3133 万元。

（3）生物多样性价值。浑河流域湿地适宜的气候条件和独特的地理位置，利于生物多样性的维持。借鉴 Robert Costanza 的研究成果，湿地的避难所价值为 304 美元/（$hm^2 \cdot a$）。经综合分析，浑河流域湿地生物多样性价值为 18975 万元。

（4）调节气候价值。湿地调节气候价值主要为固碳吐氧价值，通过大面积挺水植物芦苇以及其他水生植物的光合作用固定大气中的 CO_2，释放 O_2。项目对湿地固定 CO_2 功能价值采用"碳税法"进行估算。浑河流域湿地植被类型以低杂草甸为主，群落生物量在取 2778kg/hm^2 的情况下，湿地生态系统形成的植物干物质为 22.78 万 t。依据植物每生产 1g 干物质需要 1.63g CO_2，释放 1.19g O_2，可知湿地能够固定 CO_2 37.14 万 t，释放 O_2 27.11 万 t。湿地固定 CO_2 功能价值采用造林成本法进行估算，取为 260.90 元/t；释放 O_2 的功能价值采用工业氧的价格，取为 330 元/t。因此，浑河流域湿地的调节气候价值为 18636 万元。

（5）削减洪水功能价值。浑河湿地位于内陆，对削减洪水、调蓄洪流具有一定的作用。项目取 2007 年中国湿地生态系统水文调节功能 6035.90 元/hm^2 和废物处理功能 6467.04 元/hm^2 的平均值作为浑河流域单位湿地削减洪水的功能价值。经综合分析，流域湿地削减洪水的功能价值为 51280 万元。

（6）水分调节功能价值。经初步调查，流域湿地蓄水 763.8 万 m^3，按照我国每建设 1m^3 水库库容投入成本为 0.67 元计算，浑河流域湿地生态系统水分调节功能价值为 511 万元。

（7）物质生产价值。滩涂湿地可以发展渔业、水产养殖业、农业种植等产业，其价值评估一般采用直接价值评估法。但由于流域湿地多为自然保护区，其人工生产价值较低；湿地植被多为天然植被，市场价值较低，且难以进行开发；流域蓄水面积较小，并且水产养殖密度较低。鉴于此，浑河不进行流域湿地物质产品生产价值的计算。

7.4.2　生态受损价值补偿标准

生态补偿标准是建立生态补偿机制据以参照的标准，是生态补偿机制的核心。流域水生态补偿标准的实质是确定补多少才能既反映水生态服务的价值及其成本与收益，又能被上、下游接受，实现流域生态功能的恢复或改善。研究表明，流域受损生态补偿标准应由流域上、下游依据流域水环境污染治理投入以及为保护水源地丧失经济发展的损失，通过共同协商后确定。

1. 限制发展机会成本

机会成本（OC）指做出某一决策而放弃另一决策时放弃的利益，用来衡量决策的后果，是一种被国内外普遍认可，且适用范围较广的补偿标准方法。流域上游开展的水资源开发利用与保护工作直接影响到下游地区的用水安全。上游地区限制不利于节水、水源涵养和水环境保护的产业发展，实现上、下游跨界断面的水量、水质考核控制标准，在一定程度上制约了当地经济发展和人民生活水平的提高。当前的研究一般将上游放弃产业发展可能失去的最大经济效益作为流域生态补偿标准。为便于流域地区间发展指标的横向比较，项目常采用间接计算法进行上游地区机会成本损失的核算，即

$$EC_e = (C_{in,c} - C_{in,p}) P_C \cdot a_1 + (F_{in,c} - F_{in,p}) P_F \cdot a_2 \tag{7-3}$$

式中：EC_e 为基于机会成本的补偿额度，元；$C_{in,c}$ 为参照城镇居民人均支配收入，元；$C_{in,p}$ 为上游地区城镇居民人均可支配收入，元；P_C 为上游地区城镇居民人口数，元；$F_{in,c}$ 为参照县市的农民人均纯收入，元；$F_{in,p}$ 为上游地区农民人均纯收入，元；P_F 为上游地区农业人口数，元；a_1、a_2 为水资源贡献率。

为进一步缩小浑河流域上游、下游之间的发展差距，项目将下游的沈阳、鞍山、辽阳市作为水量水质的受益主体（补偿主体），上游的抚顺市、本溪市作为受偿主体（补偿客体），通过对流域上下游城镇、农村人均收入的差异进行比较，借鉴水资源贡献率，核算流域基于经济发展的机会成本。项目依据投入成本比例反映贡献率的理念，在调研和借鉴的基础上，将城镇、农村居民生活的水资源贡献率暂定为 2%、0.9%，综合分析浑河流域机会成本损失为 86146 万元。

2. 直接成本投入

流域良好生态服务价值的发挥与流域上游对生态保护的直接投入相关。研究区现有林地面积约 41 万 hm^2，国家对公益林的补偿标准为 97.5 元/hm^2。由此，浑河流域的森林维持费用为 3998 万元。

3. 水源涵养损失机会成本

在流域上游生态保护行为中，植树造林对涵养水源、减少水土流失、净化环境、改善空气质量起到积极作用。下游除在直接投入上对上游的造林行为进行资助，还需要对上游造林造成的区域发展格局上的机会成本损失进行补偿。因保护森林植被而限制经济发展所

失去的机会成本的核算依据为

$$EC_i = OC_i \cdot A_i \qquad (7-4)$$

式中：EC_i 为基于机会成本的补偿额度，元；OC_i 为新造林的机会成本，元/hm^2；A_i 为新造林面积，hm^2。

项目取黄河流域每公顷退耕还林的粮食补偿［合 2100 元/($hm^2 \cdot a$)］作为造林的机会成本，即浑河流域现有林的机会成本约为 2100 元/hm^2。浑河流域森林机会成本的补偿量为 74543 万元。

7.5 生态保护成本补偿标准

7.5.1 污染治理成本补偿

1. 计算结果

项目依据浑河水流方向，结合区域排污口在流域中的分布概化，在考虑到排污类型对水体水质影响的基础上，依次给出大伙房水库以上抚顺市、大伙房水库以下沈阳市、伙房水库以下抚顺市、太子河沈阳市、太子河鞍山市、太子河抚顺市、太子河本溪市、太子河辽阳市 8 个排污口（编号为 1、2、3、…、8）的污染物特点，见表 7-7。项目利用校准的水质模拟模型计算排污口对应区域间的转换系数，见表 7-8。流域排污口间的交易率计算结果，见表 10-9。为更好地估计水质超标的模糊风险，将 COD 的最小、最适宜的浓度确定为 12mg/L、15mg/L（暂且将 COD 作为自变量，考虑其浓度变化引起的氨氮浓度的变化）。

表 7-7　　　　　　　　　　　　浑河流域排污口基本特征

排污口	流量/(m³/s)	COD/(mg/L)	氨氮/(mg/L)
源头	6	15	0.5
1	1.32	189	30
2	1.32	184	15
3	1.32	70	13
4	1.32	186	22
5	0.32	68	10
6	0.17	69	11
7	2.28	119	19
8	2.28	116	16

注　1. 考虑到污水处理厂的污染物处理状况，项目仅对点源污染物的入河浓度进行考虑（对应的水质类型为劣Ⅴ类）。

　　2. 结合流域水质保护目标，项目将源头水的水质类型暂定为Ⅱ类。

表 7-8　　　　　　　　　　　　转换系数矩阵 r_{ij}（$\times 10^{-4}$）

区域 i	区域 j							
	1	2	3	4	5	6	7	8
1	55.7	54.6	57.8	74.6	109.2	112.4	106.1	106.3
2	0	15.8	23.1	45.2	92.4	96.6	99.8	107.1
3	0	0	7.4	32.6	84	89.3	95.6	106.4
4	0	0	0	26.3	79.8	86.1	94.5	106.3
5	0	0	0	0	63	71.4	87.2	105.3
6	0	0	0	0	0	14.7	56.7	97.23
7	0	0	0	0	0	0	48.3	94.5
8	0	0	0	0	0	0	0	79.2

表 7-9　　　　　　　　　　　　排污口间交易率矩阵 t_{ij}

区域 i	区域 j							
	1	2	3	4	5	6	7	8
1	1	1.0417	1.0488	1.0498	1.0590	1.1470	1.1801	1.4087
2	0	1	1.0571	1.0582	1.0675	1.1562	1.1894	1.4199
3	0	0	1	1.0508	1.0602	1.1483	1.1814	1.4102
4	0	0	0	1	1.0592	1.1472	1.1803	1.4089
5	0	0	0	0	1	1.1372	1.1699	1.3966
6	0	0	0	0	0	1	1.0802	1.2895
7	0	0	0	0	0	0	1	1.2534
8	0	0	0	0	0	0	0	1

为确定排污口污废水的治理成本函数，项目在对不同区域的污水处理厂的建设和管理运行成本进行分析的基础上，考虑到处理成本的变动性，给出以下表达形式，即

$$c_i = \alpha_i x^2 \tag{7-5}$$

式中：c_i 为排污口 i 对超标污染物的处理成本，百万元；x 为排污口对污染物的去除水平（$x \in [0, 1]$）；排污口 1，2，…，8 的 α_i 取值分别为 1.45、1.65、0.41、0.21、0.21、0.21、2.10、0.41。

如前所述，安全系数的大小对污染物的总处理成本以及模糊风险具有一定的影响。因此，项目在考虑到河流水体纳污能力安全系数的基础上，利用 Matlab 优化工具箱进行优化的污染物去除水平和交易方式的确定。蒙特卡罗模拟法的输入包括排污口的污染负荷（P_i）、上游流量（Q_{up}）、COD 和氨氮的浓度（COD_{up}、$NH_3 - N_{up}$）、上游的水温。项目假定输入的随机变量呈正态分布。在较高的安全系数下，河流通常具有较低的水体纳污能力，并且排污口之间的初始排放许可交易量较小。因此，安全系数的增加能够减少水体中污染物浓度超标的模糊风险，增加污染物处理的总成本。此外，当安全系数从 1 增加到 1.4 时，水质超标的模糊风险从 0.45 下降到 0。污染物处理的成本投入与安全系数间的具体关系如图 7-4 所示。

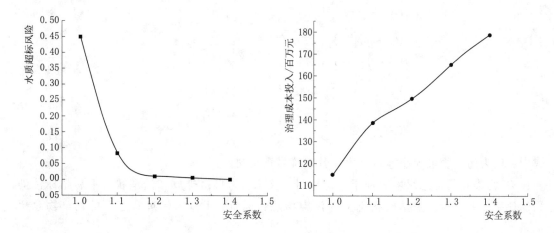

图 7 - 4 总治理成本—模糊风险—安全系数之间的变化

为有效地验证模型计算结果的准确性和有效性，项目采用成本应用模型、成本均衡功能模型进行非季节的、确定的、多目标污染物负荷分配对应下的污染物处理成本计算。在利用 Monte Carlo 法分析计算水质超标率（以Ⅲ类水质作为判定标准）的基础上，通过考虑水质模拟计算过程中主要随机变量，运用 NSGA - Ⅱ算法（非支配排序遗传算法）进行水质超标率—污染物治理成本—污染物处理水平的多目标优化求解。

（1）测算指标。项目给出的测算指标是在充分考虑水体污染物超标量、单一污染物最大允许负荷、总污染物最大允许负荷的基础上，对 3 个单一指标（阐述如下）进行加权后得出。总体指标通常依据河流水体的污染负荷分配策略计算而来。

1）污染物超标表征指标。项目定义 E_N 为自由排放和治理状态下超标污染物的比率，N_0 为自由排放状态下的污染物超标量，N_a 为治理状态下的污染物超标量。

$$
\begin{cases}
E_N = \dfrac{N_0 - N_a}{N_0} \\[2mm]
N_0 = f_1\big[(O_j)_0, O_{std}\big] \\[2mm]
N_a = f_4\big[(O_j)_0, O_{std}\big] \\[2mm]
N_a = \displaystyle\sum_{j=1}^{NC} (y_j)_a \\[2mm]
(y_j)_a = \begin{cases} 1 & O_{std} > (O_j)_a \\ 0 & O_{std} \leqslant (O_j)_a \end{cases} \forall j
\end{cases}
\tag{7-6}
$$

式中：NC 为监测点（排污口）的数量；$(y_j)_a$ 为在监测点 j 处的污染物超标量；O_j 为在监测点 j 处的污染物浓度，下标 0、a 分别表示不治理（自由排放）、治理状态的污染物处理水平；O_{std} 为达标排放时的污染物浓度。

2）污染物超标最大尺度表征指标。项目定义 E_V 为自由排放和治理状态下最大尺度超标污染物的比率，V_0 为自由排放状态下的污染物最大超标量，V_a 为治理状态下的污染物最大超标量。

$$\begin{cases} E_V = \dfrac{V_O - V_a}{V_O} \\ V_0 = f_2 \big[(O_j)_0, O_{std} \big] \\ V_a = f_5 \big[(O_j)_a, O_{std} \big] \\ V_a = \displaystyle\sum_j \big[(S_1)_a, (S_2)_a, \cdots, (S_j)_a \big] \\ (S_j)_a = \begin{cases} O_{std} - (O_j)_a & O_{std} > (O_j)_a \\ 0 & O_{std} \leqslant (O_j)_a \end{cases} \forall j \end{cases} \tag{7-7}$$

式中：V 为污染物最大超标量尺度；其余符号意义同前。

3）污染物超标总尺度表征指标。项目定义 E_{TS} 为自由排放和治理状态下总超标污染物的比率，TS_0 为自由排放状态下的污染物总超标量，TS_a 为治理状态下的污染物总超标量。

$$\begin{cases} E_{TS} = \dfrac{TS_0 - TS_a}{TS_0} \\ TS_0 = f_3 \big[(O_j)_0, O_{std} \big] \\ TS_a = f_6 \big[(O_j)_a, O_{std} \big] \\ TS_a = \displaystyle\sum_{j=1}^{NC} (S_j)_a \end{cases} \tag{7-8}$$

式中：TS 为污染物总超标指标；其他符号的意义同前。

4）总指标。基于污染物负荷分配策略的总指标（E_{WLA}）为以上 3 个指标的加权和，即

$$E_{WLA} = w_N \cdot E_N + w_V \cdot E_V + w_{TS} \cdot E_{TS} \tag{7-9}$$

式中：w_N、w_V、w_{TS} 分别为与上述 3 个指标相关的权重。

（2）成本应用模型。项目借助成本应用模型进行污染负荷的优化分配，以最小化的超标污染物处理成本实现最大化的水体整体功能。不同河流断面的水体纳污能力是判定污染物负荷分配策略经济可行性的重要依据。成本应用模型为

$$\begin{cases} \min Z_1 = \displaystyle\sum_{i=1}^{NS} c_i(x_i) \quad \max Z_2 = E_{WLA} \\ \text{s. t.} \\ x_i \in xs_i \quad \forall i \quad E_{WLA} = w_N \cdot E_N + w_V \cdot E_V + w_{TS} \cdot E_{TS} \quad (O_j)_a = f(\boldsymbol{X}, \boldsymbol{W}, \boldsymbol{Q}, \boldsymbol{T}, \boldsymbol{K}) \quad \forall j \end{cases}$$
$$\tag{7-10}$$

式中：$\boldsymbol{X}_a$ 为与任意处理相关的污染物处理水平向量；$c_i(x_i)$ 为排污口 i 的污染物处理成本；x_i 为排污口 i 的污染物处理水平；xs_i 为排污口 i 的污染物所有处理类型集合；$\boldsymbol{W}$ 为污染物输入向量；$\boldsymbol{Q}$ 为由河流的干流、支流流量构成的向量；$\boldsymbol{T}$ 为水温；$\boldsymbol{K}$ 为污染物降解系数向量。

（3）成本均衡功能模型。在污染物负荷分配模型中，将污染物治理成本最小化和排污口排污量不公平分配最小化作为控制水质性状的目标函数或限制条件。在总治理成本和不公平措施间进行合理权衡，对于性状功能给定的治污体系而言，可以减少总投入的

100%。成本均衡功能模型为

$$
\begin{cases}
minZ_1 = \sum_{i=1}^{NS} c_i(x_i) \quad minZ_2 = \sum_{i=1}^{NS} \left| \dfrac{x_i}{\bar{x}} - \dfrac{W_i}{\bar{W}} \right| \\
s.t. \\
x_i \in xs_i \quad \forall i \quad E_{WLA} \geqslant E_S \quad (O_j)_a = f(\boldsymbol{X}_a, \boldsymbol{W}, \boldsymbol{Q}, \boldsymbol{T}, \boldsymbol{K}) \quad \forall j
\end{cases} \tag{7-11}
$$

式中：$\bar{x}$ 为排污口平均的污染物处理水平；$\bar{W}$ 为排污口的污染物平均排放量；其余符号的意义同前。

（4）多目标优化算法框架。多目标优化算法框架由多目标优化模型、水质模拟模型构成。NSGA-Ⅱ用于在不同的目标间寻求均衡最优解：①将 NSGA-Ⅱ生成的每个可供选择的污染物负荷分配方案，作为水质模拟器和监测站点污染物超标状况判定的输入；②污染物负荷分配方案依据 NSGA-Ⅱ模块的实现目标进行适合度评价；③污染物负荷分配方案依据非支配判定方法在计算过程中被重新分类；④利用筛选法和比较算子法产生新的种群。上述过程重复进行，直到产生符合输出要求的方案为止。本书利用参考文献给定的优化污染物负荷分配模型框架进行计算。水质模拟模型通常由流量模块、污染物运移模块构成。项目对流量模块的计算主要以曼宁公式为主，对于污染物在水体中的运移、稀释、降解主要参考项目文献进行。

（5）计算结果。浑河流域水功能区基本参数、河流水体水文特征、典型污染物出境断面的控制指标，前面已给出了相应的阐述。项目将流域的一系列排污口的污染物去除率用基因表示，离散的污染物去除水平（根据污水处理厂的运行情况，暂定为 $40\% \sim 98\%$）用二进制编码表示。染色体上的每个决策变量有 59 个可能值。计算过程中的种群数控制在 $30 \sim 100$ 之间，交叉概率 p_c 控制在 $0.5 \sim 1.0$ 之间，染色体变异概率 p_m 在 $0.005 \sim 0.02$ 之间。基于敏感性分析，项目将 p_c、p_m 分别取为 0.8、0.009，将 200 代作为多目标遗传算法实现帕累托最优的收敛阈值。

1）成本应用模型计算结果。在模型的运算过程中，排污口的数量、超标风险、污染物总超标量等指标，依据控制断面的水质控制目标确定。浑河流域的水污染主要以有机污染为主（城市生活污水和工业废水为主要污染源）。从水体污染物的含量上分析，COD 和氨氮之间的浓度具有一定的相关性。试验研究表明，总氮和硝氮、氨氮和 COD 的关系最为密切。由于污染物初始浓度的不同，因此，在相同的处理水平下，处理成本也具有一定的差异。试验表明，在 pH<8.5 时，氨氮的挥发性可以忽略。因此，项目暂不考虑氨氮挥发对水体污染物浓度造成的影响。

为准确应用模型进行治理成本的计算，项目将 COD 暂定为自变量，氨氮为因变量。在 COD 浓度变化的情况下，从不同层面进行易损性、污染物浓度/排放总量超标量的计算。在利用 NSGA-Ⅱ算法寻优过程中，污染物浓度特大值或污染物超标占多数的解决方案将会自动被剔除。COD 作为一种有机污染物，污水处理厂对其处理率较高，同时在水体中的降解能力也较强，因此，对出境断面水体水质的影响程度较小。氨氮作为影响河流水质类别的重要物质，亦即成为牵制污水处理厂投资分配的关键。考虑到研究区各地污水处理厂的处理级别，为充分利用水体的自净能力，在综合分析的基础上，本书将氨氮处理达标的标准浓度取 $15mg/L$。

研究区帕累托最优解决方案中的最低投入、最高性能、妥协方案分别用 LC（Least Cost）、MP（Maximum Performance）、SC（Selected Compromise solution）表示，具体的计算结果见表 7-10。数据表明，MC 对应的治理成本明显高于 LC 对应的成本；随着污染物浓度的增加（氨氮浓度从 8mg/L 增加到 10mg/L），MP 对应的成本增加量约为 LC 对应增量的 5 倍；SC 作为表明污染物治理成本变化的临界值，随着污染物浓度的增加，治理成本的增加量相对于 LC 并不明显。氨氮不同浓度对应下的成本计算参数见表7-11。表中数据表明，妥协解决方案的整体性能较好。多目标模型的成本应用均衡曲线，有助于决策者依据预算约束和系统整体性能选择合适的污染负荷分配方案；同时也有助于为决策者实现治污的整体功效最大化提供信息，并为水体最优浓度的控制提供依据。

表 7-10　　　　　　　　　污染物治理的成本应用模型计算结果

C_{NH_3-N} /(mg/L)	指标	方案点 (TC, OSP)	污染物去除水平 $(x_1, x_2, \cdots, x_8)$	不公平度
8	LC	162.80, 0.46	0.35, 0.35, 0.35, 0.35, 0.35, 0.35, 0.35, 0.35	4.74
	SC	164.09, 0.68	0.35, 0.35, 0.35, 0.35, 0.35, 0.35, 0.35, 0.35	5.36
	MP	165.72, 0.98	0.35, 0.35, 0.35, 0.35, 0.35, 0.35, 0.35, 0.35	6.99
10	LC	162.86, 0.41	0.35, 0.35, 0.35, 0.35, 0.35, 0.35, 0.35, 0.35	4.70
	SC	164.72, 0.65	0.35, 0.35, 0.35, 0.35, 0.35, 0.35, 0.35, 0.35	5.90
	MP	166.91, 0.92	0.35, 0.35, 0.35, 0.35, 0.35, 0.35, 0.35, 0.35	8.18
15	LC	162.84, 0.35	0.35, 0.35, 0.35, 0.35, 0.35, 0.35, 0.35, 0.35	4.78
	SC	166.41, 0.72	0.35, 0.35, 0.35, 0.35, 0.35, 0.35, 0.35, 0.35	7.55
	MP	177.92, 0.88	0.35, 0.35, 0.35, 0.35, 0.36, 0.35, 0.37, 0.48	11.11

注　TC 为总治理成本（百万元）；OSP 为系统总体性能（污染物处理水平下的系统整体功效）。

表 7-11　　　　　　　　　　　成本应用模型的变量参数取值

C_{NH_3-N} /(mg/L)	污染物超标指标				性能指标			
	指标	N_a	V_a/(mg/L)	TS_a/(mg/L)	E_N	E_V	E_{TS}	E_{WLA}
8	LC	19	3.45	35.78	0.10	0.49	0.58	0.46
	SC	15	1.89	16.95	0.30	0.72	0.80	0.68
	MP	2	0.29	0.29	0.95	0.96	1.00	0.98
10	LC	22	4.13	49.43	0.09	0.45	0.51	0.41
	SC	20	1.98	21.00	0.17	0.74	0.79	0.65
	MP	4	1.04	1.82	0.87	0.86	0.98	0.92
15	LC	24	4.95	66.71	0.04	0.40	0.44	0.35
	SC	20	1.79	12.69	0.17	0.79	0.89	0.72
	MP	5	1.79	4.35	0.83	0.79	0.96	0.88

注　LC 为最低成本解决方案；SC 为妥协解决方案；MP 为最大性能解决方案。

2）成本均衡模型计算结果。从成本应用模型的计算结果（表 7-11）看出，在共享治理成本效果时存在着较高的不公平性，尤其存在于最大性能的解决方案中。为避免造成同一区域不同处理级别的污水处理厂的过高投入或资源浪费，项目利用成本均衡模型，将系统的整体性能水平作为均衡条件，实现不公平程度和污染物总治理成本的最小化。

依据成本均衡模型，项目将总体性能划分为 60%、70% 和 80% 这 3 种状况，具体的计算结果见表 7-12。项目参考相关文献取 8.986m 作为临界控制深度。污染物超标特性及基于帕累托最优的整体性能依据最低成本（LC）和最小不公平（LIE）给出，见表 7-13。从表 7-12 中的数据可以看出，基于帕累托最优的最小不公平的解决方案相对于成本应用模型的计算结果而言，需要更多的治理投入和成本付出。因此，在此过程中，妥协的解决方案在绘制成本均衡曲线过程中显得尤为重要。

表 7-12　　　　　　　　　　　　　　成本均衡模型性状

E_{WLA} /%	指标	方案点 (TC，IEM)	污染物去除水平 $(x_1, x_2, \cdots, x_8)$
60	LC	162.02, 5.92	0.35, 0.35, 0.37, 0.41, 0.35, 0.36, 0.36, 0.35
60	LIE	174.67, 1.18	0.41, 0.37, 0.53, 0.57, 0.37, 0.63, 0.49, 0.62
70	LC	165.01, 6.79	0.35, 0.350.38, 0.35, 0.35, 0.57, 0.36, 0.35
70	LIE	177.10, 1.57	0.45, 0.35, 0.58, 0.60, 0.41, 0.66, 0.58, 0.67
80	LC	170.26, 8.24	0.35, 0.36, 0.37, 0.35, 0.35, 0.67, 0.51, 0.43
80	LIE	180.63, 2.50	0.49, 0.36, 0.62, 0.63, 0.41, 0.69, 0.62, 0.64

注　TC 为总治理成本（百万元）；IEM 为不公平策略；LC 为最小成本方案；LIE 为最小不公平方案。

表 7-13　　　　　　　　　　　　　成本均衡模型的变量参数取值

E_{WLA} /%	指标	污染物超标指标			性能指标			
		N_a	V_a/(mg/L)	TS_a/(mg/L)	E_N	E_V	E_{TS}	E_{WLA}
60	LC	23	2.27	69.67	0.08	0.73	0.74	0.60
60	LIE	22	2.16	59.76	0.13	0.74	0.78	0.64
70	LC	20	1.79	37.04	0.21	0.79	0.86	0.71
70	LIE	19	1.79	42.45	0.25	0.79	0.84	0.71
80	LC	14	1.79	14.31	0.46	0.79	0.95	0.80
80	LIE	13	1.79	13.67	0.50	0.79	0.95	0.81

注　在没有治理的情况下，污染物的超标特性中：$N_0 = 25$，$V_0 = 8.3mg/L$，$TS_0 = 118mg/L$。

成本应用模型和成本均衡模型的计算结果显示，在两种情况下，治理污染的最小成本投入大致相同，约为 1.6 亿元。在保证污染治理成果公平分配的情况下，超标污染物的清理费用稍高于公平性欠缺的一般社会治理成本的投入。结合生态补偿标准的测算理念，基于社会公平机制和协商机制的治理成本的确定是实现区域多目标协调可持续发展的关键。项目以此为基础进行研究区超标污染治理成本的测算，为进行补偿标准与治理投入间的均衡计算提供依据。

项目结合污染物排放处理均衡曲线，在已知污染物处理水平的前提下，进行水体污染物浓度的超标率判定。借助污染物处理成本—浓度超标率均衡曲线，由超标率求得总处理费用，可粗略地得知上、下游在不同的污染物处理水平下的补偿标准。项目提出的计算方法为探讨流域二元驱动机理下进行流域水质补偿提供依据，是对以前基于水量补偿标准方法的改进。借鉴相关的研究，给出流域污染物的平均处理水平与模糊风险之间的均衡曲线，如图 7-5 所示。2007 年，浑河流域污染物处理水平暂定为 50%，对应的水质超标率约为 0.4，在此情况下的污染物治理成本投入为 1.6 亿元。流域上、下游之间在协商的基础上进行补偿标准的确定。限于篇幅，项目仅对点源污染的影响进行补偿，在以后的研究中将根据污染源各自的产生机理及治理特点，进行面源污染治理的相关分析。

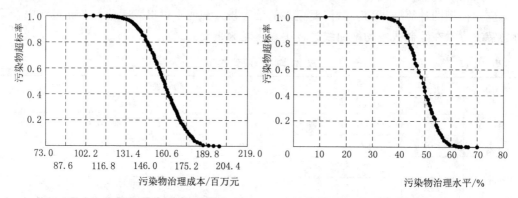

图 7-5　研究区污染物超标率—污染物治理成本—污染物治理水平均衡曲线

2. 结语

为进一步减少不确定性因素对水质模拟模型输入变量的影响，项目给出耦合交易率、水质模拟模型、蒙特卡罗分析、贝叶斯网络的计算超标污染物处理成本的方法体系。该方法对设置实时的污染物排放许可交易体系，促进决策制定者制定成本—效益最优、技术可行、模糊风险最小的管理策略具有一定的理论导向作用。项目以浑河上游为研究区进行构建方法体系的应用研究，表明了利用排放许可交易模型确定污染物去除成本和水质超标风险的可行性。构建的污染物排放许可交易体系可以为各个排污口提供均衡策略，实现污染物总治理成本的最小化和模糊风险的可接受性。

为确保总治理成本—模糊风险—安全系数间均衡曲线的合理性，项目采用成本应用模型、成本均衡功能模型进行多目标下的污染物处理成本计算。以 COD 和氨氮为典型污染物，确定基于社会整体功效最大化、不公平程度最小化的超标污染物治理成本。在利用 Monte Carlo 法分析计算水质超标率（以Ⅲ类水质作为判定标准）的基础上，通过考虑水质模拟计算过程中主要随机变量，运用 NSGA-Ⅱ算法（非支配排序遗传算法）进行水质超标率—污染物治理成本—污染物处理水平的多目标优化求解。2007 年，在污染物处理水平为 50%、水质超标率为 0.4 的情况下，污染物治理成本投入约为 1.6 亿元。以此为基础，为实现流域水质达标，最大程度地处理超标污染物，浑河流域上下游需投入 1.6 亿元进行污水处理基础设施的建设。鉴于前面章节所述，在现有的污水处理厂建设规划下，浑河、太子河上游地区至少需分别投入 2.8 亿元、2.2 亿元作为启动资金才能实现污水处理厂的正常运行。在流域上下经济发展水平悬殊的背景下，上游已对现有的经济投入难以为继。为此，下游应将上游治理超标污染的潜在投入（约 1.6 亿元）作为补偿的低限，从不同的层面合理补助流域上游，以实现流域水生态服务整体功效最大化并确保破坏的流域水生态逐步得到恢复或改善。

7.5.2 农业面源成本补偿

1. 研究区

近年来，浑河流域水质自动检测断面的资料显示，氮超标已成为制约流域水质提高的关键。项目以此为契机，借助能值理论在确定农业生态系统产品与服务价值经济核算上的优势，通过对农业生产成本和价值进行计算，确定农业生态补偿标准。

2. 基础数据

项目利用 2007 年 TM (Thematic Mapper)、ETM＋ (Enhanced Thematic Mapper Plus) 遥感影像，同时借助野外调查，解译浑河流域下垫面土地利用类型信息，将土地利用类型划分为耕地、林地、草地、荒地、水体等土地利用类型。结合流域土地利用类型图，借助 GIS (Geographic Information System) 的统计分析功能给出研究区不同计算单元上的耕地面积。为充分考虑作物种植给耕地营养物质流失、地表地下径流过程造成的影响，以年为时段进行农业生态补偿标准的确定。

项目以辽宁省农业统计年鉴中重要农作物的统计分类为基础，选择小麦、玉米、大豆、棉花、花生、蔬菜、水果为研究对象，进行产品及生态服务能值的确定。农作物生长过程中会对耕地营养盐的流失造成一定的影响。为准确计算研究区农业生态系统的能值，在对多年平均数据进行分析的基础上，将单位面积耕地的营养物质流失量进行分类统计，结果见表 7-14。

表 7-14　　　　　　　　　研究区耕地营养物质流失情况　　　　　单位：kg/hm^2

作物类型	磷	钾	氮	钙	其他
小麦	20.8	20.5	115.8	1.0	9.3
玉米	12.2	16.6	83.4	0.4	9.7
大豆	8.9	28.6	96.3	9.1	3.9
棉花	5.7	13.1	30.9	1.2	2.8
花生	5.3	45.8	46.3	3.7	5.7
蔬菜	13.3	148.8	92.6	18.5	10.4
水果	2.1	30.1	30.9	1.9	2.1
合计	68.3	303.5	496.2	35.8	43.9

3. 计算过程

单位面积能量流的计算是确定研究区生态服务价值和成本投入的基础。在对研究区投入产出成本进行归类合并的基础上，给出 2007 年浑河流域农业生态系统能量流的计算过程。

(1) 可更新资源的投入 (R)。

1) 光能。阳光的照射效率取为 $5.29kW/m^2$，地面反射率为 20％。经计算，地面获得的能量效率为 $4.23kW/m^2$。地面太阳光的能量转化率为 $3.6×10^6 J/kW$，单位面积上阳光的照射面积为 $1.0×10^4 m^2/hm^2$。经过能量转换运算得到阳光的能量为

$$E_s = (4.23 \text{kW/m}^2) \times (3.6 \times 10^6 \text{J/kW}) \times (1.0 \times 10^4 \text{m}^2/\text{hm}^2) = 1.52 \times 10^{11} \text{J/hm}^2$$

$$(7-12)$$

2）降雨。2007 年，浑河流域的平均降水量为 483.5mm。单位质量的水能量、密度分别取 $5.0 \times 10^3 \text{J/kg}$、$1.0 \times 10^3 \text{kg/m}^3$。地面单位面积上降水的获得量为 $1.0 \times 10^4 \text{m}^2/\text{hm}^2$。由此计算降雨的能量为

$$E_r = (0.4835 \text{m}^3/\text{m}^2) \times (1.0 \times 10^3 \text{kg/m}^3) \times (5.0 \times 10^3 \text{J/kg}) \times (1.0 \times 10^4 \text{m}^2/\text{hm}^2)$$
$$= 2.42 \times 10^{10} \text{J/hm}^2$$

$$(7-13)$$

3）风能。地面单位面积上风的受阻面积为 $1.0 \times 10^4 \text{m}^2/\text{hm}^2$。空气的密度为 1.3kg/m^3。参考辽河流域近 50 年来的气象变化资料，研究区多年平均风速为 2.5m/s，近地风速为平均风速的 60%，即为 1.5m/s，阻力系数为 0.001。计算时间段为 1 年，即为 $3.15 \times 107 \text{s}$。由此，风能的能量为

$$E_w = (683469 \times 10^4/683469) \text{m}^2/\text{hm}^2 \times (1.3 \text{kg/m}^3) \times (1.5 \text{m/s})^3 \times 0.001 \times (3.15 \times 10^7 \text{s})$$
$$= 1.39 \times 10^9 \text{J/hm}^2$$

$$(7-14)$$

4）地表径流。2007 年，依据降雨径流转换关系计算得出，研究区耕地面积上地表径流量为 $1.48 \times 10^8 \text{m}^3$，农业用水量 $8.58 \times 10^7 \text{m}^3$（农业用水约占研究区用水总量的 60%）。研究区耕地面积为 683469hm²。由此计算耕地造成的地表径流的能量为

$$E_g = (8.58 \times 10^7 \text{m}^3) \times (1/683469 \text{hm}^2) \times (1.0 \times 10^3 \text{kg/m}^3) \times (5.0 \times 10^3 \text{J/kg})$$
$$= 6.26 \times 10^8 \text{J/hm}^2$$

$$(7-15)$$

5）水利工程。2007 年，研究区农业生产过程中，水利工程取水量为 $2.87 \times 10^7 \text{m}^3$。由此计算能量为

$$E_r = (2.87 \times 10^7 \text{m}^3) \times (1/683469 \text{hm}^2) \times (1.0 \times 10^3 \text{kg/m}^3) \times (5.0 \times 10^3 \text{J/kg})$$
$$= 2.10 \times 10^8 \text{J/hm}^2$$

$$(7-16)$$

6）营养元素。结合表 7-15 中的数据，研究区氮、磷、钾、钙营养元素的能量流为

$$E_N = 496.3 \text{J/hm}^2, E_P = 68.3 \text{J/hm}^2, E_K = 303.5 \text{J/hm}^2, E_{Ca} = 35.8 \text{J/hm}^2$$

7）生物量。项目依据 Aber 等、Ponce-Hernandez 等的研究成果，计算得到研究区的生物质量为 $4.21 \times 10^9 \text{kg}$。研究区生物的分布面积为 683469hm²。1kg 生物量中的有效生物量为 $1.0 \times 10^3 \text{g/kg}$。取单位有效生物量的能量为 16744J/g。浑河流域的生物量能量为

$$E_b = (4.21 \times 10^9 \text{kg}) \times (16744 \text{J/g}) \times (1/683469 \text{hm}^2) \times (1.0 \times 10^3 \text{g/kg}) = 1.03 \times 10^{11} \text{J/hm}^2$$

$$(7-17)$$

（2）不可更新资源的投入（N）。在查阅相关文献的基础上，浑河流域的土壤损失量为 15000kg/hm²。借鉴黄银晓等的研究成果，浑河流域的土壤以褐土为主，土壤中有机质的含量为 0.022kg/kg。单位质量土壤中含有的能量为 $2.26 \times 10^7 \text{J/kg}$。土壤流失造成的能量损失为

$$E_s = (1.5 \times 10^4 \text{kg/hm}^2) \times 0.022 \times (2.26 \times 10^7 \text{J/kg}) = 7.46 \times 10^9 \text{J/hm}^2 \quad (7-18)$$

（3）物质（M）。

1）材料折旧。随着生产工具的长期使用，实物本身的价值便会逐渐被折旧。鉴于农业生态系统中，生产工具的多样化及使用年限的差异，项目借鉴 Coelho 等的研究成果，

将浑河流域农业生产材料折旧费的能量取为 925 元/hm²。

2）燃油。研究区用于农业生产和作物管理、收获过程的燃油和其他动力能源为 $1.15×10^7$ L，燃油的密度取为 0.75 kg/L。单位质量燃油的密度取 $4.186×10^6$ J/kg。燃油产生的能量为

$$E_。=(1.15×10^7L)×(1/683469hm^2)×(0.75kg/L)×(4.186×10^6kcal/kg)×(4186J/kg)$$
$$=5.28×10^7J/hm^2 \tag{7-19}$$

3）电力。当前浑河流域农业生产中，农业灌溉用水主要用柴油机抽取，即便有少量的电机取水，但相对于柴油机的取水量而言，可忽略不计。因此，在农业现代化水平不高的浑河流域，暂不考虑电力在农业物质生产过程中的能量。

4）物质。物质的能量主要指在农业生产和管理过程中，种子、地膜、地面辅助设施的成本折现。以流域农业统计年鉴的数据为基础，折算得出研究区物质的能量为 4300 元/hm²。

（4）服务（S）。

1）劳动力。考虑到当前劳动力成本较高，在创造等量价值的前提下，农业生产投入的人力、时间较多，在对年鉴数据依据区域效益权重进行批分的基础上，通过与国外相近管理水平条件下的农业生产中人力成本投入进行比较，给出研究区的人力能量折现为 3900 元/hm²。

2）管护。浑河流域农业生产过程中，农业的管理维护费用较低，主要用于田间道路、管网的维护。此类设施的使用年限较长，并且需要管理维护的费用较低。因此，在借鉴前人研究成果的基础上，计算得出研究区的管护能量为 76 元/hm²。

3）服务。浑河流域的农业作为旅游景观对外开放的面积较小，因此，研究区的服务能量较低，项目取为 10 元/hm²。

4. 计算结果分析

以计算出的农业生态系统的投入、输出的能量为基础，结合能值与能量之间的转换关系，在确定计算明细中可利用量所占比例的前提下，进行研究区能值流的计算。浑河流域农业系统能值流的具体计算结果见表 7-15。

表 7-15　　　　　　　　　　　浑河流域农业生态系统能值流的评价

性质	明细	可更新率	单位	能量/（单位/hm²）	能值换算/（seJ/单位）	可利用能值/（seJ/hm²）	不可利用能值/（seJ/hm²）	总能值/（seJ/hm²）
可更新（R）	光能	1	J	$1.52×10^{11}$	1.00	$1.52×10^{11}$	0	$1.52×10^{11}$
	降雨	1	J	$2.42×10^{10}$	$3.10×10^4$	$1.94×10^{15}$	0	$1.94×10^{15}$
	风能	1	J	$1.39×10^9$	$2.45×10^3$	$3.41×10^{12}$	0	$3.41×10^{12}$
	地表径流	1	J	$6.26×10^8$	$4.85×10^4$	$3.04×10^{13}$	0	$3.04×10^{13}$
	水利工程	1	J	$2.10×10^8$	$2.55×10^5$	$5.36×10^{13}$	0	$5.36×10^{13}$
	营养元素氮	1	kg	496.3	$6.38×10^{12}$	$2.98×10^{15}$	0	$2.98×10^{15}$
	营养元素磷	1	kg	68.3	$3.90×10^9$	$2.66×10^{11}$	0	$2.66×10^{11}$

续表

性质	明细	可更新率	单位	能量 /（单位/hm²）	能值换算 /（seJ/单位）	可利用能值 /（seJ/hm²）	不可利用能值 /（seJ/hm²）	总能值 /（seJ/hm²）
可更新（R）	营养元素钾	1	kg	303.5	1.74×10¹²	5.28×10¹⁴	0	5.28×10¹⁴
	营养元素钙	1	kg	35.8	1.00×10¹²	3.58×10¹³	0	3.58×10¹³
	生物量	1	J	1.03×10¹¹	1.00×10⁴	1.03×10¹⁵	0	1.03×10¹⁵
不可更新（N）	土壤流失	0	J	7.46×10⁹	1.24×10⁵	0	9.25×10¹⁴	9.25×10¹⁴
物质（M）	折旧	0.05	元	925	3.30×10¹²	0.15×10¹⁵	2.90×10¹⁵	3.05×10¹⁵
	燃油	0	J	5.28×10⁷	5.50×10⁵	0	2.90×10¹³	2.90×10¹³
	物质	0.1	元	4300	3.30×10¹²	0.14×10¹⁶	1.28×10¹⁶	1.42×10¹⁶
服务（S）	劳动力	0.6	元	3900	3.30×10¹²	0.77×10¹⁶	0.52×10¹⁶	1.29×10¹⁶
	管护	0.1	元	76	3.30×10¹²	0.25×10¹⁴	2.26×10¹⁴	2.51×10¹⁴
	服务	0.05	元	10	3.30×10¹²	0.17×10¹³	3.14×10¹³	3.30×10¹³
合计（Y）						1.59×10¹⁶	2.21×10¹⁶	3.80×10¹⁶

注　能值转换的参考值在借鉴 Odum 等、S. Bastianoni 等、M. T. Brown 等、Brandt - Williams、O. Coelho 等研究成果的基础上整理而成。

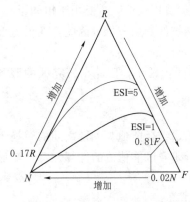

图 7 - 6　研究区能值三角表征

结合以上计算结果，通过对研究区的基础数据进行整理，表征农业生态系统环境、经济投入产出的基本量 ESI 为 0.1056，远远低于农业可持续发展的表征值 5。经计算，研究区的 EYR 为 1.11，ELR 为 10.51，因此，流域农业生产中不可持续的投入或产值占较大比例，这也是造成浑河流域农业生产低效、环境成本代价高的主要原因。项目认为研究区政府部门应加大对可持续农业生产的投入力度，并加强环境管理，通过实施农业生态补偿，有效地实现浑河流域农业的可持续发展。研究区的三角能值表征如图 7 - 6 所示。

浑河流域的农业生产处于不可持续的状态。项目利用生态系统能值与经济值之间的转换关系，计算研究区由于环境保护投入、受益生态服务价值能值对应下的经济补偿额。浑河流域农业生产投入和环境受益的能值定价情况见表 7 - 16。

表 7 - 16　　　　　　　　　浑河流域农业生产中能值定价

性质	明细	能值 /（seJ/hm²）	能值定价 /（元/hm²）	价值总量 /亿元
可更新 R	光能	1.52×10¹¹	0.1	0
	降雨	1.94×10¹⁵	1246.9	8.52
	风能	3.41×10¹²	2.19	0.01

性质	明细	能值 /(seJ/hm²)	能值定价 /(元/hm²)	价值总量 /亿元
可更新 R	地表径流	3.04×10^{13}	19.54	0.13
	水利工程	5.36×10^{13}	34.45	0.24
	营养元素氮	2.98×10^{15}	1915.35	13.09
	营养元素磷	2.66×10^{11}	0.17	0.00
	营养元素钾	5.28×10^{14}	339.36	2.32
	营养元素钙	3.58×10^{13}	23.01	0.16
	生物量	1.03×10^{15}	662.02	4.52
不可更新 N	土壤流失	9.25×10^{14}	594.53	4.06
物质 M	折旧	3.05×10^{15}	1960.34	13.40
	燃油	2.90×10^{13}	18.64	0.13
	物质	1.42×10^{16}	9126.83	62.38
服务 S	劳动力	1.29×10^{16}	8291.28	56.67
	管护	2.51×10^{14}	161.33	1.10
	服务	3.30×10^{13}	21.21	0.14

注 表中的数据在一定的保留精度下可能会出现零值的情况，但并不影响计算结果的精度。能值定价一列中的数据参考文献计算得出。

从农业生产中的物质、服务的投入情况进行考虑，浑河流域农业生产中的投入补偿所占的比例较大，总量为 134 亿元。流域农户在得到政府的等量补偿额后才选择放弃高耗能的低效农业生产，并将土地的生态服务价值最大程度地表现出来。但此值不宜作为农业生态补偿的标准，原因如下：①农业生产投入的受益主体以上游的农民为主，在正向生态效益外溢的情况下，下游得到的收效甚微，按照"谁受益、谁补偿"的原则，下游不愿补偿上游的农业生产投入；②研究区农业生产处于严重的不可持续状态，并未说明下游需对上游生产的外部不经济性负责，造成农业生产低效、高污染的原因是多方面的，上游化学肥料的大量使用也是其中的一个重要原因；③该值不能反映农业退化生态的现状，只是造成农业生态不可持续的原因。水土流失的原因和其所造成的农田生态系统失衡，正是造成当前研究区农业不可持续的原因。因此，从遏制农业生态退化的角度考虑，流域当前的水土流失的能值为 9.25×10^{14} seJ/hm²，由此造成的经济损失约为 4 亿元。因此，为实现浑河流域农业生产对环境破坏程度的最小化，当地政府和下游受益部门应对上游农户的治理投入和田间管理措施进行一定的补偿，补偿标准为 4 亿元。

7.6 补偿标准

依据前述理论对浑河流域进行水生态补偿标准测算，给出分项的计算结果。项目针对流域水生态的不同保护目标和发展状况，在考虑成本—效益均衡的前提下，给出流域水生态补偿标准的不同情境组合。

表 7 - 17　　　　　　　　　　　浑河流域水生态补偿标准参考　　　　　　　　　　单位：万元

分项补偿				综合补偿			补偿额度
断面水生态	水量	下游→上游	−3684	方案 1（考虑断面水生态）	补偿上限	下游→上游	1643161
	水质	下游→上游	−26000		补偿下限	下游→上游	191003
	小计		−29684	方案 2（考虑均衡用水）	补偿上限	下游→上游	1643161
流域均衡用水	水量	下游→上游	4655		补偿下限	下游→上游	225342
生态收益价值	增量	下游→上游	1643161	方案 3（考虑区域实际）	补偿上限	下游→上游	60655
生态受损价值	减量	下游→上游	164687		补偿下限	下游→上游	26316
生态保护成本	污染治理	下游→上游	16000				
	农业面源	下游→上游	40000				
	小计		56000				

注　1. 流域上游指浑河大伙房水库以上抚顺市、太子河流域本溪市地区；流域下游浑河流域的沈阳市、辽阳市、鞍山市等地市。
　　2. 补偿标准中的负号表示补偿资金的流向与既定的方向相反。
　　3. 污染治理补偿标准指在水质超标程度为 40％情况下的补偿额度。
　　4. 在综合补偿标准中，考虑区域实际的补偿上限包括流域均衡用水、生态保护成本两项；补偿下限包括断面水生态、生态保护成本两项。生态受损价值补偿标准计算过程中的不确定性因素角度，并且标准额度受人为影响较大，因此，实施过程中争议程度较大。在浑河流域当前的经济发展水平下，下游不具备完全补偿上游受损价值的能力。

7.7　污染物削减程度

　　基于前面的计算，在没有采取污染物最优控制措施时，浑河流域相关河段的 COD、氨氮、总氮、总磷的浓度（mg/L）情况为：浑河，57.35、1.92、2.16、0.12；太子河，30.24、1.00、0.74、0.15。入库河流的水质总体状况为Ⅲ～Ⅳ类。污染物排放超标严重的河段为浑河，主要超标污染物为 COD 和氨氮。浑河段污染物超标主要与该区域城市密集，污染物处理水平较低有关。同时，还由于农田的农业生产活动比较集中，大量的未经作物吸收的 N、P 随降雨径流或农田排水进入河道，因而，加剧了河流的污染程度。

　　项目以Ⅲ类水质作为控制断面水质的控制基准，2007 年控制断面的 COD、氨氮、总氮 3 种（总磷浓度低于控制标准对应的浓度要求）污染物的超标比例分别为 119％、46％、45％，在不进行外源干涉的情况下，单靠现有的污水处理工程和流域水体的自净能力，难以满足流域出境断面的水质控制标准。浑河上游区域在合理利用污染物治理成本的前提下，项目借助人为措施的干预（流域水生态补偿），减少流域水生态破坏造成的损失。项目结合点源治理投入，在保证浑河流域整体协调发展的基础上，投入污染物治理成本 1.6 亿元，能够实现水质超标率为 0.4 的控制标准。浑河流域下游政府和收益部门在向流域上游地区农户补偿 4 亿元的情况下，能够实现浑河流域农业生产的可持续发展，并能有效地减少田间水土流失和氮、磷等营养物质的流失。

　　流域上、下游在协商合作的基础上，通过实施生态补偿标准，能够严格控制污染物的入河总量和浓度。以此为基础，流域河道的 COD、氨氮、总氮、总磷的浓度为 28mg/L、1.4mg/L、1.4mg/L、0.2mg/L，综合判定水质类型为Ⅲ类，达到规定的水质要求。因此，浑河流域水生态补偿标准计算方法合理。

控制面源污染主要从控源层面进行。同时由于生态补偿标准测算中都对面源的污染控制进行了一定的考虑，同时，考虑到面源污染物的入河量相对较小，项目并未对面源入河污染物的削减量进行分析。流域水体中的总磷、总氮污染物主要来自面源污染，但在水体的自净作用下，流域出境断面的总氮含量很低（1.45mg/L），总磷（0.14mg/L）不用削减便能实现断面水质控制目标。农业生态补偿措施的实施，有效地从源头上削减了氮、磷污染物的产生量，有力地减少了农业水土流失造成的营养物质外流问题，促进了流域农业生态的可持续发展。

7.8 补偿标准实效判定

7.8.1 经济可适性

项目以浑河流域上游抚顺市、本溪市和下游的沈阳市、辽阳市、鞍山市为研究对象，进行流域治理修复型水生态补偿的经济可适条件分析。

受气候变暖的影响，浑河流域天然降水量逐渐减少（如大伙房水库流域的降水量以 1.325mm/a 的速率减少）；同时在人为活动的影响下，流域大量的农业面源、工业点源污染物任意排放，造成浑河流域水质较差，基本上处于Ⅳ类；流域生态需水满足程度较低，生态退化、沙漠化现象严重。因此，浑河流域的水生态已经遭到一定程度的破坏，属于水量水质均差型流域类型，对协调流域整体的发展带来了一定程度的影响。从经济最优层面探讨实施流域水生态补偿的可行性，已成为治理流域退化水生态的关键策略。

浑河流域污水处理厂的运行过程费用较高，污水的处理费用约为 0.98 元/t，因此，每年的运行费用约为 6582 万元。浑河上游抚顺市政难以独立承担高额的运行费用。考虑到污水处理厂给下游大伙房水库的入库水质带来改善，为有效遏制浑河流域水生态破坏做出贡献，下游的沈阳市、辽阳市应对上游的抚顺市、本溪市的污水处理厂的运行情况进行适当补偿。从经济学的角度考虑，在没有外界条件的干预下，上游显然选择排放污水作为最优的发展策略：上游在保护本区域水生态不受破坏的前提下，尚能减少 6582 万元的开支。借鉴 2007 年抚顺市的污水超标排放量，结合污水给下游造成的机会成本损失，在充分利用水体对污染物浓度进行最大程度降解的基础上，统计计算流域下游因水污染造成的经济损失为 5696 万元。因此，在不合作的情况下，流域上、下游的最优解为（6582，5696）。考虑到流域水生态保护带来的整体效益，上、下游采取合作的方式承担抚顺市污水处理厂运行费用的最优解为（7581，6831）。依据问卷调查的结果，流域上、下游进行合作治理流域生态的概率为 0.4。假定流域上、下游在合作、不合作的情况下，整体收益间存在均衡点。以此为基础，流域上、下游采取合作的方式治理流域生态的风险因子为 －0.11，流域上、下游合作成为风险占有均衡，整体收益为 2951 万元。综上所述，浑河流域上、下游采取合作的方式进行污染物的治理是一种风险占优的均衡策略，流域的整体收益为 2951 万元，为进行流域水生态补偿提供依据。在纳什均衡解存在的情况下，流域水生态整体都能取得既得的最大收益，即实现流域生态保护的帕累托最优。

7.8.2　实效判定

当前，浑河流域水生态已遭受到不同程度的破坏，物种可持续发展的可能性较小。项目借助流域水生态补偿标准的实施，利用流域植被的恢复度排序间接反映流域水生态补偿实施的实效性。研究区河岸带的天然性是检验流域生态恢复目标实现与否的关键。基于浑河流域河岸带植被的分布状况，8 个研究区的评价指标为植被多样性、新增（外来）植被覆盖程度、1 年生植被分布状况、自然和谐度、物种丰富度。植被多样性用研究区植被的种类数与流域植被种类总数的比率表示，新增植被覆盖程度用研究区新增植被的面积与植被总覆盖面积的比值表示，1 年生植被分布状况用研究区 1 年生植被覆盖面积与植被总覆盖面积的比值表示。在河岸生态状况的评估条件中，植被多样性、新增（外来）植被覆盖程度、自然和谐度、物种丰富度与区域支配性植被以及植被种类数、植被的垂直分层数相关。研究区的自然和谐度以研究区的横切断面为基础，主要分 5 级：5 是以灌木为主的乔木和本地物种的草占多数的植被；4 是乔木中人工种植的树木（灌木为主）和草占多数的植被；3 是灌木和草交叉分布的植被；2 是多年生植被为主；1 是 1 年生植被为主。物种丰富度表示研究区物种数与流域物种总数的比值。上述 5 个分类标准构成 5 个连贯的分类等级，见表 7-18。单项打分的尺度从 1 到 5，与每一分类的权重相乘后，即为区域生态恢复等级的分值。分值的幅度为 20～100，高分值表示越接近河岸带的自然状况，恢复的可能性越高；低分值表示河岸带的破坏状况较严重，恢复的可能性较小。

表 7-18　　　　　　　　　　河岸带自然生态恢复评分标准

标　　准	赋　　分					权重[a]
	1	2	3	4	5	
植被多样性[b]/%	<20	20～40	40～60	60～80	80～100	3
新增（外来）植被覆盖程度[c]/%	>20	15～20	10～15	5～10	<5	2
1 年生植被分布状况[c]/%	>20	15～20	10～15	5～10	<5	2
自然和谐度	1	2	3	4	5	10
物种丰富度[b]/%	<20	20～40	40～60	60～80	80～100	3

a　权重结合现场调查数据，依据相关参考文献计算给出。

b　植被多样性和物种丰富度在取值范围内，依据区域的差异，以分值 20 为起点，划分为 5 个等级。

c　新增（外来）植被程度、1 年生植被分布状况代表研究区内新增、1 年生植被的面积分布率。

项目基于浑河流域 8 个研究区植被分布的样方调查数据，构建生态恢复植被组成矩阵。环境矩阵由 3 个地貌变量和 10 个生物变量构成。其中，3 个地貌变量指河道形态（曲折或顺直）、流域剖面结构（自然的或受人为影响的）、过水渠道类型（碎石、砂、黏土、结合物）。10 个生物变量主要包括乔木层、次乔木层、灌木层、草对应的覆盖率，植被的成层结构（草—灌木—乔木，草—灌木，多年生植被，1 年生植被），植被多样性，新增植被面积，1 年生植被面积，研究区自然和谐度，物种丰富度。运用植被的去势（降势）典范对应分析（DCCA）和环境矩阵的 CANOCO 法进行流域物种组成和环境因素间的变量分析。

流域乔木、灌木、多年生植被、1年生植被分别占流域总面积的4.5%、0.7%、8.4%和24.3%。新增（外来）植被覆盖程度、耕地比例、生态破坏流域面积比例分别为4%、13.6%和6.6%。经整理，8个研究区的平均植被种类数、物种数分别为8.3、28.4。新增（外来）植被程度、1年生植被分布状况分别为2.8%和6.2%。浑河流域岸边带多分布多年生草本植物，因此，自然和谐度为2.5。研究区生态分析和自然状况得分结果见表7-19。

表 7-19 浑河流域生态分析和自然状况得分

研究区	植被多样性		新增植被覆盖程度		1年生植被分布		自然和谐度		物种丰富度		综合得分
	计算值	得分	计算值	得分	计算值	得分	计算值	得分	计算值	得分	
1	5	6	0	10	5.2	8	2	20	28	9	53
2	8	9	0.8	10	9.3	8	4	40	29	9	76
3	5	6	19	4	16.5	4	1	10	20	6	30
4	6	6	0	10	2.2	10	4	40	21	6	72
5	11	12	0.7	10	3.9	10	2	20	29	9	61
6	4	6	0	10	9.1	8	1	10	11	3	37
7	14	15	1.7	10	2.4	10	3	30	49	15	80
8	13	15	0	10	0.8	10	3	30	40	12	77
均值	8.3	9.4	2.8	9.3	6.2	8.5	2.5	25.0	28.4	8.6	60.8

注 1. 综合得分采用各研究区分项得分值的平均值。
　　2. 在每一区域的植被样方中，1m² 为草，25m² 为灌木，100m² 为乔木。区域的植被类型依据总体分布面积的多少确定。

不同区域每种植被的多样性，新增（外来）植被覆盖程度、1年生植被分布状况、自然和谐度、物种丰富度的得分值体现出较高的可变性。项目将浑河流域的整体生态状况取值暂定为研究区域各个指标的均值。研究区河岸水生态自然状况得分的平均值为60.8，得分适合25~80的分值区间，反映出生态补偿实施后对流域水生态的积极改善作用。

第8章 结 论 与 展 望

8.1 研究结论

8.1.1 浑河流域水环境容量总量分配

流域水环境容量总量控制研究是实现流域污染物管理从目标总量向容量总量转变的重要途径。针对辽河流域容量总量控制方案关键技术问题，项目以浑河流域为示范区，构建了以流域污染负荷估算和水质响应为核心的流域水环境系统模型，提出了基于水功能分区—入河排污口—控制单元的容量总量分配技术方法。借助帕累托最优思想，从区域公平和协调发展角度出发，给出了以水功能区水质达标为导向的控制单元污染物排放总量分配方案，构建了流域"分区、分级、分类、分期"的容量总量控制体系。主要研究结论如下。

（1）针对动态容量计算以及综合考虑点源及面源负荷控制的需求，在国内容量总量计算相关技术标准或现有技术方法等的水文条件设计原则基础上，针对多类型水文条件及控制性水工程调控情景，按照水体类型特点，遵循流域水量过程和化学过程连续的基本要求，给出了满足不同水质达标管理要求的容量总量计算水文条件设计原则与方法。

（2）以辽河流域水资源综合规划、水资源分区、水功能区划的基本要求为依据，在考虑行政区降水特性及流域/区域排水综合管理要求的基础上，针对河流污染物整体削减的系统性，采用四级水资源分区套地市的方法将浑河流域划为 29 个计算单元，保证计算单元边界与水资源分区边界一致性，同时确保计算单元内污染物产生及入河过程与用水、降水过程的匹配性。

（3）研究中选择浑河水系 8 个水文测站、太子河水系 13 个水文测站依据 90%多年平均流量确定了典型年和设计年流量；分丰（6—9 月）、平（3—5 月、10 月）、枯（11 月至翌年 2 月）水期依据 90%保证率最枯月平均流量确定了站点分期设计流量；按照冰封期（1—3 月、11—12 月）、非冰封期（4—10 月）进行了流量设计。不同情境下浑河流域的水环境容量结果相差较大，最小生态流域情境下的水环境容量最小，全年 COD、氨氮容量为 31726.27t、1874.23t，分别约为分水期、分冰期情境下 COD、氨氮水环境容量的20%、15%。为保证区域主要河流水质达标，严格控制污染物排放量，利用最小生态流量情境下的水环境容量作为限排控制低限，高限则根据实际情况另行确定。

（4）在常规发展模式下，浑河流域年均土壤侵蚀模数为 40t/km²，其中，大辽河流域土壤侵蚀最为严重，其次是太子河流域，浑河流域土壤侵蚀模数较小。研究区年均总磷输出强度为 6.832kg/hm²，其中，大辽河流域的总磷坡面输出强度大于浑河流域，而太子河流域的总磷输出强度最小。浑河流域年均总氮输出强度为 19.474kg/hm²，其中，大辽河流域的总氮坡面输出强度大于浑河流域，而太子河流域的总氮输出强度最小。面源污染的总氮和总磷负荷强度空间差异较大，通过面积加权计算，平均负荷强度为 $29kg/hm^2$ 和 $10kg/hm^2$。

（5）理想均衡模式下，流域的经济社会结构得到调整，耕地种植面积得到优化，点源、面源污染物产生量得到削减，COD、氨氮、总磷、总氮污染物产生量分别为 525792t、31100t、22616t、53508t，比常规发展模式下污染物产生量分别减少 111785t、15966t、24733t、44703t。该模式下流域点源、面源污染物产生量比例为 29：71。

（6）浑河流域上游地区多为山区，农业较为发达，农业生产成本不高，经测算流域每增加 1% 的生态系统服务用地，农作物产量将缩减 1.06%。农田暴雨径流氮磷养分的流失量与累积径流量成正相关，浑河流域农业生产中氮肥的单位面积年损失量为 $95kg/hm^2$，磷肥为 $9kg/hm^2$。在长期情况下，人均污废水排放量对人均实际 GDP 的弹性为 $2.090-0.300Y$（经济收入）；人均水资源消耗每提高 1%，人均污废水排放量增加约 0.720%；区域贸易开放度每提高 1%，人均污废水排放量增加约 0.216%；生产附加值每提高 1%，人均污废水排放量增加约 0.072%；修正的社会经济发展指数每提高 1%，人均污废水排放量增加约 1.890%。

（7）浑河流域重要监测断面水质呈改善趋势，但水环境破坏的风险依然存在，浑河于家房、太子河小姐庙、大辽河辽河公园断面污染物浓度超标现象严重。依据污染风险评价等级，观音阁水库和大伙房水库水环境质量较好，常规水质控制目标可实现；葠窝水质状况为中等，汤河水库水质状况较差，水库水环境已发生重污染。结合浑河流域主要断面水质类别评级结果，以理想均衡模式下污染物产生量为基础，合理确定污染物入河系数，浑河流域入河总量为 241696t，其中 COD、氨氮、总磷、总氮入河量分别为 199969t、14273t、8119t、19335t。

（8）研究中以优化排污口资源排放量为基础，计算了行业污染物治理费用—流量关系系数；结合污水处理厂达标排放标准，确定了污染物削减量和设计处理费用。流域 COD、氨氮削减量占污染物应削减量的 44.4% 和 47.7%，污染物治理总投入为 2.18 亿元，基本上能实现流域污染物削减 50% 的控制目标。为大幅削减污排污总量，对初次削减后的污染物基于定额达标进行了计算，二次削减后的污染物排放总量为 208832t、17177t，为流域水环境容量的 1.48 倍、1.26 倍。为实现流域水功能区控制断面水质整体达标，引进了污染物分配合理性评价指数，确定了分项指标及其权重，对浑河流域污染物最大允许排放情况进行优化控制，COD、氨氮最大允许排放量分别为 158313t、14796t。结合计算单元污染物的产生、排放规律，在对流域整体污染物最大允许排放量进行优化的基础上，重新分配水功能区对应的水环境容量并对污染物入河后的水体浓度进行了计算。

8.1.2 浑河流域水生态补偿标准

流域治理修复型水生态补偿已成为水文水资源领域的一个热门研究课题，也是解决水资源开发利用过程中区域用水矛盾、生态破坏现象的一种有效途径。本书结合生态补偿标准确定中的量化难点和测算关键技术，综合运用数学模型和数字分析技术，在建立流域治理修复型水生态补偿理论与方法体系的基础上，合理确定污染物的产生量、流域水生态保护的收益和损失成本，均衡协调区域间利益关系，给出了流域水生态补偿标准的测算方法及实施要点。

（1）合理界定自然、人为因素对流域水资源开发利用影响程度的基础上，探讨了流域水生态补偿程度测算框架，给出了水量、水质、污染物处理水平补偿标准测算依据以及分层次实施细则。2007 年，理论测算值显示，浑河上游的抚顺、本溪市对下游沈阳市、辽阳市、鞍山市水量补偿 110 万元、3574 万元，水质补偿 1.1 亿元、1.5 亿元。

（2）以社会公平机制为基础，对用水联盟最优水量的分配进行约束，给出基于参数区间最优、博弈理论的流域内部水量公平分配的最优决策过程。以合作博弈的水量分配框架为基础，通过对确定、含糊信息合作博弈的沙普利值进行计算，构建浑河流域整体用水部门的效益最大化水量分配模型。依此进行计算，浑河流域的下游城市应向上游的抚顺市、本溪市补偿水源保护相关的成本投入 4655 万元。

（3）运用投入与产出间的对应关系，利用产出值间接核算了生态补偿量（生态服务价值）。借鉴浑河流域生境及物种的多元化、不同水域相关功能属性的差异性，从河流生态系统、森林生态系统、湿地生态系统层面考虑，借助投入产出对应关系确定受益补偿标准为 164 亿元。以限制发展机会成本、水源涵养损失机会成本为依据，得出流域生态受损补偿标准为 16 亿元。

（4）以水功能区典型断面的水质控制目标为基准，结合上、下游之间的经济发展状况，在充分利用水体自净能力的前提下，进行污染物治理成本的投入测算。为确保总治理成本—模糊风险—安全系数间均衡曲线的合理性，采用成本应用模型、成本均衡功能模型进行多目标下的污染物处理成本计算。以 COD 和氨氮为典型污染物，确定基于社会整体功效最大化、不公平程度最小化的超标污染物治理成本。在利用 Monte Carlo 法分析计算水质超标率（以Ⅲ类水质作为判定标准）的基础上，通过考虑水质模拟计算过程中主要随机变量，运用 NSGA-Ⅱ算法进行水质超标率—污染物治理成本—污染物处理水平的多目标优化求解。

（5）借助能值与价值之间的可转化性，给出了基于农业可持续发展的生态补偿标准计算体系。研究区农业生产的环境可持续指数（ESI）为 0.1056，流域农业处于严重不可持续状态，应实施农业生态补偿进行调整。下游区域政府或受益部门应对上游农业水土流失防护补偿约 4 亿元。

（6）结合流域周边水生态环境的制约因素，从系统论的层面出发，给出了流域水生态恢复优先序判定的理论框架和定量评价方法。基于浑河流域 8 个研究区植被分布的样方调查数据，构建生态恢复植被组成矩阵。从植被多样性、新增（外来）植被覆盖程度、1 年生植被分布状况、自然和谐度、物种丰富度指标计算出发，运用植被的去势（降势）典范对应分析和环境矩阵进行流域物种组成和环境因素间的变量分析。浑河流域河岸水生态自然状况得分的平均值为 60.8，反映出实施生态补偿对流域水生态的积极改善作用。

8.2 研究展望

（1）水环境容量计算过程中没有充分考虑温度变化的影响。温度变化对水环境容量变化影响较大。容量计算过程中不同水文条件下的设计流量针对着不同的温度,而温度变化在水文要素变化过程中没有被充分显现出来,由此给水环境容量计算带来一定误差。后续工作中加强对温度与水环境容量机理的研究。

(2)水环境容量计算过程中没有完全给出动态水环境容量的确定方法,对长系列年水质达标控制与设计条件下水环境容量的有效衔接问题研究不足,达标后的水体如何更有效地满足动态供水需求没有涉及。深入研究水环境容量计算中背景浓度、面源负荷分配、不确定性因素的确定方法以及非常规或复合污染物的水环境容量,成为提高水环境容量计算精度的有效途径。

(3)计算过程中虽对不同包线对应流量下的水环境容量进行了计算,并将外包线对应设计流量下的水环境容量视为在最不利条件下对应的允许排污限制量,但没有对极端条件下各种设计水文条件对应的水环境容量进行详细计算,因此,在水环境容量计算中应充分考虑突发事件发生情况下的预警机制和应对策略。

(4)项目着眼于县级小流域的控制单元划分和水环境容量研究,视角细微;三层分配体系使得水环境容量的分配更为彻底,但资料有限,点源的最终分配未完全到达各个工业企业,面源的分配主要对重点行业,并未最终分配到行政可达的村镇级别。加强上述工作的推进对于进一步的污染减量化具有重要的指导意义。

(5)在进行受损生态补偿标准核算过程中,应充分考虑补偿标准研究中补偿对象的微观决策行为,借助机会成本的空间分布特征,实现不同参与主体潜在功效的准确核算。

(6)跨区域生态补偿标准实施过程中,区域间矛盾的协调、公平机制的体现成为检验补偿标准合理性的主要依据。为此,以后的研究中应依据协同、非零和博弈、最优管理方法的相关知识,制定促进流域整体协调发展的生态补偿标准,实现流域生态补偿正向生态功效最大化。

(7)流域水质问题的改善,需要不同利益协调机构的共同参与。鉴于水质变动的风险性与影响因素的不确定性,在以后的研究中应考虑更多的水质指标作为模型控制因子。同时,借鉴排污权交易和流域生态补偿实施中的相通理论,实现两者研究方法的有机结合。

(8)限于流域植被物种类型及其分布性状实际调研数据的难获取性,同时由于遥感图像空间分析的大尺度性及地理信息系统的海量数据依赖性,在不同生态特性数据的获取上,本书尚缺少明确的操作细则。空间数据破译的不精确性以及流域代表性状选取的局限性,导致获取的基础数据难以体现区域的差异性,造成生态功能核算价值的不完全准确性。在以后的研究中,应加强宏观尺度数据分析与微观尺度数据验证的耦合,体现数字化技术在生态价值核算中的真正价值。

(9)流域生态补偿标准研究由于涉及因素众多,并且计算方法因人、因时、因地而异。项目虽提出了一种针对农业生产实际,利用能值的经济转换指标确定生态补偿标准的新方法。但当前对该方法的研究许多理论尚不成熟,并且区域的能值流计算基础也不尽相同,在以后的研究中,将针对该计算方法的适应性及区域的应用事宜作进一步研究。

参 考 文 献

[1]　张永良，刘培哲. 水环境容量综合手册 [M]. 北京：清华大学出版社，1991.

[2]　Fujiwara O, Gnanendran S K, Ohgaki S. River quality management under stochastic stream flow [J]. Environ. Eng. , 1986, 112 (2): 185 - 198.

[3]　Li S Y, Tohru M. Optimal allocation of waste loads in a river with probabilistic tributary flow under transverse mixing [J]. Water Environment Research, 1997, 71 (2): 156 - 162.

[4]　Joshi V, Modak P. Heuristic algorithms for waste load allocation in a river basin [J]. Water Sci. Tech. , 1989, 21: 1057 - 1064.

[5]　John Holmes K, Robert M Friedman. Design alternatives for a domestic carbon trading scheme in the United States [J]. Global Environmental Change, 2000, 10: 273 - 288.

[6]　中国环境保护局，中国环境科学研究院，中国环境院环境标准研究所. 总量控制技术手册 [J]. 中国环境科学，1990.

[7]　李锦秀，马巍，史晓新，等. 污染物总量控制定额确定方法研究 [J]. 水利学报，2005，36 (7): 12 - 17.

[8]　胡国华，赵沛伦，王任翔. 黄河孟津—花园口河段水环境容量研究 [J]. 水资源保护，2002 (1): 26 - 30.

[9]　崔锡训. A - P 值法在大气污染物总量分配中的应用 [J]. 能源与节能，2013 (1): 102 - 104.

[10]　幸娅，张万顺，王艳，等. 层次分析法在太湖典型区域污染物总量分配中的应用 [J]. 中国水利水电科学研究院学报，2011，9 (2): 155 - 159.

[11]　李如忠，舒琨. 基于基尼系数的水污染负荷分配模糊优化决策模型 [J]. 环境科学学报，2010，30 (7): 1518 - 1526.

[12]　孙秀喜，冯耀奇，丁和义. 河道污染物总量分配模型的建立及分析方法研究 [J]. 地下水，2005，27 (6): 427 - 469.

[13]　高子亭，庞天一，赵文晋，等. 基于公平与效率的地表水污染物总量分配优化模型 [J]. 安徽农业科学，2012，40 (14): 8255 - 8257，8269.

[14]　刘红刚，陈新庚，彭晓春. 基于合作博弈论的感潮河网区污染物排放总量削减分配模型研究 [J]. 生态环境学报，2011，20 (3): 456 - 462.

[15]　秦迪岚，韦安磊，卢少勇，等. 基于环境基尼系数的洞庭湖区水污染总量分配 [J]. 环境科学研究，2013，26 (1): 8 - 15.

[16]　王丽琼. 基于公平性的水污染物总量分配基尼系数分析 [J]. 生态环境，2008，17 (5): 1796 - 1801.

[17]　张洪，季友玉，李合海. 区域水功能区限制纳污指标与水质达标率确定初探 [J]. 地下水，2012，34 (3): 97 - 98.

[18]　慕金波，郝光前，张洪秀，等. 泗河水环境容量及最大允许排污量计算 [J]. 环境科学与技术，2009，32 (11): 177 - 180.

[19]　孟伟. 以流域生态承载力优化经济发展的原则与实践 [J]. 环境保护，2012 (22): 13 - 16.

[20]　张新华，李红霞，肖玉成，等. 缺资料流域水污染物总量分配方法研究 [J]. 中国水利水电科学研究院学报，2011，9 (2): 136 - 141.

[21]　盛虎，李娜，郭怀成，等. 流域容量总量分配及排污交易潜力分析 [J]. 环境科学学报，2010，

30 (3)：655 – 663.

[22] 孟伟. 流域水污染物总量控制技术与示范 [M]. 北京：中国环境科学出版社，2008.

[23] 杨国华，刘慧. 生物安全法设计流量在赣江流域水污染物总量控制中的应用 [J]. 城市环境与城市生态，2009，22 (2)：34 – 36.

[24] 文毅，李宇斌，胡成. 辽河流域水污染物总量控制管理技术研究 [M]. 北京：中国环境科学出版社，2009.

[25] 郝明家，赵玉强，张丽君，等. 沈阳市水环境容量测算及其方法的研究 [J]. 环境保护科学，2003，29 (117)：9 – 11.

[26] 郑秋宏，伍永秋，张永光. 冰封期河流中污染物损耗估算模型 [J]. 北京师范大学学报：自然科学版，2006，42 (6)：615 – 617.

[27] 姜欣，许士国，练建军，等. 北方河流动态水环境容量分析与计算 [J]. 生态与农村环境学报，2013，29 (4)：409 – 414.

[28] 黄速艇，陈森林，艾学山，等. 基于流量分级的生态流量过程线确定方法——以东江水库为例 [J]. 水资源与水工程学报，2014，25 (5)：22 – 27.

[29] 周刚，雷坤，富国，等. 河流水环境容量计算方法研究 [J]. 水利学报，2014，45 (2)：227 – 233.

[30] 李如忠，汪家权，王超，等. 不确定性信息下的河流纳污能力计算初探 [J]. 水科学进展，2003，14 (4)：459 – 463.

[31] 李如忠，范传勇. 基于盲数理论的河流水环境容量计算 [J]. 哈尔滨工业大学学报，2009，41 (10)：233 – 235.

[32] 李如忠，高苏蒂. 基于三角模糊技术的河流水环境容量研究 [J]. 环境工程，2007，25 (2)：74 – 77.

[33] 鲍琨，逄勇，孙瀚. 基于控制断面水质达标的水环境容量计算方法研究——以殷村港为例 [J]. 资源科学，2011，33 (2)：249 – 252.

[34] Liang Tinhua, Nnajis. Managing water quality by mixing water from different sources [J]. Journal of Water Resources Planning and Management，1983，109 (1)：48 – 57.

[35] Mehrez A，Percia C，Oron G. Optimal operation of a multi – source and regional water system [J]. Water Resources Research，1992，28 (5)：1199 – 1206.

[36] Afzal，Javaid，Noble，David H. Optimization model for alternative use of different quality irrigation waters [J]. Journal of Irrigation and Drainage Engineering，1992，118：218 – 228.

[37] Hayes D F，Labadie J W，Saners T G. Enhancing water quality in hydropower system operations [J]. Water Resources Research，1998，34 (3)：471 – 483.

[38] Lofti B，Labadie J W，Fontane D G. Optimal operation of a system of lakes for quality and quantity [C] // TORNO HC. Computer applications in water resources. New york：ASCE，1989：693 – 702.

[39] Pingry D E，Shaftel T L，Boles K E. Role for decision support systems in water delivery design [J]. Journal of Water Resources Planning and Management，1990，116 (6)：629 – 644.

[40] United Nation. Guidelines on Water and Sustainable Development：Principles and Policy Options [J]. Water Resources Series，1997.

[41] Avogadro E，Minciardi R，Paolucci M. A decisional procedure for water resources planning taking into account water quality constrains [J]. European Journal of Operational Research，1997，102：320 – 334.

[42] Campbell J E，Briggs D A，Deton R A. Water quality operation with a blending reservoir and variable sources [J]. Journal of Water Resources Planning and Management，2002，128 (4)：288 – 302.

[43] Azevedo D L，Gabrief T，Gates T K，et al. Integration of water quantity and quality in strategic river basin Planning [J]. Journal of Water Resources Planning and Management，2000，126 (2)：

85 - 97.

[44] Watkins W J, David M K, Daene C R. Optimization for incorporating risk and uncertainty in Sustainable water resources planning [J]. IAHS Publication (International Association of Hydrological Sciences), 1995, 231 (4): 225 - 232.

[45] Wong H S, Sun N Z. Optimization of conjunctive use of surface water and groundwater with water quality constraints [A]. Proceedings of the Annual Water Resources Planning and Management Conference Apr 6 - 9 [C]. Sponsored by ASCE, 1997: 408 - 413.

[46] Mattikalli N M, Richards K S. Estimation of Surface Water Quality Changes in Response to Land Use Change: Application of the Export Coefficient Model Using Remote Sensing and Geographical Information System [J]. Environment Manage, 1996, 48: 263 - 282.

[47] 李考真, 任淑梅. 地表水水量水质联合调度研究: 以徒骇河聊城段为例 [J]. 聊城师院学报, 1999, 12 (2): 72 - 76.

[48] 徐贵泉, 宋德蕃, 黄士力, 等. 感潮河网水量水质模型及其数值模拟 [J]. 应用基础与工程科学学报, 1996 (1): 94 - 105.

[49] 王好芳, 董增川. 基于量与质的多目标水资源配置模型 [J]. 人民黄河, 2004, 26 (6): 14 - 15.

[50] 夏星辉, 张曦, 杨志峰, 等. 从水质水量相结合的角度评价黄河的水资源 [J]. 自然资源学报, 2004, 19 (3): 293 - 299.

[51] 刘克岩, 王秀兰, 米玉华, 等. 水功能区水资源可利用量量质结合评价方法及其应用 [J]. 南水北调与水利科技, 2007, 5 (1): 67 - 70.

[52] 王渺林, 蒲菽洪, 傅华. 从水质水量联合角度评价鉴江流域可用水资源量 [J]. 重庆交通大学学报 (自然科学版), 2008, 27 (1): 144 - 147.

[53] 付意成, 魏传江, 王瑞年, 等. 水量水质联合调控模型及其应用 [J]. 水电能源科学, 2009, 27 (2): 31 - 35.

[54] 夏军, 王中根, 严冬, 等. 针对地表来用水状况的水量水质联合评价方法 [J]. 自然资源学报, 2006, 21 (1): 146 - 153.

[55] 李大勇, 刘凌, 董增川, 等. 改善张家港地区水环境引水方案的对比研究 [J]. 水利水电科技进展, 2004, 24 (6): 17 - 20.

[56] 牛存稳, 贾仰文, 王浩, 等. 黄河流域水量水质综合模拟与评价 [J]. 人民黄河, 2007, 29 (11): 58 - 60.

[57] 张艳军, 雏文生, 雷阿林, 等. 基于 DEM 的水量水质模型算法 [J]. 武汉大学学报 (工学版), 2008, 41 (5): 45 - 49.

[58] 苏琼, 秦华鹏, 赵智杰. 产业结构调整对流域供需水平衡及水质改善的影响 [J]. 中国环境科学, 2009, 9 (7): 767 - 772.

[59] 罗丽. 美国排污权交易制度及其对我国的启示 [J]. 北京理工大学学报 (社会科学版), 2004, 6 (1): 61 - 65.

[60] 万军, 张惠远, 王金南, 等. 中国生态补偿政策评估与框架初探 [J]. 环境科学研究, 2005, 18 (2): 1 - 8.

[61] Crocker T D. The structuring of atmospheric pollution control systems [M]. New York: W. W. Norton & Co., 1966.

[62] Dales J H. Land water and ownership [J]. The Canadian Journal of Economics, 1968, 1 (4): 791 - 804.

[63] 马中, Dan dudek, 吴健, 等. 论总量控制与排污权交易 [J]. 中国环境科学, 2002 (1): 89 - 92.

[64] 陈磊, 张世秋. 排污权交易中企业行为的微观博弈分析 [J]. 北京大学学报 (自然科学版), 2005, 41 (6): 926 - 934.

[65] O'neil W B. Transferable discharge permits trading under varying stream conditions: A simulation of multi - period permit market performance on the Fox River [J]. Water Resources Research, 1983, 19: 608 - 612.

[66] Eheart J W, Brill E D, Lence B J, et al. Cost efficiency of time varying discharge permit programs for water quality management [J]. Water Resources Research, 1987, 23 (2): 245 - 251.

[67] Hung M, Shaw D. A trading - ratio system for trading water pollution discharge permits [J]. Journal of Environmental Economics and Management, 2005, 49 (1): 83 - 102.

[68] Ganji A, Khalili D, Karamouz M. Development of stochastic dynamic Nash game model for reservoir operation. I: The symmetric stochastic model with perfect information [J]. Advances in Water Resources, 2007, 30 (3): 528 - 542.

[69] Kerachian R, Karamouz M. A stochastic conflict resolution model for water quality management in reservoir - river systems [J]. Advances in Water Resources, 2007, 30 (4): 866 - 882.

[70] Shirangi E, Kerachian R, Shafai B M. A simplified model for reservoir operation considering the water quality issues: Application of the Young conflict resolution theory [J]. Environmental Monitoring and Assessment, 2008, 146 (1 - 3): 77 - 89.

[71] Montgomery W D. Markets in licenses and efficient pollution control programs [J]. J. Econ. Theory, 1972, 5 (3): 395 - 418.

[72] Niksokhan M H, Kerachian R, Amin P. A stochastic conflict resolution model for trading pollutant discharge permits in river systems [J]. Environmental Monitoring and Assessment, 2009, 154 (1 - 4): 219 - 232.

[73] Niksokhan M H, Kerachian R, Karamouz M. Game Theoretic Approach for Trading Discharge Permits in Rivers [J]. Water Science and Technology, 2009, 60 (3): 793 - 804.

[74] Yandamuri S R M, Srinivasan K, Bhallamudi S M. Multiobjective optimal waste load allocation models for rivers using non - dominated sorting genetic algorithm - Ⅱ [J]. Journal of Water Resources Planning and Management ASCE, 2006, 132 (3): 133 - 143.

[75] Napel S. Bilateral bargaining: Theory and applications [M]. Berlin: Springer - Verlag Berlin Heidelberg, 2002.

[76] 黄兴星, 朱元芳, 唐磊, 等. 北京市密云水库上游金铁矿区土壤重金属污染特征及对比研究 [J]. 环境科学, 2012, 32 (6): 1520 - 1528.

[77] 罗燕, 秦延文, 张雷, 等. 大伙房水库沉积物重金属污染分析与评价 [J]. 环境科学, 2011, 31 (5): 987 - 995.

[78] 谢轶. 大伙房水库水源保护区尾矿库的安全环保隐患分析 [J]. 农业与技术, 2014, 34 (3): 35 - 36.

[79] 毛光君. 河流污染物总量分配方法研究——以大辽河控制单元为例 [D]. 北京: 中国环境科学研究院, 2013.

[80] 邹桂红. 基于 AnnAGNPS 模型的面源污染研究——以大沽河典型小流域为例 [D]. 青岛: 中国海洋大学, 2007.

[81] Suzuki M, Goto N, Sakoda A. Simplified dynamic model on carbon exchange between atmosphere and terrestrial ecosystems [J]. Ecol Model, 1993, 70 (3 - 4): 161 - 194.

[82] 司友斌, 王慎强, 陈怀满. 农田氮、磷的流失与水体富营养化 [J]. 土壤, 2000 (4): 188 - 193.

[83] Jaepil Cho, Saied Mostaghimi. Dynamic agricultural non - point source assessment tool (DANSAT): Model development [J]. Biosystems Engineering, 2009, 102 (4): 485 - 499.

[84] 孙彭立, 王慧君. 氮素化肥的环境污染 [J]. 环境污染与防治, 1995, 17 (1): 38 - 41.

[85] 陈红军, 黄怀曾, 冯流, 等. 永定河沉积物中磷的存在形态及其指示意义 [J]. 岩矿测试, 2005. 24 (3): 176 - 180.

[87] 刘艳红，黄硕琳，陈锦辉. 以生态系统为基础的国际河流流域的管理制度 [J]. 水产学报，2008，32 (1)：125 - 130.

[87] 何萍，孟伟，王家骥，等. 流域、生态区和景观构架及其在海河流域生态评价中的应用 [J]. 环境科学研究，2009，22 (12)：1366 - 1370.

[88] 孙能利，巩前文，张俊飚. 山东省农业生态价值测算及其贡献 [J]. 中国人口·资源与环境，2011，21 (7)：128 - 132.

[89] Pearce D. Paradoxes in biodiversity conservation [J]. World Economics，2005，6 (3)：57 - 69.

[90] Ricketts T H，Daily G C，Ehrlich P R，et al. Economic value of tropical forest to coffee production [J]. Proceedings of the National Academy of Sciences，2004，101 (34)：12579 - 12582.

[91] Costanza R，Octavio P M，Martinez M L，et al. The value of coastal wetlands for hurricane protection [J]. Ambio，2008，37 (4)：241 - 248.

[92] Stratus Consulting Inc. A triple bottom line assessment of traditional and green infrastructure options for controlling CSO events in Philadelphia's watersheds[R]，2009.

[93] Simpson R D. Ecosystem services as substitute inputs：Basic results and important implications for conservation policy [J]. Ecological Economics，2014，98：102 - 108.

[94] Power A G. Ecosystem services and agriculture：tradeoffs and synergies [J]. Philosophical Transactions of the Royal Society B - Biological Sciences，2010，365 (1554)：2959 - 2971.

[95] Daily G C. Nature's services：Societal dependence on natural ecosystems [M]. Washington：Island Press，1997.

[96] Pollan M. The Omnivore's dilemma：A natural history of four meals [M]. New York：Penguin，2006.

[97] Heberling M T，Garcia J H，Thurston H W. Does encouraging the use of wetlands in water quality trading programs make economic sense? [J]. Ecological Economics，2010，69 (10)：1988 - 1994.

[98] Mayer P M，Reynolds S K J，McCutchen M D，et al. Meta - analysis of nitrogen removal in riparian buffers [J]. Journal of Environmental Quality，2007，36 (4)：1172 - 1180.

[99] Wossink A，Swinton S M. Join Tness in production and farmers' willingness to supply non - marketed ecosystem services[J]. Ecological Economics，2007，64：297 - 304.

[100] Abler D. Multifunctionality，agricultural policy，and environmental policy [J]. Journal of Agricultural and Resource Economics，2004，33：8 - 17.

[101] Wu Junjie. Slippage effects of the conservation reserve programs [J]. American Journal of Agricultural Economics，2000，82 (2)：979 - 992.

[102] Vincent J R，Binkley C S. Efficient multiple - use forestry may require land - use specialization [J]. Land Economics，1993，69 (4)：370 - 376.

[103] 谢高地，甄霖，鲁春霞，等. 价值转换方法在中国生态服务评估中的应用和发展 [J]. 资源与生态学报，2010，1 (1)：51 - 59.

[104] 付意成，高婷，闫丽娟，等. 基于能值分析的永定河流域农业生态补偿标准 [J]. 农业工程学报，2013，29 (1)：209 - 217.

[105] 胡春宏，王延贵. 官厅水库流域水沙优化配置与综合治理措施研究 I——水库泥沙淤积与流域水沙综合治理方略 [J]. 泥沙研究，2004，(2)：19 - 26.

[106] Agostinho F，Pereira L. Support area as an indicator of environmental load：Comparison between Embodied Energy，Ecological Footprint，and Emergy Accounting methods [J]. Ecological Indicators，2013，24：494 - 503.

[107] Franzese P P，Rydberg T，Russo G F，et al. Sustainable biomass production：a comparison between gross energy requirement and emergy synthesis methods [J]. Ecological Indicators，2009，

9：959 – 970.

[108] Coelho O，Ortega E，Comar V. Balanco de Emergia do Brasil［C］//Engenharia Ecologica e Agricultura Sustent'avel（Ecological Engineering and Sustainable Agriculture）. Enrique Ortega，2003.

[109] 付意成，阮本清，张春玲. 永定河流域生态补偿标准测算［J］. 中国水利水电科学研究院学报，2011，9（4）：283 – 291.

[110] 付意成，阮本清，许凤冉. 永定河流域农业土壤氮磷损失的计算及分析［J］. 农业工程学报，2012，28（16）：133 – 139.

[111] Farley J，Costanza R. Payments for ecosystem services：From local to global［J］. Ecological Economics，2010，69（11）：2060 – 2068.

[112] Suzuki M，Goto N，Sakoda A. Simplified dynamic model on carbon exchange between atmosphere and terrestrial ecosystems［J］. Ecol Model，1993，70（3 – 4）：161 – 194.

[113] Jaepil Cho，Saied Mostaghimi. Dynamic agricultural non – point source assessment tool（DANSAT）：Model development［J］. Biosystems Engineering，2009，102（4）：485 – 499.

[114] 徐向阳，刘俊. 农业区氨氮流失模型［J］. 环境污染与防治，1999，21（4）：34 – 37.

[115] Bin – Le Lin，Akiyoshi Sakoda，Ryosuke Shibasaki，et al. Modelling a global biogeochemical nitrogen cycle in terrestrial ecosystems［J］. Ecological Modelling，2000，135（1）：89 – 110.

[116] Post W M，Pastor J，Zinke P J，et al. Global patterns of soil nitrogen storage［J］. Nature，1985，317（17）：613 – 617.

[117] 施振香，柳云龙，尹骏，等. 上海城郊不同农业用地类型土壤硝化和反硝化作用［J］. 水土保持学报，2009，23（6）：99 – 102.

[118] Maidment D R. Infiltration and soil water movement，Ch5 In：Maidment，D. R.（Ed.），Handbook of Hydrology［M］. McGraw – Hill，New York，1992.

[119] Sharpley A N，Robinson J S，Smith S J. Assessing environmental sustainability of agricultural systems by simulation of nitrogen and phosphorus loss in runoff［J］. European J. Agron.，1995，4（4）：453 – 464.

[120] Kijima M，Nishide K，Ohyama A. Economic models for the environmental Kuznets curve：a survey［J］. J. Econ. Dyn. Control，2010，34（7）：1187 – 1201.

[121] Farhani S，Mrizak S，Chaibi A，et al. The environmental Kuznets curve and sustainability：A panel data analysis［J］. Energy Policy，2014，71：189 – 198.

[122] Suri T，Boozer M A，Ranis G，et al. Paths to success：the relationship between human development and economic growth［J］. World Dev.，2011，39：506 – 522.

[123] Costantini V，Martini C. A modified environmental Kuznets curve for sustainable development assessment using panel data［J］. Int. J. Glob. Environ.，2010，10：84 – 122.

[124] Hartman R，Kwon O S. Sustainable growth and the environmental Kuznets curve［J］. J. Econ. Dyn. Control，2005，29：1701 – 1736.

[125] Babu S S，Datta S K. The relevance of environmental Kuznets curve（EKC）in a framework of broad – based environmental degradation and modified measure of growth—a pooled data analysis［J］. Int. J. Sustain. Dev. World Ecol.，2013，20：309 – 316.

[126] Costantini V，Monni S. Environment，human development and economic growth［J］. Ecol. Econ.，2008，64：867 – 880.

[127] Baltagi B H. Econometric Analysis of Panel Data，third ed［C］. John Wiley&Sons，Chichester，2005.

[128] Pedroni P. Panel cointegration：asymptotic and finite sample properties of pooled time series tests with an application to the PPP hypothesis［J］. Econom. Theory，2004，20：597 – 625.

[129] Phillips P C B, Hansen B E. Statistical inference in instrumental variables regression with I (1) processes [J]. Rev. Econ. Stud. , 1990, 57: 99 - 125.

[130] Stock J H, Watson M W. A simple estimator of cointegrating vectors in higher order integrated systems [J]. Econometrica, 1993, 61: 783 - 820.

[131] Mark N C, Sul D. Cointegration vector estimation by panel DOL Sand long - run money demand [J]. Oxf. Bull. Econ. Stat. , 2003, 65: 655 - 680.

[132] Arouri M H, BenYoussef A, M' Henni H, et al. Energy consumption, economic growth and CO_2 emissions in Middle East and North African countries [J]. Energy Policy, 2012, 45: 342 - 349.

[133] Antweiler W, Copeland B R, Taylor M S. Is free trade good for the environment [J]. Am. Econ. Rev. , 2001, 91: 877 - 908.

[134] Farhani S, Chaibi A, Rault C. CO_2 emissions, output, energy consumption, and trade in Tunisia [J]. Econ. Model. , 2014, 38: 426 - 434.

[135] Abou - Ali H, Abdelfattah Y M. Integrated paradigm for sustainable development: a panel data study [J]. Econ. Model. , 2013, 30: 334 - 342.

[136] Andreoni J, Levinson A. The simple analytics of the environmental Kuznets curve [J]. J. Public Econ. , 2001, 80: 269 - 286.

[137] Stern D I, Common M S, Barbier E B. Economic growth and environmental degradation: the environmental Kuznets curve and sustainable development [J]. World Dev. , 1996, 24: 1151 - 1160.

[138] Egli H. Are cross - country studies of the environmental Kuznets curve misleading? New Evidence from time series aata for Germany [C]. FEEM Work. Pap. No. 25, 2002.

[139] Breitung J. The local power of some unit root tests for panel data [C]. In: Baltagi B. H. , Fomby T. B. , Hill R. C. (Eds.), Nonstationary Panels, Panel Cointegration, and Dynamic Panels. Emerald Group Publishing Limited, United Kingdom, 2001: 161 - 177.

[140] Levin A, Lin C F, Chu C S. Unit root tests in panel data: A symptotic and finite - sample properties [J]. J. Econom. , 2002, 108: 1 - 24.

[141] Im K S, Pesaran M H, Shin Y. Testing for unit roots in heterogeneous panels [J]. J. Econom. , 2003, 115: 53 - 74.

[142] Pedroni P. Critical values for cointegration tests in heterogeneous panels with multiple regressors [J]. Bull. Econ. Stat. , 1999, 61: 653 - 670.

[143] Engle R F, Granger C W J. Co - integration and error correction: representation, estimation, and testing [J]. Econometrica, 1987, 55: 251 - 276.

[144] Stock J H, Watson M W. A simple estimator of cointegrating vectors in higher order integrated systems [J]. Econometrica, 1993, 61: 783 - 820.

[145] Kao C, Chiang M H. On the estimation and inference of a cointegrated regression in panel data [C]. In: Baltagi B. H. , Fomby T. B. , Hill R. C. Non stationary Panels, Panel Cointegration, and Dynamic Panels. Emerald Group Publishing Limited, United Kingdom, 2001: 179 - 222.

[146] Stiglitz J E. Capital market liberalization, economic growth, and instability [J]. World Dev. , 2000, 28: 1075 - 1086.

[147] 邹志红, 孙靖南, 任广平. 模糊评价因子的熵权法及其在水质评价中的应用 [J]. 环境科学学报, 2005, 25 (4): 552 - 556.

[148] 吴松雨. 基于水生态功能分区的寇河污染负荷总量分配研究 [D]. 沈阳: 辽宁大学, 2013.

[149] 李睿. 天津市水污染物总量分配方法研究 [D]. 天津: 天津大学, 2007.

[150] 王勤耕, 李宗恺, 陈志鹏, 等. 总量控制区域排污权的初始分配方法 [J]. 中国环境科学,

2000，20（1）：68－72.

[151] 李嘉，张建高. 水污染协同控制 [J]. 水利学报，2001，16（12）：14－18.

[152] 王媛，张宏伟，杨会民，等. 信息熵在水污染物总量区域公平分配中的应用 [J]. 中国管理科学，2009，40（9）：1103－1107.

[153] 盛虎，李娜. 流域容量总量分配及排污交易潜力分析 [J]. 环境科学学报，2010，30（3）：655－663.

[154] 陈培帅. 重庆主城区两江水环境容量研究 [D]. 重庆：重庆交通大学，2013.

[155] 刘媛媛. 基于控制单元的水环境容量核算及分配方案研究 [D]. 南京：南京大学，2013.

[156] 邢乃春，陈捍华. TMDL 计划的背景、发展进程及组成框架 [J]. 水利科技与经济，2005，11（9）：534－537.

[157] 梁博，王晓燕，曹利平. 最大日负荷总量计划在面源污染控制管理中的应用 [J]. 水资源保护，2004，（4）：37－41.

[158] Zhang H X, Yu S L. Applying the first－order error analysis in determining the margin of safety for total maximum daily load computations [J]. Journal Environmental Engineering, 2004（6）：664－673.

[159] 王彩艳，彭虹，张万顺，等. TMDL 技术在东湖水污染控制中的应用 [J]. 武汉大学学报（工学版），2009，42（5）：665－668.

[160] Total maximum daily loads for pathogens to address 25 lakes in the northeast water region.

[161] Development of a TMDL for the Wanaque reservoir and cumulative WLAs/LAs for the passaic river watershed [R].

[162] TMDL development of Cobb Creek Watershed And Fort Cobb Lake final report.

[163] Melching C S, Yoon C G. Key source of uncertainty in QUAL2E model of Passaic River [J]. Journal of water resource planning and management, 1996, 112（2）：105－113.

[164] 杨聪. 原湖湾允许纳污量计算与分配技术——竺山湾实证研究 [D]. 北京：清华大学，2012.

[165] 顾永维，安伟光，安海. 非线性较强安全余量方程可靠性指标精确 [J]. 哈尔滨工程大学学报，2007，28（7）：743－746.

[166] 孟伟. 流域水污染物总量控制技术与示范 [M]. 北京：中国环境科学出版社，2008.

[167] 闫晶晶，肖荣阁，沙景华. 水污染物质排放减量化环境综合政策的模拟分析与评价 [J]. 中国人口·资源与环境，2010，20（3）：125－127.

[168] Shu－Kuang Ninga, Ni－Bin Changb. Watershed－based point sources permitting strategy and dynamic permit－trading analysis [J]. Journal of Environmental Management, 2007, 84（4）：427－446.

[169] Seyyed Morteza Mesbah, Reza Kerachian, Ali Torabian. Trading pollutant discharge permits in rivers using fuzzy nonlinear cost functions [J]. Desalination, 2010, 250（1）：313－317.

[170] Buntine W. A guide to the literature on learning probabilistic network from data [J]. IEEE Transactions on Knowledge and Data Engineering, 1996, 8（2）：195－210.

[171] http：//www. lnkp. gov. cn/huanbao/c3/200901/5322. html, 2010－3－31.

[172] http：//www. tieling. gov. cn/tljj/showall. asp? table＝ttljj＆lb1＝1＆fID＝99, 2010－4－5

[173] Elliott H A, Jaiswal D. Phosphorus Management for Sustainable Agricultural Irrigation of Reclaimed Water [J]. Journal of Environmental Engineering, 2012, 138（3）：367－374.

[174] Bárbara Ondiviela, José A. Juanes, Aina G. Gómez, et al. Methodological procedure for water quality management in port areas at the EU level [J]. Ecological Indicators, 201213（1）：117－128.